Schreiben und Präsentieren in den angewandten Naturwissenschaften
Jürgen Huss

Jürgen Huss

Schreiben und Präsentieren in den angewandten Naturwissenschaften

Ein Leitfaden

Verlag Kessel

Anschrift des Autors:
Prof. Dr. Dr. h. c. Jürgen Huss
Professur für Waldbau
Fakultät für Umwelt und Natürliche Ressourcen
Universität Freiburg
Tennenbacher Str. 4
79085 Freiburg

Verlag Kessel
Eifelweg 37
53424 Remagen-Oberwinter
Tel.: 02228-493
Fax: 03212-1024877
E-Mail: nkessel@web.de
Homepage:
www.verlagkessel.de
www.forstbuch.de
www.forestrybooks.com

Druck
Druckerei Sieber, Kaltenengers
www.business-copy.com

ISBN: 978-3-941300-94-1

Vorwort

Mitte der 1970er Jahre wurden an vielen deutschen naturwissenschaftlich-technisch ausgerichteten Fakultäten Diplomarbeiten als obligatorische und hoch bewertete Leistungen eingeführt. An den Fachhochschulen wurden vergleichbare Abschlussarbeiten gleichfalls verbindlich.

Das geschah aus der Einsicht heraus, dass das Berufsbild dieser Studienfächer in stärkerem Maße als zuvor erfordert, sich in wissenschaftliche Fragestellungen einarbeiten, komplizierte Sachverhalte in geeigneter Form darstellen und Belange des Berufsfeldes in der Öffentlichkeit klar, verständlich und einprägsam vertreten zu können. Diese Notwendigkeit hat vor dem Hintergrund der zunehmenden Verwissenschaftlichung der Welt und mit der Einführung der Bachelor- und Master-Ausbildungsgänge zu Beginn dieses Jahrtausends noch an Gewicht gewonnen.

Gut schreiben und gut reden können, gilt als ‚Schlüsselqualifikation'. Deshalb werden schriftliche Ausarbeitungen verstärkt in allen Studiengängen in Form von Hausarbeiten, Referaten, Bachelor-, Master- und Doktorarbeiten sowie wissenschaftlichen Veröffentlichungen verlangt. In einigen Universitäten werden inzwischen hierzu Vorbereitungskurse angeboten, eben weil die angesprochenen Fähigkeiten als zunehmend wichtig für das Studium und die spätere Berufstätigkeit angesehen werden. Alle die genannten Ausarbeitungen haben – graduell abgestuft – eine wichtige Ausbildungsfunktion.

Neben der Fachmethodik pflegt den Studierenden die Bewältigung der formalen Probleme bei der Gestaltung solcher Ausarbeitungen erhebliche Schwierigkeiten zu bereiten. Das betrifft – um die wichtigsten Teilaufgaben zu nennen – gleichermaßen die Gliederung der Arbeiten, das Umgehen mit Literatur und anderen Quellen, die Aufbereitung und Präsentation von Ergebnissen in Tabellen oder Grafiken, sowie schließlich die textliche Fassung.

Zwar liegt das Schwergewicht dieses Leitfadens auf Hinweisen für die Gestaltung schriftlicher Ausarbeitungen, doch müssen Studierende und DoktorandInnen deren Ergebnisse oft als Referate mündlich präsentieren. Außerdem werden sie zunehmend dazu angehalten, ihre Ausarbeitungen als Poster oder als wissenschaftliche Artikel zu publizieren. Deshalb werden zusätzlich Hinweise für die Gestaltung von Referaten, Postern und Artikeln gegeben.

Es gibt zwar keine allgemein verbindlichen Vorschriften für die formale Gestaltung und Präsentation wissenschaftlicher Arbeiten. Dennoch hat sich ein mehr oder minder einheitlicher Kodex herausgebildet. Dieser unterscheidet sich jedoch in mancher Hinsicht zwischen geistes- und naturwissenschaftlichen Grundlagenfächern sowie den angewandten, das heißt den praxisorientierten Naturwissenschaften. Hier haben sich jeweils besondere Traditionen entwickelt.

Die nachfolgenden Ausführungen sind schwerpunktmäßig auf den Bereich der angewandten Naturwissenschaften ausgerichtet. In ihnen habe ich versucht, anhand der Analyse vieler Veröffentlichungen und auf der Grundlage einer langen Erfahrung mit der Betreuung von Bachelor-, Master-, Diplom- und Doktorarbeiten in verschie-

denen Fachgebieten die heutigen Standards herauszuarbeiten und darzustellen.
Dabei haben mir viele Teilnehmer meiner Kurse über wissenschaftliches Schreiben, besonders Vera BAUMERT, hilfreiche Kommentare geliefert. Außerdem danke ich herzlich Germar CSAPEK, Mário DOBNER, Mathias FROWEIN, Steffanie GÄRTNER, Claus-Peter GROSS, Norbert KESSEL, Marianne PIETZCKER für die kritische Durchsicht des Manuskripts und für mancherlei Verbesserungsvorschläge.
Wir haben auch das Problem der gendergerechten Schreibweise etwa von Autoren/Autorinnen, Betreuern/Betreuerinnen erörtert. Um die sperrige Doppelung von ‚die Autorin/der Autor' und ähnliche Formen zu umgehen, habe ich mich entschlossen, die heute oft zu lesende Version ‚AutorInnen' mit dem Binnen-I zu wählen – auch, wenn dies gleichfalls keine befriedigende Lösung und per Duden orthografisch nicht zulässig ist.

Verständlich wissenschaftlich schreiben und ebenso vortragen zu können, gehört heute also zu den Schlüsselqualifikationen – oder neudeutsch: den ‚soft skills' – in allen anspruchsvollen Tätigkeitsfeldern – und zwar mehr denn je! Deshalb steht als Motto über dem Leitfaden:

Lesbarkeit als oberstes Ziel oder – knapper in englisch: ‚**Readability first!**'

In diesem Sinne hoffe ich, die Lesbarkeit durch unterschiedliche Schriftarten und -größen gefördert zu haben und mit dem Leitfaden einen Beitrag dazu liefern zu können, die Leser besonders für gute ‚Schreibe' zu sensibilisieren.
Der Begriff ‚Leitfaden' geht übrigens zurück auf den griechischen Mythos vom Faden der Ariadne, den sie dem Königssohn Theseus mitgab, damit er aus dem Labyrinth des kretischen Ungeheuers Minotaurus herausfinden konnte. Möge dieser Leitfaden gleichfalls manchen Studierenden helfen, das labyrinthische Dunkel vieler Darstellungsprobleme bei wissenschaftlichen Arbeiten erfolgreich zu überwinden.

Jürgen Huss
Freiburg, November 2014

Inhaltsverzeichnis

1 EINFÜHRUNG 1
1.1 Ausrichtung und Ziel des Leitfadens 1
1.2 Zweck der Anfertigung von Studien-Abschlussarbeiten und wissenschaftlichen Veröffentlichungen 3
1.2.1 Anfertigung von Bachelor-, Master- oder Diplomarbeiten 3
1.2.2 Anfertigung von Dissertationen 4
1.2.3 Wissenschaftliche Veröffentlichungen 4
1.3 Überlegungen zur Wahl des Arbeitsgebietes und Projektthemas 4
1.3.1 Bachelor-, Master-, Magister- und Diplomarbeiten 4
1.3.2 Dissertationen 5
1.3.3 Wissenschaftliche Artikel und vergleichbare Ausarbeitungen 5
1.4 Wie kommt man an ein Thema oder Projekt? 5
1.4.1 Studien-Abschlussarbeiten 5
1.4.2 Dissertationen 6
1.4.3 Wissenschaftliche Artikel 7
1.5 Allgemeine und fachspezifische Betreuung der Studien-Abschlussarbeiten und Dissertationen 7
1.5.1 Vorgaben und Vorbereitung für die Übernahme 7
1.5.2 Direkte Betreuungsangebote 8
1.6 Erste Ansätze für die Arbeits- und Zeitplanung 9
1.6.1 Informationsgespräch 9
1.6.2 Aufstellung von Arbeits- und Zeitplan 9
1.7 Begleitende Arbeiten 12
1.8 Hinführung an die ‚gute wissenschaftliche Praxis' und deren Sicherung 13

2 AUFFINDEN UND VERARBEITEN VON LITERATUR 16
2.1 Zweck des Literaturstudiums 16
2.2 Literatursuche und -beschaffung 17
2.2.1 Schritte der Literatursuche und -bearbeitung 17
2.2.2 Literatursuche 18
2.2.2.1 Herleitung von Suchwörtern und Internet-Recherche 18
2.2.2.2 Bibliothekskataloge 19
2.2.2.3 Datenbanken und Informationsdienste 19
2.2.2.4 Literatursuche nach dem ‚Schneeballsystem' 20
2.2.2.5 Begrenzung der Literatursuche 20
2.3 Geeignete Literatur- und sonstige Informationsquellen 21
2.3.1 Selektion der recherchierten Quellen 21
2.3.2 Einschätzung inhaltlich ergiebiger und zitierfähiger Literatur 21
2.3.2.1 Fachzeitschriften und wissenschaftliche Schriftenreihen 22
2.3.2.2 Nachschlagewerke 23
2.3.2.3 Lehrbücher 23
2.3.2.4 Handbücher 23
2.3.2.5 Monographien bzw. Fachbücher 24
2.3.2.6 Weitere Schriften 24

2.4 Beschaffung der aufgefundenen Quellen 24
2.4.1 Verfügbarkeit der Literatur....................24
2.4.2 Bibliotheken....................25
2.4.3 Archive....................26
2.4.4 Buchhandel 26
2.5 Auswertung und Verarbeitung der Literatur 26
2.5.1 Karteikarten für bibliografische Angaben 26
2.5.2 Textauszüge in EDV-verarbeitbaren Dateien 27
2.5.3 Literaturverwaltungsprogramme....................27
2.6 Verwenden und Zitieren von Literatur 27
2.6.1 Pflicht zum Beleg des verwendeten Schrifttums und anderer Quellen....................28
2.6.2 Zitieren im Text 29
2.6.2.1 Wörtliches Zitieren 29
2.6.2.2 Inhaltlich sinngemäßes Zitieren.................... 31
2.6.3 Zitatbeleg im Text 32
2.6.3.1 Beleg der Literaturzitate mit Autorennamen und Erscheinungsjahr 32
2.6.3.2 Nummerierung der Literaturzitate.................... 34
2.6.3.3 Zitatbeleg in Fußnoten oder als Anmerkungen 35
2.7 Dokumentation der Quellen im Literaturverzeichnis 36
2.7.1 Bibliografie der Titelangaben 36
2.7.1.1 Grundschema 36
2.7.1.2 Allgemeine Regeln für alle Veröffentlichungsarten.................... 36
2.7.1.3 Sonderregeln für die verschiedenen Veröffentlichungsarten 38
2.7.1.4 Regeln für geisteswissenschaftliche Quellen 40
2.7.2 Gliederung des Literaturverzeichnisses....................40
2.7.2.1 Nicht-gegliedertes Literaturverzeichnis 40
2.7.2.2 Untergliedertes Literaturverzeichnis.................... 41
2.7.2.3 Formale Gestaltung des Literaturverzeichnisses 41

3 Gliederung und Textstruktur 43
3.1 Grundschema der Gliederung....................43
3.1.1 Inhalt und Form der Gliederungsabschnitte von naturwissenschaftlichen Abhandlungen 44
3.1.2 Erweiterungsmöglichkeiten des Gliederungsgrundschemas....................60
3.1.2.1 Forschungsvorhaben mit mehreren Teilprojekten.................... 61
3.1.2.2 Großer Umfang einzelner Kapitel 61
3.1.3 Gliederung von geisteswissenschaftlichen Arbeiten....................63
3.1.4 Informative Formulierung der Kapitelüberschriften 63
3.1.5 Abschließende Bemerkungen zur Erstellung einer Gliederung 64
3.2 Formale Hilfen zur Verdeutlichung der Gliederungsabschnitte 65
3.2.1 Kennzeichnung mit Buchstaben oder Ziffern....................65
3.2.1.1 Klassische Hierarchie.................... 65
3.2.1.2 Numerische Hierarchie 66
3.2.1.3 Gemeinsamkeiten für beide Hierarchien 66
3.2.2 Verdeutlichung der Gliederungshierarchie durch die Schriftgestaltung bei den Überschriften....................66

3.3 Gestaltung weiterer Untergliederungen als Lesehilfen 67
3.3.1 Zwischenüberschriften 67
3.3.2 Untergliederung mit Sätzen und Absätzen 68
3.3.3 Hervorhebungen 70
3.3.4 Aufzählungen (Auflistungen) 72
3.3.5 Kleindruck 74
3.3.6 Wahl verschiedener Schriftarten für Text und Begleitmaterialien 75
3.3.7 Fußnoten und Anmerkungen 75
3.3.8 Kennzeichnung von gedanklichen Einschüben 76
3.3.9 Querverweise 77
3.3.10 Lesehilfe in Form von Vorbemerkungen am Kapitelanfang 78
3.3.11 Zusammenfassender Schlusskommentar 78

4 Aufbereitung und Darstellung von Daten 80
4.1 Datengewinnung und -auswertung 80
4.1.1 Berücksichtigung der Datenauswertung bei der Projektplanung 80
4.1.2 Technik der Datenauswertung 82
4.1.3 Datensicherung 84
4.2 Grundsätzliche Überlegungen zur Darstellung von Daten und Untersuchungsbefunden 84
4.3 Darstellungen in digitaler Form 85
4.3.1 Vorentscheidung: Zahlen im Text oder in Tabellen 85
4.3.2 Schreibweise von Zahlen im Text 86
4.3.3 Tabellarische Übersichten 87
4.3.4 Tabellen im engeren Sinn 88
4.3.4.1 Argumente für oder gegen die Datenwiedergabe in Tabellen 88
4.3.4.2 Gestaltung von Tabellen 89
4.3.4.3 Verbindung von Text und Tabelle 97
4.3.4.4 Beschreibung und Interpretation der wichtigsten Tabelleninhalte 98
4.4 Grafiken und andere bildhafte Darstellungen 100
4.4.1 Grundsätze für die Erstellung von bildhaften Darstellungen 100
4.4.1.1 Argumente für oder gegen die Erstellung von Grafiken 100
4.4.1.2 Möglichkeiten grafischer Darstellungen 101
4.4.2 Darstellungen mit geometrischen Elementen 102
4.4.2.1 Darstellungen ohne Bezugssystem 103
4.4.2.2 Darstellungen mit Bezugssystem 106
4.4.2.3 Hinweise zur Gestaltung von Grafiken mit geometrischen Elementen 113
4.4.3 Darstellungen mit gegenständlichen Figuren 114
4.5 Karten 121
4.5.1 Kartenformen 122
4.5.2 Gestaltungshinweise 122
4.6 Fotos 122
4.6.1 Einsatzbereiche von Fotos 122
4.6.2 Vor- und Nachteile 124
4.6.3 Hinweise für die Verwendung von Fotos in wissenschaftlichen Arbeiten 125

4.7 Hinweise zur Gestaltung von bildhaften Darstellungen und deren Einbau in den Text 126
4.7.1 Hilfsmittel für die Herstellung von Grafiken 126
4.7.2 Hinweise zur Gestaltung 126
4.7.3 Verbindung von Abbildung und Text 128
4.8 Nachweis der Urheberschaft bei Tabellen, Grafiken, Karten und Fotos 128
4.9 Schlusskorrektur 129

5 ANFERTIGUNG DES TEXTES 131
5.1 Arbeitstechnik 131
5.1.1 Vorarbeiten für die Textformulierung 131
5.1.2 Erstellen und Verfeinern der Gliederung 131
5.1.3 Vorgehen beim Schreiben 132
5.1.3.1 Den Text von vorn bis hinten durchschreiben 132
5.1.3.2 Den Text in Wellen vervollständigen 133
5.1.3.3 Den persönlichen Arbeitsstil und -rhythmus erkennen 134
5.1.4 Einschätzen des Zeitaufwands fürs Schreiben 134
5.2 Über den wissenschaftlichen Stil 135
5.2.1 Für wen werden wissenschaftliche Abhandlungen geschrieben? 136
5.2.2 Wie schreibt man wissenschaftliche Abhandlungen? 137
5.2.2.1 Lektion 1: Vom Ringen um Exaktheit bei den fachlichen Aussagen 138
5.2.2.2 Lektion 2: Von der verständlichen Sprache 140
5.2.2.3 Lektion 3: In der Kürze liegt die Würze 149
5.2.2.4 Lektion 4: Der Ärger über die Abkürzungen 154
5.2.2.5 Lektion 5: Von der ‚Entpersönlichung' der AutorInnen und der ‚Personifizierung' Institutionen, Gegenständen, Projekten 156
5.2.2.6 Lektion 6: Probleme mit grammatikalischen Feinheiten 158
5.2.2.7 Lektion 7: Gewinn an Lesbarkeit durch eine überlegte Satzkonstruktion 164
5.2.2.8 Lektion 8: Verbesserung der Nachvollziehbarkeit von Textteilen durch deren Verknüpfung 166
5.3 Formulierung des endgültigen Titels der Arbeit und der Zwischenüberschriften 167
5.3.1 Titel der Abhandlung 167
5.3.2 Überschriften von Kapiteln und deren Untereinheiten 168
5.4 Rechtschreibung und Zeichensetzung 168
5.4.1 Rechtschreibung 168
5.4.2 Zeichensetzung 169
5.5 Umfang der Manuskripte 171
5.6 Textkorrekturen 172
5.7 Abschließende Bemerkungen zur Langzeitbedeutung des Textens 173

6 ÄUSSERE FORM, ABSCHLIESSENDE ARBEITEN UND BEWERTUNG 176
6.1 Bedeutung der äußeren Form 176
6.2 Schriftart und -größe 177
6.2.1 Schriftart 177

6.2.2 Schriftgröße und Zeilenabstand .179
6.3 Gestaltung von Titelseite und Inhaltverzeichnis .181
6.4 Aufteilung der Textseiten .182
6.4.1 Satzspiegel und Textformatierung .182
6.4.2 Gestaltung der Textblöcke .182
6.4.3 Gestaltung und Anordnung der Überschriften .183
6.4.4 Kopfzeilen .184
6.5 Anordnung der Teile einer Arbeit und Seitenzählung .184
6.5.1 Anordnung der Teile einer Arbeit .184
6.5.2 Seitenzählung und Anordnung der Seitenzahlen .185
6.6 Schlussredaktion und -kontrolle .186
6.6.1 Annahme oder Ablehnung von Kommentaren und Änderungsvorschlägen .186
6.6.2 Kontrolle der Rechtschreibung und Zeichensetzung .186
6.6.3 Trennungen von Wörtern und Zahlen .186
6.6.4 Überprüfung von Inhalt und Gestaltung der Tabellen und Abbildungen .187
6.6.5 Abschließende Hinweise zu den Kontrollen .187
6.6.6 Schlusskorrektur .188
6.7 Beizufügende Erklärungen .188
6.8 Binden und Abgabe der einzureichenden Arbeiten .189
6.9 Abschließende Bemerkungen zu Form und Inhalt .190
6.10 Betreuung und Bewertung von Studien-Abschlussarbeiten und Dissertationen .191
6.10.1 Bedeutung der schriftlichen Arbeiten für das berufliche Fortkommen .191
6.10.2 Betreuung der Studien-Abschluss- und Doktorarbeiten .192
6.10.3 Begutachtungskriterien .192
6.10.4 Probleme der Bewertung und Kommentare zur Noteninflation .193

7 Präsentation von Forschungsprojekten als Referat, Poster oder Veröffentlichung .195
7.1 Präsentation als Referat .195
7.1.1 Anlass, Zweck und Rahmenbedingungen für ein Referat .196
7.1.2 Formen der Präsentation .197
7.1.3 Fertigung des Referattextes .199
7.1.4 Erstellung und Gestaltung von ‚Folien' .201
7.1.5 Fertigung von ‚Handouts' oder Thesenpapieren .202
7.1.6 Vorbereitung kurz vor der Präsentation .202
7.1.7 Technik und Ablauf der Präsentation .203
7.1.8 Nacharbeit .209
7.2 Präsentation als Poster .209
7.2.1 Poster als wichtige Form der Darstellung von Projekten .209
7.2.2 Posterformate .209
7.2.3 Herstellung der Poster .210
7.2.4 Gestaltung von Postern .210
7.2.5 Einreichen und Begutachtung von Postern .212
7.2.6 Begleitende Kommentierung während der Präsentation .213

7.2.7 Beifügung von Kopien oder weiterführenden Materialien 213
7.3 Präsentation als wissenschaftliche Publikation 213
7.3.1 Veröffentlichungszwang oder -chance? 213
7.3.2 Geeignete Veröffentlichungsart 215
7.3.3 Autorenschaft 215
7.3.4 Einreichung und Begutachtung von Veröffentlichungen 217
7.3.5 Formale Vorgaben für Veröffentlichungen 218
7.3.6 Wissenschaftliche Seriosität 220

8 STIPENDIEN ZUR WISSENSCHAFTLICHEN FORTBILDUNG 223
8.1 Stipendien zur Weiterführung der wissenschaftlichen Ausbildung 223
8.1.1 Staatliche Förderprogramme für Studierende und DoktorandInnen 224
8.1.2 Begabtenförderwerke nicht-staatlicher Institutionen 224
8.1.3 Förderung für Postgraduierte und Habilitanden 224
8.1.4 Förderbedingungen und -form 227
8.2 Zuschüsse zu den Druckkosten von Dissertationen 228
8.3 Steuerliche Begünstigungen 229

9 VERWENDETE UND WEITERFÜHRENDE LITERATUR 230
9.1 Verwendete Literatur 230
9.2 Weiteres Schrifttum zur Einführung in wissenschaftliches Arbeiten 231
9.3 Schrifttum zur Einführung in die Statistik 232
9.4 Schrifttum zu Präsentationen 233
9.5 Literatur zur Sensibilisierung in der (deutschen) Sprache 233
9.6 Bücher hinsichtlich des Fremdwörtergebrauchs 234
9.7 Bücher zu Grammatik, Rechtschreibung, Sprache 234
9.8 Stipendien 234

10 STICHWORTVERZEICHNIS 235

1 Einführung

In diesem Kapitel werden erörtert:

- Die Zielsetzung für den Leitfaden,
- die Vielfalt wissenschaftlicher Arbeiten,
- der Zweck wissenschaftlicher Ausarbeitungen,
- Überlegungen zur Themenwahl,
- Art und Umfang der Betreuung,
- erste Arbeits- und Zeitplanung,
- frühzeitiger Beginn begleitender Arbeiten,
- Hinweise auf ‚gute wissenschaftliche Praxis'.

1.1 Ausrichtung und Ziel des Leitfadens

Wissenschaftliche Arbeiten im Bereich der **angewandten Naturwissenschaften und Technik** sind charakterisiert durch die Erhebung quantitativer Informationen, durch die Nachprüfbarkeit der Quellen, der angegebenen Zahlen, Materialien und Zusammenhänge sowie der Literatur. Sie sind getragen von dem Bestreben um eine objektive Tatbestandserfassung und -darstellung, um eine klare Gedanken- und Beweisführung und die Nachvollziehbarkeit von Schlussfolgerungen. Verständlichkeit, Nüchternheit und Lesbarkeit sollen sie auszeichnen.
In den **Geisteswissenschaften** und der **Soziologie** stehen eher qualitative Studien zum Beschreiben, Interpretieren, Klassifizieren und Verstehen von Zusammenhängen sowie die Gewinnung von Hypothesen im Vordergrund der wissenschaftlichen Auseinandersetzung (Sandberg, 2012: 46).

Der Einstieg in das wissenschaftliche Arbeiten und dessen schriftliche Konkretisierung bereitet erfahrungsgemäß vor allem den Studierenden bei ihren Erstlingswerken, den Großen Haus-, den Seminar-, Bachelor-, Master- (bzw. Magister-) oder Diplomarbeiten Mühe. Für sie vor allem sind die Kap. 1.2.1, 1.3.1 und 1.4.1 dieser Einführung gedacht. Für Detailfragen bei der Literatur- und Datenverarbeitung sowie der Textgestaltung werden Kap. 2 und die folgenden herangezogen werden. Das ist gleichermaßen für die genannten Studien-Abschlussarbeiten wie für Dissertationen oder zum Abfassen von Berichten, wissenschaftlichen Abhandlungen und Veröffentlichungen wichtig.
Die Hinweise für die Arbeits- und Zeitplanung (Kap. 1.6, S. 9) dürften für alle Arten von wissenschaftlichen Arbeiten berücksichtigenswert sein.

Tab. 1.1-1 enthält einen Überblick über die wichtigsten Formen wissenschaftlicher Arbeiten. Mündliche Präsentationen wurden ebenfalls in die Tabelle aufgenommen. Sie werden aber erst in Kap. 7 (S. 195) erörtert.

Bei allen diesen wissenschaftlichen Ausarbeitungen muss eine Fülle formaler Einzelheiten beachtet werden. Die Gestaltungsprinzipien sind für Abhandlungen aus dem naturwissenschaftlich-technischen Bereich ähnlich. Sie lassen sich daher weitgehend gemeinsam beschreiben.

Empfehlungen und Ratschläge hinsichtlich der formalen Einzelheiten erscheinen Studierenden anfangs oft als ärgerliche Einengung

Tab. 1.1-1: Übersicht über Form, Ausrichtung, Zweck und Bewertung wissenschaftlicher Arbeiten

Form	Typ	Art der Arbeit/ Präsentation	Zweck	Begutachtung/ Bewertung
Schriftlich	Studienarbeit/Prüfungsleistung/Forschungsprojekt	Hausarbeit	Erstes Einüben wiss. Arbeits- und Präsentationstechnik, überwiegend beschreibend, oft ohne Erhebung eigener Daten/Informationsmaterialien.	Ein Fachreferent (teilw. Bewertung ohne Note).
		Bachelor Thesis	Erlernen von wiss. Arbeits- und Präsentationstechniken.	Zwei Fachreferenten (Benotung).
		Master Thesis Diplomarbeit Magisterarbeit	Durchführung eines Forschungsprojektes unter Anleitung. Herleitung eigener Ergebnisse. Kritische Auseinandersetzung mit fachspezifischer Literatur.	
	Forschungsprojekt	Dissertation (Doktorarbeit)	Wie vor, aber selbständiger und umfassender Nachweis der Fähigkeit zu anspruchsvollem wissenschaftlichem Arbeiten.	Zwei Fachreferenten (Benotung – gegebenenfalls zusätzlich auswärtiger Referent)
		Habilitationsarbeit	Selbständige Forschungsleistung, zugleich Voraussetzung für Lehrtätigkeit (Dozent, Professor).	Zwei Fachreferenten (Universität), ein auswärtiger Fachreferent (Bewertung ohne Note).
	Veröffentlichung	Bericht/Protokoll Artikel	Information der Öffentlichkeit (bei Publikation) mit unterschiedlichem wissenschaftlichem Anspruch.	• ‚Graue Literatur' (ohne Begutachtung) • Review durch zwei anonyme Fachgutachter.
		Buch • Monographie • Lehrbuch • viele Mischformen	Umfassende Darstellung der Erkenntnisse zu einem Spezialthema/-gebiet. Knappe Darstellung des Wissenstandes in einem Fachgebiet für Studierende und Praktiker.	Teilweise wie vor.
Mündlich	Referat	Disputation (Thesenverteidigung)	Nachweis der Fähigkeit zur mündlichen Präsentation wissenschaftlicher Projekte vor der Fakultät (als Teil der Promotion); kritische Hinterfragung.	Präsentation vor Fakultät, Bewertung durch drei Fachkollegen.
		Internes Referat in • Institutsseminar • Kolloquium • Workshop	Einüben mündl. Präsentation; kritische Diskussion der Methoden, Ergebnisse (Arbeitsfortschrittsbericht). Präsentation abgeschlossener Arbeiten vor Fachpublikum.	Präsentation vor Fachpublikum, keine Bewertung.
		Externes Referat in • Symposium • Kongress	Anspruchsvolle Präsentation abgeschlossener Arbeiten vor (internationalem) Spezialisten-Publikum.	Präsentation vor (internationalem) Fachpublikum; meist Zulassung nur nach vorheriger Begutachtung.

und unwichtiges Detail – bis ihnen aufgeht, dass formale Details die Lesbarkeit und Verständlichkeit von Texten wesentlich erleichtern: **‚Form transportiert Inhalt'.**

Dieser Lehrsatz ist – nach **‚Lesbarkeit als oberstes Ziel'** – das zweite Motto für den Leitfaden.

Ein – im wahrsten Sinn des Wortes – ‚ansprechend' gestaltetes Manuskript bestimmt nicht selten die Akzeptanz bei den Lesern. Die souveräne Beherrschung der Formprinzipien ist deshalb eine wichtige Voraussetzung für einen erfolgreichen Abschluss von prüfungsrelevanten Arbeiten und später beim wissenschaftlichen Publizieren.
Aber **Form ist nicht Inhalt!** Dennoch sollte sie als akademisches ‚Handwerkszeug' beherrscht werden. Für die Gestaltung von Prüfungsarbeiten und wissenschaftlichen Abhandlungen gelten bestimmte formale Konventionen, die sich im Lauf der Zeit entwickelt haben. Sie sind nicht als starre Vorschriften, sondern als Hilfestellungen für die eigene Arbeit aufzufassen und jeweils sinn- und zweckgemäß anzuwenden. Außerdem gibt es fachspezifische Abweichungen, die zu beachten sind. Sie werden mehrfach angesprochen.

Wissenschaftliche Standards haben sich zudem nicht nur entwickelt, sie unterliegen auch ständigen Veränderungen. Besonders eindrucksvoll diesbezüglich ist der Vergleich heutiger mit älteren, womöglich mehrere hundert Jahre alten Publikationen. Viele Änderungen sind vergleichsweise neu und folgten den im englischen Sprachraum herausgebildeten Standards.

1.2 Zweck der Anfertigung von Studien-Abschlussarbeiten und wissenschaftlichen Veröffentlichungen

1.2.1 Anfertigung von Bachelor-, Master- oder Diplomarbeiten

Durch sie sollen die Studierenden folgende Fertigkeiten erlernen und unter Beweis stellen:

- Die Gewinnung von Einblicken in den Wissenschafts- bzw. Forschungsbetrieb eines Fachgebietes durch Kontakt mit den Angehörigen der Fakultäten oder Fachhochschulen.
- Lernen, wissenschaftliche Veröffentlichungen zu lesen und zu verstehen, um wissenschaftliche Ergebnisse in die Praxis umsetzen zu können.
- Die Erlangung der Fachkompetenz, selbständig unter Anleitung ein Problem der gewählten Fachrichtung in einer begrenzten Zeit wissenschaftlich zu analysieren und zielgerichtet zu bearbeiten.
- Die Aneignung wissenschaftlicher Arbeitsmethoden.
- Die Fähigkeit, Sachverhalte angemessen darstellen, das heißt sich schriftlich knapp, präzise und fachspezifisch ausdrücken zu können.
- Die Befähigung, mit wissenschaftlichen Methoden gewonnene Ergebnisse und Erkenntnisse einem (Fach-)Publikum vorzutragen.
- Sich eine eigene begründete Meinung zu wissenschaftlichen Fragen zu bilden.

Vordergründig sollen die Studierenden eine Prüfungsleistung erbringen. Das eigentliche Ziel aber ist, sie in die Lage zu versetzen,

Berichte, Ausarbeitungen, Protokolle, Stellungnahmen und Abhandlungen zu lesen und zu verstehen sowie selbst zu verfassen. Das wird im Regelfall wesentlicher Teil ihrer späteren beruflichen Aufgaben sein. Außerdem soll ihre Kritikfähigkeit geschult werden. Von prüfungsrelevanten Arbeiten erwartet man also keine nobelpreiswürdigen, bahnbrechenden Leistungen. Es geht bei ihnen gleichermaßen um die Ausbildung von fachlichen Fähigkeiten – ihr akademisches Handwerkszeug sozusagen – wie um den Erwerb der genannten ‚Schlüsselqualifikationen' bzw. – neudeutsch – von ‚soft skills'.

Bachelor-, Master- und Diplomarbeiten sind ‚Studien-Abschlussarbeiten'. Dieser etwas kürzere zusammenfassende Ausdruck wird in der Folge für die drei Typen mehrheitlich verwendet. Als Prüfungsleistungen sind sie in der Regel praxisnäher und vom Zuschnitt her weniger anspruchsvoll als wissenschaftliche Veröffentlichungen. Zwischen Großen Haus-, Studien-Abschluss- sowie Doktorarbeiten und noch umfassenderen Abhandlungen, wie Habilitationen, liegen die Unterschiede hauptsächlich im fachlichen Gehalt, in der Selbständigkeit und Originalität des Arbeitsansatzes sowie im Umfang.

1.2.2 Anfertigung von Dissertationen

Während bei den vorgenannten Studien-Abschlussarbeiten die Ausbildungsfunktion im Vordergrund steht, sollen Dissertationen für wissenschaftliches Arbeiten qualifizieren. Bei ihnen wird die Beherrschung der formalen Kriterien vorausgesetzt und zugleich erwartet, dass die DoktorandInnen neue Erkenntnisse, Einsichten, Modellvorstellungen, Methoden aufzeigen und entwickeln.

Dissertationen und Habilitationen zeichnet mithin die stärkere wissenschaftliche Durchdringung einer Materie aus. Einzelheiten hierzu sind in den jeweiligen Prüfungsordnungen umrissen.

1.2.3 Wissenschaftliche Veröffentlichungen

Häufiger als noch vor zehn oder zwanzig Jahren werden vor allem DoktorandInnen dazu angehalten, ihre Dissertationen vollständig oder in Teilen zu veröffentlichen. Die Übergänge zwischen Studien-Abschlussarbeiten und wissenschaftlichen Artikeln sind mithin fließend.

Das für wissenschaftliche Veröffentlichungen jeweils angestrebte oder geforderte Anspruchsniveau muss im Einzelnen anhand der Vorgaben von wissenschaftlichen Zeitschriften oder gleichartigen Veröffentlichungsorganen abgeklärt werden. Diese können hier nicht im Detail angesprochen werden. Dennoch wird man dem Leitfaden manchen hilfreichen Hinweis auch für deren Fertigung entnehmen können (siehe auch Kap. 7.3, S. 214).

1.3 Überlegungen zur Wahl des Arbeitsgebietes und Projektthemas

Diesbezüglich gibt es einige Unterschiede zwischen den genannten Typen von Arbeiten bzw. wissenschaftlichen Artikeln. Diese werden deshalb getrennt angesprochen.

1.3.1 Bachelor-, Master-, Magister- und Diplomarbeiten

Anstoß oder Motiv für die Wahl des Arbeitsgebietes und -themas bei Studien-Abschlussarbeiten können recht unterschiedlich sein:

- Ein bestimmtes Fachgebiet reizt zu intensiverer Betätigung.

Der eigene Antrieb, also die Motivation, sich näher mit einem Thema zu beschäftigen, ist wohl die größte Garantie dafür, dass eine Arbeit zum Erfolg wird. Ich selbst habe lange Zeit unterschätzt, wie sehr Engagement und Motivation bei den von mir betreuten DiplomandInnen und DoktorandInnen den Erfolg ihrer Bemühungen beeinflusste.

- Lehrveranstaltungen schaffen die erste Basis für Gespräche hinsichtlich eines geeigneten Themas und lassen eine befriedigende Zusammenarbeit mit den BetreuerInnen erwarten.
- Im Hinblick auf ihren späteren beruflichen Werdegang wählen die Studierenden ein ihnen Spezialisierung und Vertiefung versprechendes und damit attraktives Arbeitsfeld – vielleicht sogar mit der Möglichkeit zur späteren Anfertigung einer Dissertation.
- Man möchte sich ‚billig' der Pflichtübung entledigen, sucht sich also ein Fachgebiet, bzw. einen Betreuer, bei dem das mit wenig Aufwand am schnellsten zu gelingen verspricht.

Es hat sicher nicht viel Sinn, über Wert und Berechtigung der unterschiedlichen Motive zu räsonieren. Mit dieser Aufzählung sollen die Studierenden aber angeregt werden, sich darüber Gedanken zu machen, welchen Stellenwert sie der Studien-Abschlussarbeit in ihrer Ausbildung im Hinblick auf ihr späteres Berufsfeld zubilligen und welche Überlegungen sie dazu bringt, sich für ein bestimmtes Fachgebiet bzw. Thema zu entscheiden.

1.3.2 Dissertationen

Gleiche Überlegungen gelten auch für Dissertationen. Bei ihnen spielt jedoch der berufliche Aspekt meist die entscheidende Rolle. Doktortitel verleihen eine gewisse Reputation. Sie sind damit besonders in Wirtschaft, Industrie und Politik eine nicht unerhebliche Vorgabe für den beruflichen Erfolg. Dissertationen sind in wenigen (geisteswissenschaftlichen) Fächern Studien-Abschlussarbeiten, im Regelfall dagegen eine Zusatzqualifikation zur wissenschaftlichen Spezialisierung. An den Universitäten sind sie die unerlässliche Voraussetzung für eine wissenschaftliche Karriere.

Hierbei ist allerdings nicht generell ‚Doktor' gleich ‚Doktor'. Das gilt besonders für die Medizin. Die wissenschaftliche Ausrichtung einer Dissertation entscheidet nämlich darüber, ob sie die Vorbedingung für eine weitere akademische Tätigkeit erfüllt.

Verschiedentlich schafft die Zusammenarbeit mit Unternehmen bei der Informationsgewinnung oder für Spezialuntersuchungen den Kontakt mit dem späteren Arbeitgeber. Graduierte, die sich mit dem Gedanken tragen, sich promovieren zu lassen, werden deshalb auch diese Aspekte abwägen.

1.3.3 Wissenschaftliche Artikel und vergleichbare Ausarbeitungen

‚Publish or perish' (= ‚veröffentliche oder gehe unter') trifft bereits den wissenschaftlichen Nachwuchs. Daher wird zunehmend gefordert, Doktorarbeiten bzw. Teile derselben zu veröffentlichen. Für substanzielle Master- oder Diplomarbeiten gilt das gelegentlich ebenfalls. Deshalb wird auf diese Frage in Kap. 7.3 (S. 213) ausführlicher eingegangen.

1.4 Wie kommt man an ein Thema oder Projekt?

1.4.1 Studien-Abschlussarbeiten

Ein Projektthema kann man auf unterschiedliche Weise finden:

- **Wahl eines eigenen Themas**
  Grundsätzlich können die Studierenden ihr Arbeitsgebiet und -thema selbst be-

stimmen und frei aussuchen. Dazu sollten sie aber einen Projektentwurf verfassen. Ein solches ‚Exposé' (= Projektstudie, ‚research proposal') dient dazu, die potenziellen BetreuerInnen von der Projektidee und dessen Umsetzbarkeit zu überzeugen. Im Entwurf ist das Projekt zu umreißen. Weiterhin sind die vorzusehenden Methoden, der Zeitplan und gegebenenfalls der Material- oder gar Finanzbedarf zu skizzieren. Außerdem sollten mögliche Probleme hinsichtlich der Machbarkeit aufgezeigt werden.

Die Wahl eines eigenen Themas birgt allerdings die Gefahr, dass ein solches Thema bei den fachlich zuständigen DozentInnen kein oder nur geringes Interesse erweckt und sie die Betreuung nicht engagiert übernehmen. Zudem ist weniger mit materieller Unterstützung (etwa bei Gelände- oder Laborarbeiten) zu rechnen.

- **Themenauslobung durch Institutionen oder FachvertreterInnen**
  Eine Hilfe und Anregung bei der Themensuche bieten die von vielen Instituten bzw. Lehrstühlen durch Aushang oder über Website angebotenen Themenvorschläge. An der Bearbeitung dieser Themen besteht im Regelfall seitens der auslobenden Institutionen oder Personen ein unmittelbares Interesse. Die Studierenden können, wenn sie solche Angebote annehmen, davon ausgehen, dass ihnen damit interessante, weil aktuelle Forschungsprojekte in Aussicht gestellt werden. Sie müssen jedoch auch damit rechnen, dass es sich bei diesen angebotenen Themen um sehr spezielle Fragestellungen handelt, die ihnen nur enge Ausschnitte aus den jeweiligen Fachgebieten nahebringen.
- **Ausschreibung von Teilprojekten im Rahmen größerer Forschungsarbeiten**
  Zunehmend werden Arbeiten im Team von Arbeitsgruppen angeboten. Hierzu muss man sich oftmals bewerben. Die Mitarbeit in einem solchen Projekt kann für Studierende sehr attraktiv sein, weil sie neben dem eigentlichen Projekt wissenschaftliche Zusammenarbeit kennenlernen.
  Solche Großprojekte können aber problematisch sein. Die Studierenden haben nämlich meist nur eingeschränkte eigene Gestaltungsmöglichkeiten, und oftmals sind strikte Bearbeitungszeiten und Termine für die Ablieferung von Ergebnissen vorgegeben.

1.4.2 Dissertationen

In gleicher Weise, wenn auch mit anderem Gewicht, gilt für die Projektsuche bei Dissertationen das Ähnliche wie bei Studien-Abschlussarbeiten:

- **Wahl eines eigenen Themas**
  Diese individuelle und zugleich traditionelle Möglichkeit ist – anders als bei den Geisteswissenschaften – im Bereich der angewandten Naturwissenschaften inzwischen eher selten, weil viele Projekte mit experimenteller Ausrichtung einen Arbeitsplatz benötigen. Ein solcher, etwa im Labor, aber wird im Regelfall für ein eigenes Projekt nicht verfügbar sein, denn er wird für Forschungsprojekte der jeweiligen Institution gebraucht.
- **Auslobung eines Forschungsprojekts**
  Nach wie vor ist der übliche Weg, Forschungsprojekte via Aushängen, Anzeigen und elektronischer Medien bekannt zu machen. Dementsprechend ist es auch die gängigste Weise, um zu einem Thema zu kommen. Es lohnt sich deshalb, vor allem die Websites solcher Institutionen zu studieren, deren Fachrichtung den Zielen und Projektwünschen der DoktorandInnen entsprechen.

- **Ausschreibung von ‚strukturierten' Graduiertenprogrammen**
  In ‚Graduiertenkollegs' (bzw. ‚Graduiertenschulen', -akademien oder anderen Forschungsverbünden) schließen sich Wissenschaftler verschiedener Fachgebiete zur gemeinsamen Bearbeitung eines Oberthemas zusammen. Sie sammeln um sich eine Schar von 10-20 DoktorandInnen und gehen mit ihnen zusammen die verschiedenen fachbezogenen Aspekte dieses Oberthemas an.
  Die Zulassung zu einem solchen Kolleg ist im Regelfall mit einem förmlichen Auswahlverfahren verbunden, bei dem unter anderem sehr gute Noten bei den Studienabschlüssen verlangt werden.
  Die DoktorandInnen bearbeiten zwar nach wie vor ein eigenes Dissertationsthema, sind aber in viele gemeinsame Kolloquien, Arbeitseinsätze sowie begleitende Lehr- und Fortbildungsveranstaltungen einbezogen und werden nicht mehr nur durch einen Betreuer bzw. zwei Referenten angeleitet und bewertet, sondern durch ein Promotionskomitee begutachtet.
  Die ‚Graduierten' sind in ein strenges ‚Zeitfenster' eingebunden: Die Bearbeitungszeit beginnt nämlich für alle Kollegiaten gleichzeitig und ist im Allgemeinen auf 3 Jahre begrenzt.
  Graduiertenkollegs- bzw. -schulen sind eben wegen der begleitenden Aktivitäten – daher die Bezeichnung: ‚strukturierte' Doktorandenprogramme – sehr attraktiv. Zudem sind sie mit Stipendien ausgestattet, bieten also weitgehende finanzielle Unabhängigkeit während der Doktorandenzeit.
  Die Kollegiaten werden frühzeitig an Teamarbeit gewöhnt und mit den Standards guter wissenschaftlicher Praxis vertraut gemacht.

Insgesamt gesehen wird angestrebt, mehr DoktorandInnen mit Hilfe solcher Programme zu promovieren. Es gibt außerdem zahlreiche weitere Stipendienprogramme für Studierende und DoktorandInnen. In Kap. 8.1 (S. 223) sind einige aufgeführt. Sie mögen Studierenden und DoktorandInnen helfen, diese Angebote zu nutzen.

1.4.3 Wissenschaftliche Artikel

Doktoranden und gelegentlich auch Master-Studierende werden – wie schon in Kap. 1.3.3 angesprochen – frühzeitig dazu angehalten zu veröffentlichen. Dazu benutzen sie im Allgemeinen Teile ihrer Abschlussarbeiten. Daraus ergeben sich dann die Themen fast automatisch.

Es würde hier zu weit führen, auf die Gründe einzugehen, die Autoren sonst noch veranlassen, Artikel zu schreiben.

1.5 Allgemeine und fachspezifische Betreuung der Studien-Abschlussarbeiten und Dissertationen

1.5.1 Vorgaben und Vorbereitung für die Übernahme

Studierende sollten vor der Beschäftigung mit einer Studien-Abschlussarbeit bereits Haus-, Seminararbeiten bzw. Protokolle geschrieben oder Referate im Rahmen von Lehrveranstaltungen gehalten haben. Möglicherweise bringen sie Grundkennntnisse über das wissenschaftliche Schreiben von der Schule mit. Ebenfalls wäre zu wünschen, dass sie für ihr Projekt, wie in den Geisteswissenschaften üblich, ein Exposé zu ihrem Thema gefertigt haben. Diese Vorgaben von allen Studierenden als Voraussetzungen zu fordern, ist aber nicht realistisch. Tatsächlich werden viele von ihnen erst bei der Abschlussarbeit mit den Gebräuchen wissenschaftlicher Arbeit konfrontiert.

Zur Einstimmung und als Vorinformation bieten sich folgende Hilfen an:

- Entnahme der formalen Anforderungen für Studien-Abschluss- und Doktorarbeiten aus den jeweiligen Studien- oder Promotionsordnungen.
- Durchsicht von Prüfungsarbeiten, die an der für die Betreuung zuständigen Wissenschaftseinheit (Lehrstuhl o. ä.) gefertigt wurden, um die dort übliche Vorgehensweise kennen zu lernen.
- Lektüre von Arbeiten der potenziellen BetreuerInnen, um deren Standards oder Vorlieben zu eruieren.

Solche Lektüre ist außerdem vorteilhaft, um eine mögliche Beklommenheit zu Beginn der Arbeit und später eine anfängliche Schreibhemmung zu überwinden. Man hat dann nämlich schon einen ungefähren Eindruck gewonnen, wie eine Ausarbeitung anzugehen ist.

1.5.2 Direkte Betreuungsangebote

Studierende benötigen meist zwei Arten von Hilfestellungen:

- **Eine allgemeine Einführung in die Technik wissenschaftlichen Arbeitens**
  Sie soll durch diesen Leitfaden gegeben werden, und zwar vor allem im Hinblick auf
  - die Er- und Verarbeitung von Literatur (Kap. 2, S. 16),
  - die Technik der Gliederung (Kap. 3, S. 43),
  - die Erarbeitung und Darstellung von Ergebnissen (Kap. 4, S. 80) und
  - die Gestaltung des Textes (Kap. 5, S. 131).

  Für Graduierte ist eine solche allgemeine Einführung seltener nötig, weil sie bereits Studien-Abschlussarbeiten gefertigt und dabei die üblichen Gepflogenheiten kennengelernt haben. Dennoch werden sie bei Zweifelsfällen ebenfalls im Leitfaden nachschlagen. Außerdem dürften die Ausführungen zur ‚Anfertigung des Textes' (Kap. 5, S. 131) ihnen helfen, sensibler zu schreiben. Zusätzlich sind im Anhang (Kap. 9.2, S. 231) weiterführende Schriften zum wissenschaftlichen Arbeiten aufgelistet.
  Für das Auffinden von Sachdetails kann das **Stichwortverzeichnis** hilfreich sein (S. 235).
- **Eine fachspezifische Betreuung**
  An den Fakultäten können alle habilitierten Mitglieder, an den Fachhochschulen die ProfessorInnen die genannten Arbeiten eigenverantwortlich betreuen. Bei der Anleitung und Detailunterweisung werden an den Fakultäten jedoch auch sonstige Mitarbeiter, vor allem Assistenten tätig.
  Studien-Abschlussarbeiten werden offiziell durch im Regelfall einen Fachvertreter (‚Referent/Referentin') betreut, die von der zuständigen Fakultät oder von einer entsprechenden Wissenschaftseinrichtung bestellt werden.
  Die Betreuung umfasst im Allgemeinen die Erörterung von Arbeitsplan, Gliederung und Textgestaltung, fachspezifischer Methodik und Auswertungsfragen. Letztlich gehört auch die Beurteilung der abgeschlossenen Studien-Abschluss- oder Doktorarbeiten hierzu. Höchst unterschiedlich ist allerdings, wie intensiv und wie oft die Betreuer für Gespräche und Hinweise zur Korrekturen von Entwürfen verfügbar sind. So hängt Erfolg oder Scheitern bei Studien-Abschluss und Doktorarbeiten

nicht unwesentlich von der Betreuungsintensität ab (Vollmers, 2008).

Mit der Bewertung wird generell zusätzlich ein zweiter Fachvertreter beauftragt.
Bei den Graduiertenschulen übernimmt diese Aufgaben teilweise eine Gruppe von Wissenschaftlern (vergl. Kap. 1.4, S 5).

1.6 Erste Ansätze für die Arbeits- und Zeitplanung

Ein ausführlicheres Informationsgespräch und die Aufstellung eines Arbeits- und Zeitplans sind üblicherweise die ersten Schritte der Kontaktaufnahme.

1.6.1 Informationsgespräch

Es bietet Gelegenheit, mit denjenigen, die die Betreuung übernommen haben, Art und Umfang der angebotenen Arbeiten zu erörtern. So können sich die Studierenden zunächst ein ungefähres Bild davon machen, was sie bei Übernahme eines Themas erwartet. Sie können davon ausgehen, dass ihnen nach solchen Erkundigungsgesprächen Bedenkzeit gewährt wird, um in Ruhe zu entscheiden, ob ihnen die skizzierten Arbeiten akzeptabel erscheinen oder nicht. Aus der Ablehnung eines Themas dürfen ihnen keine Nachteile erwachsen. Sie müssen also nicht das erstbeste Angebot annehmen.

1.6.2 Aufstellung von Arbeits- und Zeitplan

Nach der Entscheidung für Thema und Betreuung ist es wichtig, zeitgerecht und gemeinsam einen zwar vorläufigen, aber doch schon weitgehend verbindlichen und verhältnismäßig detaillierten Arbeits- und Zeitplan (‚Regieliste') aufzustellen.
Er sollte folgende Einzelheiten enthalten:

(1) Skizzierung des zu bearbeitenden Problems

Als eine Selbstverständlichkeit mag der dringende Ratschlag erscheinen, als erstes abzuklären, warum und vor welchem Hintergrund eine Untersuchung durchgeführt werden soll, und was das zu lösende Problem ist. Dies wird oft versäumt, und so passiert es nicht selten, dass Studierende noch in der Endphase ihrer Arbeit nicht recht wissen, worum es eigentlich gehen soll.

(2) Formulierung der Arbeitshypothesen und des Untersuchungszieles

Hierzu ist es im Regelfall nötig, Literatur heranzuziehen, sich in die erforderlichen Methoden einzuarbeiten und zu versuchen, eine Strategie für die geplanten Untersuchungen zu entwickeln, soweit diese nicht bereits im Rahmen eines größeren Forschungsprojekts vorgezeichnet ist.

(3) Planung des methodischen Vorgehens (‚research design')

Sie leitet sich meist unmittelbar aus der Formulierung des Untersuchungsziels ab und kann die folgenden Ansätze umfassen:

- **Planung von Probeerhebungen und Vorversuchen**
  Gelegentlich sind Vorerhebungen zur Vorbereitung der Hauptuntersuchungen sowie zur Ermittlung von Einzelheiten der Arbeitsdurchführung, Arbeitszeitermittlung, Stichprobenumfänge, der organisatorischen Bewältigung, des Geräte- und Materialbedarfs nötig.
- **Planung der Hauptuntersuchungen**
  Kann man auf Vorerhebungen verzichten, dann ist es doch erforderlich, die anzuwendenden Verfahren für die Hauptuntersuchungen zu skizzieren.

(4) Vorplanungen der späteren Datenverarbeitung und -analyse

Die Gewinnung und statistische Auswertung des Datenmaterials gibt vielfach besondere Probleme auf. Deshalb ist eine frühzeitige Vorbereitung dringend zu empfehlen. Andernfalls ist eine aufwändige und ärgerliche Mehrarbeit, verbunden mit Fehlern und Informationsdefiziten, unvermeidlich.

Oft genug habe ich als Gutachter Arbeiten zu sehen bekommen, bei deren Konzeption die statistischen Zusammenhänge nicht bedacht wurden und bei denen später ein bestenfalls halbwegs passendes Auswertungsprogramm über die Daten gestülpt werden musste. Deshalb sei bereits an dieser Stelle mit Nachdruck auf die Notwendigkeit einer frühzeitigen Planung von Versuchen, Analysen, Erhebungen, Befragungen im Hinblick auf die Anwendung adäquater statistischer Auswertungsverfahren hingewiesen.

Auf Einzelheiten hierzu wird in Kap. 4.1 und 4.2 (S. 80 und 84) eingegangen.

(5) Skizzierung der zu erwartenden Ergebnisse

Schon im Anfangsstadium einer wissenschaftlichen Arbeit sollten deren mutmaßliche Ergebnisse, der Nutzen für die Problemlösung und das Risiko, das Ziel nicht zu erreichen, abgeschätzt werden. Dies kann für rechtzeitige Maßnahmen gegen einen ungünstigen Arbeitsablauf hilfreich, aber auch für eine kritische Überprüfung aller Arbeitsschritte und der Teilergebnisse förderlich sein.

(6) Formulierung des Arbeitstitels

Üblicherweise wird anfangs nur ein ungefährer Arbeitstitel (‚working title') festgelegt und dieser erst bei weitgehender Fertigstellung spezifiziert (siehe Kap. 5.3.1, S. 167). Der Arbeitstitel sollte allerdings das Arbeitsprogramm einigermaßen genau umreißen. Er darf nicht zu weit oder zu vage gefasst sein, damit man nicht Gefahr läuft, sich in den Anfangsphasen angesichts der Stofffülle eines zu großen Arbeitsgebietes zu verzetteln oder entmutigt zu werden. Die Studierenden oder DoktorandInnen sollten deshalb schon in der Frühphase der Arbeit im Gespräch mit den BetreuerInnen darauf dringen, dass das Thema operational, also bearbeitbar ist. Damit steht nicht im Widerspruch, dass der endgültige Titel erst zum Schluss formuliert wird.

(7) Kalkulation des Zeitaufwands, des Sachmittel- und Hilfskräftebedarfs für Außen- und Auswertungsarbeiten

Mit ihrer Hilfe soll von Anfang an vermieden werden, dass der Arbeitsumfang ausufert und eine Bachelorarbeit in verdächtige Nähe zu einer Masterarbeit oder eine Master- bzw. Diplomarbeit zu einer Dissertation gerät.

Gegen eine genaue Vorplanung wird oft eingewendet, dass unvorhersehbare Störungen ihre Brauchbarkeit stark einschränken könnten (beispielsweise für Außenarbeiten ungeeignete Wetterbedingungen, unzureichende Verfügbarkeit von Hilfskräften oder Laborplätzen). Dem ist jedoch entgegenzuhalten, dass die Betreuenden aufgrund ihrer Erfahrungen mögliche Abweichungen meist abschätzen und Alternativansätze kalkulieren können. Außerdem lassen sich die Teilplanungen im Verlauf der Arbeiten überprüfen und anpassen.

Zum Gelingen eines Projektes gehört mithin zusätzlich zum wissenschaftlichen Rüstzeug organisatorisches Geschick.

Nur am Rande sei erwähnt, dass man die tatsächlich aufzuwändende Arbeitszeit und die Gesamtlaufzeit eines Projektes auseinanderhalten muss. So erstrecken sich die Aufnahmen bei Vorhaben mit Geländearbeiten gegebenenfalls über Monate hinweg, von denen jede einzelne aber nur wenige Stunden oder Tage braucht. Es kommt dann schnell ein Jahr Gesamtbearbeitungszeit zusammen, auch, wenn für das jeweilige Projekt effektiv weit weniger Zeit nötig ist.

Eine strikte Zeitplanung erweist sich stets als hilfreich, ja, äußerst wichtig, weil Studierende – aber auch ‚alte Hasen' – immer wieder die generelle Erfahrung außer Acht lassen:

Alles dauert länger, als man denkt!

NaturwissenschaftlerInnen sind zudem meist weniger geübt im Schreiben als GeisteswissenschaftlerInnen.

Wie oft habe ich erleben müssen, dass von mir betreute Studierende oder DoktorandInnen in der Schlussphase ihrer Arbeit in nervenzehrenden Stress gerieten, weil sie den Aufwand fürs Schreiben sowie für die redaktionellen Arbeiten unterschätzt hatten.

NaturwissenschaftlerInnen sind aber gegenüber GeisteswissenschaftlerInnen oft im Vorteil, weil ihre Projekte durch die Art der Datenbeschaffung (Versuche, Laboruntersuchungen, Befragungen) vom Zeitaufwand her vorstrukturiert und daher besser einschätzbar sind als Literaturbearbeitungen.

(8) Überschlägige zeitliche Gesamtplanung

Abschließend zu den Überlegungen hinsichtlich der Zeitplanung ist es zweckmäßig, die zur Verfügung stehende Bearbeitungszeit und den für die wichtigsten Arbeitsabschnitte benötigten Zeitbedarf abzuschätzen. Dafür sollen die in der nachfolgenden tabellarischen Übersicht zusammengestellten Angaben helfen (Tab. 1.6-1).

Hierbei wurde von üblichen Bearbeitungszeiten ausgegangen, die allerdings in den einzelnen Fächern abweichen können. Bei naturwissenschaftlich orientierten Projekten benötigt man für die Datenerhebung und -auswertung (Material und Methoden) eher einen höheren Anteil, für die Literatursuche einen geringeren. Studierende dieser Fachrichtungen pflegen den erheblichen Aufwand für die Textfassung oft zu unterschätzen.

Bei Arbeiten im Bereich der Geisteswissenschaften sind Literatursuche und -darstellung meist deutlich aufwändiger. Deshalb ist eine schematisch gleichrangige Aufteilung der Kapitel selten angemessen. Die Angaben gelten übrigens nicht für Große Hausarbeiten.

Hinweise zum Gesamtumfang der genannten Typen von Arbeiten finden sich in Kap. 5.5 (S. 171).

Manche AutorInnen planen die Ablaufschritte übrigens vom Ende her, das heißt sie

Tab. 1.6-1: Bearbeitungszeit für die wichtigsten prüfungsrelevanten Arbeiten und ungefährer Zeitbedarf für die einzelnen Arbeitsabschnitte.

Unter Zugrundelegung der gängigen Bearbeitungszeiten bedeutet das: Für eine Bachelorarbeit benötigt man für die 3 genannten Arbeitsschritte jeweils rund 1 Monat, bei einer Masterarbeit jeweils rund 2 Monate und für eine Dissertation etwa 1 Jahr.

Typ	Bearbeitungszeit
Große Hausarbeit	6 Wo.
Bachelorarbeit	3 Mon.
Master-/Diplomarbeit	6 Mon.
Dissertation	3(-4) Jahre
Arbeitsabschnitt	**Zeitbedarf**
Vorbereitung, Literatursuche	1/3
Datenerhebung, Auswertung	1/3
Textfassung	1/3

überlegen sich, wann die Arbeitsabschnitte geschafft sein müssen, um später nicht in die Zeitfalle zu geraten.

(9) Protokollieren der Besprechungsergebnisse

Notieren die Studierenden die Ergebnisse der Besprechungen, so werden wichtige Details nicht vergessen. Später können sie für die Durchführung des Projekts und zur Vermeidung von Missverständnissen hilfreich sein.

Meist genügt es, wenn solche **Gesprächsprotokolle** stichwortartig geführt werden.

1.7 Begleitende Arbeiten

Besonders Studierenden, die sich erstmalig an eine größere schriftliche Ausarbeitung setzen, sei empfohlen, von Beginn an der Beschäftigung mit diesem Projekt, ‚integriert' zu arbeiten. Damit ist gemeint, dass sie immer wieder alle Teilschritte im Blick haben und miteinander verknüpfen. Gerade Anfänger neigen dazu, jeden Einzelschritt getrennt für sich ‚abzuhaken'.

Dieser Ratschlag gilt allerdings für alle Typen von Studien-Abschluss- und Doktorarbeiten. Wie solch integriertes Arbeiten aussehen kann, sei anhand der folgenden Teilaufgaben skizziert:

- **Literaturbearbeitung**
  Sie umfasst: Aufspüren geeigneter Arbeiten (Literatursuche, siehe Kap. 2.2, S. 17), Auszüge machen, kritische Anmerkungen, bibliografische Daten sofort zusammenstellen und die Literaturliste auf dem Laufenden halten. Tut man das nicht, so führt die Beschaffung nicht rechtzeitig und unzureichend dokumentierter bibliografischer Angaben gegen Ende der Arbeit zu zeitraubenden Suchen, die man nicht einkalkuliert hat.
  Als Autor dieses Leitfadens weiß ich, wovon ich spreche!
- **Protokollführung**
  Die durchgeführten Arbeiten mit Datum, Zeitbedarf, Beobachtungen, angestellten Überlegungen, Umfeldbedingungen (zum Beispiel verwendetes Material), Messverfahren (eventuelle Abweichungen, Fehlerquellen) sind mit Notizen festzuhalten (siehe auch Kap. 4.1, S. 80).
  Solche **Arbeitsprotokolle** schreibt man am besten – zumindest bei Messkampagnen – jeden Abend. Glaube niemand, dass er oder sie sich noch Wochen oder gar Monate später an Einzelheiten erinnern kann! Diese sind aber gegebenenfalls zur Bewertung von Methoden, Deutung von Befunden oder kritischen Übertragungen bedeutsam. Misstrauen Sie Ihrem Gedächtnis! Nur Anfänger sind sich sicher, dass sie später noch alle Einzelheiten präsent haben.
- **Zwischenauswertungen**
  Überschlägige Datenkontrollen zwischendrin ersparen u. U. später mühselige Fehlerkontrollen. Datenerhebungen – welcher Art auch immer – kann man im unmittelbaren zeitlichen Zusammenhang gegebenenfalls noch wiederholen. Später ist das meist nicht mehr möglich.
  Viele Projektbearbeiter sammeln zunächst einmal Daten drauflos, ohne sich klar zu machen, ob sie sie am Ende wirklich benötigen. Anfangs erscheint es sinnvoll, Daten zu möglichst vielen Kriterien bzw. Parametern aufzunehmen. Bei Zwischenauswertungen stellt man aber oft fest, dass es reicht, nur Werte zu einem Parameter zu ermitteln. Die Erhebungen zu einem zwei-

ten oder dritten Kriterium liefern nämlich keine zusätzlichen Informationen. Man kann also auf der Grundlage frühzeitiger Zwischenauswertungen das weitere Messprogramm straffen.
Zu den Zwischenauswertungen gehört ebenso, Stichworte über die Ergebnisse zu vermerken, die man später bei der schriftlichen Ausarbeitung näher ausführen oder bei der Diskussion aufgreifen sollte. Auch bei der Literaturrecherche sind solche ‚Zwischenauswertungen' sinnvoll, um abzuschätzen, ob genügend Material vorliegt.

- **Gedankenfetzen und Gesprächseindrücke aufschreiben**
  Viele Überlegungen, die man anfangs zum Projekt angestellt hat, lassen sich später verwerten. Das gilt ebenso für Manches, was einem zum Thema zwischendrin einfällt oder was sich bei Gesprächen hierzu ergeben hat und gibt Anstoß für weiteres Nachdenken (‚Ideenzettel' bzw. ‚mindmaps'). Man wundert sich dann, wie viel man davon später gebrauchen kann. Es empfiehlt sich daher, die Notizen – wie übrigens auch später die Manuskriptentwürfe – mit Datum und gegebenenfalls auch den Namen der BearbeiterInnen zu versehen. Das hilft den Schreibern und den BetreuerInnen bei der zeitlichen Zuordnung.
- **Gliederung konzipieren und Textbausteine formulieren**
  Die Gliederung formt sich mit dem Fortschritt eines Projektes und wird dem jeweiligen Arbeits- und Erkenntnisstand entsprechend angepasst und verfeinert.
  Einzelheiten zur Gliederungstechnik sind in Kap. 3 (S. 43) umfassend dargestellt.
  Für das spätere ‚Texten' hilft es, wenn man zwischendrin methodische Details, Ergebnisse von Teilauswertungen und Gedankenfetzen vorformuliert hat.

Die Bearbeitung ist also ein integrativer und zugleich integrierter Prozess: eine iterative (schrittweise) Annäherung an die Endfassung der Projektdarstellung.
Mit einer solchen Vorgehensweise vermeidet man die sprichwörtliche ‚Angst vor dem leeren Blatt' zu Beginn der Textkonzeption. Man gewinnt nämlich frühzeitig eine erste Vorstellung davon, wie die Arbeit strukturiert sein könnte. Anhand der Textbausteine sowie der Auswertungsergebnisse zeigt sich bald, was den einzelnen Gliederungspunkten zugeordnet werden kann.

Bei Dissertationen scheint sich übrigens durchzusetzen, dass Forschungskonzept und Arbeitsplan ebenso obligatorisch werden wie regelmäßige Zwischenberichte oder Vorträge als Instrument der Selbstkontrolle und Überprüfung durch die BetreuerInnen.

1.8 Hinführung an die ‚gute wissenschaftliche Praxis' und deren Sicherung

Schwere Fälle von Unredlichkeit und wissenschaftlichem Fehlverhalten haben 1998 die Deutsche Forschungsgemeinschaft veranlasst, Empfehlungen zur Berücksichtigung und Einhaltung guter wissenschaftlicher Praxis erarbeiten zu lassen (DFG-Denkschrift ‚Sicherung guter wissenschaftlicher Praxis'). Ähnliche Leitsätze haben die Max-Planck-Gesellschaft und in der Folge die meisten Universitäten für ihre Mitarbeiter durch Einrichtung von Kommissionen zur Selbstkontrolle in der Wissenschaft herausgegeben.

In diesen Ausarbeitungen sind die für das wissenschaftliche Schreiben wichtigsten

Prinzipien niedergelegt. Im Anhalt an die Empfehlungen der Deutschen Forschungsgemeinschaft handelt es sich um die folgenden:

- Wissenschaftliche Arbeiten sind nach den erprobten und anerkannten Standards bzw. Regeln der jeweiligen Fachgebiete (der ‚*lege artis*') zu fertigen. Damit ist der Stand der ‚Kunstfertigkeit' (‚state of the art') gemeint, nämlich die Anwendung der gebräuchlichen personellen und technischen Vorgaben, Fähigkeiten und Erkenntnisse. Sie nicht zu berücksichtigen, ist mithin – im Wortsinn – ein ‚Kunstfehler'.
- Eigene und fremde Vorarbeiten sind vollständig und korrekt nachzuweisen (Zitate).
- Die Autoren sind gehalten, alle Ergebnisse konsequent selbst anzuzweifeln bzw. skeptisch zu hinterfragen, strikte Ehrlichkeit im Hinblick auf die Beiträge von Partnern, Konkurrenten und Vorgängern zu wahren.
- Resultate sind vollständig sowie nachvollziehbar zu beschreiben und zu dokumentieren.
- Primärdaten sollen für einen bestimmten Zeitraum archiviert und verfügbar gehalten werden.
- Bereits früher veröffentlichte Ergebnisse dürfen nur in klar ausgewiesener Form und nur insoweit wiederholt werden, wie es für das Verständnis des Zusammenhangs notwendig ist. Dies gilt allerdings für Wissenschaftler, die bereits veröffentlicht haben.
- Bei wissenschaftlichen Untersuchungen gelten forschungsethische und gesellschaftliche Grundsätze.

Die Deutsche Forschungsgemeinschaft weist mit Nachdruck darauf hin, dass es ein besonderes Anliegen aller Hochschullehrer zu sein hat, diese Grundsätze dem wissenschaftlichen Nachwuchs vom Beginn ihrer wissenschaftlichen Betätigung an nahe zu bringen. Die Studierenden sollen sie frühzeitig verinnerlichen. Deshalb wurden sie bereits in das Einleitungskapitel aufgenommen, und sie werden in den Folgekapiteln verschiedentlich wieder aufgegriffen.

Etwas verallgemeinert zeigt sich: Bei Geisteswissenschaftlern steht meist ‚Abschreiben' bzw. Übernehmen von Textpassagen im Vordergrund unredlichen Umgangs mit fremdem geistigen Eigentum. Naturwissenschaftler und Techniker dagegen neigen eher dazu, Daten zu manipulieren, das heißt sie zu ergänzen, zu verfälschen, zu unterdrücken oder gar neue zu ‚erfinden' (siehe auch Kap. 4.8, S. 128 und 7.3.6, S. 220).

Die Aufregung um die Plagiatsfälle in den letzten Jahren könnte vermuten lassen, dass es sich bei den bekannt gewordenen Fällen um ein neues Phänomen handelt. Die Tatsache, dass die Deutsche Forschungsgemeinschaft sich schon vor anderthalb Jahrzehnten veranlasst sah, Richtlinien für gute wissenschaftliche Praxis erarbeiten zu lassen, verdeutlicht jedoch, dass dieses Problem keineswegs neu ist. Neu ist lediglich, dass die erweiterten Möglichkeiten des elektronischen Abgleichs digital dokumentierter Texte es heute leichter möglich machen, Plagiate aufzuspüren. Dennoch haben Überprüfungen an mehreren Fakultäten – nach einigen im Februar 2012 veröffentlichten Zeitungsartikeln – aufgezeigt, dass Dissertationen, sowie Master- und Bachelorarbeiten noch keineswegs routinemäßig mit Suchprogrammen überprüft werden. Vielmehr beruht das Aufspüren von Plagiatsfällen nach wie vor auf zufälligen Entdeckungen bzw. auf gezielten Recherchen bei den Doktorarbeiten von Politikern.

In diesem Sinne wird an die Hochschullehrer appelliert, der begleitenden Betreuung einen höheren Stellenwert als bisher zu geben und den akademischen Nachwuchs intensiver und gewissenhafter an die ‚gute wissenschaftliche Praxis' heranzuführen.
Das bedeutet aber zugleich, dass die Studierenden und DoktorandInnen diese Betreuung auch einfordern können – und sollten! (siehe auch Kap. 5.7, S. 173)

In die selbe Richtung zielt eine Initiative der Landesregierung von Baden-Württemberg. Danach ist geplant, die Promotionsverfahren stärker zu kontrollieren: So sollen ‚Betreuungsvereinbarungen' zwischen Betreuern und DoktorandInnen abgeschlossen werden, in denen die Häufigkeit von Gesprächen und die Dauer der Korrekturen fixiert wird (DER SPIEGEL 17/2013:15).

Zusammenfassung der wichtigsten Punkte (‚take home message'):

- Lesbarkeit muss ein hohes Ziel bei jeder schriftlichen Ausarbeitung sein.
- Wissenschaftliche Arbeiten umfassen ein weites Spektrum. Sie unterscheiden sich erheblich nach Ausbildungszweck, Forschungsbezug und -leistung sowie Umfang und Tiefe.
- Neben schriftlichen Ausarbeitungen werden Studierende und Nachwuchswissenschaftler zunehmend veranlasst, über ihre Projekte mündlich zu referieren.
- Die Wahl von Thema und Fachgebiet für Studien-Abschlussarbeiten wird von vielerlei Erwägungen geleitet, wie eigenes Interesse, berufliche Perspektive, Sympathie für den Betreuer. Die Studierenden sollten sich frühzeitig über ihre Motive bei der Themenwahl klar werden.
- Studierende sollen mit ihren Studien-Abschlussarbeiten wissenschaftliche Arbeitsmethoden kennenlernen.
- Doktoranden qualifizieren sich für wissenschaftliche Tätigkeiten.
- Themen für Projekte werden vielfach von Forschungsinstituten ausgelobt. Zunehmend kann man diese übers Internet in Erfahrung bringen.
- Die fachspezifische Betreuung sollte Arbeits- und Zeitplanung sowie Zwischengespräche einschließen.
- Frühzeitig sollte integriert gearbeitet werden, das heißt Daten- bzw. Literaturbeschaffung sollen in zeitlicher Nähe zum Verfassen der Texte stehen.
- Den Studierenden ist von Anbeginn klarzumachen, was unter guter wissenschaftlicher Praxis zu verstehen ist, und wie sie beim wissenschaftlichen Arbeiten berücksichtigt wird.
- Wissenschaftliches Arbeiten bekommt damit neben der Beherrschung der ‚handwerklichen' Regeln eine ethische Dimension.

2 AUFFINDEN UND VERARBEITEN VON LITERATUR

In diesem Kapitel werden erörtert:

- Zweck des Literaturstudiums,
- Strategien bei der Literatursuche und –dokumentation (Kap. 2.2.2, S. 18),
- Typen der ‚Literatur', geeignete Literatur- und Informationsquellen (Kap. 2.3, S. 21),
- Beschaffung der aufgefundenen Quellen (Kap. 2.4, S. 24),
- Auswertung und Verarbeitung der Literatur (Kap. 2.5 und 2.6, S.26 und 27),
- wörtliches und indirektes Zitieren, sowie Zitatbeleg im Text (Kap. 2.6.2 und 2.6.3, S. 29 und 32),
- Dokumentation im Literaturverzeichnis und dessen Gliederung (Kap. 2.7, S. 36).

Vorbemerkung

Wissenschaftliches Arbeiten geschieht nicht im ‚luftleeren' Raum, sondern fußt auf vorangegangenen Beobachtungen, Untersuchungsergebnissen, Thesen und geistigen Auseinandersetzungen.

Empirische bzw. praxisorientierte experimentelle Forschungen sind im Regelfall **datenzentriert**. Bei ihnen werden Informationen benötigt, die auf Untersuchungen, Versuchen, Beobachtungen, Befragungen beruhen. Diese finden sich vor allem in Fachzeitschriften. Auf deren Erfassung konzentrieren sich Naturwissenschaftler deshalb besonders. Auch empirische Arbeiten haben aber theoretische Grundlagen, die über die Literatur erschlossen werden müssen.

In der geisteswissenschaftlichen, durchweg nicht-empirischen, theoretischen, ‚klassischen' Forschung dagegen werden Sachverhalte und Objekte eher **literaturzentriert** mit Logik, Argumentation, Intuition, gegebenenfalls sogar Spekulation erklärt. Hierbei kommt es oft auf Vollständigkeit an, und deshalb muss ein weitgespanntes Spektrum an Literatur herangezogen werden.

Obwohl ‚Literatur' heute leichter auffindbar und beschaffbar ist, hat die intensive Lektüre nichts an ihrer Bedeutung eingebüßt, sich ein Fachgebiet zu erschließen.

Unter ‚Literatur' werden im Folgenden alle, meist schriftlichen ‚Quellen' verstanden. Dabei ist es gleichgültig, ob diese veröffentlicht sind oder nicht. Internetquellen zählen gleichfalls dazu.

2.1 Zweck des Literaturstudiums

Arbeiten mit naturwissenschaftlicher oder technischer Ausrichtung werden primär mit folgender Absicht herangezogen:

- Zur **Erschließung des derzeitigen Wissensstands** in einem Fachgebiet,
- zum **Erwerb von Kenntnissen** über die aktuellen Analyse-, Erfassungs- und Auswertungsmethoden,
- zur **Beschaffung von Vergleichsmaterial** für die eigenen Untersuchungen.

Die Literatur wird bei empirischen Arbeiten durchweg zweimal verwendet: am Anfang zwecks Erarbeitung des Kenntnisstandes und gegen Ende zum Vergleich der eigenen Ergebnisse mit denen aus anderen Untersuchungen zwecks der Ableitung von Schlussfolgerungen (siehe auch Kap. 3.1.1 [4], S. 53).

Quellenstudium oder Textkritik ist in den angewandten Naturwissenschaften – anders als in den Geisteswissenschaften – seltener das eigentliche Studienobjekt. Vielmehr geht es meist um den derzeitigen Stand der Forschung. Normalerweise soll die herangezogene ‚Literatur' also möglichst aktuell sein. ‚Alte' Arbeiten sind, wenn man von historischen Bezügen absieht, im Regelfall weniger bedeutsam.

Zu Beginn der Beschäftigung mit einem Thema ist es notwendig, sich rasch und systematisch Zugang zum Schrifttum zu verschaffen. Zunächst ist also abzuklären, welches Schrifttum man heranziehen sollte, und wo man es findet. Das wird im folgenden Kap. 2.2 angesprochen.

2.2 Literatursuche und -beschaffung

2.2.1 Schritte der Literatursuche und -bearbeitung

Über die Literaturrecherche soll die für ein Thema bzw. Projekt relevante Literatur ausfindig gemacht werden. Das Auffinden, Beschaffen und Verarbeiten von ‚Literatur' verläuft dabei meist in vier Schritten (Tab. 2.2-1).

Für die Literatursuche und -erschließung werden mithin gegebenenfalls eine Vielzahl sehr unterschiedlicher Quellen herangezogen. Deren Spezifika und Eignung werden in Kap. 2.3 (S. 21) besprochen.

In Studien-Abschlussarbeiten wird im Allgemeinen ein repräsentativer Überblick über den Stand der Kenntnis verlangt. Zugegebenermaßen ist es für Studierende nicht leicht abzuschätzen, wie weit der ‚Überblick' gehen muss. Im Zweifelsfall müssen die BetreuerInnen Hilfestellung geben. Bei Dissertationen dagegen sollte das Schrifttum zum Spezialgebiet vollständig berücksichtigt werden – soweit Vollständigkeit überhaupt möglich ist. Dementsprechend ist der Aufwand bei der Literaturrecherche unterschiedlich groß. Zum Einen unterscheidet er sich zwischen den beiden großen Wissenschaftsgebieten und zum Anderen nach dem dargelegten

Tab. 2.2-1: Wichtige Schritte bei der Literatursuche und -bearbeitung

Schritt	Schwerpunkt	Hilfsmittel	Ergebnis
1	**Vorinformation und Suchstrategien**	Internet, Lexika, Nachschlagewerke, Handbücher, Bibliografien.	Ableitung von Suchwörtern.
2	**Vertiefende Suche**	Datenbanken, Monografien, Lehrbücher, Zeitschriftenartikel, Jahrbücher, Dokumentationen, Proceedings, Dissertationen, Habilitationen.	Auffinden und Dokumentieren relevanter Quellen.
3	**Literaturbeschaffung**	Internet, Bibliotheken, Fernleihe, Buchkauf.	Verfügbarkeit von Büchern, Kopien.
4	**Literaturauswertung und -verarbeitung**	Markierungen, Kommentare (auf eigenen Kopien o.ä.), Exzerpte.	Literaturauszüge, Materialien als Basis für eigene Texte.

Anspruch, der an die jeweiligen Arbeiten gestellt wird. Dennoch weicht das Vorgehen bei der Literatursuche hinsichtlich der vier in Tab. 2.2-1 angeführten Schritte nicht grundsätzlich voneinander ab.

2.2.2 Literatursuche

2.2.2.1 Herleitung von Suchwörtern und Internet-Recherche

In Tab. 2.2-1 wurde das Internet an erster Stelle der Literatur-Recherche genannt. Grundlage für eine erfolgversprechende Suchstrategie ist es, geeignete **Suchwörter** herzuleiten. Hierfür müssen zunächst fachliche Vorstellungen darüber entwickelt werden, wonach überhaupt gesucht werden soll. Das wiederum bedeutet, dass man sich inhaltliche Überlegungen zur Systematik des jeweiligen Fachgebiets macht und dabei möglichst viele adäquate Suchbegriffe sammelt. Für die Recherche sind diese sowie verwandte Begriffe und deren Verknüpfungen nötig, um einen großen Suchradius abzudecken und genügend spezifische Literatur-Nachweise zu erhalten. Damit soll zugleich die Gefahr eingeschränkt werden, relevante Quellen zu übersehen, weil diese nicht über geeignete Suchwörter erschlossen wurden.
Die angesprochene Verknüpfung von Suchwörtern durch die Zusätze ‚and' oder ‚or' wird die Trefferquote wesentlich erhöht.
In den Frühphasen der Bearbeitung eines Themas oder Projektes gehen daher Suchen, Lesen und Verfeinern der Suchbegriffe Hand in Hand.
Ein – seltener – Glücksfall für die Studierenden ist es, wenn ihre BetreuerInnen ihnen den Einstieg durch Hinweise auf geeignete Materialien etwa über Literatur-, Leselisten oder Suchwörter erleichtern und helfen, das jeweilige Arbeitsgebiet einzugrenzen. Im Regelfall aber müssen sie diese Schritte selbst bewältigen.
Für die Internet-Recherche sind Suchmaschinen die meistgebrauchten Instrumente. Bei ihnen handelt es sich um automatisiert arbeitende Programme zur Sammlung und Selektion von Literatur (vor allem www.MetaGer.de, www.WolframAlpha.com, www.DuckDuckGo.de, www.Yahoo.de, www.Google.de, www.Wikipedia.de, Google Scholar – scholar.google.com/ – , Scirus – www.scirus.com/srsapp, www.forschungsportal.net, www.fiz-technik.de). Allerdings erfassen sie nur einen bestimmten Anteil der tatsächlich vorhandenen Webseiten (Sesink, 2007: 74 ff) und können meist nur der ersten Orientierung dienen. Es kommt hinzu, dass manche Eintragungen wissenschaftlich nicht überprüft und daher nicht zitierfähig sind. Das gilt besonders für Wikipedia. Allerdings sollen 50 Gutachter herausgefunden haben, dass sich bei Wikipedia kaum mehr Fehler fanden als in der Encyclopedia Britannnica (Chrismon 2006/2: 31).

Studierende sollten sich dennoch von der Schüler-Maxime freimachen: ‚Was man nicht googeln kann, braucht man nicht zu wissen'.

Suchmaschinen wie Google filtern außerdem Informationen nicht nach Qualität sondern nach der Häufigkeit von Querverweisen, also letztlich nach der Popularität (Bad. Zeitung 26.04.10).
Für fachspezifische Inhalte gibt es Spezialmaschinen (zum Beispiel Campus Search für Hochschulseiten, Bildarchiv Preußischer Kulturbesitz und viele andere).

Internetquellen sind in erster Linie als Suchhilfe zu nutzen, in zweiter ermöglichen sie – mit Einschränkungen – die Beschaffung von Literatur. Die Internet-gestützte Recherche über Suchmaschinen, Datenbanken und Informationsdienste hat prioritäre Bedeutung im Hinblick auf das Durchsuchen großer

Datenbestände und auf das Auffinden aktueller Informationen. Durch sie wird das Aufspüren geeigneter Literatur wesentlich erleichtert.

2.2.2.2 Bibliothekskataloge

Neben der Internet-Recherche sind die früher hauptsächlich herangezogenen Bibliotheken nach wie vor für viele Fragestellungen eine wichtige Basis. Für sie braucht man ebenfalls Begriffe, also Schlüsselwörter, anhand derer gesucht werden soll.
Primär bieten **Schlagwortkataloge** der Bibliotheken Einstiegsmöglichkeiten, um relevante Literatur aufzuspüren. Als online-Katalog kommt vor allem OPAC (= **O**nline **P**ublic **A**ccess **C**atalogue) in Frage.

Über **National- und Fachbibliographien** werden Titelnachweise der Literatur aller Fachgebiete dokumentiert (Deutsche Nationalbibliografie http://dnb.ddb.de). Nähere Einzelheiten vermittelt die Deutsche Bibliographie Frankfurt/Main (URL: http://dbf-opac.ddb.de) (URL = Uniform Resource Locator).

Hilfsmittel zur Erschließung von Dokumenten sind **Thesauri** (= lexikalische Sammelwerke bzw. Dokumentationssysteme) eines bestimmten (Fach-)Gebiets mit systematisch (alphabetisch) geordneten Begriffen und mit zahlreichen Querverweisen.
Wissenschaftliche Bibliotheken sind hierarchisch strukturiert (National-, Universitäts- und Institutsbibliotheken) und – teilweise länder-übergreifend – über Links untereinander vernetzt.
An vielen Universitätsbibliotheken gibt es Informationsvermittlungsstellen oder ‚Anlaufpersonen', die Literatursuchenden Rat geben oder Online-Recherchen im Auftrag durchführen. Sie bieten außer diesen Hilfestellungen oftmals Kurse für das Vorgehen bei Recherchen (Abfragen) an.

Die Titelnachweise sind durchweg online verfügbar und zwar geordnet nach

- Sachgebiet (Wissenschaftsbereich, Anwendungsgebiet)
- Veröffentlichungsform (Buch, Zeitschrift),
- Zeitraum,
- Personen (Autoren).

2.2.2.3 Datenbanken und Informationsdienste

Die ersten Computer-gespeicherten und -abfragbaren **Literaturdatenbanken** entstanden zu Beginn der 1970er Jahre. Die davor erschienene Literatur war damals nur ausnahmsweise in Datenbanken gespeichert. Außerdem überwog in vielen Datenbanken die Dokumentation englischsprachiger Arbeiten. Das hat sich geändert, seit durch die großen Bibliotheken systematisch Bücher eingescannt und elektronisch verfügbar gemacht werden.
In rasant steigendem Umfang wird die erfassbare Literatur in Datenbanken gespeichert, von denen sie gezielt zu besonderen Suchthemen per Online-Recherche abgefragt werden kann.
Nationale und internationale Literaturdatenbanken haben in den letzten Jahren überragende Bedeutung als Informationsquellen gewonnen.
Diese Literatursuche ist besonders vorteilhaft, wenn nach Publikationen gefahndet wird, die in schwer zugänglichen Literaturtypen, zum Beispiel in Zeitschriften, Kongress- und Symposiumsbänden oder in Forschungsberichten veröffentlicht sein können.
Inhaltlich liegt das Schwergewicht dieser Datenbanken auf der Literatur der Fachgebiete Medizin, Bio-, Agrar-, Natur-, Technik- und

Ingenieurwissenschaften sowie auf den Wirtschaftswissenschaften. Einige Datenbanken dokumentieren umfassend, andere sind inhaltlich sehr spezialisiert. Gegenüber konventionellen Literatursuchen in den zuvor genannten Informationsquellen (vergl. Kap. 2.2.2.1, S. 18) können Literaturrecherchen in Datenbanken sehr schnell zu neueren Informationsquellen führen.

Einige Datenbanken im Bereich der angewandten Naturwissenschaften seien genannt: ELFIS, EURECO, CAB Forestry Abstracts, Chemical Abstracts, Current Contents Series Agriculture, Biology and Environmental Sciences.

Für Online-Recherchen können Kosten entstehen, die sich nach dem Suchaufwand und der Zahl der gefundenen Dokumente richten. Eben wegen der Kosten kommen sie in der Regel nicht für die Vorbereitung von Studien-Abschlussarbeiten und Dissertationen in Betracht. Für diese wird im Regelfall außerdem zu wenig Literatur benötigt, um das Suchangebot optimal ausnutzen zu können.

Zu den Informationsdiensten sind auch **Referatenorgane** zu rechnen. Sie gibt es für zahlreiche Fachgebiete. Sie können eine entscheidende Hilfe besonders für fachspezifische Veröffentlichungen sein. In ihnen wird regelmäßig über die neu erschienene Literatur eines Wissenschaftszweiges oder Fachgebietes in Form von kurzen, den Titeln und bibliografischen Details beigefügten Zusammenfassungen berichtet. Soweit beschaffbar werden in ihnen alle publizierten, einigermaßen belangvollen Originalarbeiten und Berichte sowie Dissertationen, Habilitationsschriften des in- und ausländischen Schrifttums referiert.

Die höchste Aktualität – sie ist bei Dissertationen gelegentlich vonnöten – gewährleisten die ‚Current Contents'. In ihnen werden laufend die originalen Inhaltsverzeichnisse von mehreren hundert Zeitschriften der naturwissenschaftlichen Fachgebiete abgedruckt, und sie informieren damit jeweils über die jüngsten Neuerscheinungen.

2.2.2.4 Literatursuche nach dem ‚Schneeballsystem'

Ein wichtiger Grundsatz bei der Literatursuche ist es, die Literaturangaben in den aufgestöberten Arbeiten zum Thema sorgfältig daraufhin durchzusehen, inwieweit Titel genannt werden, die weiterhelfen. Arbeiten mit ausführlichen Registern können dabei eine besonders wertvolle Suchhilfe sein. Das ältere Schrifttum ist auf diese Weise – bei einiger Hartnäckigkeit – meist gut zu erschließen. Das neuere muss über Datenbanken, Referatenblätter und – wie gesagt – direkt über wissenschaftliche Veröffentlichungen aufgetan werden.

2.2.2.5 Begrenzung der Literatursuche

Die Literatursuche kann sehr aufwändig sein. Mit der Informationsflut, die Google und andere Suchmaschinen anbieten, wird man aber leicht ‚fortgeschwemmt' und verirrt sich im World Wide Web.

Aus Angst, relevante Literatur zu übersehen, finden manche Studierende kein Ende. Die Literatursuche wird dann zum Selbstzweck oder führt dazu, dass die Studierenden dem Schreiben ausweichen, weil sie ja noch nicht alle Literatur ausfindig gemacht haben. Irgendwann muss man aber ‚Mut zur Lücke' aufbringen und die Recherche beenden, bevor man in die zeitliche Falle gerät.

Nach eigenen Beobachtungen drängt sich gelegentlich der Verdacht auf, dass für viele Studierende – zumindest im Bereich der angewandten Naturwissenschaften – das Internet die ausschließliche Informationsquelle ist. Was sich dort nicht findet, existiert nicht für sie. Bücher, Zeitschriften, Bibliotheken haben sie nicht mehr im Blick.

2.3 Geeignete Literatur- und sonstige Informationsquellen

2.3.1 Selektion der recherchierten Quellen

Die ‚Literatur' wird durch Querlesen und vertiefende Lektüre oft in 5 Schritten erschlossen (Tab. 2.3-1).

Nachfolgend werden Einstiegshilfen für das Erschließen des Schrifttums und die wichtigsten Typen von Literatur und sonstigen Quellen vorgestellt, die geeignet erscheinen, sich in das wissenschaftliche Themen-Umfeld von Studien-Abschluss- oder Doktorarbeiten einzuarbeiten.

2.3.2 Einschätzung inhaltlich ergiebiger und zitierfähiger Literatur

Studierenden bereitet es besonders in der Anfangszeit erhebliche Schwierigkeiten abzuschätzen, welche Quellen relevant, seriös und damit zitierfähig sind. In Tab. 2.3-2 ist ein Überblick über die wichtigsten Typen von Informationsquellen gegeben.

Die in Frage kommende Literatur ist zunächst einmal unübersehbar. Damit stehen die Studierenden und DoktorandInnen vor dem Problem der ‚**Relevanzselektion**'. Sie sollen nämlich die für das eigene Projekt wichtigen Arbeiten auswählen. Für die Selektion benötigen sie mithin ‚Relevanz-Kriterien'. Dies sind neben der sachlichen Information die ‚Qualität' der AutorInnen und die der Veröffentlichungsquelle (zum Beispiel wissenschaftlich qualifizierte Fachzeitschrift), das Erscheinungsjahr, der Verlag.

Die Zitierfähigkeit einiger Quellen bzw. der Rang wissenschaftlicher Zeitschriften ist über den ‚Science Citation Index' und den ‚Journal Impact Factor', die vom ISI (= Institute for Scientific Information in Philadelphia) jährlich veröffentlicht werden, zu klären.
Begutachtete (= ‚peer-reviewte') Artikel sind grundsätzlich zitierfähig, denn sie wurden einem ‚Filter'-Prozess unterzogen.

NaturwissenschaftlerInnen neigen dazu, ältere wissenschaftliche Beiträge nicht zu be-

Tab. 2.3-1: Schritte beim Lesen und Erarbeiten der Literatur

Schritt	Charakterisierung
1	Der Titel weckt Interesse.
2	Nach Abstract oder Zusammenfassung erscheint eine Veröffentlichung für die eigene Arbeit ergiebig. Gegebenenfalls liefert auch der Klappentext weitere Hintergrundinformationen.
3	Das Inhaltsverzeichnis lässt Umfang und Bedeutung der Schwerpunkte erkennen.
4	Einführung und Diskussion geben die Fragestellung und die Schlussfolgerungen aus den wichtigsten Ergebnissen wieder. Der Methodenteil – manchmal wichtiger als die Ergebnisse – liefert Hinweise auf übernehmbare Vorgehensweisen für das eigene Projekt.
5	Die Arbeit wird – bei unmittelbar für die eigene Arbeit wichtigen Einzelheiten – ganz gelesen.

Tab. 2.3-2: Literaturtypen und deren Verwendbarkeit

Klassifikation	Quellentypen	Verwendbarkeit/ Zitierfähigkeit
Primärliteratur	Begutachtete Originalarbeiten (Fachzeitschriften, wiss. Bücher), wiss. Online-Artikel, amtliche Veröffentlichungen (Statistiken).	Regelfall der verwendbaren Literatur.
Sekundärliteratur	Populärwiss. Bücher, Fachzeitschriften für die Praxis, Studien-Abschlussarbeiten.	Generell geht Primär- vor Sekundärliteratur. Sekundärliteratur ist nur ausnahmsweise zitierfähig, zum Beispiel wenn Originalquelle nicht beschaff- oder übersetzbar.
Tertiärliteratur	Lexika, Nachschlagewerke, Wikipedia.	Zur Erstinformation und Begriffsklärung, meist nicht zitierfähig.
‚Graue' Literatur	Sammelbezeichnung für alle nichtveröffentlichten Schriften: working papers, Institutsberichte, Thesenpapiere, Vorlesungsmanuskripte. In Naturwissenschaften: auch nichtunabhängig begutachtete Fachbeiträge (ohne Beleg ihrer Materialien oder Quellen).	Durchweg nicht zitierfähig, höchstens mit Zusatzhinweis (zitiert nach …) oder wenn die Quellen das Studienobjekt sind.
Unveröffentlichte Quellen	Handschriftliche Dokumente, Briefe, Tagebücher, Gesprächsnotizen.	Stark abhängig von Qualität (Seriosität), wichtig für zeitgenössische Untersuchungen.

rücksichtigen. Das gilt durchweg für Artikel, die älter als 10 Jahre sind. Nicht in allen Teilfächern wie der Mikrobiologie, Genetik, Informatik, Physik oder Chemie wird jedoch an ‚vorderster Front' geforscht, bei der es auf höchste Aktualität ankommt. Bei vielen, weniger ‚brandaktuellen' Projekten riskiert man, wenn man frühere, keineswegs immer überholte Erkenntnisse außer Acht lässt, Untersuchungen zu wiederholen (gemäß der englischen Spottbemerkung: ‚Keep research going') oder zu schlechter fundierten Schlüssen zu kommen.

Angesichts der Informationsfülle laufen Studierende jedenfalls Gefahr, einzelne Quellen hinsichtlich ihrer Bedeutung für das eigene Arbeitsthema nicht kritisch einordnen und bewerten zu können. Die folgenden Ausführungen mögen diesbezüglich weiterhelfen.

2.3.2.1 Fachzeitschriften und wissenschaftliche Schriftenreihen

Fachzeitschriften sind generell auf bestimmte Fachgebiete hin ausgerichtet. Oftmals decken sie innerhalb eines Fachgebiets einzelne Schwerpunkte ab und sind hinsichtlich ihrer wissenschaftlichen Qualität unterschiedlich anspruchsvoll. Sie haben aber im Regelfall eine bestimmte Ausrichtung (‚scope'), die es ermöglicht abzuschätzen, inwieweit sie ergiebig für das eigene Projekt sind.

Sie enthalten Originalarbeiten über Untersuchungen aus Praxis und Wissenschaft sowie Berichte über das derzeitige Geschehen im jeweiligen Fachgebiet. Sie sind daher im

Regelfall die wichtigste Quelle für aktuelle Informationen. Einige Zeitschriften veröffentlichen regelmäßig ‚Themenhefte' mit Überblicksreferaten, die die Literatursuche zusätzlich erleichtern.

Die Beiträge, Mitteilungen und Referate werden jahrgangsweise zusammengestellt, geordnet nach Sachgebieten, AutorInnen und gegebenenfalls sogar nach Stichworten. Die Inhaltsverzeichnisse sind durchweg verschlagwortet und ins Internet gestellt. Somit lassen sie sich nach vielfältigen Gesichtspunkten rasch auswerten. Einige von ihnen enthalten außerdem eine Literaturschau. Damit werden zusätzliche Hinweise auf kürzlich veröffentlichte relevante Arbeiten in Form von Kurzreferaten gegeben und zusätzlich Orientierungshilfen für die eigene Themenstellung geboten. Diese Hinweise sind stets aktueller als die in vielen Büchern. Ein wichtiger Gesichtspunkt für die Analyse und Auswertung von Fachzeitschriften ist außerdem ihre Verfügbarkeit.

Wissenschaftliche Schriftenreihen enthalten durchweg umfangreichere Ausarbeitungen zu Spezialthemen, verschiedentlich auch Buch- oder Artikelbesprechungen. Nicht immer sind die Artikel jedoch begutachtet.

Jahrbücher, Tagungsberichte (‚conference proceedings'), **Sammelwerke** können gleichfalls aktuelle, relevante Informationen und Überblicke zum Stand der Forschung oder über wissenschaftliche Diskussionen bieten. Deren Qualität hängt ebenso davon ab, ob sie vor Drucklegung kritisch überprüft, also fachlich ‚reviewed' wurden.

2.3.2.2 Nachschlagewerke

Lexikonartikel können für die erste Annäherung an ein Thema geeignet sein. Sie sind zugleich wichtig für die Abklärung von **Begriffen** zu Beginn, können aber auch noch in den späteren Phasen einer Arbeit hilfreich sein.

Zum Erlernen von Arbeitsmethoden sind häufig allgemeinbildende Nachschlagewerke, Fachlexika, **Methoden-Beschreibungen** und **Formelsammlungen** notwendig. Mehr und mehr sind allerdings an die Stelle der traditionellen Nachschlagewerke internetverfügbare Referatenorgane, Datenbanken und Lexika getreten.

Die klassischen **Fremdwörterbücher** wurden ebenfalls weitgehend durch Übersetzungsprogramme wie LEO-Online abgelöst. Die einen wie die anderen sind oft unentbehrlich für die zunehmend häufigere Bearbeitung fremdsprachlicher Texte.

2.3.2.3 Lehrbücher

Zur Einführung sind Lehrbücher empfehlenswert. Sie enthalten in ihrem Literaturverzeichnis – meist kapitelweise geordnet – die wichtigsten Arbeiten über den jeweiligen Problemkreis, decken aber Spezialthemen oft nicht ab. Lehrbücher sind außerdem, entsprechend ihrem Erscheinungsjahr, stets mehr oder minder veraltet:

- Burschel, P.; Huss, J. (2003): Grundriss des Waldbaus (3. Aufl.). Stuttgart: Ulmer. 487 S.
- Ellenberg, H.; Leuschner, C. (2010): Vegetation Mitteleuropas in ökologischer, dynamischer und historischer Sicht. (6. überarb. u. erw. Aufl.). UTB Uni-Taschenbücher Bd. 8104. Ulmer. 1357 S., 623 Abb.
- Wilmanns, O. (2002): Ökologische Pflanzensoziologie (5. Aufl.). Wiesbaden: Quelle u. Meyer. 405 S.

2.3.2.4 Handbücher

Handbücher sind oftmals bezüglich des Umfangs der Literaturnachweise ergiebiger. Hinsichtlich deren Aktualität gilt aber dasselbe wie bei den Lehrbüchern: Sie sind stets mehr oder minder veraltet. Sie eignen sich, weil ausführlicher und umfangreicher, oft besser für die späteren Phasen einer Arbeit als für die erste Information:

- Mitscherlich, G. (1970/71/75): Wald, Wachstum und Umwelt: Eine Einführung in die ökologischen Grundlagen des Waldwachstums. 3 Bde. Frankfurt/M.: J.D. Sauerländer's Vlg. Zusammen rd. 880 S.
- Nebel, M.; Philippi, G. (Hrsg.) (2000, 2001, 2005): Die Moose Baden-Württembergs. 3 Bde. Stuttgart: Ulmer. 512, 529, 487 S.; 153, 159, 156 Farbfotos; 245, 322, 222 Verbreitungskarten.

2.3.2.5 Monographien bzw. Fachbücher

In noch ausgeprägterem Maß werden Monographien für die späteren Phasen einer Arbeit herangezogen. Sie bieten meist eine umfassende und erschöpfende Darstellung eines relativ eng umrissenen Spezialgebiets und sind Monographien im Wortsinne, das heißt in ihnen wird ein in sich geschlossener Wissenschaftsbereich oder Gegenstand behandelt. Sie enthalten meist alles wichtige Schrifttum zu einem Spezialthema, das bis kurz vor ihrem Erscheinungsdatum veröffentlicht worden ist:

- Schmidt-Vogt, H. (1977): Die Fichte: Ein Handbuch in 2 Bänden. (Bd. I: Taxonomie, Verbreitung, Morphologie, Ökologie, Waldgesellschaften Bd. II/1: Wachstum, Züchtung, Boden, Umwelt, Holz). Hamburg + Berlin: Vlg. P. Parey. XVIII + 647 S. / XVI + 563 S.
- Fischer, H. (1998): Acker-Erstaufforstungen: Bestandesbegründung, Wachstum und Ökologie an Fallbeispielen. Göttingen: Hainholz-Verlag. 324 S.

Dissertationen und **Habilitationsschriften** sind im Regelfall ebenfalls Monographien gleichzusetzen, weil in ihnen ein abgegrenztes Fachgebiet behandelt wird. In ihnen ist die Literatur generell nahezu vollständig bis kurz vor dem Einreichungstermin aufgeführt. Sie sind deshalb vielfach eine gute Grundlage für die Suche nach Literatur eines eng umgrenzten Fachgebiets bzw. Spezialthemas. Habilitationen werden jedoch nicht immer veröffentlicht und sind daher manchmal schwierig zu finden.

2.3.2.6 Weitere Schriften

Außer den genannten Informationsquellen gibt es Denkschriften, Forschungs- und interne Berichte verschiedenartiger Institutionen. Sie können in Einzelfällen für die Literatursuche ergiebig sein, lassen sich aber angesichts ihrer Vielfalt weniger gut typologisch einordnen und sind oft sehr ‚grau'.

2.4 Beschaffung der aufgefundenen Quellen

2.4.1 Verfügbarkeit der Literatur

Die Literatursuche sollte in eine Prioritätenliste für die Beschaffung münden. So pflegen Literatursuche und -beschaffung meist Hand in Hand zu gehen.

Mit dem Auffinden von Titel und bibliografischen Daten einer Veröffentlichung ist nicht zugleich verbunden, dass man ihrer auch problemlos habhaft werden könne.

Online verfügbare Artikel sind zunehmend die wichtigste Möglichkeit, aktuelle Literatur zu bekommen.

Anders als die in den Universitätsbibliotheken (vergl. Kap. 2.2.2.1, S. 18) nachgewiesenen Publikationen lassen sich die über Referatenblätter oder Datenbanken aufgefundenen Arbeiten oft nur über Fernleihen zeitaufwändig und teuer, manchmal, so bei ausländischen Titeln, auch gar nicht heranschaffen.

Hilfreich ist ‚subito', ein schneller und unkomplizierter Dienst der Bibliotheken, der den Kunden Kopien von Zeitschriftenaufsätzen liefert sowie die Ausleihe von Büchern

unterstützt und über die Universitätsbibliotheken in Anspruch genommen werden kann. Alle Aufsatzkopien, die über subito bestellt und von Kunden genutzt werden, unterliegen allerdings urheberrechtlichen Bestimmungen. Mit der Registrierung bei subito verpflichtet sich der Kunde diese einzuhalten, das heißt insbesondere, dass die Kopien ausschließlich zum eigenen Gebrauch bestimmt sind und nicht an Dritte weitergegeben werden. Eine Kopie darf deshalb nur einmal ausgedruckt und die entsprechende Datei muss anschließend gelöscht werden. Jegliche Speicherung ist untersagt. Generell dürfen die Kopien nicht der Öffentlichkeit zugänglich gemacht werden.
Eine aufwändige Literatursuche via Online-Recherche ist dadurch oftmals eingeschränkt. Das gilt besonders, wenn der zeitliche Aufwand bei Bachelor- oder anderen Studien-Abschlussarbeiten nicht zu hoch getrieben werden kann.

Während man die Literatursuche anfangs oft breit anlegt und in der Folge einengt, denkt man hinsichtlich der Beschaffung relevanter Literatur zunächst an die Bestände der nächstliegenden Einrichtungen, also der Instituts- oder Universitätsbibliotheken, bevor die Fernleihe erwogen wird. Man geht also anders herum vor als bei der Suche mit Maschinen.

2.4.2 Bibliotheken

Bibliotheken sind mit ihren Katalogen nach wie vor hilfreich und spielen für die Literaturbeschaffung eine zentrale Rolle. Zweckmäßigerweise wird man zuerst versuchen, Literatur aus dem Bestand der heimischen (Uni-)Bibliothek bzw. den nachgeordneten Bibliotheken zu erhalten (‚interne' Literaturbeschaffung). Das ist der einfachste Weg. Erst danach geht man zur Fernleihe über (‚externe' Literaturbeschaffung).

Bibliotheken der Lehrstühle, Institute oder Arbeitsbereiche verfügen meist über die wichtigsten in- und gelegentlich auch ausländischen Zeitschriften und Bücher des engeren Fachgebietes. Sie sind damit im Regelfall eine ergiebige Fundgrube, auch wenn ihr Umfang beschränkt ist. Sie versagen dagegen, wenn man ausländisches oder solches Schrifttum auffinden will, das über den eng begrenzten Themenbereich des Arbeitsgebiets hinausgeht.

Bibliotheken der Fakultäten oder Fachbereiche können selbst dann oft weiterhelfen, wenn sie nur mäßig ausgestattet sind. Sie haben nämlich durchweg Kataloge aller in den Institutsbibliotheken stehenden Bücher und Zeitschriften und ermöglichen somit den Zugang auch zu den Büchereien anderer als der unmittelbar betreuenden Lehrstühle oder Institute.

Universitäts- und Staatsbibliotheken sind zwar generell bestens ausgerüstet mit Standardwerken, Materialien aus nahezu allen Fächern, Dissertationen – die Münchner Staatsbibliothek beispielsweise hat die größte Dissertationen-Sammlung der Bundesrepublik Deutschland – und mit unveröffentlichten Dokumenten. Wenig ergiebig sind sie jedoch oft hinsichtlich der Ausstattung mit spezieller Fachliteratur, vor allem mit Fachzeitschriften.

Universitäts- und die nachgeordneten Bibliotheken haben den Vorteil, dass die Ausleihe einfach und kostenfrei ist und dass man sich die Bücher oder Artikel anschauen kann, bevor man sie per Fernleihe bestellt oder womöglich sogar kauft.

Online-Dienste der Bibliotheken liefern weiterhin Informationen über die Verfügbarkeit und den Ausleihstatus von Schriften (zum Beispiel OPAC, KVK + Aufsatzdatenbanken, sowie Subito; URL: http://www.subito-doc.de). Diesen Service können allerdings nur registrierte Benutzer der Bibliothek in Anspruch nehmen.

Die Fernleihe pflegt zeitaufwändig zu sein. Das wird von Studierenden oft unterschätzt.

2.4.3 Archive

Bei diesen handelt es sich um Einrichtungen zur Erfassung, Ordnung, Verwaltung und Verwertung von (oft nicht veröffentlichtem) Schriftgut, von Bildern und Tonträgern. Sie sind die primäre Quelle für die Geschichtsforschung. Außer bei – historisch ausgerichteten – Spezialthemen werden sie im Bereich der angewandten Naturwissenschaften nur ausnahmsweise herangezogen.

2.4.4 Buchhandel

Um eigene Bücher anzuschaffen, helfen der ‚Katalog der über den Buchhandel beschaffbaren Bücher' (www.buchhandel.de, ebenfalls verwendbar: www.buchkatalog.de und www.ebook.de), der örtliche und der Versand-Buchhandel, sowie Antiquariatskataloge für die Suche nach nicht mehr lieferbaren Titeln. Dieser Weg der Literaturbeschaffung spielt allerdings für Geisteswissenschaftler eine größere Rolle als für Naturwissenschaftler und ist aus Kostengründen eher die Ausnahme.

2.5 Auswertung und Verarbeitung der Literatur

Ist das vorhandene Wissen erschlossen, so stellt sich als zweite Aufgabe die sachgerechte Verarbeitung und Wiedergabe der Literatur.
Schon beim ersten Durcharbeiten des Schrifttums sollte man sich eine persönliche Literaturdokumentation aufbauen. Dazu werden die bibliografischen Daten der für relevant gehaltenen Arbeiten sofort dokumentiert und möglichst gleich inhaltliche Auszüge gemacht.
Diese Informationen können auf mehrererlei Weise festgehalten werden:

(1) Auf Karteikarten,
(2) in EDV-verarbeitbaren Dateien,
(3) mit Hilfe von Literaturverwaltungsprogrammen.

2.5.1 Karteikarten für bibliografische Angaben

Karteikarten mögen vielen Studierenden als antiquiert vorkommen. Sie können jedoch auch im Zeitalter des Computers ein sinnvolles Hilfsmittel sein. So ist bei Studien-Abschlussarbeiten ein geringerer Titelumfang die Regel (<100 bibligraphische Angaben). Bachelorarbeiten sind jedoch vielfach reine Literaturbearbeitungen. Bei ihnen ist daher der Titelumfang gelegentlich größer.
Für überschaubare Umfänge genügen DIN-A7-Karteikarten (7,4x10,5 cm). Sollen auf ihnen umfangreichere Stichworte oder Auszüge (‚Exzerpte') notiert oder kopierte Abstracts geklebt werden, so sind größere Karten besser – doppelt (DIN A 6) oder vierfach so groß (DIN A5). Mit bunten Kartenreitern oder verschiedenfarbigen Karten kann man leicht Untergliederungen vornehmen. Karten haben gegenüber der Niederschrift von Literaturangaben auf Papierbögen den Vorteil, dass man sie stets neu gruppieren und zum Ende der Arbeit hin in die richtige, das heißt alphabetische Ordnung fürs Literaturverzeichnis (siehe Kap. 2.7, S. 36) bringen kann.
Am gängigsten ist es, eine **Schlagwortkartei** zu wichtigen Begriffen, Teiluntersuchungen o. ä. und eine **Verfasserkartei** als Grundlage für das Literaturverzeichnis anzulegen. Beide

lassen sich über Querverweise miteinander verknüpfen.
Im Hinblick auf ein fehlerfreies Abschreiben beim Erstellen des Literaturverzeichnisses sollten alle bibliografischen Daten von Anfang an in der richtigen Reihenfolge und Schreibweise auf den Karten notiert werden. Deshalb werden die in Kap. 2.6.1 (siehe S. 28) niedergelegten Regeln schon in der ersten Arbeitsphase zur Beachtung empfohlen. Viel überflüssige Nacharbeit kann nämlich durch sorgfältige und sachgemäße Literaturarbeit vermieden werden.
Karteikarten sind außerdem vorteilhaft, wenn man einen Computer nicht mitführen kann oder will. Sie lassen sich beispielsweise in einer Bibliothek ausfüllen. In Zeiten von Netbooks, Tablets und Smartphones hat diese Vorgehensweise jedoch erheblich an Bedeutung verloren.

2.5.2 Textauszüge in EDV-verarbeitbaren Dateien

Für umfangreichere Literatursammlungen und aufwändige Sortierungsaufgaben stehen Programmpakete zur Literaturdokumentation und -bearbeitung zur Verfügung. Sie und solche zur speziellen Thesaurusverwaltung und -erstellung erlauben eine rasche und rationelle Handhabung auch großer Dateien vor allem bei Korrekturen in der Schlussphase einer Arbeit. Manche Textverarbeitungsprogramme (wie Word) bieten entsprechende Sortiermöglichkeiten.

2.5.3 Literaturverwaltungsprogramme

Titel werden, nachdem man sie heruntergeladen hat, automatisch gespeichert und lassen sich ausdrucken. Vollständige bibliografische Daten sind oft nicht nötig, sondern werden durch Rechner ergänzt. Desgleichen werden Angaben zu den Fundstellen (wie Bibliotheken) automatisch eingefügt. Ein Verweis auf die Literatur lässt sich im Text einfügen.

Anders als hinsichtlich des monopolistisch verbreiteten Schreibprogramms ‚Word‘ gibt es allerdings noch kein als Standard anzusehendes Literaturverwaltungsprogramm, auf das man sich international oder national geeinigt hat. Vielmehr haben die Uni-Bibliotheken Lizenzverträge mit verschiedenen Software-Firmen. So müssen sich die Studierenden nach den jeweiligen örtlich verwendeten Programmen und Standards richten. Das bedeutet auch, dass sie sorgfältig überprüfen müssen, ob die AutorInnen-Namen, Titel der Publikationen und die Veröffentlichungsquellen durch das verwendete Programm richtig übernommen und wiedergegeben werden.

Es gibt mithin gute Gründe für die Wahl des einen oder des anderen ‚Mediums' als Hilfsmittel. Wichtig ist vor allem, dass von Anfang an planmäßig und geordnet vorgegangen wird. Man unterschätzt leicht die ärgerliche, weil oft zeitaufwändige Mehr- und Doppelarbeit in der Endphase, wenn man nämlich unvollständige oder fehlerhafte bibliografische Daten ergänzen oder korrigieren muss.

2.6 Verwenden und Zitieren von Literatur

Alle veröffentlichten Werke sind grundsätzlich durch das Urheberrecht geschützt. Sie dürfen jedoch zitiert werden, wenn das dem wissenschaftlichen Diskurs, also der fachlichen Diskussion dient. Es muss mithin ein **ausreichender Zitatzweck** gegeben sein. Die Zitate dürfen nicht bloß gesammelt werden, sondern müssen in neue Werke eingehen.

Die Verwendung und Verwertung fremder Schriften unterliegt also weitgehenden Beschränkungen, die allerdings auf die wissenschaftliche ‚Auseinandersetzung' beschränkt sind. Vor diesem Hintergrund haben sich hinsichtlich des Umgangs mit Veröffentlichungen und anderen Quellen weitgehend verbindliche Gebräuche herausgebildet. Mit ihnen wird der geistigen Leistung von AutorInnen insofern Rechnung getragen, dass sie unter Namensnennung adäquat zitiert werden.

Bei naturwissenschaftlichen Arbeiten hat sich die anglo-amerikanische Zitierweise durchgesetzt, bei geisteswissenschaftlichen ist die deutsche üblich. Innerhalb der Fachbereiche gibt es außerdem mancherlei Unterschiede.
Anhand vieler Veröffentlichungen habe ich versucht, die gängigsten Vorgehensweisen schwerpunktmäßig für die angewandten Naturwissenschaften herzuleiten und darzustellen. Es gibt aber an den Universitäten oder Fakultäten abweichende Regelungen. Zusätzlich haben einige Verlage und Journals eigene Vorgaben hinsichtlich formaler Einzelheiten. In vielen Instituten oder ähnlichen Einrichtungen wurden Leitfäden zum wissenschaftlichen Schreiben erarbeitet, anhand derer sich Studierende und angehende AutorInnen kundig machen können, welche speziellen formalen Vorschriften sie gegebenenfalls befolgen müssen (siehe auch Kap. 7.3.5, S. 218).

2.6.1 Pflicht zum Beleg des verwendeten Schrifttums und anderer Quellen

Grundsätzlich sollen alle Aussagen nachprüfbar sein. Deshalb müssen sämtliche beim Verfassen wissenschaftlicher Arbeiten herangezogenen Veröffentlichungen, Verfahrensbeschreibungen und sonstigen Quellen, die als eigenständige geistige Leistung anderer AutorInnen anzusehen sind, kenntlich gemacht und bibliografisch belegt werden. Übrigens sind auch Internet-Informationen nicht generell frei nutzbares Gedankengut. Sie unterliegen ebenfalls dem Urheberrecht. Die in den letzten Jahren bekannt gewordenen Plagiatsfälle haben nochmals verdeutlicht, als wie wichtig wissenschaftliche Redlichkeit bewertet wird.
Nachzuweisen ist nur das tatsächlich im Text verwendete Schrifttum. Titel sind aufzunehmen, wenn die Aussage einen originären, aber hier nur knapp zusammengefassten Befund eines Fremdautors wiedergibt.

Beispiel: Mehrere sonst auf dem Boden lebende Tiere erschließen sich zusätzliche Nahrungsquellen dadurch, dass sie in die Kronen der Waldbäume klettern (Scherzinger, 1996).

In diesem Fall ist der Autor im Text und im Literaturverzeichnis nachzuweisen.

Gleichfalls ist fremdes Gedankengut, das nicht oder noch nicht veröffentlicht, aber verwendet wurde, zu belegen. Das können sogar Hypothesen oder Hinweise sein, die man von KollegInnen bekommen hat und deren eigenständiges Geistesgut wiedergeben.
Dabei muss aber eingeräumt werden, dass es nicht immer leicht ist, abzuklären, woher wir eine Information haben, ob sie der Geistesblitz eines Anderen oder ob sie derzeit geistiger Mainstream und Tagesgespräch ist. Wir erinnern uns oft an Faktenwissen, aber nicht mehr, wo wir es gelesen oder gehört haben. Das nennt man laut einem Interview mit dem niederländischen Psychologen Draaisma: ‚Kryptomnesie' (DER SPIEGEL 2013 (4): 120-122). Nicht immer steckt also hinter ei-

nem möglichen ‚Plagiat' der willentliche Akt einer Fälschung.
Die Herkunft von Allgemeinwissen, das in Formelsammlungen, Nachschlagewerken, Lexika, Standard-EDV-Programmen, mathematischen Formeln dokumentiert ist, muss deshalb nicht nachgewiesen werden.

Beim Verfassen einer wissenschaftlichen Arbeit ist mithin ein Kompromiss zu finden zwischen der Forderung nach sorgfältigem Beleg aller verwendeten Quellen und dem Gebot der Beschränkung solcher Nachweise. Verbindliche Regeln gibt es für diesen Kompromiss nur im Sinne der erwähnten wissenschaftlichen Redlichkeit als Entscheidungshilfe dafür, ob eine Quelle nachgewiesen wird oder nicht. Im Zeitalter von Google und Wikipedia scheint allerdings das Bewusstsein, fremdes geistiges Eigentum zu verwenden, bei vielen JungautorInnen nicht immer ausgeprägt zu sein. Um der Gefahr zu entgehen, des Plagiats verdächtig zu werden, zitiert man mithin besser mehr als weniger.

Obwohl es heute Standard sein sollte, dass nur die Arbeiten aufgeführt werden, die auch tatsächlich im Text verwendet wurden, ist es doch eine besonders bei Prüfungsarbeiten nicht seltene Unsitte, das Literaturverzeichnis mit Titeln von Arbeiten aufzublähen, die gar nicht gelesen oder zwar gelesen, aber nicht für zitierenswert gehalten wurden. Damit soll der Eindruck von eifriger Literaturverarbeitung erweckt werden. Die BetreuerInnen und Leser solcher Ausarbeitungen pflegen diese Absicht jedoch meist zu durchschauen. ‚Zitathuberei' ist im Übrigen keine eigenständige wissenschaftliche Leistung.

Selbst erarbeitete und im Text oder in Tabellen bzw. Abbildungen verarbeitete Daten oder Befunde werden übrigens nicht mit dem eigenen Namen der AutorInnen gekennzeichnet. Das erwähne ich deshalb, weil diesbezügliche Fragen mehrfach an mich gestellt wurden. Texte ohne Zitatbeleg sind mithin gleichfalls als eigene Texte der AutorInnen zu werten.
Hinsichtlich der Zitierfähigkeit von Quellen sei nochmals auf die Angaben in Tab. 2.3-2 (S. 22) hingewiesen.

2.6.2 Zitieren im Text

Für die Verarbeitung und das Zitieren von Literatur wird in besonderem Maße die Beachtung der Grundregeln ‚guter wissenschaftlicher Praxis' verlangt. Wer nicht richtig zitiert, wird womöglich des Plagiats verdächtigt.

Quellenmaterial – dazu gehören auch Aussagen in eigenen früheren Veröffentlichungen – kann im Text einer Arbeit unterschiedlich direkt verwendet werden. Dementsprechend bieten sich die im Folgenden nach ihrer Intensität geordneten Möglichkeiten des Zitierens:

(1) Wörtliches bzw. direktes Zitieren oder
(2) sinngemäße Wiedergabe bzw. indirektes Zitieren.

Das wörtliche Zitieren ist in naturwissenschaftlich ausgerichteten Arbeiten eher der Ausnahmefall, das sinngemäße Zitieren dagegen die Regel.

2.6.2.1 Wörtliches Zitieren (‚direktes' bzw. originalgetreues' Zitieren)

Wörtlich wird nur zitiert, wenn es auf den genauen Wortlaut besonders prägnanter oder origineller Aussagen ankommt. Das ist speziell bei juristischen Fragen der Fall.
Grundsätzlich sollten Zitate nicht sehr umfangreich sein. Dann kann man sie nämlich oft auch auf die wesentlichen sinngemäßen Inhalte kürzen.
Beim wörtlichen Zitieren sind die Vorschriften streng. Hier kommt es auf die exakte

Wiedergabe der Aussage der AutorInnen, also auf jedes Wort an. Das mag für viele Ausarbeitungen, vor allem bei Prüfungsarbeiten, übertrieben erscheinen. Wenn man sich aber den Streit um Worte vor allem in der Religion oder in Ideologien vergegenwärtigt, wird nachvollziehbar, warum diesbezüglich Genauigkeit gefordert wird.
Es gibt also eine Reihe von Vorschriften, die nachfolgend aufgelistet werden:

- **Wörtliche Zitate** sind stets **in Anführungszeichen zu setzen** und unverändert zu übernehmen:
  „Im Fichten-Buchen-Tannen-Altholz des Nationalparks Bayerischer Wald klettern vor allem Gelbhalsmäuse in 12 bis 18 m Stammhöhe, womit sie durch Nutzung der dritten Dimension ihren Nahrungsraum ganz wesentlich erweitern können“ (Scherzinger, 1996: 46).

  Dieses Gebot der unveränderten Wiedergabe gilt selbst dann, wenn die herangezogenen **Zitate veraltet** geschrieben sind oder Fehler enthalten:
  So schrieb von Carlowitz 1713 (S. 75): *„Es ist fast wie ein* Universal Affect *und gemeine Seuche/ daß jedermann lieber Feld und Wiesen als Holtz besitzen will/ und also dahin* inclinir*et/ wie dieses zuvertilgen / und theils gäntzlich auszurotten / gleich als wenn es ein Unkraut und zuFührung einer Haußwirthschafft gar nicht nöthig* wäre.“

  Bei diesem Zitat mussten alle ‚Schreibfehler', die uneinheitliche Einfügung von Leerzeichen vor und nach den kommagleichen Schrägstrichen und die Verwendung von anderen Schrifttypen für die aus dem Lateinischen abgeleiteten Wörtern exakt wiedergegeben werden.

  Offenkundige Schreibfehler in Zitaten werden oftmals durch Ausrufezeichen [!] oder das Wörtchen [sic] (in eckigen Klammern) kenntlich gemacht, um dem Verdacht zu begegnen, der Zitierer habe falsch abgeschrieben.

Vielfach werden wörtliche Zitate – ebenso wie wissenschaftliche Namen – ***kursiv*** geschrieben. Das lässt deutlicher erkennen, dass es sich um Zitate handelt, als wenn man sie nur in Anführungszeichen setzt (siehe auch Kap. 3.3.3, S. 71).
Bei **Veränderungen von Zitaten** gelten folgende Regeln:

- Die **Auslassung** eines Wortes ist durch zwei Punkte „..', Auslassungen mehrerer Worte sind durch drei Punkte „...' zu kennzeichnen:
  Scherzinger (1996: 46) fand heraus: *„Im Fichten-Buchen-Tannen-Altholz des Nationalparks Bayerischer Wald klettern .. Gelbhalsmäuse in 12 bis 18 m Stammhöhe, womit sie ... ihren Nahrungsraum ganz wesentlich erweitern können.“*

  Alternativ werden die 2 oder 3 Auslassungspunkte in runde Klammern gesetzt.

  Durch Auslassungen darf der Sinn des Textes aber nicht verändert werden.

- **Zitate innerhalb eines Zitats** werden durch einfache Anführungszeichen („...‘) oder durch andere Zeichen («...») gekennzeichnet.

- **Umstellungen** innerhalb eines wörtlichen Zitats können notwendig werden, wenn dieses in freie Formulierungen eingebunden wird. Sie sind innerhalb der Anführungszeichen durch eckige Klammern kenntlich zu machen:
  Die eigenen Erfahrungen bestätigen die Befunde Holzers von 1977, dass *„...die Gründe für einige zu geringe Erfolge noch nicht vollkommen bekannt* [sind] *und weiterer Untersuchungen* [bedürfen]“.

- Veränderungen eines Zitats durch **Ergänzungen** sind ebenfalls durch Klammerung zu kennzeichnen, und zwar außerhalb der

Anführungszeichen:

„Noch 1908 meinte STOETZER, *dass die Bestandesabteilung“* [= Unterabteilung, der Verf.] *„nur vorübergehender Natur sei, da es als Ideal und zukünftiges Ziel feststeht, dass …“*

- **Eigene Hervorhebungen** sind durch Zusätze wie: [Fettdruck durch den Verfasser – ‚emphasis by the author‘] auszuweisen, Hervorhebungen des Fremdautors dagegen unverändert wiederzugeben.
- **Fremdsprachige Zitate** sind grundsätzlich zu übersetzen, sofern es sich nicht um englische handelt. Dennoch sollte auch die Kenntnis englischsprachiger Fachbegriffe nicht immer stillschweigend vorausgesetzt, sondern eine Übersetzung beigegeben werden. Das geschieht in eckigen Klammern nach dem Zitat mit dem Hinweis: [Übersetzung des Verfassers] bzw. abgekürzt: [Übersetzung d. Verf.].

Insgesamt gesehen sollte nur mit Maßen wörtlich zitiert werden. Anhäufungen wörtlicher Zitate sind nicht unbedingt ein Zeichen hoher wissenschaftlicher Qualität. Erst durch Umsetzung in eigene Worte eignet man sich manche Gedanken selbst an – und macht sie für die Leser verständlicher. In den Naturwissenschaften sind sinngemäße, meist stark verkürzte Zitate ohnehin, und vielleicht eben deshalb, üblicher.

2.6.2.2 Inhaltlich sinngemäßes Zitieren

(‚indirektes Zitieren')

Während es für das wörtliche Zitieren klare Regeln gibt, sind sie für das freie Zitieren – wie gesagt: in naturwissenschaftlich ausgerichteten Arbeiten die Regel – weniger streng. Hier geht es im Wesentlichen darum, den sachlichen bzw. gedanklichen Inhalt einer Aussage mit eigenen Worten genau zu treffen (‚Paraphrase‘). Dabei kann jedoch keineswegs locker und unsorgfältig verfahren werden. Vielmehr darf weder einseitig oder fehlerhaft ausgewählt, noch tendenziös oder gar böswillig verfälscht werden. Das ist gleichfalls ein Gebot wissenschaftlicher Redlichkeit.

Auch beim sinngemäßen Zitieren gibt es dementsprechend eine Reihe unterschiedlicher Usancen:

- Bei **indirekter Verwendung** einer Arbeit werden die AutorInnen dann nicht im Text kenntlich gemacht, wenn die Arbeit lediglich als Quelle für die Einführung in das Fachthema oder für allgemeine Aussagen diente. Sie wird aber in das Literaturverzeichnis aufgenommen.
  Die bloße Lektüre einzelner Arbeiten allein ist noch kein Grund für deren Aufnahme ins Literaturverzeichnis, wenn diese nicht auch sachlich verarbeitet wurden (vergl. Kap. 2.3.1, S. 21). Sonst würde der Umfang einer Arbeit unnötig aufgebläht.
- Bei **freier Wiedergabe einer Aussage** im Text mit relativ geringem Bezug zur Vorlage werden AutorInnenname und das Jahr des Erscheinens der herangezogenen Arbeit in Klammern am Ende eines Satzes aufgeführt:

  Mit einer weiteren Vermehrung des Rüsselkäfers ist nach dem DDT-Verbot zu rechnen (HUBER, 1974).
- Bei **stärkerer Betonung des Autors einer Veröffentlichung** und freier Wiedergabe der Aussage wird der AutorInnenname in den Satz eingebaut:

  Nach Meinung von HUBER (1974) sei mit einer weiteren Vermehrung des Rüsselkäfers nach dem DDT-Verbot zu rechnen. KRETSCHMER (1975) hielt dagegen …
- Mit zusätzlichem **Gewicht auf dem Erscheinungsjahr** der Arbeit kann das fol-

gendermaßen lauten: Darwin stellte schon 1835 heraus, dass ...

- Zum indirekten Zitieren gehört auch das sinngemäße Zitieren, das manchmal durch den Zusatz: *‚sensu'* (= im Sinne von) gekennzeichnet wird.

Diese Feinheiten mögen Studierenden übertrieben vorkommen. Mit der jeweiligen Materie vertraute Leser können jedoch der Namensnennung der AutorInnen bzw. der Angabe der Erscheinungsjahre bereits Informationen über die Qualität und Aktualität einer Aussage entnehmen.

Vorsicht ist generell bei der **Übernahme von Zitaten aus Sekundärliteratur** geboten. Das gilt gleichermaßen für inhaltliche, wie wörtliche Zitate. Man muss nämlich stets argwöhnen, dass sie flüchtig, unvollständig oder absichtlich falsch bzw. tendenziös wiedergegeben worden sind. Deshalb sollte jedes Zitat in der Originalarbeit überprüft werden. Ist diese allerdings nicht zu beschaffen oder nicht übersetzbar, so kann man sich durch den Vermerk: [zitiert nach ...] in gewissem Umfang aus der Verantwortung ziehen:

- Auf diesen Zusammenhang hatte bereits Maximov [zitiert nach Schmidt, 1925] aufmerksam gemacht.
- Isheik [1974, zit. n. For. Abstr., 1975] beschrieb Versuche in Pakistan, die ...

Auch bei **Übernahme von Zitaten aus Internetquellen** ist Vorsicht geboten, weil sie später gegebenenfalls verändert oder gelöscht werden und ihr ursprünglicher Wortlaut dann nicht mehr überprüfbar ist. Grundsätzlich sollten deshalb nur wissenschaftlich seriöse (Primär-)Quellen herangezogen werden.

Auf das Zitieren von Daten und deren Umformung wie Rundung wird in Kap. 4.8 (S. 128) näher eingegangen.

2.6.3 Zitatbeleg im Text

Für das Auffinden der Quellenangaben werden alle Zitate – gleichgültig, ob inhaltlich oder wörtlich verwendet – entweder mit AutorInnennamen und Veröffentlichungsjahr oder aber mit Zitatnummern im Text belegt. Einzelheiten hierzu werden nachfolgend beschrieben.

2.6.3.1 Beleg der Literaturzitate mit Autorennamen und Erscheinungsjahr

Für naturwissenschaftliche Arbeiten hat sich gemäß der Harvard-Notation die Gepflogenheit durchgesetzt, im Text AutorIn und Erscheinungsjahr einer Arbeit zu nennen, aus der das Zitat entnommen wurde.
Hierbei sind mehrere Einzelanweisungen zu beachten:

- **Schreibweise von AutorInnennamen**
  Personennamen können auf dreierlei Weise geschrieben werden:
  - **Normalschrift** ist nach wie vor üblich.
  - Die Schreibung mit **GROSSBUCHSTABEN** ist ein Überbleibsel aus der Schreibmaschinenzeit und weniger gut lesbar.
  - Die Schreibweise mit sogenannten **Kapitälchen** (‚Minuskeln') setzt sich mehr und mehr durch. Kapitälchen wirken weniger aufdringlich als Großbuchstaben und sind besser lesbar. Zugleich heben sich die AutorInnennamen gegenüber der ‚Normal'-Schreibung deutlicher vom Fließtext ab. Man kann die Namen also bei der Lektüre ‚überspringen' und wird weniger im Lesefluss gestört. Kapitälchen lassen sich mit Computern problemlos formatieren. Deshalb wurden sie im Leitfaden durchgängig verwendet, beispielsweise folgendermaßen:

  Hoder (1998) stellte heraus, dass ...

... brachten wertvolle Hinweise (Schlotz, 1994; Hoder, 1998).

Die in runden Klammern im Text eingefügten bibliografischen Nachweise aus AutorInnennamen und Erscheinungsjahr fallen zusätzlich weniger störend auf, wenn sie zwei Punkte kleiner geschrieben werden als der Fließtext. Deshalb wurde bei der Nennung von AutorenInnen hier im Leitfaden generell so verfahren.

Vornamen werden weggelassen. Eine Ausnahme wird nur gemacht, wenn zwei gleichnamige Autoren im selben Jahr publiziert haben und zitiert werden. Das geschieht, indem die abgekürzten Vornamen hinzugefügt werden:
... (Walter, H. u. Walter, E., 1974).

Institutionen werden mit Großbuchstaben geschrieben. Das gilt immer, wenn ihre Namen aus Abkürzungen hervorgegangen sind (BMU, UNESCO).
Wenn man die AutorInnennamen mit Kapitälchen schreibt, die Institutionen aber mit Großbuchstaben, so gibt es keine Unklarheiten, ob es sich jeweils um Autoren oder Institutionen handelt.

- **Zeichensetzung bei Nennung mehrerer AutorInnen**
  Am besten lesbar ist, in der Klammer AutorInnennamen und Erscheinungsjahr der zitierten Arbeiten durch Komma, zwei oder mehr Zitatbelege aber jeweils durch Semikolon zu trennen:

  Einige Tiere klettern in die Baumkronen und erschließen sich dadurch zusätzliche Nahrungsquellen (Bader, 1963; Bauer *et al.*, 1994; Dumont, 1994; Scherzinger, 1996; Zylonkowsky, 1999; Meier, 2002).

  Nach Vorgabe mancher Verlage kann das Komma zwischen AutorInnenname und Veröffentlichungsjahr entfallen. Die Namen mehrerer Autoren werden stattdessen durch Kommas getrennt.

- **Kennzeichnung mehrerer von einem Autor im selben Jahr veröffentlichter Arbeiten**
  In diesem Fall werden den Angaben kleine lateinische Buchstaben zugefügt, damit sie im Literaturverzeichnis unterschieden werden können:

  ... war von Einfluss auf die Käferpopulation (Davin, 2005 a + b; Schneider, 2008 b).

- **Nennung der Namen mehrerer AutorInnen einer Veröffentlichung**
  Bei Arbeiten mit zwei AutorInnen werden beide im Text genannt:
  ... (Anderson und Bleckett, 2008).
  Gelegentlich liest man bei zwei AutorInnennamen statt und auch die lateinische Form et oder das Symbol &.

  Bei mehr als zwei AutorInnen wird im Text nur der erste Name im Text genannt und durch den Zusatz *et al.* (= *et alii* = lateinisch: ‚und andere') angedeutet, dass weitere KoautorInnen beteiligt waren. Et al. wird übrigens – wie wissenschaftliche Artnamen – oftmals, aber nicht obligatorisch, kursiv geschrieben: ... (Bleck *et al.*, 2004).
  Es geht aber nicht an, dass – wie man zunehmend lesen kann – im Text die Einzahl verwendet wird, als ob es sich nur um einen Autor handelte: *„So wies unter anderem Grin et al. nach, dass ...".*

  Verschiedentlich steht anstelle von ‚et al.' ‚u. a.' (= und andere). Diese Abkürzung dürfte sich aber nicht durchsetzen, weil wissenschaftliche Arbeiten zunehmend in englischer Sprache veröffentlicht werden, und die deutsche Version ‚und andere' dann nicht verstanden wird.

  Im Literaturverzeichnis werden die Namen aller AutorInnen aufgeführt. Abweichungen von dieser Regel sind in Kap. 2.7.1.2 (S. 37) angesprochen.

- **Angabe der Seitenzahl bei Zitaten aus umfangreichen Veröffentlichungen**
  Bei Zitaten aus größeren Veröffentlichungen, wie Büchern, sollte die jeweilige Fundstelle durch Angabe der Seitenzahlen zum leichteren Auffinden des Zitats genannt werden. Das ist dann besonders wichtig, wenn aus einer größeren Veröffentlichung mehrfach zitiert wird:
  ... (Malow, 1975: 92-95).
  ... (Malow, 1975: 112).
  Alternativ wird geschrieben: (Malow 1975, S. 92-95), oder auch (Malow, 1975, S. 92 ff).
  Dabei kann noch unterschieden werden hinsichtlich der Zusatzangaben: f für nur eine folgende Seite, ff für mehrere.
- **Unbekannte Autorenschaft**
  Ist nicht bekannt, wer eine Schrift veröffentlicht hat, so hilft man sich mit Anonymus:
  ... (An., 2009).

  In vielen Fällen lässt sich aber eine für die Veröffentlichung zeichnende Behörde oder sonstige Institution angeben, die dann als Autor fungiert:
  ... (Bundesmin. für Ern., Landw. u. Verraucherschutz, 2003).
- **Literatur ohne Jahresangabe**
  Eine fehlende Jahresangabe wird durch Zusatz o. J. (= ohne Jahr) kenntlich gemacht.
- **Reihung mehrerer Zitatbelege**
  Mehrere Zitatbelege hintereinander werden in der Regel nach dem Erscheinungsjahr, also nach ‚Anciennität' und nicht alphabetisch nach Namen geordnet:
  ... (Sagorsky, 1927; Kreitbaumer, 1979; Adamson, 2007).

  Manche Zeitschriften haben allerdings abweichende Vorschriften.

  Für diese Art, Zitate zu belegen, spricht, dass man bereits aus der Angabe des Publikationsjahres Rückschlüsse auf die Aktualität eines Zitates ziehen kann.
  So wird das Zitat einer Arbeit aus dem Jahr 1912 wahrscheinlich weniger zum Stand einer aktuellen wissenschaftlichen Auseinandersetzung beisteuern als eines aus dem Jahr 2012.
- **Nicht veröffentlichte Informationen**
  In einem solchen Fall wird der AutorInnenname und das Jahr, in dem der Hinweis – gleichgültig, ob mündlich oder schriftlich – gegeben wurde, wie bei einer Veröffentlichung im Text aufgeführt und mit dem Hinweis Persönliche Mitteilung oder pers. com. versehen. Auf die Art der Dokumentation im Literaturverzeichnis für einen solchen Fall wird auf S. 40 eingegangen.

2.6.3.2 Nummerierung der Literaturzitate

Bei reinen Literaturarbeiten, aber auch bei der Beschreibung des Kenntnisstandes (siehe Kap. 3.1.1, S. 47) werden manchmal für eine einzige Aussage mehrere Veröffentlichungen herangezogen. Das war mit dem vorangegangenen Beispiel Zeichensetzung bei Nennung mehrerer AutorInnen illustriert worden. Die Anhäufung von Zitatbelegen mit Autorennamen und Publikationsjahren kann platzzehrend sein und die Lesbarkeit stören. In solchen Fällen lässt sich platzsparender mit Nummern arbeiten, die der alphabetischen Reihung der Titel im Literaturverzeichnis oder aber deren Reihenfolge im Text entsprechen. Das gilt besonders, wenn wiederholt aus denselben Literaturquellen ‚geschöpft' wird:

Die Entwicklung der Käferpopulationen wurde durch den Behandlungszeitpunkt beeinflusst, konnte aber nicht ganz unterbunden werden [13, 33, 42]. Unterdosierung hielt die Bäume länger fängisch und trug zu erhöhtem Befall bei [4, 33, 34, 36].

Diese Art des Zitierens bietet folgende **Vorteile**:

- Die Literaturhinweise behindern den Textfluss kaum.
- Bei jedem Satz, ja sogar jedem Halbsatz, kann die Herkunft einer Aussage platzsparend belegt werden.

Mehrere Arbeiten derselben Person, die im selben Jahr erschienen sind, kann man bei diesem Vorgehen durchnummerieren. Man braucht also nicht – wie oben beschrieben –, der Angabe des Erscheinungsjahrs einer Publikation kleine Buchstaben (a, b, c, ...) hinzuzufügen.

Als **Nachteile** stehen dagegen:

- Leser müssen im Literaturverzeichnis nachschauen, wenn sie etwas über Autor und Erscheinungsjahr einer Veröffentlichung erfahren wollen. Den Zitatnummern selbst lässt sich nichts über die Aktualität und Qualität des jeweiligen Literaturzitates entnehmen.
- Während der Ausarbeitung werden womöglich weitere Zitate in den Text aufgenommen oder weggelassen. Das kann zu Fehlnummerierungen führen. Diese Gefahr hat zwar dadurch ihren Schrecken verloren, dass die heute verfügbaren Programme automatisch alle Nummern anpassen, sobald eine Nummer neu eingefügt oder gestrichen wird. Die Erfahrung zeigt jedoch, dass es trotzdem immer wieder zu Fehlern kommen kann.

Dies sind die Gründe, warum der Zitatbeleg mit Ziffern weniger als der mit Angabe von Namen und Erscheinungsjahr zu empfehlen ist – es sei denn, bei reinen Literaturreferaten würde die Aufzählung vieler Namen den Textfluss deutlich mehr belasten als die Nummernangabe.
Werden die Literaturangaben nummeriert, so muss das allerdings durchgängig in der ganzen Arbeit geschehen.

Die Nummerierung von Autorennamen im Text kann man als Übergangsform zu den nachfolgend erörterten Fußnoten ansehen.

2.6.3.3 Zitatbeleg in Fußnoten oder als Anmerkungen

In geisteswissenschaftlich ausgerichteten Arbeiten werden üblicherweise die bibliografischen Daten einer verwendeten Arbeit und bei längeren Veröffentlichungen oder Quellen die Seiten der Fundstellen in Form von Fußnoten am Seitenende oder als Anmerkungen am Kapitel- bzw. Buchende angegeben. Anstelle von Autorennamen und Jahreszahl, sowie gegebenenfalls der Seitenangabe wird das Zitat im Text mit einer kleinen Hochziffer versehen. Am Seitenfuß oder Kapitelende dienen dieselben Hochziffern dann zum Auffinden der entsprechenden bibliografischen Einzelheiten meist als Kurzbeleg:
[21]SCHULTZE, 1979, S. 53

Verschiedentlich werden sie auch als Vollbeleg aufgeführt, also mit allen bibliografischen Angaben.

Dazu lässt sich kritisch anmerken:

- Bibliografische Vollbelege gehören ins Literaturverzeichnis, weil sie sonst schwer wiederzufinden sind. In vielen geisteswissenschaftlichen Arbeiten werden die herangezogenen Publikationen oder Quellen deshalb zusätzlich zum bibliografischen Vollbeleg als Fußnote auch als Vollbeleg im Literaturverzeichnis zusammengestellt. Das aber führt zu einer Doppelung der Nachweise, die entsprechend mehr Platz kostet.

- Seitenangaben lassen sich ebenso gut mit den Autorennamen und Jahreszahlen innerhalb des Textes kombinieren, wie es gerade illustriert wurde.
- Fußnoten benötigen mehr Platz auf einer Seite und sind zudem schreibtechnisch schwieriger zu handhaben – auch, wenn die Schreibprogramme die Fußnoten automatisch einfügen.

Deshalb sind Fußnoten und Anmerkungen gemäß den Richtlinien für einige naturwissenschaftliche Journals ausdrücklich nicht zulässig. Es ist gleichfalls nicht gestattet, Anmerkungen am Kapitelende zusammenzustellen (BRINK 2004, 200). Das gilt so strikt allerdings nur für wissenschaftliche Veröffentlichungen in den Naturwissenschaften. Für naturwissenschaftlich ausgerichtete Studien-Abschlussarbeiten und Dissertationen sollte man ebenfalls auf Fußnoten verzichten.

In Kap. 3.3.7 (S. 75) wird der Gebrauch von Fußnoten und Anmerkungen nochmals in anderem Zusammenhang angesprochen.

2.7 Dokumentation der Quellen im Literaturverzeichnis

Alles verarbeitete Informationsmaterial – das gilt auch für Zitatbelege aus dem Internet – wird bei Studien-Abschluss- und Doktorarbeiten ebenso wie bei wissenschaftlichen Artikeln am Schluss in einem ‚LITERATURVERZEICHNIS' aufgelistet. Üblich sind gleichfalls Bezeichnungen wie ‚Schrifttums-' oder auch ‚Literatur- und Quellenverzeichnis' (‚references', ‚source list'). Der etwas veraltete und daher weniger verwendete Begriff ‚Bibliographie' bezieht sich vom Wortstamm her eher auf eine Bücherliste (aus griechisch *biblion* = Buch und *graphein* = schreiben).

Das Literaturverzeichnis wird nach der Zusammenfassung (siehe Kap. 3.1.1 [7], S. 59) eingefügt und den vorangegangenen Kapiteln folgend nummeriert.

2.7.1 Bibliografie der Titelangaben

2.7.1.1 Grundschema

Jede Literaturangabe in naturwissenschaftlich und technisch orientierten Arbeiten soll folgende Angaben enthalten:

- AutorInnenname (in Kapitälchen, Normalschrift oder Großbuchstaben),
- Vorname(n) (abgekürzt),
- Veröffentlichungsjahr (oft in Klammern gesetzt),
- vollständiger Titel der Arbeit, (gegebenenfalls Haupt- und Untertitel),
- Quellenangabe (Erscheinungsort, Verlag bzw. Zeitschriftenname, Band/Jahrgang, gegebenenfalls Heftnummer)
- Seitenumfang der Arbeit.

Hierzu einige typische Beispiele:

- **Buch**: Honerkamp, J. (2013): Was können wir wissen? Mit Physik bis zur Grenze verlässlicher Erkenntnis. Berlin: Springer. XXVIII + 367 S.
- **Zeitschriftenartikel**: KÖLBL, O. (1978): Realistische Landnutzungserhebungen. Bildmessung und Luftbildwesen 83: 4-11.
- **Nicht veröffentlichte Arbeit**: STÜBER, V. (1986): Ergebnisse der Standortskartierung im Staatlichen Forstamt Altenau. Nieders. Forstplanungsamt. Unveröffentl. Erläuterungsband. 135 S.

2.7.1.2 Allgemeine Regeln für alle Veröffentlichungsarten

Es sei nochmals darauf hingewiesen, dass die Literatur-Dokumentation vieler Veröffentlichungsorgane in formalen Einzelheiten voneinander abweichen kann. Nach meinen Recherchen haben sich aber für das Bibliografieren im Literaturverzeichnis überwiegend folgende Usancen ausgeprägt:

- **Interpunktion innerhalb des Titelbelegs**
  Familien- und Vorname werden durch ein Komma getrennt, Jahreszahl und Titel der Arbeit dagegen durch einen Doppelpunkt. Die Titelangabe wird mit einem Punkt abgeschlossen:

  LUDWIG, K. H. (2006): Eine kurze Geschichte des Klimas.

  In englischsprachigen Zeitschriften wird das Komma zwischen Familien- und Vornamen oft weggelassen und der Name mit Jahreszahl sowie Titel der Arbeit nur durch einen Punkt getrennt.

  WEART S. R. 2003. The Discovery of Global Warming.

- **Mehrere AutorInnennamen**
  Sie werden durch Komma oder Semikolon getrennt, gelegentlich durch ‚und' oder ‚&' verbunden. Bei den KoautorInnen wird im deutschen Sprachraum meist die Reihenfolge: Familienname – Vorname beibehalten: ADAM, A.; BERNHARD, B.; CASDORF, Ch. (2005): ... Das wird aber nicht immer einheitlich gehandhabt.
  Bei Zitatbeleg von Arbeiten mit drei und mehr AutorInnen wird im Text nur der erste Name genannt. Die folgenden werden dann mit *et al.* angedeutet. Im Literaturverzeichnis dagegen sind alle Beteiligten zu nennen. Das kann zu längeren Auflistungen führen.
  Offenbar bahnt sich hier ein Wechsel an: Bis zu drei Autorennamen werden noch ins Literaturverzeichnis aufgenommen. Ist die Zahl dagegen größer, so wird nur noch der erste Name mit dem Zusatz *et al.* genannt.

- **Haupt- und Untertitel einer Veröffentlichung**
  Zwar sind verschiedene Schreibweisen zu finden. Durchzusetzen scheint sich aber die Trennung von Titel und Untertitel mit Doppelpunkt und Beginn des Untertitels mit Großbuchstaben:

  RÜCKRIEM, G. *et al.* (1977): Die Technik wissenschaftlichen Arbeitens: Praktische Anleitung zum Erlernen wissenschaftlicher Techniken. ...

  Bei älteren Arbeiten wurden Haupt- und Untertitel oftmals durch einen Gedankenstrich statt durch einen Doppelpunkt getrennt.

- **Übersetzung der Titel fremdsprachiger Veröffentlichungen**
  Deutsche, englische, französische, spanische Titel werden meist in der Originalsprache wiedergegeben. Auf eine deutsche Übersetzung kann – sollte aber nicht – verzichtet werden. Der ins Deutsche übersetzte Titel wird in eckige Klammern gesetzt:

  CLOSUIT, R. (1958): Le Châtaignier dans la vallée suisse du Rhäne. [Die Edelkastanie im schweizerischen Rhänetal]. Mitt. d. Schweiz. Anst. f. d. forstl. Versuchswesen 34: 183-220.

  Bei Verzicht auf die Titelangabe in der Originalsprache wird nur der in eckige Klammern gesetzte Titel angegeben. Das ist vor allem in der englischsprachigen Welt üblich, hat aber den Nachteil, dass sich die Originalarbeit nur schwer auffinden lässt:

  CLOSUIT, R. (1958): [Die Edelkastanie im schweizerischen Rhänetal]. ...

- **Veröffentlichung unter dem Namen eines Herausgebers**
  Dem Namen wird beigefügt: (Hrsg., bzw. Hg.) oder auch (ed.) (= Editor), bei mehreren Herausgebern (eds.):

  MAYER-TASCH, P. C. (Hrsg.) (2009): Welt ohne Wasser: Geschichte und Zukunft eines knappen Gutes. ...

- **Einzelarbeit in umfassenderer Veröffentlichung**
  Nach der Nennung von AutorIn, Erscheinungsjahr und Titel der Einzelarbeit wird der Name der Artikelsammlung (etwa ein

Tagungsband) angegeben mit dem Zusatz: ‚In:' ...:

HOLTZ, B. (2006): Das Thema Preußen in Wissenschaft und Wissenschaftspolitik der DDR. In: NEUGEBAUER, W. (Hrsg.): ...

- **Dissertationen und Studien-Abschlussarbeiten**
  Bei diesen wird der Veröffentlichungsort angegeben:
  Univ. Freiburg: Dissertation
- **Veröffentlichung unter dem Namen einer Dienststelle**
  Zeichnet eine Institution für einen Artikel verantwortlich, so tritt ihr Name an die Stelle des Personennamens:
  IPCC (2005): ...
- **Veröffentlichung ohne feststellbare Urheberschaft**
  An die Stelle eines Namens tritt ANONYMUS, AN. oder N.N. (= *nomen nescio* = den Namen kenne ich nicht), bzw. o. V. (= ohne Verfasser).
- **Veröffentlichung ohne Angabe des Erscheinungsjahres**
  In die dem Namen folgende Klammer wird o. J. (= ohne Jahresangabe) gesetzt.
- **Noch nicht veröffentlichte Arbeiten**
  Sie sollen nur zitiert und aufgenommen werden, wenn ihre Veröffentlichung in angemessener Zeit erwartet werden kann. Sie erhalten den Zusatz ‚im Druck' oder ‚zur Veröffentlichung angenommen'.
- **Übernahme von Zitaten aus Sekundärliteratur oder Referatenorganen**
  Ist die Originalquelle nicht beschaffbar, die in einer Sekundärquelle gemachte Aussage aber für die eigene Arbeit relevant, so wird die Originalquelle genannt und zugleich darauf hingewiesen, aus welcher Sekundärquelle zitiert wurde:
  Belkov, K. (1974; zit. n. For. Abstr. 1975: 4112).

2.7.1.3 Sonderregeln für die verschiedenen Veröffentlichungsarten

(1) Zeitschriften

Bei der Quellenangabe werden der Name des Veröffentlichungsorgans, der Jahrgang oder Band und die erste und letzte Seite des Beitrags genannt.
Jahrgang und Seitenzahlen werden durch einen Doppelpunkt oder durch einen Punkt getrennt. Manchmal wird das Kürzel S. (= Seite) eingefügt:

European Journal of Forestry Research 128: 117-128
European Journal of Forestry Research 128: S. 117-128

Beide Versionen sind möglich. Die erstgenannte ist die gängigere.

Viele Journale gehen dazu über, die Seiten nicht mehr jahrgangs-, sondern heftweise zu nummerieren. In solchen Fällen ist zwingend erforderlich, die Heftnummer nach dem Jahrgang – in runder Klammer – anzugeben:
Allgemeine Forstzeitschrift-Der Wald 65 (5): 28-31.

Zeitschriftennamen können abgekürzt werden. Dann ist jedoch ein Abkürzungsschlüssel einzufügen, und der lohnt sich nur, wenn bestimmte Zeitschriften in größeren Ausarbeitungen mit umfangreichen Literaturangaben mehrfach genannt werden:

AFZ = Allgemeine Forstzeitschrift
EJFR = European Journal of Forest Research
FEM = Forest Ecology and Management

In den letzten Jahren ist man aber davon abgekommen, die Zeitschriftennamen allzu weitgehend abzukürzen. Es liest sich nämlich mühsam, wenn man immer wieder das Abkürzungsverzeichnis heranziehen muss. Zudem wird die Platzersparnis bei den Literaturangaben durch den Abdruck des Abkürzungsschlüssels wieder verschenkt. Bei Arbeiten mit wenig umfangreichen Literaturverzeichnissen sollte deshalb generell von Abkürzungen der bibliografischen Angaben abgesehen werden. Das ist bei Veröffentlichungen in wissenschaftlichen Zeitschriften oft anders (siehe Kap. 7.3.5, S. 219).

(2) Bücher

Bei Quellen- und Seitenzahlangabe gelten folgende Konventionen: Der Ort der Veröffentlichung ist grundsätzlich anzugeben. Danach kann der Name des Verlags genannt werden, muss aber nicht. Veröffentlichungsort und Verlagsname werden meist durch Doppelpunkt getrennt. Die Abfolge: erst Nennung des Ortes des Erscheinens und dann des Verlags ist bei geisteswissenschaftlichen Arbeiten obligatorisch. Bei naturwissenschaftlichen Arbeiten findet man im Regelfall die umgekehrte Reihenfolge: erst die Nennung des Verlags und dann des Erscheinungsorts:

... München: Bayer. Landesanst. f. polit. Bildungsarb. 154 S. (oder: ... Bayer. Landesanstalt f. polit. Bildungsarb., München. 154 S.)

... Verlag Parey: München. VII + 520 S.

Verlagsname und Seitenzahl werden durch einen Punkt getrennt, die Gesamtseitenzahl mit dem Zusatz ‚S.' versehen – wie im vorangegangenen Beispiel gezeigt. Die dort zusätzlich angegebene römische Zahl verweist auf die getrennt nummerierten Seiten eines Vorspanns (siehe Kap. 6.5.2, S. 185).

Viele Verlage haben ihren Sitz an mehreren Orten. In den letzten Jahren wurde dazu übergegangen, nur noch den erstgenannten Verlagsort anzugeben.

Zitate aus einem mehrfach aufgelegten Buch sind gegebenenfalls mit Hinweisen, wie 2. erweiterte Auflage zu versehen sowie der Jahreszahl der ersten Auflage – wenn diese denn bekannt ist:

MILLER, M. (1972): Fungi of Great Britain. (3. erw. Aufl.,1. Aufl. 1952). London: Her Majesty's Stationary Office. 130 S.

(3) Übernahme aus Internetquellen

Es gibt nach noch keine standardisierten, allgemein anerkannten Zitierregeln für online publizierte Quellen (SANDBERG 2012: 130). Dennoch scheint sich gemäß URL einzubürgern, dass Autor, Jahr, Titel, Ort und Online-Fundstelle verbindlich werden. Weil nicht sicher ist, dass die Literaturangabe später noch überhaupt oder in unveränderter Form abrufbar ist, muss zur Fundstelle zusätzlich das Datum des Abrufs angegeben werden:

... http://www.fao.org/DOCREP/006/JO 628E.84.htm. 02.12. 2009.

Oftmals werden Internetquellen ohne Angabe der AutorInnen gelistet.

Generell sollte aus dem Internet nur zitiert werden, wenn es keine entsprechende gedruckte Quelle gibt.

(4) Noch nicht veröffentlichte Arbeiten

Vielfach wird aus ihnen bereits zitiert, bevor sie in Druck gegangen sind. Dann ist zu bibliografieren wie bei einer veröffentlichten Arbeit, aber im Literaturverzeichnis der Hinweis in Klammern beizufügen: (im Druck ...) oder (angenommen bei ...).

(5) Nicht veröffentlichte Prüfungsarbeiten, Forschungsberichte, gegebenenfalls Dissertationen

Zu dem Titel sollte noch ein Hinweis auf die Veröffentlichungsart gegeben werden, wie: unveröffentl. Masterarbeit; hektograf. Forschungsbericht ...

Als Entstehungsort ist bei Studien-Abschluss-, Doktor- und Habilitationsarbeiten der Fakultäts- und gegebenenfalls der Institutsname sowie der Hochschulort zu nennen:

Dissertation Fakultät für Chemie, Univ. Frankfurt

(6) Nicht veröffentlichte mündliche oder schriftliche Mitteilungen

Ein sachlich gewichtiger Hinweis, der als eigene geistige ‚Leistung' eines anderen anzusehen ist und der zitierenswert erscheint, wird im Text wie eine veröffentlichte Quelle behandelt.

Im Text steht beispielsweise:

Der Schutz der Wasserläufe ist auf diesen großen Flächen in Chile nicht gesichert (Müller-Using, 2011).

Im Literaturverzeichnis wird dann folgendermaßen bibliografiert:

Müller-Using, B. (2011): Schriftliche Mitteilung

(7) Angaben zu weiteren Sonderfällen

Sonstige, für naturwissenschaftliche oder technische Arbeiten weniger wichtige Besonderheiten finden sich in der in Kapitel 9.2 (S. 231) angegebenen weiterführenden Literatur.

2.7.1.4 Regeln für geisteswissenschaftliche Quellen

Die bibliografischen Angaben werden etwas anders gereiht:

Bei **Büchern** ist die Abfolge: AutorInnenname – Vorname (oft ausgeschrieben) – vollständiger Titel – Auflage – Verlagsort – Jahr. Die Jahresangabe wird üblicherweise nicht nach dem Autorennamen und vor dem Titel eingefügt, sondern am Ende der bibliografischen Angabe.

Gelegentlich werden Autorennamen und Erscheinungsjahr vor oder nach den bibliografischen Angaben wiederholt:

Singer, Wolf: Vom Gehirn zum Bewußtsein. Frankfurt am Main: Suhrkamp Taschenbuch Wissenschaft, 2006. (Singer 2006).

Das ist wenig plausibel, weil damit der wichtige Grundsatz beim Schreiben missachtet wird, keine Information doppelt zu bringen, sich also so kurz wie möglich zu fassen.

Bei geisteswissenschaftlichen Veröffentlichungen muss der Verlagsort genannt werden. Angaben zu Verlagsname und Seitenumfang sind fakultativ. Dagegen wird bei naturwissenschaftlich-technisch ausgerichteten Arbeiten meist der Verlagsname vor dem Erscheinungsort aufgeführt.

Bei **Zeitschriftenartikeln** wird das Erscheinungsjahr gleichfalls ans Ende gestellt.

2.7.2 Gliederung des Literaturverzeichnisses

2.7.2.1 Nicht-gegliedertes Literaturverzeichnis

Es ist der Normalfall bei naturwissenschaftlichen und technischen Arbeiten mit nicht zu umfangreichen Literaturnachweisen. In ihm wird nicht zwischen Literatur im engeren Sinne und anderen Quellen unterschieden. Die bibliografischen Angaben werden folgendermaßen gelistet:

- **Alphabetische Reihenfolge**
  Alle Publikationen und sonstigen Informationsquellen werden alphabetisch nach AutorInnen- bzw. Institutionennamen geordnet aufgeführt.
- **Mehrere Veröffentlichungen derselben Person**
  Die Arbeiten werden nach Erscheinungsjahr (‚Anciennität') geordnet. Die älteste Veröffentlichung kommt zuerst.
  Mit anderen Autoren gemeinsam verfasste Arbeiten werden nach den vom Hauptautor allein veröffentlichten Titeln aufgeführt und zwar alphabetisch nach dem Namen des Zweitautors:
  Lütze, H. (1968): ...
  Lütze, H. (1999): ...

LÜTZE, H.; ABRAHAMSON, L. (1982): ...

LÜTZE, H.; MORRISSON, H. K. (1963): ...

- **Mehrere Publikationen in einem Jahr**
  Zwei oder mehrere vom selben Autor und im selben Jahr erschienene Publikationen werden – wie beim Zitatbeleg im Text – mit kleinen lateinischen Buchstaben versehen:

  LÜTZE, H. (1969a): ...

  LÜTZE, H. (1969b): ...

- **Autoren mit demselben Nachnamen**
  Unterschiedlichen AutorInnen mit demselben Familiennamen werden nach dem Anfangsbuchstaben des Vornamens geordnet:

  SCHULZE, M. (1999): ...

  SCHULZE, M. (2008): ...

  SCHULZE, R. (2003): ...

2.7.2.2 Untergliedertes Literaturverzeichnis

Werden verschiedenartige Quellen herangezogen, so bieten sich folgende **Untergliederungen** an:

- **Unterteilung nach der Art der Veröffentlichung**
  Neben veröffentlichten Arbeiten wurden viele nicht publizierte Materialien verwendet. Das ist oft bei historischen oder juristischen Themen der Fall. Dann empfiehlt es sich, ein zusätzliches Quellenverzeichnis anzulegen.
- **Unterteilung nach dem Grad der Verwendung**
  Bei sowohl direkt als auch indirekt verwendeter Literatur ist gegebenenfalls eine Unterteilung des Literaturverzeichnisses anzuraten in die Abschnitte:

  .I Zitierte Literatur,

  .2 (zur Hintergrundinformation herangezogene, aber) nicht zitierte Literatur.

  Unter .2 sind vor allem Lehrbücher, Methodenbeschreibungen oder Abhandlungen zu nennen, die zur Einführung in das Fachgebiet benutzt wurden.
- **Unterteilung nach wissenschaftlicher Qualität**
  Weniger bei Studien-Abschlussarbeiten, gelegentlich aber bei wissenschaftlichen Veröffentlichungen und sogar bei Dissertationen wird die verwendete Literatur getrennt nach **reviewter** (also begutachteter) und **nicht-reviewter**, sogenannter ‚grauer', Literatur nachgewiesen.
- **Kapitelweise Unterteilung**
  Bei sehr umfangreichen Literaturverzeichnissen kann eine Untergliederung nach den einzelnen Kapiteln der Ausarbeitung vorteilhaft sein. Das gilt jedenfalls für Literaturreferate, Hand- oder Lehrbücher sowie Monographien. Dies Vorgehen verhilft zu einem besseren Überblick über die zu den Einzelabschnitten verfügbare Literatur und erleichtert des Auffinden der Titelangaben. Vor allem bei Lehrbüchern werden diese kapitelweisen Zusammenstellungen oft nicht am Schluss der Arbeit, sondern am Ende der jeweiligen Kapitel eingefügt. In mehreren Kapiteln zitierte Arbeiten müssen bei diesem Vorgehen allerdings mehrmals genannt werden und blähen mithin die Literaturnachweise insgesamt gesehen auf.
  Bei prüfungsrelevanten Arbeiten kommt dies Vorgehen seltener in Frage.

2.7.2.3 Formale Gestaltung des Literaturverzeichnisses

Folgende Schreibweise ist platzsparend und genügend übersichtlich:

- Die Schriftgröße kann 2 pt. (= Punkte) kleiner sein als die der Fließtexte.

- Oftmals werden mehrzeilige Literaturangaben mit einfachem Zeilenabstand geschrieben, die einzelnen Literaturangaben aber durch einen 1,3-fachen Zeilenabstand getrennt (Faustregel: Schriftgröße + 10%, maximal + 20%). Bei mehrzeiligen Literaturangaben wird jede zweite und folgende Zeile eingerückt (‚hängender Einzug' – 5-10 mm). Dadurch sind die einzelnen Literaturangaben genügend leicht aufzufinden. So wurde beim Literaturverzeichnis dieses Leitfadens vorgegangen (siehe Kap. 9, S. 230).

Das Literaturverzeichnis wird am Schluss von Studien-Abschlussarbeiten und allen wissenschaftlichen Artikel eingefügt (siehe auch Kap. 3.1.1 [7), S. 59).

Zur Orientierung für die formale Gestaltung kann das Literaturverzeichnis dieses Leitfadens herangezogen werden.

Zusammenfassung der wichtigsten Punkte zur Literatursuche und -verarbeitung:

- Für die Literaturrecherche – gleichgültig ob via Internet oder über Kataloge – sind Suchwörter herzuleiten.
- Relevante, allerdings meist ältere Literatur wird außerdem per ‚Schneeballsystem' erschlossen.
- Zitierfähige Literatur sind primär begutachtete Artikel in Fachzeitschriften. Zusätzlich kommen Fach- bzw. Lehrbücher in Frage.
- Problemlos beschaffbar sind online-veröffentlichte Artikel und in den örtlichen Bibliotheken einstehende Bücher sowie Fachzeitschriften. Fernleihen können bei Studien-Abschlussarbeiten zeitliche Engpässe verursachen.
- Bei der Übernahme wörtlicher Zitate sind strenge Genauigkeitsregeln zu beachten.
- Beim sinngemäßen Zitieren geht es vor allem darum, die Aussagen der FremdautorInnen sachgerecht wiederzugeben und nicht zu verfälschen.
- Für die Schreibweise der Namen von AutorInnen, der Titel und bibliografischen Einzelheiten haben sich allgemein akzeptierte formale Usancen herausgebildet.
- In Arbeiten der angewandten Naturwissenschaften werden Literaturbelege in Form von AutorInnennamen und Jahreszahl, gegebenenfalls auch der Seiten-Fundstelle in die Texte eingefügt. Fußnoten sind ungebräuchlich. Alle bibliografischen Einzelheiten (Titel einer Arbeit, Verlagsort bzw. Name der Fachzeitschrift, sowie Seitenzahlen) werden im Literaturverzeichnis zusammengestellt.
- Literaturverzeichnisse werden in den angewandten Naturwissenschaften üblicherweise nicht untergliedert.

3 Gliederung und Textstruktur

In diesem Kapitel werden erörtert:

- Das Grundschema der Gliederung in naturwissenschaftlich orientierten Arbeiten,
- Erweiterungsmöglichkeiten des Grundschemas,
- Aufbau, Gestaltung und Inhalte in den Hauptkapiteln,
- Verdeutlichung der Gliederungsabschnitte durch Nummerierung und Schriftgestaltung,
- Feingliederung durch Zwischenüberschriften, Bildung von Absätzen und Hervorhebungen.

Vorbemerkung

Eine wohlüberlegte, folgerichtige Gliederung trägt wesentlich zur Lesbarkeit von Texten bei. Sie und die Feinstruktur der Texte sind jedoch nur durch intensive Auseinandersetzung mit dem wissenschaftlich aufzubereitenden Stoff zu erreichen. Die Erstellung der Gliederung verursacht erfahrungsgemäß Anfängern besondere Schwierigkeiten.

Deshalb mache ich die ausgiebige Erörterung von Gliederungen stets zum Schwerpunkt meiner Betreuung von Studien-Abschluss- sowie Doktorarbeiten und empfehle anderen Studierenden, darauf zu dringen, dass sie deren Struktur gleichfalls mit ihren BetreuerInnen intensiv diskutieren.

Die folgenden Ausführungen basieren zu einem guten Teil auf den bei der Anleitung und Durchsicht gemachten Erfahrungen.

3.1 Grundschema der Gliederung

Für die Darstellung **wissenschaftlicher Abhandlungen aus Naturwissenschaft und Technik** hat sich – zunächst in der englischsprachigen Welt – ein Gliederungsschema herausgebildet, das inzwischen auch im deutschsprachigen Raum akzeptiert ist (Abb. 3.1-1).

Herkömmliches Aufsatzschema	**Gliederungsschema einer Arbeit aus Naturwissenschaft oder Technik**
	Vorwort/Danksagungen Inhaltsverzeichnis gegebenenfalls andere Verzeichnisse
I. Einleitung II. Hauptteil III. Schluss	1 Einleitung 2 Material und Methoden 3 Ergebnisse 4 Diskussion 5 Schlussfolgerungen
	6 Zusammenfassung 7 Literaturverzeichnis 8 Anhang

Abb. 3.1-1: Vergleich des traditionellen Gliederungsschemas mit dem von naturwissenschaftlichen Arbeiten

Aus den traditionellen 3 Kapiteln von Schulaufsätzen und den meisten geisteswissenschaftlichen Arbeiten (s. Kap. 3.1.3, S. 63) haben sich in Abhandlungen zu angewandten Naturwissenschaften – entsprechend deren logischem Aufbau – 5 Kapitel entwickelt: Zum eingerahmten **Hauptteil** kommt noch das **‚Beiwerk'** hinzu und zwar: Vorwort mit Danksagungen, Inhaltsverzeichnis, Zusammenfassung, Literaturverzeichnis, Anhang. Gegebenenfalls werden eine Reihe von weiteren Verzeichnissen (u. a. Tabellen-, Abbildungs-, Abkürzungsverzeichnis) beigefügt.

3.1.1 Inhalt und Form der Gliederungsabschnitte von naturwissenschaftlichen Abhandlungen

Im Folgenden wird der Aufbau der 5 Hauptkapitel und des Beiwerks im Einzelnen erläutert.

Ihre Nummern sind, um Überschneidungen mit den Gliederungsabschnitten des Leitfadens zu vermeiden, in eckige Klammern gesetzt.

Hier sind die Kapitelüberschriften allgemein bezeichnet. In konkreten Arbeiten sollten sie jedoch sachspezifisch formuliert werden (siehe dazu Kap. 3.1.4, S. 63).

Titelblatt

Es enthält neben dem Titel einer Arbeit den Namen des/der Autorin – jedoch ohne Berufsbezeichnung oder Titel – und Angaben zu Abgabetermin und Einreichungsort.

Details zur Gestaltung finden sich in Kapitel 6.3 (S. 181).

Vorwort

Das Vorwort enthält Informationen an die Leserschaft, die den Hintergrund des Zustandekommens der Arbeit oder deren Zweck erhellen sollen. Bei Bachelor- und Master-Arbeiten ist es entbehrlich. Bei wissenschaftlichen (Zeitschriften-)Artikeln ist es nicht gebräuchlich.

Wird ein Vorwort geschrieben – und das ist die Regel bei Dissertationen, Habilitationen und wissenschaftlichen Buchveröffentlichungen –, so pflegt es folgende Punkte zu enthalten:

- **Zur eigenen Person**
  Für die Leser kann es eine wichtige Hintergrundinformation sein zu erfahren, für welchen Zweck die Arbeit gefertigt wurde (als angeleitete Bachelor-, Master-, Doktorarbeit oder als selbständiges Forschungsprojekt), und welche Qualifikation bzw. ‚Kompetenz' der Autor mithin hatte. Durch die Angabe auf dem Titelblatt: *„Als Masterarbeit vorgelegt ..."* oder *„Dissertation zur Erlangung des Doktorgrades ..."* ist diese Informationspflicht allerdings erfüllt.
- **Über das Zustandekommen der Arbeit**
  Empfehlenswert kann ein Hinweis darauf sein, in welchem institutionellen Rahmen (Universität, Forschungsanstalt, Wirtschaftsunternehmen) oder in welchem Zusammenhang (Mitwirkung an einem Versuchsprojekt, Praktikum, Studienreise) die Arbeit zustande kam. Wurde sie im Rahmen eines größeren Forschungsvorhabens (etwa als gemeinsames Projekt mit anderen Instituten oder Personen), eines Graduiertenkollegs oder als Einzeluntersuchung gefertigt? Liegt sie gegebenenfalls andernorts in umfangreicherer oder gekürzter Form vor?
  Interessierte können sich anhand solcher Informationen eventuell diese Quellen beschaffen.
  Solche Angaben können jedoch notfalls auch im Einleitungskapitel gemacht werden.
- **Hilfestellungen bei der Arbeit und Danksagungen**
  Im Regelfall ist es angebracht, Institutsangehörige oder andere Personen, die ge-

holfen oder beraten haben, dankend zu erwähnen.
Bei Studien-Abschlussarbeiten als obligatorischen Prüfungsleistungen erscheint es dagegen zweifelhaft, den BetreuerInnen zu danken. Schließlich ist es deren Dienstpflicht, sie anzuleiten. BetreuerInnen bzw. ReferentInnen und KorreferentInnen dieser wie auch der Doktorarbeiten werden ohnehin auf dem Titelblatt oder dessen Rückseite aufgeführt.
Unbedingt aber sind Unterstützungen bei der Finanzierung zu nennen. Geldgeber können Ministerien, der Deutsche Akademische Austauschdienst, die Deutsche Forschungsgemeinschaft, Stiftungen oder Firmen sein.
Bei Zeitschriftenartikeln findet man solche ‚Acknowledgments' im Regelfall an deren Ende, aber vor dem Literaturverzeichnis. Bei Master- und Doktorarbeiten wird inzwischen oft ebenso verfahren.

- **Zeitpunkt der Fertigung und Ablieferung der Arbeit**
  Die Angabe, wann die Arbeit angefertigt bzw. abgeliefert wurde, steht bei Prüfungsarbeiten auf dem Titelblatt, bei sonstigen Arbeiten gelegentlich im Vorwort.

Das Vorwort wird erst kurz vor der Fertigstellung der Arbeit verfasst, wenn alle Einzelheiten wie Hilfestellungen, Ablieferungsdatum bekannt sind. Es erhält keine Ordnungsziffer.

Inhalts- und weitere Verzeichnisse

Das Inhaltsverzeichnis (‚contents') folgt dem Vorwort – sofern ein solches geschrieben wird – und enthält **alle Kapitel- und Unterkapitelüberschriften mit Seitenangaben**. Aufgenommen werden in der Regel alle Kapitel und Unterkapitel, die mit Nummern versehen wurden.
Dem Inhaltsverzeichnis können die Leser die Struktur der Arbeit entnehmen. Sie erfahren zugleich, welche Einzelheiten angesprochen worden und wo die einzelnen Abschnitte zu finden sind.
Bei Hausarbeiten wird das Inhaltsverzeichnis Gliederung genannt.
Hinsichtlich des formalen Aufbaus wird auf Kap. 6.3 (S. 181) sowie auf das Inhaltsverzeichnis dieses Leitfadens verwiesen.

Das Inhalts- und die sonstigen Verzeichnisse werden nicht mit Gliederungsnummern versehen.

Als weitere Verzeichnisse können eingefügt werden, müssen aber nicht:

- **Tabellen-, Abbildungs-, Foto-, Bildverzeichnisse**
  Sie sind in Lehrbüchern oder Lexika bei der Suche nach bestimmten Informationen hilfreich. Studien-Abschlussarbeiten werden dagegen kaum je als Nachschlagewerke herangezogen. Deshalb sind diese Verzeichnisse meistens überflüssig und blähen deren Umfang unnötig auf. Manche BetreuerInnen betrachten sie jedoch – ohne Begründung – als obligatorisch, und dann tun die Studierenden gut daran, sie einzufügen.
- **Verzeichnisse zu Fachbegriffen**
  Solche ‚Glossare' oder Zusammenstellungen von mathematischen bzw. technischen Symbolen und Formeln können dann zweckmäßig sein, wenn zahlreiche fachwissenschaftliche Begriffe häufiger gebraucht werden, die vielen Lesern nicht geläufig sind, aber nicht jedes Mal erklärt werden können.

- **Abkürzungsverzeichnisse** (‚list of abbreviations' ‚acronyms')
  Für sie gilt das Entsprechende. Weniger gängige Abkürzungen sollten jedoch generell ausgeschrieben werden. Auf die Verwendung von Abkürzungen wird in Kap. 5.2, 4. Lektion (S. 154), nochmals zurückgekommen und daher auf die dortigen Ausführungen verwiesen.

Die Verzeichnisse beginnen wie die Kapitel jeweils auf einer neuen Seite.
Ein ‚**Stichwortverzeichnis**' ist nur für Veröffentlichungen wie Lehrbücher, die zum Nachschlagen herangezogen werden, nötig, bei Studien-Abschluss- oder Doktorarbeiten dagegen ungebräuchlich. Es steht im Übrigen immer am Ende eines Buches.

Nach diesem ‚Vorspann' – wie man bei einem Film sagen würde – folgt der Hauptteil der Arbeit.

[1] EINLEITUNG

Das Einführungskapitel (‚introduction') wird oft in dieser Reihenfolge gegliedert:

[1.1] Einführung in die Problemstellung

[1.2] Darstellung des Kenntnisstandes

[1.3] Hypothesen und Zielsetzung für die eigenen Untersuchungen

[1.4] Überblick über den Aufbau der Arbeit und das weitere Vorgehen

Der Inhalt dieser Unterkapitel wird nachfolgend näher erörtert.

[1.1] ALLGEMEINE EINFÜHRUNG IN DEN PROBLEMKREIS (Fragenkreis, Themenstellung, Hintergrund, derzeitige Verhältnisse, Zweck der Arbeit)

Hierin sollte knapp umrissen werden:

- **Was** ist das Problem – deshalb heißt dieses Unterkapitel oft auch ‚Frage-' oder ‚Problemstellung' (‚problem statement') – also: **worum** geht es eigentlich?
- **Warum** ist es wichtig, das ‚Problem' wissenschaftlich zu bearbeiten?
- **Wie**, **wo** oder **wann** soll das Projekt bearbeitet werden?
- **Welche** Schwerpunkte sollen gesetzt werden?

Die Einführung mit solchen **W**-Fragen ist kurz zu halten – möglichst nicht viel mehr als eine Seite! Sie ist vergleichbar mit einem ‚Exposé' oder Klappentext bei Sachbüchern (vergl. Kap. 1.5.1, S. 7). Sie soll die Leser neugierig auf dessen Inhalt machen, ihnen verdeutlichen, warum sich die Lektüre für sie lohnen kann.
Für die Lektüre längerer Abhandlungen, wie es Master- und Doktorarbeiten im Allgemeinen sind, ist es stets hilfreich, wenn die Leser bereits am Beginn dieses Kapitels eine solche knappe Einführung bekommen. Bei vielen Arbeiten werden sie nämlich oft über viele Seiten mit fachlichen Einzelheiten bei der Beschreibung des Kenntnisstandes (siehe nächste Seite) ‚gefüttert', aber im Unklaren gehalten, was Inhalt und Ziel der Arbeit sein soll, bis sie dies schließlich im Unterkapitel 1.3 Zielsetzungen erfahren.

Dementsprechend hat sich eingebürgert, zu Beginn des im Einführungskapitels die Themenstellung und den eigenen Arbeitsansatz in nur wenigen Sätzen zu umreißen. Das sei mit folgendem Beispiel verdeutlicht:

1.1 Einführung
Seit 1991 werden in der Forstwirtschaft die Einsatzmöglichkeiten von Vollerntern beim Holzeinschlag erprobt. [Es folgen knappe Ausführungen über den Stand der Erntetechnik in Mitteleuropa, Verbreitung bestimmter Gerätetypen etc. und schließlich der Hinweis auf das geplante eigene Vorgehen]: Hier soll über die Leistungen des Typs X nach Erprobungen in Fichtendickungen im Hunsrück im Winter 2007/08 berichtet werden.

Damit sind die Leser sofort im Bilde, worum es in der Arbeit geht und wie die Fragestellung angegangen werden soll. Auch sehr spezielle Untersuchungen werden auf diese Weise rasch vom Allgemeinen zum Fallbeispiel hingeführt.
Nähere Einzelheiten über die Ziele bzw. das geplante Vorgehen bei der eigenen Arbeit werden dann in Kap. 1.3 Hypothesen und Zielsetzungen für die eigenen Untersuchungen dargelegt (siehe S. 49).

Diese Art des Vorgehens entspricht unserem Bedürfnis, zunächst allgemeiner über einen Sachverhalt informiert zu werden, bevor wir Einzelheiten vorgestellt bekommen. Das haben wir schon frühzeitig so gelernt.
Ein Kind wird nämlich bereits von seinen Eltern dazu angehalten, verständlich, also der Reihe nach, zu erzählen und dabei zunächst die allgemeinen Vorgaben anzudeuten, ehe es auf Einzelheiten zu sprechen kommt. Merkwürdig, dass so viele Autoren diese Grundsätze vergessen. Sie riskieren damit, dass die Leser schon bald die Ausführungen gelangweilt oder ärgerlich beiseitelegen, eben weil sie nicht ‚an die Hand genommen' wurden und ihnen nicht von Anfang an verdeutlicht wurde, womit sich der Autor/die Autorin eigentlich auseinandersetzen wollte.

In der Regel wird heute den Zeitschriftenartikeln eine Kürzestfassung (‚Abstract') – vielfach abgesetzt durch eine andere Schriftart – vorangestellt. Damit soll das Interesse der Leser geweckt werden, und diese können sich rasch über den wichtigsten Inhalt des Artikels informieren. Damit wird aber eine Einführung in den Problemkreis nicht überflüssig, weil diese im Abstract wegen dessen gebotener Kürze kaum je hinreichend angesprochen werden kann.

[1.2] Darstellung des Kenntnis- bzw. Forschungsstandes

Der Kenntnisstand (‚state of knowledge') wird der Literatur und anderen Quellen entnommen. Auch mündliche Hinweise können Anregungen geben.
Ziel solcher Literaturübersichten und Quellenauswertungen ist es, herauszuarbeiten:

- Wie ist die derzeitige Situation?
- Wie relevant ist das Thema?
- Was ist über ein Spezialgebiet bereits bekannt?
- Welche methodischen Ansätze und Verfahren sind gebräuchlich (‚state of the art')?
- Bei technisch ausgerichteten Arbeiten: Wie ist der Stand der Technik?
- An welchen Themen wird gerade geforscht (‚state of research')?
- Wo ist das Wissen unzureichend?
- Wo oder inwiefern gibt es Widersprüche zwischen den Aussagen verschiedener Autoren, die aufgeklärt werden sollten?
- Wurden Methoden für die Bearbeitung bestimmter Fragestellungen entwickelt, die jetzt für andere Objekte übernommen werden können?
- Lassen sich für ein Objekt/Gebiet hergeleitete Kenntnisse auf andere Objekte, Regionen, Populationen o. ä. übertragen?
- Inwiefern bzw. wo besteht Forschungsbedarf (Notwendigkeit weiterer Forschung)?

Eine wesentliche Aufgabe im Abschnitt ‚Darstellung des Kenntnisstandes' ist es daher auch, die Lücken des Wissens aufzuspüren bzw. den ‚Stand des Unwissens' und den Forschungsbedarf herauszuarbeiten. Daraus ergibt sich dann der Ansatz für die eigenen Untersuchungen und die Überleitung zu ihnen.

Vielen SchreiberInnen scheint oft nicht klar zu sein, dass in diesem Unterkapitel sowohl der sachliche **Hintergrund des eigenen**

Projektes aufgezeigt, als auch die **Basis für die Wahl der Methoden** und **die Diskussion der eigenen Ergebnisse** gelegt werden soll. Sie reichern ihre Arbeit vielfach nur deshalb mit entsprechenden Ausführungen an, weil *„man das halt so macht"*, weil die Betreuer sich zitiert sehen wollen und weil es ‚wissenschaftlich' auszusehen scheint, wenn viel Literatur herangezogen wurde.
Manche SchreiberInnnen überlegen sich zudem oft nicht, welche Hintergrundinformationen wirklich für das Verständnis des Projektes nötig sind. So holen sie folglich vorsichtshalber weit aus nach dem Motto: „Wer Vieles bringt, wird Jedem etwas bieten", statt von Anbeginn kritisch zu prüfen, an welcher Stelle dieses oder jenes Detail weggelassen werden könnte. Die Leser fragen sich dann womöglich irritiert: *„Warum erzählt mir der Autor das bloß alles?"*

Manchmal können die AutorInnen erst nach Fertigstellung des Diskussionskapitels entscheiden, wo sich der Text straffen lässt. Deshalb ist zu empfehlen, das Einführungskapitel gegen Ende der Bearbeitung gründlich zu überarbeiten.

Oftmals meinen Studierende oder auch DoktorandInnen, es genüge zu erwähnen, dass der Autor X über eine Teilfrage gearbeitet hat, aber sie teilen nicht mit, was dieser gefunden oder hergeleitet hat. So liest man in einer Literaturauswertung etwa:

- *„Hierüber hat auch GROSSMEIER (1987) berichtet".*
- *„Zu verfahrenstechnischen Einzelheiten der Kontrollmethode sei auf die Dissertation von GALANOS (1998: 147-150) verwiesen".*

Jetzt müssten sich die Leser also die entsprechende Veröffentlichung beschaffen, um zu erfahren, worüber GROSSMEIER denn tatsächlich berichtet, bzw. welche Methoden GALANOS wie beschrieben hat. Wer aber hat schon die Zeit, sich diese Literatur zu besorgen? Vielleicht ist sie auch gar nicht verfügbar. So werden solche Passagen also nur Verdrossenheit hervorrufen. Deshalb sollte die Quintessenz der zitierten Abhandlungen wiedergegeben werden – wie nachfolgend skizziert:

1987 berichtete GROSSMEIER über umfangreiche Erhebungen in der Sahelzone. Mit diesen konnte er den starken Rückgang der Bodenvegetation in der Nähe von neu angelegten Brunnen aufzeigen. Er leitete daraus folgende Empfehlungen ab: ...

Literaturdarstellungen sind auch deshalb oft mühselig zu lesen, weil die Autoren in ihnen nur Aussagen aneinanderreihen, ohne sie kritisch zu sichten und die analytische Verarbeitung im Blick zu haben. Dieses Manko kann man mit Aufzählungen und einer abschließenden Beurteilung folgendermaßen vermeiden:

Über das Lichtbedürfnis der Esche wurden mehrere Untersuchungen angestellt:

- So hat Autor A (2000) bei durch Altbuchen überschirmten jungen Eschen herausgefunden, dass ...
- Autor B (2005) dagegen kam bei Eschen unter Eichen auf verdichteten Böden zum Schluss, dass ...
- Nach Erhebungen von Autor C (2002) scheint ein Gradient im Lichtbedürfnis überschirmter Eschen von Süden nach Norden zu bestehen, wie die Ergebnisses seiner Erhebungen da und dort zeigten ...

Aus diesen Untersuchungsergebnissen lässt sich also ableiten, dass die Befunde anscheinend stark von den standörtlichen Bedingungen abhängen, sich teilweise auch widersprechen und dass offenkundig Unklarheit und mithin Forschungsbedarf über den Lichtbedarf der Esche besteht.

Auflistungen sind ein wichtiges Hilfsmittel, mehrere Einzelinformationen zu verknüpfen und lesefreundlich aufzubereiten. In Kap. 3.3.4 (S. 72) wird dies Vorgehen näher erläutert.

Schließlich sei noch die häufig praktizierte Unsitte mancher JungautorInnen angesprochen, aufgefundene Literatur ausgiebig zu zitieren, auch wenn viele dort mitgeteilte Einzelheiten für die eigene Arbeit nicht relevant sind. Zwar weiß man anfangs oft nicht, welche Informationen am Ende wirklich benötigt werden und exzerpiert sie zunächst einmal. Bei der abschließenden Überarbeitung müssen sie aber überprüft und gegebenenfalls rigoros gekürzt werden. Die kritische Auseinandersetzung mit der Literatur ist mithin eine zentrale Aufgaben wissenschaftlichen Arbeitens (vergl. Kap. 2.6., S. 27).

Manchmal meinen Studierende oder DoktorandInnen, außerdem Hinweise auf weiterführende Literatur geben zu müssen. Das kann zwar in Lehrbüchern sinnvoll sein, nicht jedoch in wissenschaftlichen Prüfungsarbeiten oder Artikeln.
Verschiedentlich werden die Einführung in den Problemkreis und die Darstellung des Kenntnisstandes in einem Unterkapitel gemeinsam abgehandelt.

[1.3] Formulierung der Arbeitshypothesen und Ziele

Die Arbeitshypothesen und Ziele sollten – wie im vorangegangenen Beispiel verdeutlicht – geradezu zwangsläufig aus der Analyse der Literatur oder sonstiger Informationsquellen hergeleitet werden. Nur wenn nämlich herausgearbeitet wurde, inwiefern Forschungsbedarf besteht, wird einleuchtend, wo die eigenen Untersuchungen ansetzen sollen. In vielen Arbeiten aber stehen die Ergebnisse der Literaturanalyse und die eigenen Ziele in keinem erkennbaren Zusammenhang. Erfahrene GutachterInnen, die gewohnt sind , ‚zwischen den Zeilen zu lesen', merken dann schnell, dass die Zielsetzung einer Arbeit vorgegeben war und die Literatur erst später eingefügt wurde.

Unter einer ‚**Hypothese**' – von griechisch: ‚**Unterstellung**' – versteht man gemäß Lexikon des ZEIT-Verlags (2005) eine wissenschaftlich fundierte **Annahme**, die durch Erfahrung, Beobachtung oder Experiment bestätigt bzw. verifiziert (von lat. *verus facere* = wahr machen) oder widerlegt (falsifiziert von lat. *falsus facere* = falsch machen) werden kann. **These** ist dagegen ein Lehrsatz oder eine Behauptung, deren Begründung infrage steht.

Die Formulierung von **Arbeitshypothesen** ist in der Regel der erste Schritt auf dem Weg zu einer wissenschaftlich begründeten empirischen Theorie. In Studien-Abschluss- sowie Doktorarbeiten und den meisten Artikeln sind die Arbeitshypothesen allerdings meist weniger anspruchsvoll. Dennoch sollten sie so formuliert sein, dass Antworten auf folgende Fragen als Fazit der Arbeit gegeben werden können:

- Welche Erwartungen oder auch Vermutungen werden mit der Versuchsanstellung bzw. Bearbeitung eines Themas verbunden?
- Was soll oder vielmehr was kann dabei herauskommen?
- Wie kann/sollte das Thema zeitlich, geografisch, nach Berufsgruppen, Ethnien, technischen Verfahren abgegrenzt werden?
- Lassen sich Behauptungen bzw. Befunde anderer Autoren bestätigen oder widerlegen?

Obwohl gelegentlich zu lesen, sollte man nicht schreiben, was nicht behandelt wurde.

Als **Ziele der Arbeit** (Arbeitsansatz, ‚forschungsleitende Fragen', ‚objectives') sind – als zweiter Schritt – herauszuarbeiten:

- Die Gewinnung neuer Erkenntnisse zu den näher definierten forschungsleitenden Fragestellungen.
- Die Übertragung bereits bekannter Grundkenntnisse (Verfahren) auf andere Bedingungen (andere Pflanzen- oder Tierarten, andere Standorte, Vorgänge, Zusammenhänge, Volksgruppen, Maschinen).
- Die Entwicklung neuer Methoden.
- Die Bestätigung, Absicherung, Relativierung vorhandener Erkenntnisse oder auch Aufklärung von Widersprüchen.
- Die Sichtung, Ordnung, Gewichtung bereits veröffentlichter Ergebnisse etwa in Form eines Literaturreferats im Hinblick auf die Gewinnung von Erkenntnissen zu neuartigen Fragestellungen.

In vielen Arbeiten wird dargelegt, dass die ‚Untersuchung', ‚Messung', ‚Beobachtung' bestimmter Sachverhalte angestrebt wird. Hierbei handelt es sich jedoch um das methodische Vorgehen, nicht um die eigentlichen Ziele.

Die Wichtigkeit, klare Zielsetzungen zu formulieren, unterstreicht der Hinweis von A. EINSTEIN: *„Es ist wichtiger, in der Forschung die richtigen Fragen zu stellen, als die falschen zu beantworten."*

Im englischen Sprachraum wird meist anders herum gereiht: ‚objectives and hypotheses'. Das erscheint aber nicht logisch. Erst, wenn nämlich die Hypothesen, also die Behauptungen bzw. Fragestellungen dargelegt wurden, kann man daraus Ziele ableiten.

[1.4] AUFBAU DER ARBEIT UND HINWEISE AUF DAS WEITERE VORGEHEN

Manchmal schließt – quasi als Lesehilfe – das Einführungskapitel mit einer Skizze des weiteren Vorgehens ab bzw. mit einem Hinweis über das Versuchsprogramm (‚wie soll das Forschungsvorhaben bearbeitet werden?'). Das ist für die Leser besonders dann hilfreich, wenn die Gliederung vom üblichen Schema abweicht (siehe Kap. 3.1.2, S. 60).

Anschließend kann mit Material und Methoden unmittelbar auf das Projekt im Einzelnen eingegangen werden. Damit ist dann der ‚rote Faden' (bzw. die ‚story-line') für die ganze Arbeit dargelegt.

Unter einem ‚roten Faden' versteht man einen durchlaufenden Gedanken. Der Begriff leitet sich von den roten Fäden her, die bei der (englischen) Marine in Seile eingewebt wurden, um zu kennzeichnen, dass diese der Krone gehörten.

Abschließende Hinweise

Gerät die Literaturübersicht sehr umfangreich oder ist sie sogar ein zentraler Teil der Arbeit, so kann es zweckmäßig sein, ihr ein eigenes Kapitel zu widmen. Dieses wird dann entsprechend den abgehandelten Teilsachgebieten untergliedert. In solchen Fällen müssen die Zielsetzungen für die eigenen Untersuchungen aber im ersten Kapitel zumindest knapp angesprochen werden. Ausführlicher kann das geschehen, wenn der Kenntnisstand dargelegt worden ist.

Das Einleitungskapitel sollte man – wie dargelegt – entwerfen können, bevor man mit den eigentlichen Untersuchungen beginnt. Es enthält im Wesentlichen den Stand der Kenntnisse und die Vorüberlegungen zu den für das eigene Vorgehen geeigneten Methoden, aber noch keine Einzelheiten des dann tatsächlich gewählten Vorgehens.

Es hat in vieler Hinsicht Ähnlichkeit mit einem Antrag auf Bewilligung von Geldern für ein Forschungsvorhaben. In einem solchen Forschungsantrag müssen nämlich zunächst gleichfalls der Kenntnisstand umfassend dargelegt und daraus der Ansatz für das eigene

Vorhaben, das heißt das geplante Vorgehen, die zu veranschlagende Zeit und benötigten Mittel abgeleitet werden. Und das soll natürlich so einleuchtend beschrieben werden, dass der potenzielle Geldgeber von Sinn und Zweck des Projekts überzeugt wird und bereit ist, es zu finanzieren.

Auch, wenn es bei Studien-Abschlussarbeiten nicht um die Genehmigung eines Forschungsprojekts geht, sollten die Leser doch nach der Lektüre des Einführungskapitels den Eindruck gewonnen haben, dass Sinn und Zweck des Vorhabens gut hergeleitet und begründet sind.

[2] Material und Methoden

In diesem Kapitel werden das Forschungsdesign des Projekts und dessen Rahmenbedingungen dargestellt. Dazu werden die Einzelheiten aufgeführt, die zum Verständnis der Ausgangslage und des methodischen Vorgehens nötig sind. Es wird üblicherweise in zwei Unterkapitel geteilt:
2.1 Material und 2.2 Methoden.

Oft ist den JungautorInnen nicht klar, was eigentlich unter ‚Material' zu verstehen ist. Dies kann sehr vielfältig sein: Versuchsgelände, Werkstoffe, Maschinen, Bevölkerungspopulationen, Tier- oder Pflanzenmaterial, vorgefundene Daten, Listen, Statistiken – Materialien also an oder mit denen im Projekt gearbeitet wird.

Es ist – gegebenenfalls weiter untergliedert – als erstes in diesem Kapitel zu beschreiben. Das hat seinen Sinn. Die Wahl der Methoden hängt nämlich von den jeweiligen Materialien ab – und nicht umgekehrt.

Bei den **Methoden** kann der Ansatz induktiv oder deduktiv sein.

Unter einer **induktiven Methode** (von lat. *inducere* = einführen) versteht man das Schließen vom Einzelnen aufs Allgemeine, das heißt das Erschließen von allgemeinen Gesetzmäßigkeiten aus Einzelbeobachtungen. Das ist oft der erste Schritt zur Theoriebildung.

Bei der **deduktiven Methode** (von lat. *deducere* = ab- bzw. herleiten) wird dagegen vom Allgemeinen aufs Besondere geschlossen, bzw. es werden Einzelfälle aus einer allgemeinen Gesetzmäßigkeit abgeleitet und erklärt. Dementsprechend kann der Methodenabschnitt unterschiedlich aufgebaut sein.

Alle Methoden, die für das Projekt herangezogen wurden und zum Verständnis der Arbeit nötig sind, müssen beschrieben werden. Experimente müssen anhand der gemachten Angaben wiederholbar sein. Das wird seit einigen Jahren als Folge von Datenmanipulationen verstärkt gefordert.

Standardverfahren brauchen nicht im Einzelnen erläutert zu werden. Es genügt, eine zugängliche Fundstelle zu zitieren, wo sie nachgelesen werden können.

Die Methoden haben oft – hierarchisch gesehen – einen unterschiedlichen Rang. So bestimmen beispielsweise die aus der Zielsetzung abgeleiteten Behandlungen oder Beeinflussungen des Untersuchungsmaterials (Versuchsvarianten) das Schema von Versuchen, Stichprobenverfahren oder Laborprogrammen. Daraus ergibt sich im Regelfall die Art der Datenerfassung (Messungen, Zählungen, Analysen) und die Auswertung des Materials (Messverfahren, chemische Analysen, statistische Tests, Nullhypothesen). Veränderliche Faktoren (Witterung, wirtschaftliche oder politische Entwicklungen, verfügbare Probanden) können Einfluss auf die Ergebnisse haben und sollten deshalb erwähnt werden. Dementsprechend ist eine Untergliederung des Kapitels 2.2 Methoden anzuraten.

Mess- oder Erhebungsbedingungen, unplanmäßige Abweichungen vom Versuchsprogramm, fehlerhafte Materialien, problematische Verfahren oder sonstige Störungen, soweit sie die Interpretation und Wertung der Ergebnisse beeinflussen könnten, sind besonders zu erläutern und zwar in jenen Unterabschnitten, in denen das am besten passt.

Mithin wird das Kapitel Material und Methoden zweckmäßigerweise etwa so untergliedert:

2.1 Material
- 2.1.1 Übergeordnete Einheiten (zum Beispiel Beschreibung des Untersuchungsgebietes)
- 2.1.2 Nachgeordnete Einheiten (zum Beispiel Untersuchungs-/Versuchsobjekte)

2.2 Methoden
- 2.2.1 Versuchs- (Befragungs-)konzept
- 2.2.2 Angewendete Aufnahme-, Messmethoden
- 2.2.3 Statistische Auswertung

Gerät der Abschnitt ‚Auswertung' umfänglicher, so kann er als Kap. 2.3 abgetrennt werden.

Manchmal bietet es sich an, einen weiteren Abschnitt anzuschließen und zwar:

2.3 (bzw. 2.4) **Vollzug**
Darin wird die tatsächliche Durchführung der Arbeiten (Termine, Zeitaufwand, Arbeit mit geschulten oder ungeschulten Hilfskräften) erwähnt. Bei manchen Projekten kann es nämlich für die Interpretation der Ergebnisse wichtig sein, zu wissen, in welchem Jahr oder zu welcher Jahreszeit die Erhebungen stattfanden oder ob die Qualität der gewonnenen Daten etwa vom Personal abhing.
Abschließend werden Hinweise für die formale Gestaltung gegeben, die geeignet sind, die Lesbarkeit zu verbessern. Auf die Förderung der Lesbarkeit wird außerdem in Kap. 3.3 (S. 67) ausgiebiger eingegangen.

So ist es oft ermüdend zu lesen, wenn alle technischen Einzelheiten, die bei der Beschreibung von Versuchsmaterialien, -methoden und -auswertungen anfallen, in vollständigen Sätzen ausformuliert werden. Solche Aufzählungen nerven beim Schreiben, wenn man spätestens beim dritten Satz nicht mehr weiß, wie sich Wortwiederholungen vermeiden lassen, und stören den Leser, der sich durch umständlich abgefasste Texte quälen muss.

Telegrammstilartige Auflistungen (siehe auch Kap. 3.3.4, S. 72) eignen sich besonders für die Aufzählung von Methoden. Das soll an folgendem Beispiel erläutert werden, dessen Textfassung lautete: *„Beim Aufmessen der Bestände wurden zunächst die Baumhöhen ermittelt und die astfreien Stammlängen bestimmt. Sodann folgte die Messung der Durchmesser in Brusthöhe und einigen weiteren Baumhöhen. Weiterhin wurde die Schaftform und die Kronenschirmfläche beurteilt bzw. gemessen".*
Stattdessen könnte als telegrammstilartige Aufzählung formuliert werden:
Die Aufnahme der Baumparameter umfasste folgende Schritte:
- Ermittlung der Baumhöhen und astreinen Stammlängen,
- Ermittlung der Durchmesser in Brusthöhe (1,3 m), sowie in 3, 5, 7 und 9 m Höhe,
- Beurteilung bzw. Messung von Schaftform und Kronenschirmfläche.

Entsprechend bieten sich Auflistungen vor allem für technische Abläufe an.

Lesbarer als Fließtexte sind außer Auflistungen auch **tabellarische Übersichten**. Als Orientierung können die Beispiele in den Tabellen 1.1-1 (S. 2) und 4.3-1 (S. 88) dienen. In Kap. 4.3.3 (S. 87) wird ihr Aufbau näher besprochen.

[3] ERGEBNISSE
Dieses Kapitel ist immer dann der Schwerpunkt einer Arbeit, wenn wie in naturwissenschaftlichen oder technischen Disziplinen neue Daten, Fakten, Materialien oder Befunde durch eigene Experimente, Erhebungen,

Messungen, Analysen, Befragungen gewonnen wurden. Deren Ergebnisse sollen knapp und logisch gut aufgebaut präsentiert werden.

Generell wird das Ergebniskapitel nach Befundeinheiten, Projekt-Untereinheiten, Versuchsfragen, Merkmalen, Kriterien, Parametern untergliedert. Hierfür gibt es keine allgemeingültigen Regeln. Entscheidend ist vor allem ein verständlicher Aufbau, der die Resultate in einen gut nachvollziehbaren Zusammenhang bringt. Dabei sollte weniger die zeitliche Abfolge der Gewinnung von Ergebnissen im Vordergrund stehen – woran sich JungautorInnen gerne halten –, sondern deren sachlogischer Ablauf bzw. Zusammenhang. Zugleich ist eine gute Übereinstimmung mit der Reihenfolge der Nennungen in den vorangegangenen Unterkapiteln sicherzustellen. Manchmal merkt man überhaupt erst beim Aufbau des Ergebniskapitels, wie die vorhergehenden strukturiert werden sollten.

Üblicherweise werden die im Text gemachten Aussagen durch Tabellen, Grafiken, Übersichten belegt. Es geht dabei stets um ‚verdichtete' Zahlen oder Aussagen. Rohdaten gehören nicht ins Ergebniskapitel, höchstens in den Anhang (siehe [8] Anhang, S. 59).

In Kap. 4 (S. 80) wird auf die Möglichkeiten der Datenpräsentation näher eingegangen. Das Zusammenspiel der Datenpräsentation in Tabellen oder Grafiken und deren Interpretation im Text ist hierbei besonders wichtig. Es wird dort ausführlicher dargelegt und die Lektüre dieses Kapitels den AutorInnen besonders dringend ans Herz gelegt.

Im Ergebniskapitel wird eine primär darstellende, relativ nüchterne, nicht wertende Darstellung der Befunde verlangt. Es sollen also nicht bereits Kommentare über die Brauchbarkeit der Ergebnisse oder gar ihre Verallgemeinerungsfähigkeit eingestreut werden. Das ist aber oft leichter gesagt als getan, denn immer wieder können gerade Neulinge der Versuchung nicht widerstehen, die eigenen Befunde schon während der Ergebnisdarstellung kritisch unter die Lupe zu nehmen und mit wertenden Kommentaren anzureichern.

Mit nüchterner, wertungsfreier Darstellung ist allerdings nicht gemeint, dass die Ergebnisse überhaupt nicht ‚interpretiert' werden dürfen. Das würde den Text blutleer erscheinen lassen. Kommentierende Beschreibungen wie im folgenden Beispiel sind tolerierbar:

„Die Mittelwerte der Varianten A, B und C zeigten einen linearen Anstieg. Die Werte der Varianten D und E wiesen dagegen einen überraschenden Sprung auf".

Gedanklich muss man sich klarmachen, dass die Abfolge ‚Ergebnisse – Interpretation' unseren Gepflogenheiten im täglichen Leben entspricht. Bei der Schilderung eines Ereignisses legt man ja seinen Gesprächspartnern ebenfalls zunächst den Sachverhalt dar und beginnt erst danach, das Ereignis zu interpretieren und gegebenenfalls über seine Hintergründe und Folgen zu spekulieren. Ganz dementsprechend werden die Ergebnisse im folgenden Kapitel Diskussion bewertet.

[4] Diskussion

In diesem Kapitel sollen die eigenen Befunde kritisch interpretiert und hinterfragt, sowie mit den Ergebnissen von anderen AutorInnen verglichen und Schlüsse gezogen werden. Statt der Kapitelüberschrift Diskussion findet man auch die Bezeichnungen Interpretation oder Kritische Beurteilung der Ergebnisse. Sie sind zwar – sachlich gesehen – genauso akzeptabel, jedoch entsprechend dem internationalen Schrifttum weniger gebräuchlich. Deshalb ist der Bezeichnung Diskussion der Vorzug zu geben.

Das Kapitel wird zweckmäßigerweise in 4 Unterkapitel untergliedert:

[4.1] Knappe Herausstellung der wichtigsten eigenen Ergebnisse bzw. Befunde als Einführung in die Diskussion
[4.2] Kritische Beurteilung der eigenen Versuchsergebnisse
[4.3] Vergleich der Ergebnisse mit denen aus anderen Untersuchungen
[4.4] Schlussfolgerungen für die Praxis und für weitere Untersuchungen

Diese Unterkapitel werden wiederum nachfolgend umrissen.

[4.1] Knappe Herausstellung der wichtigsten eigenen Ergebnisse bzw. Befunde als Einführung in die Diskussion

Oftmals empfiehlt es sich – jedenfalls bei der Präsentation vieler Ergebnisse – diese zusammenzufassen und zu ordnen. Durch die Reihung der Ergebnisse nach ihrer Wichtigkeit nehmen die AutorInnen bereits eine erste Bewertung vor. Diese zusammenfassende Darstellung der Ergebnisse, deren Bedeutung nachfolgend erörtert wird, darf aber nicht mit der im nächsten Abschnitt erläuterten Zusammenfassung verwechselt werden.

[4.2] Kritische Beurteilung der eigenen Versuchsergebnisse

Hier sollte gefragt werden:

- Wurden die im Einleitungskapitel formulierten Arbeitshypothesen bestätigt bzw. die forschungsleitenden Fragen beantwortet und die Untersuchungsziele erreicht oder, wenn das nicht der Fall war, warum nicht?
- Sind das Material und die angewendeten Methoden sowie die erreichten Ergebnisse repräsentativ für einen größeren Bereich?
- Sind etwaige Abweichungen von den erwarteten Ergebnissen plausibel? Ergaben sich Widersprüche?
- Waren die verwendeten Mess- oder Auswertungsmethoden angemessen?
- Gab es ‚Überraschungen' im Projektverlauf oder bei den Ergebnissen, die möglicherweise zu weiteren Untersuchungen anregen?
- Sind die Ergebnisse durch Unregelmäßigkeiten oder Fehler bei der Versuchsdurchführung belastet, zum Beispiel durch ungeeignete Standorte oder Populationen, abweichende Witterungsbedingungen, nicht passende Verfahren, fehlerhaftes Versuchsmaterial, unzureichende Befragungen, organisatorisches Missgeschick, Probleme mit Messgeräten, falsche Aufnahmetermine, zu wenige Messwerte mit großen Streuungen?

Gerade solche ‚Misserfolge' können wichtig sein im Hinblick auf die kritische Analyse der Ergebnisse, auf deren Übertragung auf andere Verhältnisse, auf die Möglichkeit der Verallgemeinerung und die Ableitung von weiterem Forschungsbedarf.

Verständlicherweise geben AutorInnen ungern zu, dass sie Fehler der angesprochenen Arten gemacht haben. Leider werden aber auch korrekt angelegte und durchgeführte Versuche, die keine oder zumindest nicht die erwarteten Ergebnisse erbracht haben, meist nicht beschrieben und in Journalen nicht publiziert. Die Tendenz, nur positive Resultate statt gleichfalls deren Relativierungen oder Hinterfragungen zu veröffentlichen, kann aber zu einer einseitigen und damit letztlich fehlerhaften, weil beschönigenden Wertung, dem ‚publication bias', führen. Dieser wird besonders in der Schulmedizin kritisch gesehen (Weber, 2014).

Mit diesen Fragen wird also auf das Einführungskapitel zurückgegriffen, und die Hypothesen werden verifiziert oder falsifiziert – ‚die Hypothese sucht nach empirischer Verifizierung!' – sofern die Hypothesen nicht im Nachhinein formuliert wurden, damit sie mit den Ergebnissen übereinstimmen, was natürlich höchst fragwürdig ist!

Oft genug formulieren AutorInnen im Einleitungskapitel einen umfassenden Fragenkatalog, versäumen aber, diesen im Diskussionskapitel zu beantworten oder zu hinterfragen, also den Bogen zur Einleitung zurück zu schlagen (vergl. Kap. 3.1 [1.3], S. 49). Aber auch das Gegenteil kommt vor: Die Autoren beantworten Fragen, die sie eingangs nicht gestellt hatten.

So, wie es eine vernünftige ‚Einführung' in das Thema einer Arbeit geben muss, sollten die Leser wieder aus dem Projekt ‚herausgeführt' werden.

[4.3] Vergleich der Ergebnisse mit denen aus anderen Untersuchungen

In diesem Abschnitt verlässt man den zunächst begrenzten eigenen Standpunkt und schaut sich sozusagen um, welche Informationen und Aussagen zu dem bearbeiteten Problem vorliegen. Hier wird die Literatur also ein zweites Mal herangezogen und damit wiederum eine Brücke zur Einleitung geschlagen. In der Einführung diente sie zur Beschreibung des Kenntnisstandes. Diesmal aber sollen in einer kritischen Wertung die eigenen mit den fremden Ergebnissen verglichen werden. Bei diesen Vergleichen greift man jetzt vor dem Hintergrund eigener Erfahrungen und damit auf einem höheren Erkenntnisniveau auf die Literatur zurück. Das geschieht meist sehr viel detaillierter im Hinblick darauf, ob die Ergebnisse weitgehend übereinstimmen, ob die Befunde sich mithin verallgemeinern lassen oder ob sich Widersprüche ergeben, die weiteren Forschungsbedarf aufzeigen. Dabei ist unter Umständen zu klären, inwieweit die jeweiligen Ergebnisse überhaupt miteinander vergleichbar sind. Das kann bei unterschiedlichen Vorgaben hinsichtlich von Versuchskonzepten, Standortbedingungen, Datenumfang, Laufzeit der Versuche oder ähnlichem durchaus zweifelhaft sein. Letztlich geht es hierbei darum, die Ergebnisse zu validieren, das heißt die Gültigkeit von Versuchs- oder Messverfahren zu überprüfen. Es dürfte sich dabei von selbst verstehen, dass die Befunde anderer AutorInnen immer nüchtern und sachlich zitiert und beurteilt werden.

Dissertationen, Habilitationen und hochrangige Fachartikel sollten zu Erkenntnisfortschritt im jeweiligen Fachgebiet führen. So hoch wird bei Studien-Abschlussarbeiten nicht gegriffen. Bei diesen handelt es sich vielmehr meist um Einzelstudien bzw. Fallbeispiele, und es lässt sich oft nicht leicht abschätzen, ob man ihre Ergebnisse verallgemeinern kann. Übereinstimmungen zwischen den eigenen Ergebnissen und denen anderer VersuchsanstellerInnen erlauben es aber oftmals, vom Einfacheren (dem Fallbeispiel) zum Komplexeren (der Vielfalt von Vorbedingungen in der Praxis) zu kommen und verallgemeinernde Schlüsse zu ziehen bzw. allgemeiner gültige Hypothesen zu formulieren.

Der Vergleich der eigenen Ergebnisse mit denen anderer Versuchsansteller mindert zudem die Gefahr, falsche Schlüsse zu ziehen, worauf im nächsten Abschnitt eingegangen wird.

Im Diskussionskapitel wird also zweimal der Bogen zurück zur Einleitung geschlagen, einmal hinsichtlich der Erwartungen an die Ergebnisse des eigenen Projekts und ein zweites Mal mit dem Rückgriff auf die in der Einleitung herangezogene Literatur.

[4.4] Schlussfolgerungen

Oft werden sie auch als ‚Empfehlungen', ‚Ausblick' oder ‚Fazit' (‚prospects of future', ‚outlook', ‚suggestions for future research') formuliert. Sie können sich auf unterschiedliche Bereiche beziehen:

- **Für die Praxis**
  Arbeiten in den angewandten Wissenschaften haben oft klaren Praxisbezug, und der sollte dann auch herausgearbeitet werden. Dementsprechend ist also zu fragen: Wieweit sind die Ergebnisse in der Praxis anwendbar (‚Nutzanwendung', ‚Umsetzung', ‚Empfehlungen' bzw. ‚Übertragung in die Praxis')? Sind gegebenenfalls regionale, arten-, gruppen- oder methodenspezifische Einschränkungen zu machen?
- **Für die Wissenschaft**
  Wo sollten weiterführende Versuche ansetzen? Bei welchen Details ist nach wie vor wenig bekannt? Erwies sich ein Ansatz oder ein Verfahren als vielversprechend, und sollte es näher getestet werden? Gab es Widersprüche, die zu klären sind? In diesem Zusammenhang ist es besonders hilfreich, wenn auch die Fehlschläge mitgeteilt werden.

  Bachelor- oder Masterstudierende tun sich bei der Formulierung dieses Abschnittes leichter, wenn sie sich vorstellen, sie würden nach Abschluss ihrer Thesis das Angebot bekommen, zum gleichartigen Thema eine umfassendere Arbeit – etwa eine Dissertation – zu schreiben: In welcher Weise würden sie diese dann angehen? Welche Methoden würden sie heranziehen? Natürlich würden sie die im Projekt gewonnenen Erfahrungen hinsichtlich des verwendeten Materials und der erprobten Methoden für das neue Projekt nutzen. Sie würden selbstverständlich auch die Fehler, Irrtümer, ungeeigneten Verfahren bei einem Folgevorhaben auszuschließen versuchen. Es wäre deshalb – gerade auch für andere NachwuchswissenschaftlerInnen – informativ und hilfreich, wenn sie diese Fehlschläge mitteilten, denn aus Fehlern lernt man oft mehr als aus Erfolgen! Diesem Ratschlag steht allerdings entgegen, dass sich die meisten AutorInnen scheuen, ‚negative' Ergebnisse mitzuteilen, ein Verhalten, das den wissenschaftlichen Fortschritt ganz allgemein behindert (vergl. S. 54).
  Kaum ein größeres Untersuchungsprojekt, bei dem nicht am Schluss ‚weiterer Forschungsbedarf' aufgezeigt wird.
- **Ausblicke**
  Ist dieses oder ein anderes Verfahren künftig erfolgsversprechend? Was kostet seine Anwendung? Welche Kosten sind mit ihm einzusparen? Welche Vor- und Nachteile könnten mit seiner Anwendung verbunden sein?

Das Kapitel Diskussion verlangt also wertende, interpretierende und damit subjektive Stellungnahmen. Trotzdem erhält man damit keinen Freibrief für wildes Spekulieren und ‚die-Phantasie-schweifen-lassen'.
Häufig wird der Fehler gemacht, ins Diskussionskapitel neue Informationen oder Materialien aufzunehmen, die nicht in den vorangegangen Kapiteln angesprochen worden waren. Man kann jedoch nur ‚diskutieren', was zuvor als Material, Methode und Ergebnis vorgestellt worden war.

Auch in der ‚Diskussion' ist übrigens die Verwendung des Wörtchens ich oder gar wir ungebräuchlich. Gegebenenfalls hilft man sich mit meines Erachtens, aus meiner Sicht oder meiner Meinung nach dort, wo eine persönliche und damit subjektive Einschätzung der künftigen Entwicklung gegeben werden soll oder eine Schlussfolgerung nicht zwingend logisch und wissenschaftlich belegbar ist.
Im englischen Sprachraum scheint man diesbezüglich weniger bedenklich zu sein. Dort liest man schon öfter einmal: *„We found"* oder *„we concluded"*. Dem ‚wir' haftet dagegen im Deutschen ein wenig der Ruch der Überheblichkeit an, wenn ein Autor von sich selbst im Plural, einem Fürsten gleich, also im *‚pluralis majestatis'* spricht (siehe auch Kap. 5.2.2, 5. Lektion, S. 157).

[5] Schlussfolgerungen

Diskussion und Schlussfolgerungen (‚discussion and conclusions') werden seit einigen Jahren – aus dem englischen Sprachraum kommend – oftmals in zwei Kapitel getrennt. Das gilt jedenfalls für naturwissenschaftliche Publikationen.
Eine solche Trennung ist bei größeren Arbeiten wie Dissertationen sinnvoll. Oft sind die Schlussfolgerungen in Studien-Abschlussarbeiten jedoch so knapp gehalten, dass sie kaum ein gesondertes Kapitel rechtfertigen. Auch in vielen kürzeren Artikeln werden sie meist in einem Kapitel zusammen abgehandelt, das dann mit Diskussion und Schlussfolgerungen überschrieben wird. Man muss also von Fall zu Fall entscheiden, ob man zwei Kapitel vorsieht oder sie zusammen in einem Kapitel zusammenfasst.

Die folgenden Abschnitte gehören wiederum zum **‚Beiwerk'**, in diesem Fall zum ‚Nachspann' (gelegentlich auch ‚Apparat' genannt) (vergl. Kap. 3.1.1, S. 46).

[6] Zusammenfassung

Geistes- und naturwissenschaftliche Arbeiten unterscheiden sich hinsichtlich der Gestaltung der Zusammenfassungen erheblich. In geisteswissenschaftlichen Arbeiten ähnelt sie der Diskussion von naturwissenschaftlichen. Sie ist bei diesen ein wesentlicher Aspekt des Schlusskapitels, in dem die Hauptgedanken der Arbeit zusammenfassend und abschließend erörtert werden.
Entgegen den Vermutungen vieler Studierender ist das in naturwissenschaftlichen Arbeiten anders. Hier wird in der Zusammenfassung (‚summary') ausschließlich der Inhalt einer Arbeit in knapp gefasster Form wiedergegeben, und sie hat damit zwei wichtige Aufgaben:

- Sie soll die Leser in die Lage versetzen, sich rasch über die wichtigsten Inhalte einer Arbeit zu informieren. Hat der Titel ein erstes Interesse bei ihnen geweckt, so können sie anhand der Zusammenfassung endgültig entscheiden, ob sich die Lektüre des ganzen Textes für sie lohnen wird.
- Die Zusammenfassung soll den Lesern außerdem die Marksteine und – zum besseren Verständnis – den roten Faden der Arbeit, das heißt den durchgehenden Leitgedanken, vorgeben.

Die Zusammenfassung hat sich auf die Wiedergabe des Ziels der Untersuchungen, des Versuchsmaterials, der wichtigsten Ergebnisse sowie neu behandelter Fakten, Schlussfolgerungen aus den Versuchen und wesentlicher Teile einer neuen Theorie, Technik oder Methode zu beschränken. Eine bloße Inhaltsbeschreibung ist zu vermeiden. Vielmehr soll das Schwergewicht auf die Kurzfassung der erzielten Ergebnisse und wichtigsten Schlussfolgerungen, nicht aber so sehr auf methodische oder technische Details

gelegt werden, es sei denn, die Entwicklung oder Erprobung einer Methode war das Arbeitsziel.
Besonders, wenn viele Einzelergebnisse gewonnen wurden, empfiehlt es sich, diese etwa in folgender Weise aufzulisten (siehe auch Kap. 3.3.4, S. 72):

Als Befragungsergebnisse wurden erzielt:
(1) ...
(2) ...

Immer wieder machen besonders Anfänger den Fehler, weitergehende Schlüsse oder Stellungnahmen in die Zusammenfassung zu schreiben. Diese gehören in die Kapitel Diskussion oder Schlussfolgerungen, nicht jedoch hierher!

Die Zusammenfassung soll aus vollständigen Sätzen bestehen – abgesehen von den gerade erwähnten Auflistungen – und ohne Querverweise auf einzelne Abschnitte der Arbeit aus sich heraus verständlich sein. Tabellen oder Grafiken gehören nicht hierher. Auch die AutorInnen von zitierter Literatur werden nicht genannt.

Der Umfang der Zusammenfassung sollte bei Studien-Abschlussarbeiten 2 Seiten nicht überschreiten. Bei Dissertationen können 3 % des Textumfanges – also (2)-4 Seiten – als Anhalt dienen.
Die Zusammenfassung wird gelegentlich auch als ‚Resümee' bezeichnet. Die beiden Begriffe, Zusammenfassung und Resümee, sind jedoch nicht identisch. Im Englischen bzw. Französischen kann ‚resumé' wie bei geisteswissenschaftlichen Arbeiten auch zusammenfassende Schlussfolgerung bedeuten, und das soll eine Zusammenfassung ja, wie ausgeführt, gerade nicht sein.

Früher war die Vermischung von ‚Zusammenfassung' und ‚Schluss-Überlegungen' üblich. Das ist wohl der Grund, warum Zusammenfassungen nach wie vor ans Ende von Studien-Abschluss- und Doktorarbeiten gesetzt werden.
Aus der englischsprachigen Welt wurde übernommen, allen wissenschaftlichen Veröffentlichungen, gelegentlich auch den Dissertationen, eine sehr knapp gehaltene Zusammenfassung (¼-½ Seite lang beziehungsweise < 250 Wörter) als sogenanntes ‚**Abstract**' dem Text voranzustellen (siehe auch Kap. 7.3.5, S. 219). Das betrifft jedoch noch nicht Studien-Abschlussarbeiten.
Selten gibt es beides: ein Abstract zu Beginn und eine ausführlichere Zusammenfassung am Schluss einer Arbeit.
Zunehmend werden Studien-Abschluss- und Doktorarbeiten in englischer Sprache akzeptiert. Bei diesen wird dann jedoch stets eine deutsche Zusammenfassung verlangt. Ebenso bürgert sich ein, dass deutsch abgefasste Arbeiten mit einer englischen Zusammenfassung versehen werden.

Die Zusammenfassung hat also als Erst- und Schnellinformation eine hohe Bedeutung. Obwohl sie traditionsgemäß am Schluss von Bachelor-, Master- und Doktorarbeiten steht, ist davon auszugehen, dass sich Leser – sofern der Titel einer Arbeit überhaupt ihr Interesse geweckt hat – die Zusammenfassung als Erstinformation vornehmen. Deshalb sollte auf ihre präzise Formulierung besonderes Gewicht gelegt werden.

Abstract oder Zusammenfassung schreibt man als letztes, wenn die eigentliche Textfassung abgeschlossen ist. Dann läuft man nicht Gefahr, inhaltliche Ungenauigkeiten in sie zu bringen.

Die nachfolgenden Teile, das hintere Beiwerk, kann man – um im eingangs verwen-

Der Komiker Heinz EHRHARDT (2005) hat allerdings die Lesegewohnheiten vor allem von GutachterInnen wissenschaftlicher Arbeiten in seinem nebenstehenden Gedicht offenkundig völlig falsch eingeschätzt. Diese lesen nämlich die Zusammenfassung als erstes und zwar gründlich! Oft nehmen sie sich danach das Einleitungskapitel vor und dann noch die Diskussion, Material und Methoden dagegen nur ausnahmsweise.

Die Mitte
Ein kleines Verslein kam gegangen
und hat zu sprechen angefangen:
„Ich bin an deinem Tisch gewesen
und hab´ dein Manuskript gelesen:
Der Anfang ist ein wenig schwach,
dafür läßt dann das Ende nach.
Ich sei, gewähr mir diese Bitte,
in deinem Buch deshalb die Mitte!

deten Vergleich mit einem Film zu bleiben – als ‚Abspann' bezeichnen.

[7] Literaturverzeichnis

Ein Literaturverzeichnis (‚references', ‚literature', ‚bibliography') ist obligatorisch. Es wird generell am Schluss des eigentlichen Hauptteils einer Arbeit nach der Zusammenfassung gebracht. Die Prinzipien für seine Gestaltung sind in Kap. 2.7.2 (S. 40) bereits erläutert worden. Außerdem kann das Literaturverzeichnis dieses Leitfadens hinsichtlich der formalen Gestaltung als Orientierung dienen (siehe Kap. 9, S. 230).

[8] Anhang

Ein Anhang (‚appendix') ist bei vielen wissenschaftlichen Arbeiten nützlich, aber nicht generell notwendig, bei Zeitschriftenartikeln unüblich. Wenn er vorgesehen wird, so befindet er sich am Ende der Arbeit und wird als Kapitel mitgezählt.

In den Anhang können folgende Materialien aufgenommen werden:

- **Umfangreiches Datenmaterial**, das als Beleg für im Text stärker verdichtete Darstellungen dient. Der Anhang kann tabellarische Zusammenstellungen wie Pflanzenlisten, Labor- oder Klimadaten, Befragungsergebnisse enthalten, die in dieser ausführlichen Form für die ‚normalen' Leser zu detailliert, für Spezialisten aber interessant sein können.
- **Nicht-veröffentlichte Schriftstücke**, Protokolle oder sonstige Dokumente, die nicht beschaffbar, aber als Beleg für Aussagen in der Arbeit wichtig sind. Bei geisteswissenschaftlichen Arbeiten können es auch veröffentlichte Texte sein, die als Grundlage von Ausarbeitungen herangezogen werden, aber nicht zum unmittelbaren Verständnis der Textfassung nötig sind.
- **Selbst entwickelte Materialien oder Methoden** (Fragebögen, Computerprogramme, Modellrechnungen), die anderen VersuchsanstellerInnen als Anregung dienen könnten.
- **Auswertungsbeispiele**, **Analysenbeschreibungen**, die das methodische Vorgehen exemplarisch belegen sollen. Einerseits kann anhand eines durchgerechneten Beispiels nachgeprüft werden, wie die Ergebnisse hergeleitet wurden. Andererseits wird späteren Versuchsanstellern die Möglichkeit geboten, die methodischen Schritte etwa eines Statistik- oder Analyseverfahrens nachzuvollziehen und für eigene Anwendungen zu nutzen.
- **Rohdaten**, die der Originalarbeit beigegeben werden, um nicht ‚verlorenzugehen' und gegebenenfalls für Folgeerhebungen herangezogen werden zu können. Dieser Fall trifft häufig bei Master-, Diplom- und Doktorarbeiten zu. Statt in papierener Form werden sie heute oftmals in digitaler Form als CD beigefügt.

Die im Anhang wiedergegebenen Daten und Informationen sind also zum Verständnis der Arbeit nicht direkt notwendig. Man muss die Arbeit auch ohne Lektüre des Anhangs verstehen können.

Bei größeren wissenschaftlichen Projekten wird zunehmend gefordert (u. a. durch die Deutsche Forschungsgemeinschaft), alle zum Verständnis und für eventüelle Nachprüfungen wichtigen Originaldaten und Auswertungsschritte zu dokumentieren und für mindestens 10 Jahre aufzubewahren. Das geschieht jedoch üblicherweise nicht in Verbindung mit der Veröffentlichung, sondern in der Institution der federführenden AutorInnen.

Immer wieder können Studierende, aber auch DoktorandInnen nicht der Versuchung widerstehen, Tabellen oder Ähnliches in den Anhang zu verbannen, diese Materialien dann aber bei den Ergebnissen ausgiebig zu erörtern. Werden sie im Ergebniskapitel angesprochen, so müssen sie dort auch in den Text eingefügt werden, etwa in Form einer Tabelle oder Abbildung. Man kann den Lesern nicht zumuten, viele Seiten zu überblättern, um das Belegmaterial für Textaussagen im Anhang aufzuspüren. Deshalb sei ausdrücklich wiederholt: Im Anhang darf kein zum Verständnis der Arbeit notwendiges Material stehen!

Ein STICHWORTVERZEICHNIS (‚Index') wird normalerweise nur für Bücher hergestellt, die wie Lehrbücher zum Nachschlagen herangezogen werden. In wissenschaftlichen Originalarbeiten ist es dagegen ungebräuchlich.

Abschließend sei die **Struktur der Hauptteile** mit dem Bild einer Sanduhr verglichen und damit veranschaulicht, wie in einer naturwissenschaftlichen Arbeit vom Allgemeinen (Problemstellung) zum Speziellen (dem eigenen Projekt) und wieder zum Allgemeinen (den Schlussfolgerungen) geführt wird (Abb. 3.1-2). Wie angesprochen ähnelt dieser Aufbau einer wissenschaftlichen Arbeit auch der Führung eines Sachgesprächs.

3.1.2 Erweiterungsmöglichkeiten des Gliederungsgrundschemas

Das zu Beginn dieses Kapitels vorgestellte Grundschema ist für die meisten, lediglich auf eine Fragestellung oder ein Projekt hin ausgerichtete Arbeiten gut geeignet. Die strikte Anwendung dieser Gliederungsform kann jedoch problematisch werden, wenn ein Forschungsvorhaben mehrere Teilprojekte, Teilfragen oder mehrere in sich geschlossene Teiluntersuchungen enthält. Dann bietet es sich an, das Schema zu erweitern und damit lesefreundlicher zu gestalten. Das wird in Tab. 3.1-2 illustriert.

Wichtigste Phasen einer naturwissenschaftlichen Arbeit:

- In der Einleitung einer wissenschaftlichen Arbeit wird das Thema von der allgemeineren Darstellung auf die spezielle Fragestellung hin eingeengt (Induktion).
- Die eigenen Untersuchungen bedeuten eine trichterförmige Spezialisierung.
- Von den Details der eigenen Ergebnisse ausgehend wird wieder auf ein höheres Verallgemeinerungsniveau hin ausgeweitet (Deduktion).

Vorgaben (Kenntnisstand)

Eigene Arbeit

Verallgemeinerung

Abb. 3.1-2: Gestaltung einer naturwissenschaftlichen Arbeit – symbolisiert mit einer Sanduhr

3.1.2.1 Forschungsvorhaben mit mehreren Teilprojekten

Bei einem Projekt mit mehreren Teiluntersuchungen (Unterprojekten, Modulen, Komplexen, Standorten, Nährstoffanalysen) ist es oft besser, die Einzelprojekte als in sich geschlossene Einheiten darzustellen und zwar jedes für sich wiederum nach dem Grundschema gegliedert. Andernfalls müssten die Details der Teilprojekte ‚zerrissen' werden – wie in Tab. 3.1-2 linke Hälfte veranschaulicht. Ein solches Vorgehen entpuppt sich meist als schwer nachvollziehbar und somit leseunfreundlich. Die Einzelprojekte sollten stattdessen besser in gesonderten und nach der Standardgliederung strukturierten Kapiteln beschrieben werden. Verknüpft werden sie – wie bei einem Novellenzyklus – durch eine Art ‚Rahmenhandlung'. Das sind einerseits eine allgemeine Einführung und gegebenenfalls auch eine Beschreibung der für alle Teilprojekte zutreffenden Materialien und Methoden sowie andererseits eine zusammenfassende Interpretation. Für Studien-Abschlussarbeiten kann diese Vorgehensweise gleichfalls sinnvoll sein.

In Tab. 3.1-2, rechte Seite, ist dies ebenfalls verdeutlicht.

Eine solche erweiterte Gliederung ist übrigens typisch für Dissertationen in Schweden. Dort müssen die DoktorandInnen Artikel zu mindestens drei Teilprojekten als getrennte (und reviewte) Veröffentlichungen publizieren. Diese legen sie dann, mit einem verbindenden ‚Rahmen' versehen, als Dissertation vor. In Deutschland hat sich ein vergleichbares Verfahren in Form **‚kumulativer' Dissertationen** oder **Habilitationsschriften** durchzusetzen begonnen. DoktorandInnen werden dadurch – früher als bisher üblich – angehalten, zu veröffentlichen.

Dies Vorgehen führt allerdings oft zur Verlängerung des Promotionsprozesses als Folge von Verzögerungen bei der Annahme (‚peer-review') und Druckerlaubnis der Artikel.

Auf die kumulativen Dissertationen wird in Kap. 7.3.1, S. 214 nochmals eingegangen.

3.1.2.2 Großer Umfang einzelner Kapitel

Häufig wird die Literaturdarstellung umfangreich und sprengt den Rahmen der Einführung. Dann teilt man dieses besser in zwei Kapitel auf. Hierauf war schon hingewiesen worden. Ähnlich geht es manchmal mit dem Kapitel ERGEBNISSE. Auch hier empfiehlt sich – falls sachlich einleuchtend – eine Aufteilung in zwei oder drei Kapitel.

Soweit möglich und vertretbar, sollte versucht werden, den Umfang der einzelnen Kapitel einigermaßen ausgewogen zu halten – natürlich innerhalb eines relativ weiten Rahmens.

Es ist aber sicherlich als unausgewogen zu bezeichnen, wenn – wie in einer Dissertation geschehen – das Ergebniskapitel 120 Seiten umfasste und dementsprechend sehr weitgehend untergliedert wurde. Die übrigen Textteile (Einführung, Material und Methoden, Diskussion und Zusammenfassung) dagegen machten zusammen nur 35 Seiten aus und wurden deshalb nicht unterteilt. Hier wäre die Aufteilung der Ergebnisse in zwei oder mehr Ergebniskapitel besser gewesen. Diese hätten dann nicht extrem detailliert untergliedert werden müssen.

Auch, wenn es keine allgemein verbindliche Standardgliederung gibt, so gelten doch die dargelegten Grundzüge des Gliederungsschemas mit seinen Untergliederungen – sinngemäß angewendet – für jede experimentell oder technisch ausgerichtete Arbeit. Das Schema ist geeignet, eine Arbeit sinnvoll zu strukturieren. Dadurch lassen sich Gedankenbrüche und -sprünge vermeiden: die Leser können gedanklich folgen.

Manche Fachgebiete oder auch Fakultäten haben spezielle Traditionen, die sich oft nur in Feinheiten unterscheiden. Vorgaben für Studien-Abschlussarbeiten sind in vielen Prüfungsordnungen oder speziellen Hand-

Tab. 3.1-2: Gliederungs-Grundschema und erweiterte Gliederung

<table>
<tr><th>Gliederungs-Grundschema</th><th>Erweiterte Gliederung</th></tr>
<tr><td>0 Vorwort</td><td>0 Vorwort</td></tr>
<tr><td>1 Einleitung
1.1 Allgemeine Einführung in den Problemkreis
1.1.1 Einführung Teilprojekt 1
1.1.2 Einführung Teilprojekt 2
1.1.3 Einführung Teilprojekt 3
1.2.1 Kenntnisstand Teilprojekt 1
1.2.2 …
1.2.3 …</td><td>1 Einleitung
1.1 Einführung in den Problemkreis
1.2 Sichtung der Literatur
1.3 Ziele für die eigenen Arbeiten
1.4 Aufbau der Arbeit</td></tr>
<tr><td>2 Material und Methoden
2.1 Allgemeine Darstellung der verwendeten Materialien
2.1.1 Material Teilprojekt 1
2.1.2 Material Teilprojekt 2
2.1.3 Material Teilprojekt 3
2.2 Allgemeine Darstellung der verwendeten Methoden
2.2.1 Methoden Teilprojekt 1
2.2.2 Methoden Teilprojekt 2
2.2.3 Methoden Teilprojekt 3
2.3 Zeitlicher Vollzug der 3 Teilprojekte
2.2.1 Projekt 1
2.2.2 Projekt 2
2.2.3 Projekt 3</td><td>2 Material und Methoden
2.1 Allgemeine Darstellung der verwendeten Materialien
2.2 Allgemeine Darstellung der verwendeten Methoden
2.3 Zeitlicher Vollzug der 3 Teilprojekte</td></tr>
<tr><td rowspan="3">3 Ergebnisse
3.1 Ergebnisse Teilprojekt 1
3.2 Ergebnisse Teilprojekt 2
3.3 Ergebnisse Teilprojekt 3</td><td>3 Teilprojekt 1
3.1 Einführung in Teilprojekt 1
3.2 Material und Methoden von Teilprojekt 1
3.3 Ergebnisse Teilprojekt 1
3.4 Diskussion Teilprojekt 1</td></tr>
<tr><td>4 Teilprojekt 2
4.1 Einführung in Teilprojekt 2
4.2 Material und Methoden von Teilprojekt 2
4.3 Ergebnisse Teilprojekt 2
4.4 Diskussion Teilprojekt 2</td></tr>
<tr><td>5 Teilprojekt 3
5.1 (wie vor)
…</td></tr>
<tr><td>4 Diskussion
4.1 Kritische Würdigung Teilprojekt 1
4.2 Kritische Würdigung Teilprojekt 2
4.3 Kritische Würdigung Teilprojekt 3
4.4 Vergleichende Interpretation der Versuchsprojekte</td><td>6 Vergleichende Interpretation der Ergebnisse aus allen 3 Teilprojekten</td></tr>
<tr><td>5 Schlussfolgerungen</td><td>7 Zusammenfassende Schlussfolgerungen</td></tr>
<tr><td>6 Zusammenfassung</td><td>8 Zusammenfassung</td></tr>
<tr><td>7 Literaturverzeichnis</td><td>9 Literaturverzeichnis</td></tr>
<tr><td>[8 Anhang]</td><td>[10 Anhang]</td></tr>
</table>

reichungen niedergelegt. Auf diese wird verwiesen.

3.1.3 Gliederung von geisteswissenschaftlichen Arbeiten

Geisteswissenschaftlich ausgerichtete Arbeiten sind – wie in Kap. 3.1 angedeutet – meist nach dem Grundschema: Einleitung – Hauptteil – Schluss in drei Kapitel aufgeteilt (Tab. 3.1-3).

Bei geisteswissenschaftlichen Arbeiten steht im Regelfall das Referieren und die Auswertung sowie Interpretation schriftlicher Quellen im Vordergrund. Dementsprechend ist für nicht-experimentelle Abhandlungen dieses Gliederungsschema besser geeignet als das bisher erörterte für naturwissenschaftliche oder technisch ausgerichtete Arbeiten. Auch im Bereich der angewandten Naturwissenschaften gibt es immer wieder Überschneidungen zu den Geisteswissenschaften mit Themen etwa zur Ideengeschichte einzelner naturwissenschaftlicher Fachgebiete, der Sozialpolitik oder Betriebswirtschaftslehre. Dann folgt man besser dem in Tab. 3.1-3 aufgezeigten Schema.

Für geisteswissenschaftliche Arbeiten gibt es eine Reihe guter Bücher mit Empfehlungen über deren Anfertigung – weit mehr als für Naturwissenschaften. Einige sind im Literaturverzeichnis unter ‚Weiteres Schrifttum zur Einführung in wissenschaftliches Arbeiten' (siehe Kap. 9.2, S. 231) aufgeführt.

3.1.4 Informative Formulierung der Kapitelüberschriften

Die hier wiedergegebene allgemeine Formulierung der Kapitelüberschriften, wie Einleitung, Material und Methoden, sollte bei jeder Arbeit zum leichteren Verständnis beim Lesen spezifischer und damit griffiger gefasst werden. In Überschriften muss das Wesentliche der nachfolgenden Texte in wenigen Worten zusammengefasst sein. Die Leser sollen durch sie nämlich auf den Inhalt des folgenden Kapitels oder Abschnitts eingestimmt werden. Vom Straßenverkehr übertragen könnten man sagen: Die Überschriften haben eine ‚Wegweiserfunktion' – etwa folgendermaßen:

- So könnte das Einführungskapitel einer maschinenkundlichen Masterarbeit lauten: Probleme der Holzbringung im Gebirge.
- Das Kapitel Material und Methoden in einer floristischen Arbeit hieße etwa: Vegetationskundliche Untersuchungen am Wendelstein.
- Die Ergebnisse in einer Holzmarktstudie wären mit Entwicklung des Eichenwertholzmarktes von 1990-2005 einprägsam formuliert.

Tab. 3.1-3: Gliederung einer geisteswissenschaftlichen Arbeit und Inhalte der Kapitel (im Anhalt an Sandberg, 2012:86)

Kapitel	Wichtigste Inhalte
Einleitung	Überblick über die Arbeit, Einführung in Thema, Zielsetzung, gewählte Vorgehensweise.
Hauptteil	Aktueller Forschungsstand, Anwendungen in der Praxis, Darstellung des erarbeiteten Lösungsansatzes.
Schluss	Bildet zusammen mit Einleitung Rahmen der Arbeit; Zusammenfassung der Ergebnisse, gegebenenfalls mit Ausblick oder Prognose. Schlussfolgerungen sollen im Hauptteil gezogen werden.

Oft genug geben sich JungautorInnen wenig Mühe mit der Formulierung der Überschriften. Sie merken sogar nicht, dass Kapitelüberschrift und folgender Textinhalt nicht miteinander korrespondieren. Sie beherzigen also nicht den Spruch: *„Wo Nutella drauf steht, muss auch Nutella drin sein!"*
Damit verschenken sie den vorteilhaften Nebeneffekt, sich selbst beim Schreiben ständig zu überprüfen, ob sie immer noch beim Thema sind und einen gut lesbaren Text verfassen.

Abkürzungen oder Verschlüsselungen für Projekte, Regionen, Versuchsflächen, Medikamente, Werkstoffe sollten unbedingt mit anschaulichen Namen oder Umschreibungen versehen werden. Dementsprechend sollte es also statt Teilprojekt I – wie in Tab. 3.1-1 allgemein formuliert – im konkreten Fall beispielsweise heißen: Eigenschaften des Holzes aus Wintereinschlag, bei Teilprojekt 2 entsprechend: Eigenschaften des Holzes aus Sommereinschlag.

Hinsichtlich der Benutzung von Abkürzungen sei zusätzlich auf die 4. Lektion in Kap. 5.2.2 (S. 154) verwiesen.

3.1.5 Abschließende Bemerkungen zur Erstellung einer Gliederung

Die Gliederung einer Arbeit – gleichgültig, welcher Art sie ist und wie groß ihr Umfang – verlangt den AutorInnen eine besondere Anstrengung ab. Sie ist der Schlüssel für die klare Struktur und Lesbarkeit einer Arbeit und daher von besonderer Wichtigkeit. Manche Verlage verlangen deshalb auch eine ‚Binnengliederung' längerer Artikel.
Die hier im Kapitel aufgezeigten Empfehlungen mögen zunächst als formalistisches Ärgernis erscheinen – konzipiert von Professoren als ‚Zwangsjacke' bzw. ‚öder Formalismus' für Studierende! Die JungautorInnen werden aber später merken, dass die Hinweise das Ergebnis der Erfahrungen vieler Wissenschaftler widerspiegeln.

Eine in sich nicht folgerichtige und nicht durchgängig klare Gliederung ist oft das Resultat unklarer Gedankengänge – oder anders herum: Die intensive Auseinandersetzung mit der Gliederung hilft außerordentlich, Gedankengänge klar und gut nachvollziehbar zu strukturieren.
Es empfiehlt sich deshalb, als ersten Schritt der Textfassung einen Gliederungsentwurf zu fertigen – nach dem Motto: ‚kein Entwurf ohne Plan'. Dieser kann anfangs ziemlich grob sein. Dem Arbeitsfortschritt folgend wird der Entwurf schrittweise verfeinert. Dabei müssen einzelne Unterpunkte gegebenenfalls umgestellt werden (siehe auch Kap. 5.1.2, S. 131).
Zu Projektbeginn aufgestellte Gliederungsentwürfe sind also keineswegs unveränderlich. Sie müssen vielmehr im Verlauf der Bearbeitung eines Stoffes dem jeweils neuen Erkenntnisstand angepasst werden. Das sollte allerdings, je weiter die Textfassung fortgeschritten ist, nur noch Feinheiten betreffen. Nichts ist frustrierender, als wenn im späten Stadium der Bearbeitung die Gliederung umgestellt und im Gefolge der gesamte Text umgemodelt werden muss.
Das ist der Grund, weshalb die Studierenden und Doktoranden Gliederungs- und – unfertige – Textentwürfe zwischendrin ihren Betreuern zur Durchsicht vorlegen sollten. Dann können diese nämlich rechtzeitig Hilfestellungen geben und umfassende Umarbeitungen kurz vor Abgabe der Arbeiten vermeiden helfen. Aber oftmals ist es auch nötig, dass die Betreuer diese Zwischenergebnisse einfordern – und sie lesen.

Die Konzeption und Verfeinerung der Gliederung ist mithin eine die Arbeit begleitende kontinuierliche Aufgabe, ein dynamischer Prozess.

Sie lässt sich mit der Vorgehensweise eines Bildhauers, der eine menschliche Figur schaffen will, veranschaulichen: Dieser arbeitet die Skulptur zunächst grob aus einem Werkstück heraus und formt sie anschließend schrittweise weiter. Es wäre absurd, wollte er damit beginnen, die Hände oder Füße exakt zu modellieren, und dann erst die Umrisse der übrigen Körperteile zu formen.

3.2 Formale Hilfen zur Verdeutlichung der Gliederungsabschnitte

Die ‚Hierarchie' der Gliederungspunkte bzw. die ‚Gliederungstiefe' wird generell durch unterschiedliche Schriftgrößen, Fettdruck und gegebenenfalls auch Leerzeilen unter den Überschriften verdeutlicht. Bei umfänglichen Arbeiten (>20 Seiten) wie Master- sowie Doktorarbeiten und vor allem (Lehr-) Büchern werden die Gliederungsabschnitte außerdem mit Ziffern oder Buchstaben versehen. Diese erleichtern das Nachvollziehen der Struktur einer Arbeit und helfen, bei Querverweisen entsprechende Textstellen aufzufinden. Bei kürzeren wissenschaftlichen Ausarbeitungen (wie Hausarbeiten und wenig umfangreichen Artikeln in Fachjournalen) wirken sie jedoch übertrieben. Deshalb wird dort im Regelfall auf die Nummerierung verzichtet und die Rangstufe in der Gliederungshierarchie ausschließlich durch Schriftart und -größe kenntlich gemacht.

3.2.1 Kennzeichnung mit Buchstaben oder Ziffern

Hierbei finden zwei Hierarchien Anwendung: die **klassische** und die **numerische**. Deren Vor- und Nachteile werden in Tab. 3.2-1 illustriert und erläutert.

Einrückungen (‚hängende Einzüge'), wie in der Tab. 3.2-1 vorgenommen, fördern zusätzlich die Übersichtlichkeit. Sie sind für ein Inhaltsverzeichnis zu empfehlen (vergl. das Inhaltsverzeichnis dieses Leitfadens). Bei den Texten beginnen die jeweiligen Überschriften jedoch generell am Zeilenanfang, wie beim nächsten Unterabschnitt zu sehen.

3.2.1.1 Klassische Hierarchie

Sie wird auch ‚gemischtes Buchstaben-Ziffern-' bzw. ‚alpha-numerisches System' genannt. In einem solchen System werden Buchstaben und Ziffern etwa in dieser Abfolge benutzt: Römische Zahlen, Großbuchstaben, arabische Zahlen, Kleinbuchstaben, griechische Buchstaben, Buchstabenverdoppelung, gegebenenfalls außerdem Paragraphenzeichen (§).

Die klassische Buchstaben-Ziffern-Hierarchie ist heute noch bei geisteswissenschaftli-

Tab. 3.2-1: Beispiel für die Gliederungsmöglichkeiten nach der klassischen und der numerischen Hierarchie

GLIEDERUNGSABSCHNITT	KLASSISCHE HIERARCHIE	NUMERISCHE HIERARCHIE
Kapitel	I. EUROPA	1 EUROPA
Unterkapitel	A) Bundesrepublik Deutschland	1.1 Bundesrepublik Deutschland
Abschnitt	1. Land Bayern	1.1.1 Land Bayern
Unterabschnitt	a) Regierungsbezirk Oberbayern	1.1.1.1 Regierungsbezirk Oberbayern
"	α) Stadt München	1.1.1.1.1 Stadt München
"	αα) Ortsteil Schwabing	1.1.1.1.1.1 Ortsteil Schwabing

chen und juristischen Arbeiten üblich. Weil Buchstaben- und Zahlensymbole wechseln, lässt sie sich beim Lesen meist gut nachvollziehen. Im Übrigen ist man schon von der Schule her gewöhnt ist, mit solchen Gliederungssystemen umzugehen.
Die klassische Hierarchie ist aber nicht streng rational. Das mag dazu beigetragen haben, dass sie im naturwissenschaftlich-technischen Bereich durch die numerische Klassifikation abgelöst wurde. Auch im geisteswissenschaftlichen Bereich scheint diese neuerdings verschiedentlich übernommen zu werden.

3.2.1.2 Numerische Hierarchie

Bei dieser, auch ‚dezimal-numerische Klassifikation' oder kürzer: ‚Dezimalklassifikation' genannten Hierarchie werden ausschließlich arabische Ziffern verwendet. Jede Stelle in einer mehrziffrigen Gliederungsnummer kennzeichnet die Rangposition des jeweiligen Untergliederungspunktes. Jeder Untergliederungsrang wird von dem höheren oder niedrigeren durch Punkte getrennt. Zwischen zwei Punkten können beliebig viele Untergliederungen derselben Rangstufe vorgenommen werden (Beispiel: 4.13.1). Eine Teilung in mehr als 10 Unterpunkte je Rangstufe ist aber nur selten nötig (siehe Kap. 6.10, S. 191).

Lange Zahlenreihen mit mehr als 4 oder gar 5 Ziffern bzw. Gliederungsebenen werden unübersichtlich. Sie sind dann schlechter nachvollziehbar als die Gliederung nach der klassischen Hierarchie. Eben wegen dieser Unübersichtlichkeit sollte man bei numerischen Gliederungen nicht mehr als 4 Ziffern verwenden – es hat sich nämlich schon mal Jemand totgegliedert! Deshalb wurden hier im Leitfaden nur ausnahmsweise mehr als 4 Gliederungsebenen verwendet.

Weitere Untergliederungsmöglichkeiten, die die Lesbarkeit eines Textes verbessern, aber eine übertriebene Durchnummerierung vermeiden helfen, werden in Kap. 3.3 (nächste Seite) vorgestellt.

3.2.1.3 Gemeinsamkeiten für beide Hierarchien

Für das klassische wie das numerische Gliederungssystem gilt gleichermaßen: Bei jeder Untergliederung muss es mindestens zwei Unterpunkte geben – gemäß dem Sprichwort: *„Wer A sagt, muss auch B sagen"*. Auf einen Unterpunkt A hat also ein Unterpunkt B bzw. auf .1 hat .2 zu folgen.

Gelegentlich findet man die Vermischung von numerischer Hierarchie mit Buchstaben-Untergliederungen. Für ein solches Vorgehen spricht wenig: Die logische Strenge der numerischen Klassifikation wird dadurch vermindert, die gute Nachvollziehbarkeit der klassischen Hierarchie aber nicht voll gewonnen.

3.2.2 Verdeutlichung der Gliederungshierarchie durch die Schriftgestaltung bei den Überschriften

Der Leitfaden wurde entsprechend der numerischen Hierarchie gegliedert. Die Hierarchie der Überschriften wird zusätzlich durch Schriftgröße und -art, durch Fettdruck sowie durch Leerzeilen kenntlich gemacht. Das ist in Tab. 3.2-2 verdeutlicht.
Die **Schriftgrößen** (pt. = ‚point') der jeweiligen Überschriften sind auf die Schriftgröße des Fließtextes abzustimmen. Hier im Leitfaden wurde für den Fließtext die ‚Garamond, pt. 11' gewählt. Dazu passen die in Tab. 3.2-2 angegebenen Schriftgrößen.
Bei anderen Schriftgrößen müssen die Schriftgrößen der Überschriften entsprechend um eine pt.-Stufe reduziert werden,

Tab. 3.2-2: Beispiel für die Verdeutlichung der Gliederungshierarchie durch Schriftgestaltung der Überschriften und Leerzeilen

Rang der Überschrift	Schrift-art	Schrift-grösse	Fett-druck	Abstände
1 Kapitel	Kapitälchen	15	x	davor: 0 mm danach: 5 mm
1.1 Unterkapitel	Normal	14	x	davor: 3-10 mm danach 2-3 mm
1.1.1 Unterkapitel	Normal	13	x	
1.1.1.1 Unterkapitel	Normal	12	x	davor 2 mm, keine Abstände danach.
Weitere Überschriften	Normal	11	x	

damit das Schriftbild insgesamt harmonisch wirkt.

Im Leitfaden wurden außerdem alle **Überschriften fett gedruckt**, weil das am auffälligsten ist und es damit der Intention des Autors, gute Lesbarkeit zu erreichen, am nächsten kommt. Typographen sehen das anders, für sie zerstört der Fettdruck den Grauwert einer Seite. Sie bevorzugen für Hervorhebungen kursiv gestellte Zeichen oder Kapitälchen und verzichten völlig auf Fettdruck und Unterstreichungen.

Jedes Hauptkapitel beginnt grundsätzlich auf einer neuen Seite. Deshalb gibt es für die Kapitelüberschriften oberhalb keine Abstände. Bei den Unterkapiteln (die im Fließtext irgendwo beginnen) dagegen sollten die Abstände oberhalb der Überschriften mindestens der Größe der Überschriften entsprechen. Beispielsweise ist hier im Leitfaden vor der Überschrift von Kapitel 3.3 ein Abstand von 5 mm eingestellt, nach der Überschrift einer von 1 mm. Da man dies (auch in Word) immer bei den Formatvorlagen einstellt, muss es nur einmal festgelegt werden, spätere Änderungen wirken sich im gesamten Text aus.

So wurde es hier im Leitfaden gehandhabt. Der Abstand zum nachfolgenden Text sollte stets deutlich geringer sein. In der Tabelle 3.2-2 sind ein paar Empfehlungen zu den Abständen vor/nach Überschriften gegeben.

Auch der Standardtext erhält Einstellungen zu den Abständen: Arbeitet man ohne Erstzeileneinzug, dann bekommt der Standardtext zum Beispiel 1 mm Abstand davor und 1 mm danach (wie immer über eine Formatvorlage). Verwendet man dagegen einen Erstzeileneinzug, dann verzichtet man auf diese Abstände. Ein Tipp: Verzichten Sie darauf, Abstände mit der Enter-Taste herzustellen, so kommen diese leeren Absätze auf eine Seite oben, dann beginnt der Text nicht in der ersten Zeile, sondern in der zweiten oder dritten. Das ist nicht professionell, wird aber dauernd gemacht.

3.3 Gestaltung weiterer Untergliederungen als Lesehilfen

Die Verständlichkeit der Texte lässt sich wesentlich steigern durch Zwischenüberschriften, Hervorhebungen, Bildung von Absätzen, Einrückungen, Kleindruck, Aufzählungen sowie gedankliche Einschübe. Diese werden nachfolgend erläutert.

3.3.1 Zwischenüberschriften

Innerhalb eines Gliederungspunktes können längere Textteile zusätzlich durch Zwischenüberschriften wirkungsvoll gegliedert werden.

Zwischenüberschriften haben – ebenso wie Kapitel- und Unterkapitel-Überschriften – eine doppelte Funktion:

- Sie verhelfen beim Schreiben zu gedanklicher Klarheit, weil man beim Einfügen der Überschriften merkt, ob der Text logisch aufgebaut ist oder Gedankensprünge enthält,
- und sie helfen beim Lesen, die gedankliche Feinstruktur nachzuvollziehen.

Sie nützen allerdings wenig als Lesehilfen, wenn sie nicht informativ und präzise formuliert sind.

Zwischenüberschriften werden nicht durchnummeriert, da sie ja nur kurze Unterabschnitte von maximal einer Seite Länge zusätzlich strukturieren sollen.

Das Einfügen von Zwischenüberschriften als wichtige Lesehilfe scheint merkwürdigerweise vielen JungautorInnen wenig einleuchtend zu sein. Beinahe jede von mir durchgesehene Prüfungsarbeit oder Publikation musste ich mit dem Randvermerk versehen: *„Zwischenüberschriften!"* – und das meist mehrmals.

Hier im Leitfaden wurden übrigens mehrfach Zwischenüberschriften (ohne Nummerierung) eingefügt (zum Beispiel in Kap. 7.1.7, S. 203) sowie bei Aufzählungen mit längeren Texten (zum Beispiel in Kap. 1.3, S. 4) und an mehreren anderen Stellen.

3.3.2 Untergliederung mit Sätzen und Absätzen

Jeder neue Gedanke bzw. jede neue Information gehört in einen gesonderten Satz. Das wird oft nicht berücksichtigt. So stecken in dem folgenden Satz zwei unterschiedliche Informationen, die auch als zwei Sätze wiedergegeben werden sollten:

Statt: *„Er musste die Regierungsgeschäfte aufgeben, da er kinderlos war, übernahm sein Bruder die Regierungsgeschäfte"* müsste also getrennt werden: Er musste die Regierungsgeschäfte aufgeben. Da er kinderlos war, übernahm sein Bruder die Regierungsgeschäfte.

Mehrere Aussagen oder Teilaspekte zu einem Gedankenkomplex sollten von dem vorangegangenen durch Bildung eines Absatzes getrennt werden. Wie sehr dadurch die Lesbarkeit eines Textes erhöht wird, merkt man erst, wenn man einmal ungegliederte Textteile von einer oder mehreren Seiten Länge durcharbeiten muss.
Leider nutzen viele AutorInnen die Möglichkeiten unzureichend oder überhaupt nicht, die gedanklichen Komplexe oder sachlogischen Zusammenhänge in ihren Texten nachvollziehbar zu machen, indem sie Sätze und Absätze bilden. Dabei könnten sie die Texte sogar zusätzlich lesbarer gestalten, wenn sie einen Schritt weitergingen und sie mit Hilfe ‚kleiner' und ‚großer' Absätze strukturieren würden:

- Durch **Absätze mit geringem Abstand zum vorhergenden Absatz** werden weniger bedeutsame Neugedanken (-komplexe) getrennt. Man beginnt den neuen Satz jeweils mit einer neuen Zeile.
  Das ist in den beiden vorangegangenen Absätzen demonstriert.
  ‚Blocksatz' lässt übrigens die kleinen Absätze besser erkennen als ‚Flattersatz' und liefert ein dem Buchdruck vergleichbares und damit ansprechendes Bild (siehe zusätzlich Kap. 6.4.2, S. 183).
- **Größere Abstände zwischen Absätzen** sind dann sinnvoll, wenn ein neuer Gedankenkomplex nur noch wenig mit dem vorangegangenen verbunden ist und man schon auf die Idee kommen könnte, sogar eine neue Zwischenüberschrift einzufügen. Große Abstände zwischen Absätzen stellt man durch einen Abstand ein (über eine Formatvorlage oder – wenn es nur einmal vorkommt – über die Eigenschaften des Absatzes). Das ist hier im Leitfaden mehrfach geschehen.

Optisch sieht es besser aus, wenn die Abstände nicht zu groß sind, 2 mm erscheinen sinnvoll.

Als Beispiel kann die Vorgehensweise in Kap. 3.3.1, eine Seite vorher, herangezogen werden.

Das Nebeneinander von Absätzen mit großem und und kleinen Abständen verdeutlicht den Sinnzusammenhang in den einzelnen Absätzen und fördert wiederum die Lesbarkeit. Deshalb ist es empfehlenswert, diese beiden Möglichkeiten der Feingliederung zu nutzen, und deshalb wurde hier im Leitfaden mehrfach davon Gebrauch gemacht.

Durch **Einrücken des ersten Wortes** in der neuen Zeile kann man zusätzlich den Absatzbeginn kenntlich machen. Das ist bei diesem Absatz demonstriert. Gut erkennbar sind Einrückungen bei Verwendung von 5 mm. So wird oft beim Buchdruck verfahren. Es ist allerdings optisch nicht befriedigend, wenn die Überschrift am Zeilenanfang beginnt, der nachfolgende Text aber eingerückt ist. Das ist beim folgenden Abschnitt demonstriert (siehe nächste Seite). Deshalb lässt man oft nach einer Überschrift auch den Text am Zeilenanfang beginnen. Dann werden Einrückungen jedoch unterschiedlich gehandhabt, je nachdem, ob ein Text auf eine Überschrift folgt, oder ob ein Absatz im Text selbst gebildet wird.

Die Alternative ist – und die findet man bei manchen älteren Büchern –, dass die Überschrift ebenfalls eingerückt wird.

Bei den meisten Schriftstücken und nicht gedruckten Prüfungsarbeiten wird – eben wegen dieser Uneinheitlichkeit – auf Einrückungen verzichtet. Hier im Leitfaden habe ich sie gleichfalls unterlassen, weil ich bezweifelte, dass sie die Lesbarkeit verbessern.

In vielen Zeitschriften und Zeitungen scheinen Journalisten die Möglichkeiten, Texte mittels Absatzbildung sachlogisch zu strukturieren, absichtlich zu missachten, ohne dass erkennbar wird, inwiefern sie damit bei den Lesern eine höhere Aufmerksamkeit erreichen.

Zwei SPIEGEL-Artikel (aus Heft 18/2010: 70) bieten hierfür wenig nachahmenswerte Beispiele:

- *„Drei Szenarien sind vorstellbar. ....*
  Strategie Nummer eins: Die Volkswirtschaften schlagen einen harten Sanierungskurs ein. Dazu verlangen sie entweder höhere Abgaben von den Bürgern.
  Oder sie begrenzen die staatlichen Ausgaben, es ist der Weg, den etwa Irland eingeschlagen hat. ...“

  Ein Absatz vor dem mit Oder beginnenden neuen Satz ist nicht sinnvoll, weil er einen Gedankenzusammenhang trennt. Außerdem hätte auf Strategie Nummer eins Strategie Nummer zwei folgen müssen. Einleuchtender wäre es deshalb, folgendermaßen zu strukturieren: ... Die Volkswirtschaften schlagen einen harten Sanierungskurs ein. Dazu verlangen sie entweder höhere Abgaben von den Bürgern, oder sie begrenzen die staatlichen Ausgaben. Es ist der Weg, den etwa Irland gewählt hat. ...

  Nebenbei sei angemerkt, dass der Text noch zwei weitere Schnitzer enthält, die auch in wissenschaftlichen Arbeiten nicht selten vorkommen: Der Autor hat drei Szenarien angekündigt, aber nur zwei angesprochen, und er verwendete zwei nicht deckungsgleiche Begriffe, ‚Szenarien' und ‚Strategien' für denselben Sachverhalt.

- *„Selten honorieren Wähler Sparbemühungen, sondern quittieren sie eher mit Abwahl. Deshalb liegt für Politiker so viel Reiz in der zweiten, vermeintlich schmerzfreien Strategie: ...“*

Der Absatz nach Abwahl ist gleichfalls absurd, weil mit deshalb eine Erläuterung für den vorangegangenen Satz geliefert wird. Beide Sätze wären – besser – sogar nur mit einem Komma verbunden worden.

3.3.3 Hervorhebungen

Die Hervorhebung eines oder mehrerer Worte in einem Absatz – wie hier im Text vorgenommen – verbessert die Lesbarkeit wesentlich. Sie kommt einer Zwischenüberschrift fast gleich.

Solche Hervorhebungen (‚marking', ‚highlighting', ‚indication') lassen sich mit folgenden Hilfsmitteln erreichen:

- **Fettdruck** (‚bold') ist am auffälligsten und eignet sich daher am besten zur Hervorhebung der Überschriften sowie von sachlogischen Begriffen, um die es in einem Abschnitt geht. Dies ist heute eine gängige Form der Hervorhebung.
  Die durch Fettdruck gekennzeichneten Wörter sollten als ‚Leitworte' möglichst am Anfang eines Absatzes stehen, damit sie an Stelle einer Überschrift als Lesehilfe fungieren können. Geht es dagegen um eine sachlogische Hervorhebung, so können sie auch an anderen Stellen in den Sätzen oder Absätzen fett gedruckt werden.
  Hier im Leitfaden ist Fettdruck vielfältig eingesetzt worden – zum Beispiel in diesem Abschnitt.
  Manche AutorInnen neigen dazu, ganze Sätze oder Tabellenüber- bzw. Abbildungsunterschriften fett zu drucken. Das ist nicht sinnvoll, weil die Merkbarkeit verloren geht, wenn alles hervorgehoben wird.
  Mit Fettdruck wird zunehmend der vielfach noch für Hervorhebungen im Text verwendete Kursivdruck ersetzt. Der Unterschied wird anschließend erörtert.
- ***Schräg-*** bzw. ***Kursivdruck*** (‚italics') ist wissenschaftlichen Namen sowie wörtlichen Zitaten vorbehalten (vergl. Kap. 2.6.2.1, S. 30).
  Wissenschaftliche Artnamen wie Buche: *Fagus sylvatica* oder Kohlmeise: *Parus major* werden grundsätzlich kursiv geschrieben. Nach neueren Empfehlungen des ICBN (Internationaler Code der Botanischen Nomenklatur) gilt das auch für die Bezeichnungen der taxonomischen Rangstufen (Familie, Ordnung, Klasse, Abteilung) (Näheres bei KREMER, 2006: 135).
  Die Autorennamen der wissenschaftlichen Artnamen werden übrigens nicht kursiv gesetzt (Douglasie: *Pseudotsuga menziesii* (MIRB.) FRANCO).
  Kursivdruck wird allerdings auch – fachspezifisch unterschiedlich – für andere Zwecke herangezogen:
  - In naturwissenschaftlichen Artikeln gelegentlich für fremdsprachliche Ausdrücke und für Parameter-Symbole in Formeln,
  - in juristischen Arbeiten für Autorennamen,
  - in manchen englischsprachigen Journals im Literaturverzeichnis entweder für die Titel von Publikationen oder für die Namen von Zeitschriften (Journals). Der Grund für die unterschiedliche Handhabung ist nicht ersichtlich,
  - in einigen Fachzeitschriften für Unterkapitelüberschriften,
  - in mehr populärwissenschaftlichen Artikeln zur Betonung eines bestimmten Wortes wie nachfolgend mit einem Beispiel verdeutlicht.

  Hervorhebungen durch Kursiv- oder Fettdruck werden von manchen Autoren mit ‚deklamatorischer' Absicht gesetzt, um einzelnen Worten Nachdruck zu verleihen:
  - Hervorhebung kursiv: Ich war mir sicher, *das* könnte mir nicht passieren, oder: ... das könnte *mir* nicht passieren.

- Hervorhebung mit Fettdruck: Ich war mir sicher, **das** könnte mir nicht passieren, oder: ... das könnte **mir** nicht passieren.

Wie gerade ausgeführt, ist Kursivdruck in naturwissenschaftlich ausgerichteten Arbeiten für wissenschaftliche Namen und für wörtliche Zitate reserviert (vergl. Kap 2.6.2.1, S. 29). Deklamatorische Effekte passen weniger für naturwissenschaftliche Texte. In ihnen sollten nur sachlogische Kriterien der Anlass für Hervorhebungen sein.

- **S p e r r u n g** (‚letter spaced') im Text ist als Hervorhebung weniger geeignet. Das gilt vor allem, wenn Wörter an den Zeilenrand geraten und getrennt werden müssen. Diese Form der Hervorhebung stammt aus der ‚Schreibmaschinenzeit', als Hervorhebungen schwierig zu realisieren waren. Sie kann heute entfallen.

  Hier im Leitfaden sind ‚Leit'- bzw. Oberbegriffe im Kopf von Tabellen gelegentlich gesperrt gedruckt worden. Damit soll kenntlich gemacht werden, dass sie mehrere Unterbegriffe übertiteln. Oft sieht es auch einfach nur besser aus, wenn sie den Raum des Tabellenkopfes optisch ausfüllen. Dafür gibt es mehrere Beispiele hier im Leitfaden (vergl. Tab. 3.1-2, S. 62 und siehe Tab. 4.3-1, S. 88).

- **Unterstreichungen** (‚underlining') sind ebenfalls ein Relikt aus der Schreibmaschinenzeit. Unterstrichene Wörter sind optisch weniger gut lesbar. Deshalb sollte auf Unterstreichungen generell verzichtet werden. Fettdruck fördert die Weiserfunktion besser.

- **GROSSBUCHSTABEN** (‚Versalien', ‚capitals') für Kapitelüberschriften oder Autorennamen sind ebenfalls ein Überbleibsel aus der Schreibmaschinenzeit.

  Besser lesbar sind **KAPITÄLCHEN** (‚Minuskeln', ‚small caps'). Das sind Großbuchstaben in der Größe von Kleinbuchstaben. Nur der Anfangsbuchstabe wird groß geschrieben, die folgenden zwar in der Form von Großbuchstaben, aber deutlich kleiner (Beispiel: ADAM und EVA). Kapitälchen wirken optisch weniger aufdringlich. Deshalb wurden sie im Leitfaden generell für AutorInnennamen, außerdem aber auch für Kapitelüberschriften und für die wichtigsten Begriffe im Kopf von Tabellen verwendet (vergl. Tab. 2.3-1, S. 21). Man kann sie heute problemlos mit dem Computer schreiben. Deshalb hat sich ihre Verwendung mehr und mehr durchgesetzt. Verwendet man Großbuchstaben, so muss übrigens das ‚ß' mit zwei ‚S' geschrieben werden, weil es keine Entsprechung als Großbuchstaben gibt.

- **Kenntlichmachung durch Anführungszeichen**
  Mit **‚einfachen' Anführungszeichen** (‚..' = inverted commas') werden Fachbegriffe (‚terms') (wie ‚étiolement'), neu einzuführende Worte (‚Leitworte'), Worte mit besonderer oder solche mit umgangssprachlicher Bedeutung (wie ‚Versaubeutelung') gekennzeichnet. Dafür verwendet man vielfach einfache Anführungszeichen. Deshalb wurden sie hier im Leitfaden gleichfalls für diesen Zweck herangezogen.

- **Doppelte Anführungszeichen** („..." = ‚Gänsefüßchen'; engl.: ‚citation marks' bzw. synonym ‚quotation marks') sind zwar ebenfalls gebräuchlich für Hervorhebungen, sie sollten aber für wörtliche Zitate reserviert werden. Es gibt andere Zeichen, die manche AutorInnen stattdessen für Zitate benutzen, wie «...» oder auch »...«. Die Kennzeichnung mit <...> ist für Internet-Adressen vorbehalten.

- **Doppelpunkte** (‚colon') im Fließtext sind eine besondere Form der Hervorhebung – dazu zwei Beispiele:
  - *„Deshalb sei ausdrücklich wiederholt: Im Anhang darf kein zum Verständnis der Arbeit notwendiges Material stehen!"* (aus Kap. 3.1.1)
  - *„Das Schreibprogramm ‚Word' längt den Gedankenstrich automatisch, wenn die Bedingung: je ein Leerzeichen vor und hinter ihm erfüllt ist"* (aus Kap. 3.3.8).

  Nach dem Doppelpunkt wird also groß geschrieben, wenn ein vollständiger Satz folgt (erstes Beispiel), und klein, wenn das nicht der Fall ist (zweites Beispiel).

  Doppelpunkte schließen stets den Einführungssatz bei Auflistungen ab, auf die im folgenden Unterkapitel eingegangen wird.

Gelegentlich warnen Autoren anderer Leitfäden zum wissenschaftlichen Arbeiten (zum Beispiel BRINK, 2004) davor, zu viele Hervorhebungen einzufügen, da ein wissenschaftlicher Text dadurch leicht in die Nähe einer Werbeschrift geraten könne. Diese Gefahr sehe ich jedoch dann nicht, wenn deutlich wird, dass es den AutorInnen darum ging, sie gezielt und mit Maßen einzusetzen, um die Textstruktur zu verdeutlichen und dadurch deren Nachvollziehbarkeit zu erhöhen.

3.3.4 Aufzählungen (Auflistungen)

Aneinanderreihungen mehrerer Argumente, Gedanken oder Sachdetails im Fließtext sind durchweg besser zu lesen, wenn man sie in Form von Auflistungen schreibt. Das gilt – wie in Kap. 3.1.1 [2] MATERIAL UND METHODEN, S. 52 beschrieben – besonders für die Aufzählung von Einzelschritten bei den Methoden.

Solche Auflistungen müssen mit einem **Einleitungssatz** beginnen. In ihm wird angesprochen, worum es gehen soll. Dieser Satz endet mit einem Doppelpunkt und weist damit auf die folgende Aufzählung hin.

Oft schließen JungautorInnen Kapitelüberschriften mit einem Doppelpunkt ab, so als ob eine Aufzählung folgen sollte. Das ist aber irreführend.

Ein kleiner Abstand (2 mm) grenzt den Einleitungssatz optisch vorteilhaft von den folgenden Einzelposten ab. Diese werden dann in jeweils einer neuen Zeile aufgelistet.

Ist die Reihenfolge der Positionen beliebig, sind ‚**Spiegelpunkte**' (• ‚bullet points') oder ‚**Spiegelstriche**' (– ‚dashs') am Zeilenbeginn gebräuchlich. Manchmal findet man andere Zeichen (*, », >). Besonders bei Power Point-Präsentationen sind modischer wirkende Zeichen (✱, ▪, ✳, ★, ☆, ☛, ☞, ☺, ◇, ▶,→) beliebt. Ihre Verwendung ist Geschmackssache.

Es verbessert die Lesbarkeit, wenn man die Auflistung – wie zu Beginn – durch kleine vertikale **Zwischenräume** (zum Beispiel 3 mm) und einen zusammenfassenden **Kommentar** abschließt – wie nachfolgend verdeutlicht:

Unter natürlichen Verhältnissen können sich entgegen landläufiger Meinung durchaus auch Reinbestände entwickeln:

- Temporär nach **katastrophischen Ereignissen** wie Feuer, Sturm oder Insektenkalamitäten, wenn zunächst eine Pionierbaumart die Flächen besiedelt.
- Dauerhaft unter **klimatischen Extrembedingungen** wie in den borealen Zonen und im Gebirge oder auf ungünstigen Böden (zu arm, zu trocken, zu nass), entlang von Flüssen oder in Mooren.
- Dauerhaft dort, wo **konkurrenzstarke Baumarten** dominieren, wie die Buche in Mitteleuropa.

Gemischte Wälder sind mithin nicht notwendigerweise die einzige ökologische Option der Waldentwicklung.

Dieses Beispiel enthält also einen erklärenden Einführungssatz, mehrere Einzelposten und einen Abschlusskommentar. Außerdem wurden die Leitworte bei den drei Spiegelpunktabsätzen durch Fettdruck hervorgehoben.

Bei Auflistungen wird die Verständlichkeit zusätzlich erhöht, wenn man die Einzelpositionen im ‚Telegrammstil', also in stark verknappten Sätzen, formuliert.

In der heutigen Zeit der billigen Kommunikationsmöglichkeiten dürften ‚Telegramme' jüngeren Lesern kaum noch vertraut sein. Der Begriff ‚Telegrammstil' hat sich jedoch gehalten. Telegramme waren express zugestellte Kurznachrichten, die per Wort – teuer – bezahlt und daher möglichst knapp gehalten wurden, zum Beispiel *„Ankomme Montag 16 h Friedrich"*. Telegramme haben eine gewisse Ähnlichkeit mit SMS.

Der Telegrammstil eignet sich dann, wenn lediglich nüchterne Fakten knapp mitgeteilt werden sollen. Näher zu erläuternde Sachverhalte werden dagegen besser mit ausformulierten Sätzen wiedergegeben.

Sind die Einzelposten umfangreicher, so empfiehlt es sich, sie durch (kleine) Leerzeilen zu trennen (vergl. hier im Kap. 3.1.1 den Abschnitt [4.2] Kritische Beurteilung der eigenen Versuchsergebnisse, S. 54).

Bei **doppelter** bzw. **verschachtelter Auflistung** verwendet man für die erstrangigen Posten zweckmäßigerweise Spiegelpunkte. Sie sind auffälliger und verdeutlichen damit die gedankliche Hierarchie. Für die nachrangigen Posten sind dagegen eher ‚Spiegelstriche' geeignet. Dies Vorgehen ist in Kap. 2.6.2 (S. 30) und in Kap. 3.3.3 (S. 70) praktiziert worden.

Verschiedentlich findet man in Schriftstücken, dass umgekehrt verfahren worden ist: Für die nachgeordneten Auflistungspunkte wurden auffälligere Zeichen, also Spiegelpunkte, gewählt, für die gedankenlogisch höherrangigen aber nur die weniger deutlichen Spiegelstriche. Selbst an solchen Feinheiten erkennt man also, ob den AutorInnen die Verbesserung der Lesbarkeit ein Anliegen war.

Bei der Auflistung werden kurze Einzelpunkte mit Kommas und mit einem Punkt nach dem letzten abgeschlossen. Diese Handhabung verdeutlicht, bis wohin die Aufzählung reicht. In solchen Fällen werden keine Leerzeilen zwischen die Aufzählungspunkte eingefügt, weil sie das Schriftbild unruhig gestalten würden. Sind die einzelnen Sachverhalte umfangreicher, so werden sie in ganzen Sätzen beschrieben, mit Punkten abgeschlossen und mit Zwischenzeilen voneinander abgetrennt.

Oftmals werden **Aufzählungen in Form durchlaufender Sätze** gestaltet. Diese Praxis ist zwar beliebt, erschwert aber – jedenfalls bei längeren Auflistungen – die Lesbarkeit, weil man sich über viele Zeilen hinweg den ersten Teil eines Einleitungssatzes merken muss, dessen Schluss man erst am Ende der Auflistung erfährt. Das ist nachfolgend angedeutet:

„Unter der Voraussetzung,
- *dass …*
- *dass … und*
- *dass …*

können Wälder der und der Art ausgeschieden werden".

In einem besonders abschreckenden Beispiel hatten in einem Dissertationstext die Erklärungen in den Spiegelpunkten einen Umfang von fast einer halben Seite. Welcher Leser hat einen so langen Atem, den Zusammenhang im Blick halten zu können, ohne die ganze Passage mehrmals zu lesen?

In den Kapiteln 1.5.2 (S. 8) und 4.4.2.2 (5) (S. 112) finden sich solche, aber nur kurze Auflistungen mit einem durchlaufenden Satz. Die Leser mögen selbst entscheiden, ob sie sie noch für gut lesbar halten.

Ist die **Reihenfolge sachlogisch oder gar zwingend vorgegeben**, so wird jeder Einzelposten am besten mit in Klammern gesetzten Zahlen gekennzeichnet [(1), (2) usw.]. Durch das Einklammern der Ziffern wird klargestellt, dass die Nummerierung nicht Teil des Gliederungsschemas ist.

Die Proben für die SDS-Gelelektrophorese wurden folgendermaßen behandelt:
(1) Starten des Gellaufs nach dem Aufsetzen der Elektroden bei ...,
(2) Elektroblotting nach ...,
(3) Einlegen der Probe in Methanol, um ...,
(4) Inkubation der Membran ...,
(5) ...

Die Verfahrensschritte hier im Beispiel sind vom Arbeitsablauf her vorgegeben. In anderen Fällen spiegelt die Reihenfolge der Einzelposten etwa deren Rangfolge bzw. Bedeutung wider.

Textlich umfangreichere Posten werden gegebenenfalls mit Überschriften gelistet und mit nachfolgenden Erklärungen versehen. Ein solches Vorgehen ist dann sinnvoll, wenn ausführliche Erklärungen zu jedem Einzelposten gegeben werden sollen.
Als Beispiel sei auf die Ausführungen zur Strukturierung des Vorworts am Anfang dieses Kapitels (3.1.1, S. 44) verwiesen.

Bei Aufzählungen mit oder ohne Nummerierung werden die Texte eingerückt. Das ist aber nur sinnvoll, wenn die Erklärungen nicht zu lang sind und die Einrückung damit gegenüber dem Normaltext noch erkennbar bleibt. Lange Texte werden also stattdessen besser durch Zwischenüberschriften – ohne Spiegelpunkte oder Nummern – strukturiert.

Alle diese Hilfsmittel dienen der Verbesserung der Lesbarkeit. Sie müssen nicht ins generelle Gliederungsschema aufgenommen werden, führen also nicht zu den angesprochenen unhandlich langen Nummerierungen.

Im Leitfaden sind diese verschiedenen Formen der Auflistung übrigens mehrfach verwendet worden (so in Kap. 5, S. 131). Sie können gleichfalls zur Anschauung herangezogen werden.

3.3.5 Kleindruck

Klein- bzw. **Engdruck** bietet sich an für weniger bedeutsame Literaturzitate, Angaben zur Verfahrenstechnik oder für Kommentare. Besonders methodische Einzelheiten werden von ‚eiligen' Lesern als störend empfunden. Mit Kleindruck wird ihnen signalisiert, dass sie sie ‚überfliegen' können.
Für Kleindruck wird zweckmäßigerweise – wie hier – eine Schriftgröße 2 Punktstufen kleiner als der Fließtext gewählt. Dadurch ist auch der Zeilenabstand geringer. Nach einem Kleindruckabsatz wird wiederum eine engzeilige Leerzeile eingefügt, um zu verdeutlichen, dass der normale Fließtext fortgesetzt wird. Im nachfolgenden normalzeiligen Text darf dann allerdings nicht auf die Kleindruckpassage in der Art Bezug genommen werden, dass man sie nachträglich doch noch genauer lesen muss, um die anschließenden Aussagen verstehen zu können.

Kleindruckpassagen müssen nicht zusätzlich eingerückt werden. Sie sind durch die kleinere Schrift und durch die geringeren Zeilenabstände auffällig genug. Beispiele für eine solche Textgestaltung mit Wechsel von normal- zu engzeiliger Schreibweise wurden an mehreren Stellen im Leitfaden gegeben.

Kleindruckpassagen sind eine Alternative zu Anmerkungen oder Zusatzinformationen, die Geisteswissenschaftler in Fußnoten oder womöglich am Kapitel- bzw. Buchende unterzubringen pflegen (siehe Kap. 3.3.7, nächste Seite). Sie haben gegenüber diesen den Charme, dass man sie im Kontext lesen kann und nicht, wie bei Fußnoten, nach Erreichen des Seitenendes suchen muss, wohin sie gehören. Kleindruckpassagen unterbrechen also nicht wie Fußnoten den Lesefluss.

Für Kleindruck nicht geeignet sind umfangreichere und nur für SpezialistInnen interessante, zum Verständnis des Textes jedoch entbehrliche Ausführungen. Sie sollten im

Anhang untergebracht werden (vergl. Kap. 3.1.1 [8], S. 59).

3.3.6 Wahl verschiedener Schriftarten für Text und Begleitmaterialien

Es hat sich weitgehend durchgesetzt, den Fließtext und eingefügte Tabellen oder Abbildungen durch verschiedene Schriftarten voneinander abzusetzen. Das ist hier im Leitfaden bei den Tabellen und Abbildungen geschehen und zusätzlich bei den Beispielen. So wurde für den Fließtext eine Serifenschrift (hier: ‚Garamond') und für die Überschriften von Tabellen und Unterschriften von Abbildungen sowie für Worte in Tabellen oder Abbildungen eine serifenlose Schrift (hier: ‚Helvetica') verwendet.

Einzelheiten über die für wissenschaftliche Arbeiten geeigneten Schriftarten kann man Kapitel 6.2 (S. 177) entnehmen.

Das Nebeneinander verschiedener Schrifttypen und -größen im Text kann zu einem unruhigen Seitenbild führen.

Diese Kritik trifft möglicherweise auf einige Seiten dieses Leitfadens zu, obwohl ich mich bemüht habe, das Manuskript dadurch klar zu strukturieren und lesbar zu gestalten. Die Leser mögen selbst beurteilen, ob sie diese optische Unterstützung hilfreich finden oder eine schlichtere Form vorziehen.

3.3.7 Fußnoten und Anmerkungen

Fußnoten oder Anmerkungen sind, anders als in den Geisteswissenschaften, in den angewandten Naturwissenschaften nicht üblich. Deshalb brauchte auf sie hier eigentlich nicht eingegangen zu werden. Es gibt jedoch mancherlei Übergänge zwischen beiden Gebieten und immer wieder Diskussionen über Sinn und Zweck vor allem der Fußnoten, so dass sie dennoch erörtert werden müssen.

Mit **Fußnoten** werden folgende Informationen gekennzeichnet und am Seitenende aufgeführt – daher der Begriff ‚Fußnote' (‚foot notes'):

- Angaben der bibliografischen Details von herangezogenen Veröffentlichungen, also Autorenname, Erscheinungsjahr, Titel, Publikationsort.
- Hinweise auf die Fundstelle, das heißt im Allgemeinen die Seite in einer längeren Veröffentlichung, der eine Mitteilung entnommen wurde.
- Zusatzinformationen (‚Exkurse'), die nicht unmittelbar zum Verständnis des Textes notwendig sind, aber Hintergründe beleuchten oder der Einordnung eines Sachverhalts in den größeren Zusammenhang dienlich sein können.

Dazu lässt sich kritisch anmerken:

- Bibliografische Angaben gehören ins Literaturverzeichnis, weil sie sonst nur schwer wieder auffindbar sind. Werden sie als komplette Bibliografie (also mit Autorennamen, Erscheinungsjahr, Titel, Ursprungsort) sowohl in Fußnoten wie im Literaturverzeichnis gebracht, so verstößt das gegen das Gebot, Informationen nur einmal aufzuführen – allein schon, um das Volumen einer Arbeit nicht unnötig aufzublähen.
- Verständnisfördernde Erklärungen können – wie gerade in Kap. 3.3.5 erläutert – mit Kleindruck in den Text eingefügt werden. Dann unterbrechen sie den Lesefluss nicht.
Besonders ärgerlich ist es, wenn bibliografische Angaben und Kommentare in den Fußnoten gemischt werden. Dann können die Leser nämlich nicht abschätzen, ob es sich beim Auftauchen einer Hochziffer im Text lohnt, die Lektüre zu unterbrechen und den Blick ans Seitenende zu wenden. Oft genug müssen sie frustriert feststellen,

dass dort lediglich Quellenvermerke aufgeführt sind.

- Die Seite einer Fundstelle kann man den Autorennamen wie folgt zufügen: MÜLLER, 2004: 25.

Gegen Fußnoten ist nichts einzuwenden, wenn sie ausschließlich bibliografische Details in Kurzform (das heißt Autorenname, Veröffentlichungsjahr und gegebenenfalls Seitenzahl) enthalten. Dann können die ‚Normalleser' sie ignorieren. Ein Ärgernis werden sie jedoch, wenn sie bunt gemischt mit lesenswerten Kommentaren sind.
Ich stehe offenbar nicht allein mit meinem Plädoyer für mehr Lesefreundlichkeit, wie das folgende Zitat belegt: *„Fußnoten gelten als Textbeschwerer: lauter kleine Bleikugeln der Gelehrsamkeit, denen der Leser, zumal der akademische, nur schwer ausweichen kann, die ihn aber zunehmend erschöpfen, schon weil sie seine Augen zum ständigen Hin und Her zwischen Text und Anmerkungsapparat zwingen" (MÜLLER, 2009).*

Dem ist nichts hinzuzufügen! Deshalb wird es nicht erstaunen, dass gemäß den Richtlinien für einige naturwissenschaftliche Journals Fußnoten ausdrücklich nicht zulässig sind.

Anmerkungen stehen am Ende eines Kapitels oder eines Buches (‚end notes') und enthalten erklärende Kommentare oder bibliografische Angaben, oft ebenfalls in bunter Mischung. Für sie scheint es kein klares Gestaltungsprinzip zu geben, und so sind sie die mit Abstand leseunfreundlichste Variante. Man kann beim Lesen des Fließtextes nicht erkennen, ob sich die Lektüre der Anmerkungen lohnt. Erst, wenn man nach hinten geblättert hat, sieht man, ob sie weitere interessante Informationen oder nur bibliografische Angaben bieten.

Wenn Fußnoten also bereits ein Lesehindernis darstellen, so sind Anmerkungen vollends eine Zumutung für die Leser.
NIEDERLAG und ROPETER (1997: 50) urteilten bündig: *„Sind sie im Text entbehrlich, so sind sie zumeist auch als «Anmerkung» überflüssig."*

Kleindruck kann aber – wie gerade in Kap. 3.3.5 ausgeführt – die Anmerkungen ebenso wie die Fußnoten vorteilhaft ersetzen.

3.3.8 Kennzeichnung von gedanklichen Einschüben

Eine weitere Möglichkeit der Untergliederung, und zwar auf Satzebene, bietet die Verwendung von **Gedankenstrichen**. Viele AutorInnen sind sich unklar über die Unterschiede zwischen Gedanken- und Bindestrich. Deshalb werden sie nachstehend erläutert:

- **Gedankenstriche** verwendet man, um gedankliche Einschübe (‚Parenthesen'), die nicht in unmittelbarem Sachbezug zum eigentlichen Inhalt eines Satzes stehen, abzugrenzen:
  - *„Systematische Untersuchungen wurden – wie in Kap. 2.1 erwähnt – erst spät eingeleitet".*
  - *„Dieses Argument ist – nach Meinung des Autors – allerdings wenig plausibel".*
  - *„Man werde – kurz gesagt – alles unternehmen, um einen Krieg zu verhindern".*

  Gedankenstriche sind langgezogen und werden durch einen Zwischenraum von den vorangegangenen und den nachfolgenden Wörtern getrennt.
  Das Schreibprogramm ‚Word' längt einen Gedankenstrich automatisch, wenn die Bedingung: je ein Leerzeichen vor und hinter ihm erfüllt ist, sobald das nachfolgende Wort geschrieben und ein Leerzeichen nach dessen Schluss gesetzt worden ist.

  Kommas oder auch runde Klammern setzt man dagegen anstelle von Gedankenstrichen, wenn Erklärungen hinzugefügt werden sollen, die in sachlogischem Zusammenhang mit dem Satzinhalt stehen:

- *Eine letzte Möglichkeit der Untergliederung, und zwar auf Satzebene, bietet ...*
- *... am Mittwoch, dem 20. März 2010, tat ...*
- *Eine weitere Form der freiwilligen Tätigkeit (und zwar das politische Engagement) wurde bisher noch nicht angesprochen.*

• Mit einem **Bindestrich** werden Begriffe, meist Kunstwörter, verbunden, die nicht zwingend als zusammengesetzte Wörter anzusehen sind:

- EU-Kommission
- Deduktiv-logische Analyse
- Managementplan-Analyse
- Eisen-Mangan-Verbindungen
- Buchen-Fichten-Waldtyp

Bindestriche sind mithin kurz und werden nicht durch Leerzeichen hinter dem vorangegangenen und vor dem folgenden Wort getrennt.
Gleichwohl fügen manche Autoren nach dem Bindestrich ein Leerzeichen ein (Managementplan- Analyse). Das ist weder optisch vorteilhaft, noch logisch.

Nach der neuen Rechtschreibung sind Trennungen langer zusammengesetzter Wörter erlaubt. Der Bindestrich hat dadurch in den letzten Jahren an Reputation gewonnen. Man kann mit ihm nämlich Wortungetüme in lesbarere Form bringen:

- *„... malereitheoretischer Hintergrund“.* Das Adjektiv muss man mehrmals lesen, bis man es einmal verstanden hat, also schreibt man besser: Malerei-theoretischer Hintergrund.
- Auch die Schreibweise Anis-Alkohol statt Anisalkohol verhindert, dass man zweimal hingucken muss.
- Desgleichen liest man antibiotikaresistente Bakterien schlechter als Antibiotika-resistente Bakterien, wenn man nicht ohnehin verständlicher schreibt: gegen Antibiotika resistente Bakterien.

Man wird außerdem nicht durch unerwartete Wortkombinationen in die Irre geleitet:

- So geht es bei einem Satzungetüm nicht um eine Satzung, wie man zunächst lesen könnte. Diese Fehldeutung umgeht man mit Satz-Ungetüm.
- Ein Straßenbaumoratorium ist nicht etwa ein Betgesang für Alleebäume, sondern ein Straßenbau-Moratorium.

Auch Verbindungen von Substantiven und Adjektiven werden verständlicher, wenn man sie, den neuen Rechtschreibregeln folgend, trennt und mit Bindestrich kennzeichnet:

... baumzahlrelevant, kann nun geschrieben werden: Baumzahl-relevant.

Man kann nur hoffen, dass die künftigen AutorInnen Bindestriche häufiger einsetzen. Die Leser werden es ihnen danken.

3.3.9 Querverweise

Als weiteres gliederungstechnisches Hilfsmittel sind Verweise zu nennen, mit denen Querbezüge zwischen den Textteilen und Gedankenketten innerhalb einer Arbeit hergestellt werden.
Durch **zusätzliche Hinweise** lässt sich verdeutlichen, ob es sich um Rück- oder Voraus-Verweise handelt:

• **Rück**-Verweise auf bereits gebrachte Textpassagen oder Materialien werden mit dem Hinweis vergleiche versehen: (vergl. Kap. X) oder (vergl. Tab. Y).

• **Voraus**-Verweise werden durch den Zusatz siehe kenntlich gemacht: (siehe S. 115) oder (siehe Kap. 7). Vorausverweise sollten sparsam verwendet werden. Sie haben oft nur geringen Informationswert, da die Leser noch nicht wissen können, was dort steht.

Querverweise sollten neben der Kapitelnummer die Seitenzahl enthalten, damit die Leser nicht erst lange suchen müssen. Beide Empfehlungen wurden hier im Leitfaden umgesetzt.

3.3.10 Lesehilfe in Form von Vorbemerkungen am Kapitelanfang

In diesem Zusammenhang versteht man unter Vorbemerkungen (‚manchmal auch ‚Vorspann' genannt) Textpassagen zwischen einer Kapitelüberschrift und der folgenden Unterkapitelüberschrift. Diese dürfen keine inhaltlichen Ausführungen enthalten, weil sie sonst die Gliederungssystematik konterkarieren würden. In ihnen stehen vielmehr Hinweise auf das weitere Vorgehen bzw. die folgende Untergliederung zur Orientierung und ‚Wegweiser' für die Leser. Sie wurden verschiedentlich hier im Leitfaden eingefügt – zum Beispiel in den Kapiteln 3, 4 und 5.

Die den eigentlichen Texten vorgeschalteten Kästen mit den Hinweisen über die wichtigsten Inhalte der jeweiligen Kapitel haben dieselbe Funktion, sind aber – anders als die genannten Lesehilfen – nicht geeignet für wissenschaftliche Arbeiten, sondern eher für Leitfäden oder Lehrbücher.

3.3.11 Zusammenfassender Schlusskommentar

Es gibt mithin mehrere Möglichkeiten, Texte mit Hilfe der Grob- und Feingliederung übersichtlich und gut nachvollziehbar zu strukturieren. Beide Ansätze haben dabei zwei wichtige Funktionen:

- Sie helfen den **Schreibern** planvoll vorzugehen, indem sie die Texte quasi ‚entlang der Gliederung', schreiben und diese dabei schrittweise verfeinern.
- Sie erleichtern den **Lesern** die Lektüre einer Arbeit.

Grob- und Feingliederung haben – wie erwähnt – quasi eine Wegweiser-Funktion. Man kann sie mit einem Verkehrs-Leitsystem vergleichen. Ein solches ist gut, wenn man eine fremde Stadt problemlos durchfahren kann, weil man an allen heiklen Stellen unmerklich geführt wird, statt an jeder Kreuzung im Unklaren gelassen zu werden, wie's weitergehen soll. Das gilt gleichermaßen für die Lektüre von Arbeiten. Bekommen die Leser immer wieder Hinweise, was ihnen als Nächstes geboten wird und wie die Abschnitte miteinander verbunden sind, so geraten sie nicht in Unsicherheit über den ‚roten Faden' und die Zusammenhänge.
So wurde in einer Rezension hervorgehoben: *„Das Buch ist sehr gut zu lesen und ideal gegliedert. Die Gliederung macht nicht nur den Stoff durchsichtig, sie stützt sogar die Argumentation."* (Roellecke, G. (1999). Frankf. Allg. Zeitung (169): 46). Ein solches Lob würde man gern öfter lesen oder hören.

Wie immer man die Lesehilfen im Einzelnen verwendet, man sollte es konsequent tun. Bei Studien-Abschlussarbeiten, aber leider auch bei vielen Artikeln, stört nicht selten, dass die AutorInnen ‚nach Gefühl und Wellenschlag', also planlos, verfahren. Deshalb tun sie gut daran, sich zu Beginn der Textarbeit ein Schema – ähnlich dem für die Überschriftengestaltung (vergl. Tab. 3.2-2, S. 67) – zu erstellen und dieses durchgängig anzuwenden. Das erspart lästige und zeitraubende Korrekturen. Erfahrungsgemäß lassen sich unter dem Zeitdruck der Endfassung einer Arbeit ohnehin nicht mehr alle Ungenauigkeiten aufspüren.

Abschließend sei aber mit Nachdruck darauf hingewiesen, dass ein fehlendes logisches Konzept nicht durch differenzierte Gliederungen ersetzt oder kaschiert werden kann.

Eine sorgfältig durchdachte Gliederung hilft aber, die Textstruktur kenntlich zu machen und logische Brüche zu vermeiden.

Zusammenfassung der wichtigsten Punkte zur Grob- und Feingliederung:

- Bei naturwissenschaftlich ausgerichteten Arbeiten bietet es sich an, das Gliederungsgrundschema mit den 4 Kapiteln: Einführung, Material und Methoden, Ergebnisse, Diskussion heranzuziehen.
- Deren Untergliederung ist ebenfalls weitgehend vorgezeichnet.
- Bei umfangreicheren Ausarbeitungen wird oft das Diskussionskapitel in 2 Kapitel aufgetrennt: Diskussion und Schlussfolgerungen.
- Enthält ein Projekt mehrere Unterprojekte oder Teiluntersuchungen, so kann (wie bei kumulativen Dissertationen) eine erweiterte Gliederung sinnvoll sein.
- Ein Inhaltsverzeichnis mit Seitenangaben ist bei umfangreicheren Arbeiten wie Bachelor- und anderen Studien-Abschlussarbeiten obligatorisch. Weitere Verzeichnisse und Anhänge sind fakultativ.
- In der Einleitung müssen Forschungsfragen über die Literaturanalyse hergeleitet und in der Diskussion reflektiert sowie beantwortet werden.
- Im Diskussionskapitel wird die Literatur erneut herangezogen und dadurch ebenfalls der Bogen zurück zum Einleitungskapitel geschlagen.
- Im Kapitel ‚Schlussfolgerungen' spielt das Bemühen, die Ergebnisse zu verallgemeinern, eine wichtige Rolle.
- Für Studien-Abschlussarbeiten ist eine Zusammenfassung zu fertigen, die eine Kurzfassung der Arbeit wiedergibt, aber keine neuen Gedanken oder Informationen enthält. Erfahrungsgemäß wird sie von den Gutachtern als erstes und gründlich gelesen. Deshalb ist sie besonders sorgfältig zu verfassen.
- Bei längeren Arbeiten sollten die Kapitel- und Unterkapitelüberschriften nummeriert und ihre Hierarchie-Ebene außerdem durch Schriftgröße und Fettdruck kenntlich gemacht werden.
- Die Lesbarkeit der Texte lässt sich durch Untergliederungen mit Absätzen, durch Zwischenüberschriften und durch Hervorhebungen zum Beispiel mittels Fettdruck wesentlich steigern.
- Fußnoten und Anmerkungen sind in naturwissenschaftlich ausgerichteten Arbeiten abzulehnen.

4 Aufbereitung und Darstellung von Daten

In diesem Kapitel werden erörtert:

- Überlegungen zur Informationsbeschaffung bzw. Planung der Datenerhebung,
- Techniken der Datenauswertung,
- Vor- und Nachteile der Aufbereitung von Daten in tabellarischer oder bildhafter Form,
- Datenwiedergabe im Text, in tabellarischen Übersichten oder Tabellen,
- Hinweise zur Gestaltung von Tabellen,
- Einbau von Tabellen in die Texte und Interpretation von deren Inhalten,
- Beschreibung und Gestaltungsprinzipien der wichtigsten Darstellungsformen mit geometrischen oder bildhaften Elementen,
- Verwendung von Karten und Fotos.

Vorbemerkungen

In **naturwissenschaftlichen oder technisch ausgerichteten wissenschaftlichen Arbeiten** hat neben der Beschaffung von Daten deren Auswertung und anschließend die Präsentation der Untersuchungsbefunde eine zentrale Bedeutung. Tabellen und Grafiken sind daher in diesen keineswegs nur schmückendes Beiwerk. Zugleich ist das Erlernen, mit datenbasierten Ergebnissen umzugehen, ein pädagogisch-didaktisches Ziel von Studien-Abschlussarbeiten.

In **geisteswissenschaftlichen Arbeiten** werden sie dagegen – wie ich mehrfach lesen konnte – eher als optische Ergänzung zur Veranschaulichung von Zusammenhängen und zur Auflockerung des Leseflusses angesehen. Auch wird empfohlen, mit diesem Stilmittel in Anbetracht des meist vorgegebenen knappen Seitenumfangs sparsam umzugehen (Brink, 2004: 217).

4.1 Datengewinnung und -auswertung

4.1.1 Berücksichtigung der Datenauswertung bei der Projektplanung

In Kap. 1.6.2 (3) und (4) (S. 9 und 10) war darauf hingewiesen worden, dass die Planung von geeigneten Erhebungs- und Auswertungsmethoden die Voraussetzung für die Abklärung einer Fragestellung ist. Das ist unabhängig davon, ob Feld- oder Laborversuche, Inventuren oder Befragungen durchgeführt, Zeitreihen aufgestellt oder Abhängigkeiten mehrerer Messgrößen ermittelt werden sollen. Daraus ergibt sich die Anlage etwa eines Feldversuchs oder die adäquate Befragungsmethode sowie schließlich das zu wählende statistische Testverfahren. Dieser enge Zusammenhang zwischen Fragestellung, Versuchsplan und Auswertung verlangt eine frühzeitige Beschäftigung mit den Grundlagen der allgemeinen Statistik, der Biometrie oder der Soziometrie. Sonst läuft man Gefahr, wichtige Grundprinzipien außer Acht zu lassen, etwa hinsichtlich der zufälligen Verteilung von Parzellen, der Vermeidung subjektiver Fehler bei der Stichprobenwahl oder der Ausschaltung störender Einflussmomente bei Material- oder Geräteerprobungen. Eine adäquate statistische Bearbeitung der Daten im Nachhinein ist eventuell problematisch oder sogar ausgeschlossen.

Manchmal erscheinen Studierende erst nach dem Abschluss von Außen- oder Laborarbeiten bei den Betreuenden oder den StatistikberaterInnen mit der Bitte, sich erklären zu lassen, was man am besten aus ihren Daten machen könne und wie sich um diese ‚ein Bisschen Statistik' herumranken ließe. Spätestens zu diesem Zeitpunkt wird deutlich, dass schon die Fragestellung nicht klar war und dass sich die Studierenden nicht beizeiten über die Vorbedingungen bei den verschiedenen Auswertungsverfahren kundig gemacht haben – beispielsweise hinsichtlich der Stichprobennahme, des erforderlichen Umfangs der Datenmengen und deren statistischer Qualität. Bestimmte Vorbedingungen lassen nämlich erst die Benutzung bestimmter Testverfahren zu. Stattdessen wird nun nach Verfahren gefahndet, mit denen sich die Daten – unter Verdrängung mehr oder weniger gewichtiger Einwände – noch halbwegs passabel auswerten lassen.
Es hilft dann wenig, die ungenügende Betreuung bei der Arbeitsvorbereitung und -durchführung zu bemängeln. Oft können die BetreuerInnen nämlich gar nicht abschätzen, mit welchen fundamentalen Verständnisproblemen viele Studierende anfangs zu kämpfen haben. Statistikkenntnisse sind für experimentelle Arbeiten unabdingbar, aber nicht immer selbstverständliches Rüstzeug vieler Studierender. Mangelhafte Statistikkenntnisse werden sogar als Makel vieler wissenschaftlicher Arbeiten gebrandmarkt (SCHMITT und SCHRAMM, 2013). DRÖSSER (2013) forderte deshalb, dass statistische Auswertungen zum zentralen Bestandteil jeder Wissenschaftlerausbildung werden müssten.

In Abb. 4.1-1 ist eine Übersicht der für viele statistische Auswertungen geeigneten Tests als erste Orientierung und Einstieg in die entsprechende Spezialliteratur enthalten.

Inzwischen gibt es eine große Zahl von Statistikbüchern zu Bio- und Soziometrie. Die meisten dieser Anleitungen sind verständlich abgefasst und anhand anschaulicher und durchgerechneter Beispiele aus verschiedenen Disziplinen gut nachvollziehbar gestaltet, weil ihre AutorInnen die Schwierigkeiten der Studierenden mit diesem Fachgebiet kennen.
In Kap. 9.3 (‚Schrifttum zur Einführung in die Statistik', S. 232) ist eine Auswahl solcher Studienhelfer gegeben. Zusätzlich wurden dort einige weiterführende und die statistischen Grundlagen berücksichtigende Standardwerke vor allem für biometrische Fragestellungen aufgenommen. Mit ihrer Hilfe dürfte es möglich sein, die angesprochenen Hürden zu überwinden bzw. von Beginn an zu vermeiden.

Im Hinblick auf die technische Abwicklung der Datenbeschaffung ist auf zwei Hilfsmittel hinzuweisen:

- Vor Beginn der Erhebungen muss überlegt werden, welche Daten aufgenommen werden sollen. Dazu müssen **Aufnahmeformulare** entworfen und probeweise ausgefüllt oder **Geräte zur Erfassung von Messwerten** (‚data logger') entsprechend eingerichtet werden Dabei müssen alle zu erhebenden Details so aufgeführt sein, dass keine Einzelheiten vergessen werden können. Die Reihenfolge der Daten muss der Abfolge bei der späteren Dateneingabe oder -speicherung entsprechen, damit Lese- und Tippfehler vermieden werden. Hierzu können Vorerprobungen zweckmäßig sein.
- In **Versuchs-** bzw. **Aufnahmeprotokollen** werden die Einzelheiten der Aufnahmemethoden beschrieben, die beteiligten Personen, verwendeten Geräte, Störungen und alles vermerkt, was später zum Verständnis

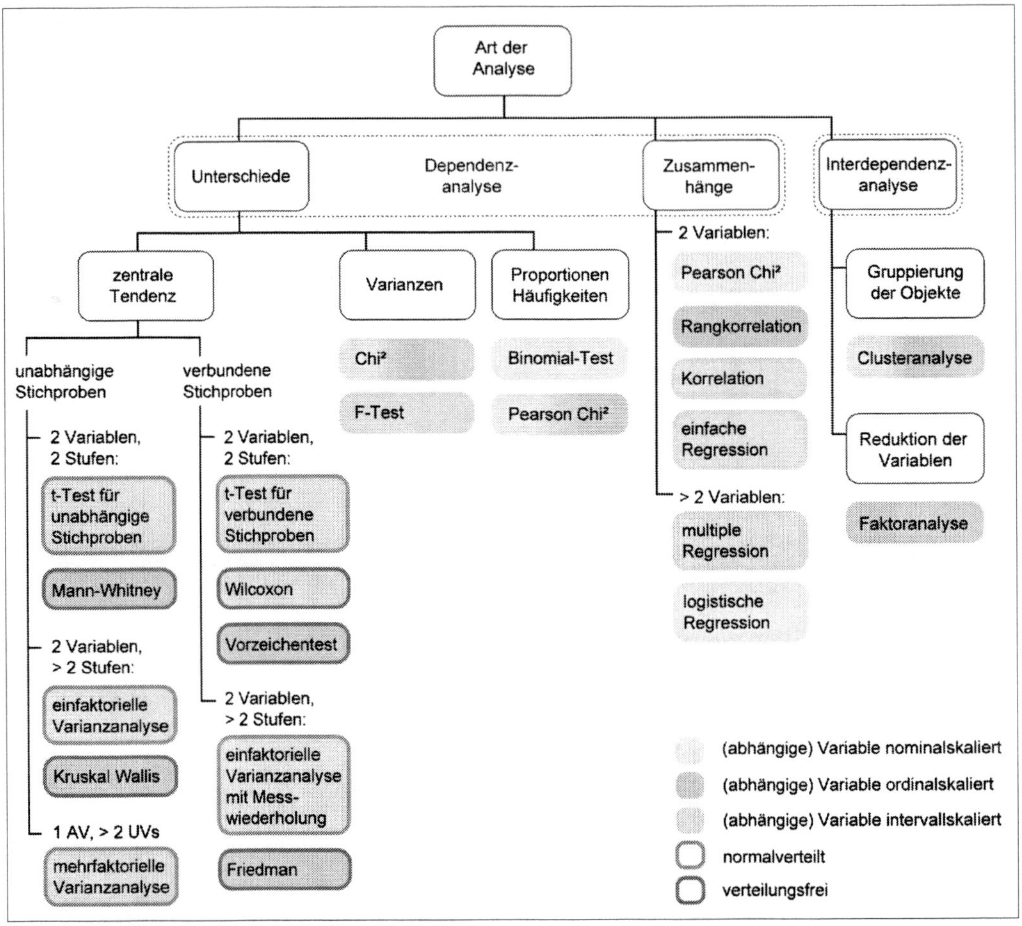

Abb. 4.1-1: Übersicht über die wichtigsten Verfahren der mathematischen (analytischen, induktiven, schließenden) Statistik. (Aus: Universität Zürich: Methodenberatung)

der Aufnahmebedingungen wichtig sein könnte. Selbst scheinbar unwichtige Punkte sollten notiert werden. Man gibt sich nämlich immer wieder der Illusion hin, nach Monaten bei der Auswertung alle technischen Details präsent zu haben, die im Augenblick der Datenerhebung selbstverständlich zu sein schienen.

Es kann weiterhin sehr hilfreich sein, Beobachtungen aufzuzeichnen, die später vielleicht intensiver wiederholt werden sollten, und Überlegungen zur Auswertung oder hinsichtlich möglicher Schlussfolgerungen festzuhalten. Die Notizen über seinerzeit angestellte Gedanken zum Projekt liefern unter Umständen wesentliche Gesichtspunkte für die Stoffsammlung und Gliederung (vergl. Kap 1.7, S. 12).

4.1.2 Technik der Datenauswertung

Für die Datenauswertung stehen verschiedenartige Geräte zur Verfügung:

(1) Taschenrechner,
(2) Personal Computer oder
(3) Großrechenanlagen.

Am verbreitesten sind heute zwar – zumindest bei den Studierenden – PCs. Weil aber auch die anderen Hilfsmittel gelegentlich zum Einsatz kommen, werden sie gleichfalls angesprochen.

(1) Taschenrechner

Für geringe Datenmengen, für Überschlagsrechnungen und Zusammenstellungen (wie Mittelwerte) reichen **einfache Taschenrechner** – wie sie beispielsweise in mobile phones (smartphones u. ä.) eingebaut sind – mit den Grundrechnungsarten, Prozent- und gegebenenfalls Wurzelautomatik aus. Sie sind problemlos zu handhaben. Längere Einweisungen erübrigen sich. Manchmal lohnt es sich, Vorkalkulationen oder Überprüfungen vorzunehmen, statt Zeit aufzuwenden, sich mit aufwändigeren Geräten oder Programmen in der Frühphase einer Arbeit vertraut zu machen.

Anspruchsvollere Taschenrechner haben ausreichende Speicherkapazität und festinstallierte Funktionen, die für viele statistische Berechnungen benötigt werden. Sie sind mit Programmen für trigonometrische Funktionen, zum Potenzieren, Wurzelziehen, zur Berechnung von Mittelwerten, Standardabweichungen und Variationskoeffizienten ausgestattet und lassen sich für mehr oder minder umfängliche Rechenoperationen programmieren. Man kann mit ihnen im Allgemeinen rasch auch größere Datenmengen bewältigen und schwierigere Berechnungen durchführen.

Sehr günstig ist es für die Kontrolle, wenn sich die eingegebenen Daten, die Rechenbefehle und die Ergebnisse zusätzlich noch ausdrucken lassen.

Der Vorteil der anspruchsvolleren Rechner liegt darin, dass man alle Rechenschritte verfolgen und überprüfen kann, die Geräte leicht transportierbar und damit überall verfügbar sind. Außerdem erhält man viele Einsichten erst bei der intensiven gedanklichen Beschäftigung mit dem eigenen Datenmaterial.

Als Nachteil ist zu nennen: Man muss sich die Rechenverfahren selbst ableiten und gegebenenfalls programmieren, braucht also eine gewisse Einarbeitungszeit.

(2) Personal Computer

Bei größeren Datenmengen sind sie unverzichtbar (zum Beispiel mehr als 1.000 Messwerte), wenn die Datensätze mehrfach verwendet werden sollen oder wenn Rechenoperationen vorgesehen sind (zum Beispiel Regressionen, Faktorenanalysen), die sich mit Taschenrechnern nur zeitaufwändig und fehlerträchtig erledigen lassen. Einfachere Berechnungen sind mit Tabellen-Kalkulationsprogrammen möglich. Für statistische Berechnungen stehen Programme zur Verfügung, wie die Software-Pakete ‚R' (www.r-project.org) sowie ‚SPSS' (= Statistical Package for the Social Sciences, neuerdings: IBM SPSS Statistics) und ‚SAS' (= Statistical Analysis System). Die beiden letztgenannten sind allerdings kostenpflichtig und stehen meist nur in Instituten zur Verfügung. Deren Handhabung benötigt generell Vorkenntnisse und somit Zeit und Geduld.

Nicht unterschätzt werden sollte, dass es bei den komplizierteren und mithin nicht leicht zu durchschauenden Statistikprogrammen immer wieder zum ‚black-box-effect' kommen kann: Vor allem Studierende verstehen oft nicht, wieweit die den Rechenprogrammen zugrundeliegenden Modelle für ihre Fragestellungen und Versuchsmethoden passen. Deswegen ist es hilfreich, mit Hilfe von Taschenrechnern oder mit Excel die den jeweiligen statistischen Verfahren innewohnende Logik und die ihnen zugrundeliegenden

Rechenschritte zumindest anhand eines Beispiels durchzurechnen und zu überprüfen.

(3) Großrechenanlagen

Innerhalb nur weniger Jahre haben die Personal Computer Speicher- und Rechenkapazitäten erreicht, über die zuvor nur Großrechner verfügten. Für Bachelor-, Master- und oft auch Doktorarbeiten braucht man sich deshalb im Regelfall nicht mit der bei Großrechnern meist längeren Einarbeitung erfordernden Handhabung auseinanderzusetzen, es sei denn, dass für die Datenauswertungen ungewöhnlich große Speicher- und Rechnerkapazitäten wie in der Meteorologie oder Physik benötigt werden.

4.1.3 Datensicherung (‚back-up')

Katastrophen sind programmiert, wenn nicht regelmäßig zunächst die Daten sowie später die Auswertungen und Texte gesichert werden. Das sollte spätestens am Abend eines Arbeitstages geschehen. Es empfiehlt sich, die zu sichernden Informationen – beginnend mit den erhobenen Daten – auf einem externen Medium (Stick, Platte, CD) zu speichern, die ausschließlich für das Forschungs- oder Studienprojekt verwendet wird. Studierende unterschätzen oft die Gefahr, Daten oder ganze Arbeiten durch Programmabstürze oder Virenbefall zu verlieren.

4.2 Grundsätzliche Überlegungen zur Darstellung von Daten und Untersuchungsbefunden

Daten und statistische Ergebnisse, Untersuchungsabläufe oder -befunde, festgestellte oder angenommene Zusammenhänge kann man auf sehr unterschiedliche Weise präsentieren. Grundsätzlich kommt hierfür die Darstellung in digitaler oder in grafischer Form, also mit bloßen Zahlenwerten oder in bildhafter Verarbeitung, in Frage:

- **Digital** können Zahlenwerte – im Text oder in tabellarischer Form – dargeboten werden (Kap. 4.3, S. 85). Tabellen sind die mit Abstand wichtigste Aufbereitungsform. Deshalb werden sie ausgiebiger beschrieben.
- **Grafische** bzw. **bildhafte Darstellungen** umfassen eine schier unübersehbare Fülle an Formen, die hier nur angerissen werden kann (siehe Kap. 4.4, S. 100).
  Von diesen sind in naturwissenschaftlichen Arbeiten Diagramme am wichtigsten. Ihnen gilt deshalb das größte Augenmerk.

Zwischen digitalen und grafischen Darstellungsformen gibt es vielfältige Übergänge bzw. Mischungen.

Bestimmte Sachverhalte lassen sich nur in einer einzigen Form optimal, das heißt objektgerecht, einprägsam und gut nachvollziehbar aufbereiten. Oftmals gibt es jedoch mehrere Möglichkeiten, so dass die jeweils bestgeeignete ausgewählt werden muss. Je nach Darstellungsabsicht fällt die Entscheidung dann unterschiedlich aus. Auch persönliche Fähigkeiten und Vorlieben für bestimmte Formen beeinflussen sie. Dennoch gilt: In wissenschaftlichen Abhandlungen werden – weil detailgenauer – eher Tabellen verwendet, in Vorträgen dagegen – weil anschaulicher – eher bildhafte Darstellungen.

Lassen sich Daten sowohl in einer Tabelle als auch in einer Grafik darstellen, so müssen die AutorInnen sich für einen Typ entscheiden: In einer wissenschaftlichen Abhandlung darf dasselbe Datenmaterial nämlich nur einmal präsentiert werden. Daten bzw. Befunde können also nicht sowohl in einer Tabelle als auch zwecks zusätzlicher Illustration in grafischer Form dargeboten werden. Dadurch würden Arbeiten ohne Informationsgewinn aufgebläht, und das liefe dem Bestreben entgegen, eine Arbeit so knapp und damit so ‚ökonomisch' wie irgend möglich zu fassen (vergl. Kap. 5.5, S. 171). Von diesem Grundsatz kann nur abgewichen werden, wenn Daten in abgewandelter Form gebracht werden, zum Beispiel tabellarisch als absolute Messwerte und grafisch als deren Prozentsätze. Man muss also die jeweils beste, das heißt die aussagekräftigste Darstellungsart auswählen. Das setzt die Kenntnis der verschiedenartigen Techniken sowie ihrer Vor- und Nachteile voraus. Deshalb werden im Folgenden die digitalen und visuellen Darstellungsformen im Hinblick auf ihre Anwendungsmöglichkeiten und Ausdrucksfähigkeit nacheinander erörtert und mit Beispielen illustriert.

4.3 Darstellungen in digitaler Form

Sie sind auf dreierlei Weise möglich:

- Als Zahlen im Text (siehe Kap. 4.3.2, S. 86),
- als tabellarische Übersichten (siehe Kap. 4.3.3, S. 87) und
- als Tabellen (siehe Kap. 4.3.4, S. 88).

4.3.1 Vorentscheidung: Zahlen im Text oder in Tabellen

Wenige Zahlen können direkt im Text untergebracht werden:

„Im Jahr 2010 gab es insgesamt 1.648 Bewerber um ein Stipendium. Das bedeutete ein Plus von 17 %. Dabei stieg die Bewerberzahl aus Nordamerika mit 42 % gegenüber 2010 am stärksten, die der Asiaten mit 10 % am geringsten".

Bereits 3-5 Zahlen ‚überfrachten' einen Text jedoch und machen ihn schwer verständlich. Auch kann man Daten im Text schlecht miteinander vergleichen. Das soll mit folgendem Text verdeutlicht werden:

„Im Durchschnitt der Jahre 1971 bis 1973 wurden in Europa rund 425 Mio. m³ Rohholzäquivalente verbraucht. Davon waren 60 Mio. m³ Brennholz, so dass der Nutzholzverbrauch rund 365 Mio. m³ betrug. Gegenüber dem Durchschnitt der Jahre 1949 bis 1951 stieg der gesamte Holzverbrauch um rund 126 Mio. m³ oder 42 Prozent, der Nutzholzverbrauch allein um rund 177 Mio. m³ oder 105 Prozent. Der Nutzholzverbrauch hat sich also in den 25 Jahren von 1950 bis 1975 ungefähr verdoppelt.

Gleichzeitig haben sich gewaltige Verschiebungen in der Verwendung des Holzes ergeben. Innerhalb der 23 Jahre, von 1950 bis 1972, stieg der Verbrauch von Produkten, welche aus Säge- und Furnierholz hergestellt werden, um 87 Mio. m³ Rohholzäquivalente oder 84 Prozent, derjenige von Produkten aus Faser- und Spanholz um 132 Mio. m³ Rohholzäquivalente oder 357 Prozent, während der Verbrauch von anderen Industrieholzprodukten, Grubenholz und Brennholz, um 70 Mio. m³ oder 44 Prozent abnahm.

Im Jahre 1950 entfielen lediglich 35 Prozent des Holzverbrauchs..."

Schon nach dem zweiten Satz dürften die meisten Leser den Überblick verloren haben. Deshalb ist es stets besser, Zahlenangaben aus dem Text herauszunehmen und in einer Tabelle zusammenzustellen. Wenige Zahlen benötigen in Tabellenform zwar etwas mehr Platz als im Text, die bessere Lesbarkeit wiegt diesen Nachteil jedoch bei weitem auf.

Die Zusammenstellung in Tabellenform hat außerdem den vorteilhaften Nebeneffekt, dass man dabei merkt, ob alle wichtigen Daten berücksichtigt wurden, ob sie vergleichbar sind und ob sie überhaupt ausreichenden Informationswert haben, um aufgenommen zu werden.

4.3.2 Schreibweise von Zahlen im Text

Zahlen werden lesbarer, wenn man von Anfang an klärt, wie sie geschrieben werden sollen:

(1) in Ziffern oder Buchstaben,
(2) in Verbindung mit Maßeinheiten oder
(3) durch Gliederung, wenn sie lang sind.

(1) Schreibweise von Zahlen als Ziffern oder mit Buchstaben

Immer wieder gibt es Unsicherheiten, ob man Zahlen im Text besser mit Ziffern oder als Worte mit Buchstaben schreibt. Üblicherweise werden im Deutschen (und im Englischen) Zahlen bis zehn (manchmal auch bis zwölf) als Wörter, danach aber in Ziffern geschrieben:
Zwei Argumente für diese These. Vier Personen im Haushalt. Zwölf Stämme Israels. 131 Besucher der Ausstellung.

Diese Schreibregel rührt daher, dass die ersten zwölf Zahlen kurz sind und deshalb problemlos ausgeschrieben werden können. Dreizehnhundertfünfundachtzig ist dagegen ein Wortungetüm, lässt sich schlecht lesen und braucht viel Platz.

Die Regel, Zahlen bis zehn bzw. zwölf in Buchstaben zu schreiben, führt allerdings leicht zu abstruser Handhabung:

- *„Trotzdem hat der Inder R. Harikrischnan in seiner Heimat eine gewisse Berühmtheit erlangt. Er ist nämlich erst sieben Jahre und drei Monate. ... Der Ukrainer Sergej Karjakin schaffte die Norm im Alter von 12 Jahren und 7 Monaten“.* (Aus dem SPIEGEL-Artikel 3/2009: 105 über ‚Schach – Neues Wunderkind?')
- *„Snow (1977) hatte in einem Laborversuch mit anglophonen Probanden im Alter von fünf bis 31 Jahren festgestellt, dass ...“* (aus einer Dissertation).
- *„Die Gesamtlänge der Walgesänge liegt mit fünf bis 16 Minuten zwischen der Länge eines Schlagers und eines Satzes in einer Symphonie.“* (Spitzer, 2002)

Dieselbe Unsicherheit, die den SPIEGEL-Redakteur und den Doktoranden mit den anglophonen Probanden, ja selbst den renommierten Autor Spitzer erfasst hat, befällt oft genug auch studentische AutorInnen. Wie also soll diesbezüglich verfahren werden?

Naturwissenschaftlich ausgerichtete Arbeiten sind im Regelfall datenbezogen. In ihnen werden oftmals Zahlenwerte miteinander verglichen und in Beziehung zueinander gesetzt (5 Engländer und 24 Deutsche), oder es wird ein Datenbereich angegeben (5-31). Deshalb sollten Zahlenwerte stets in Ziffern geschrieben werden, sonst ergeben sich die angesprochenen Abstrusitäten.

Auch Sätze wie den folgenden: *„Die Tierdichte führt bei mehr als ein Stück pro Hektar bereits zu Schäden“*, wird man – wissenschaftlicher und kürzer gefasst – eher schreiben: Die Tierdichte führt bei >1 Stück/ha bereits zu Schäden.

Mit Maßeinheiten verbundene Zahlen werden immer als Ziffern geschrieben (5 °C; 2 €; 7 km). Das gilt auch für Jahreszahlen (im Jahr 8 n. Chr.).

Sollen keine Zahlen miteinander verglichen werden, so kann man getrost bei der Schreibung von Zahlen in Worten bleiben: Im Folgenden sollen die zwei wichtigsten Argumente für diese Hypothese erörtert werden:...

Zweifelsfälle muss man mit ‚gesundem Menschenverstand' lösen. Es hilft schon viel, wenn man konsequent verfährt und nicht – wie die zitierten Autoren – ein gemischtes Programm wählt.

(2) Schreibweise von Zahlen in Verbindung mit Maßeinheiten

Zahlen und deren Maßeinheiten werden meistens durch ein Leerzeichen getrennt (110 m; 251 kg: 17 ha). Abweichend hiervon schreiben manche AutorInnen Prozent- und Geldanga-

ben ohne Leerzeichen (81%, 255€). Im englischen Sprachraum werden die Maßeinheiten sogar teilweise vor die Ziffern gesetzt (€255). Das kann man gelegentlich auch in deutsch abgefassten Schriften lesen.
Diesbezüglich gibt es im Deutschen also keinen eindeutigen Konsens. Das hat aber zur Folge, dass die Autoren mal so, mal so schreiben, weil sie unsicher sind, wie sie verfahren sollen. Ich empfehle daher, im Hinblick auf ein einheitliches Vorgehen, stets ein Leerzeichen zu verwenden, wie es im deutschen Sprachraum eher üblich ist.
Das wird übrigens auch in den ‚CABI Guide for Authors and Editors' empfohlen.

Bei der Angabe von Spannweiten von Daten wird die Maßeinheit nur einmal angegeben (also 12-25 % und nicht 12 % - 25 %).
In wissenschaftlichen Arbeiten werden die Maßeinheiten stets mit Symbolen geschrieben, also: % statt Prozent bzw. v. H. (= vom Hundert), m statt Meter oder m² statt qm bzw. Quadratmeter. Auch Angaben über die Spannweiten von Daten (von 12 bis 25 Prozent) werden, wie gerade zuvor angesprochen, mit mathematischen Zeichen geschrieben: 12-25 %. Desgleichen wird 125 Einwohner je (oder pro) Quadratkilometer zu: 125 Einw./km² bzw. 125 Einw. km^{-2}.

(3) Gliederung langer Zahlen

Zahlen sind schlecht lesbar, wenn sie mehr als drei Ziffern umfassen. Sie sollten daher stets in Dreiergruppen gegliedert und diese durch Punkte getrennt werden (Beispiel: 3.012.322). Im englischen Sprachraum sind statt der Punkte Kommata üblich (Beispiel: 3,012,322). Gelegentlich werden auch Leerstellen nach jeder dritten Stelle eingefügt (3 012 322). Solche Leerstellen sind jedoch weniger auffällig als Punkte. Geraten durch Leerzeichen gegliederte Zahlen an ein Zeilenende, so werden sie – sinnentstellend – getrennt, es sei denn, man gibt einen entsprechenden Schreibbefehl ein, der diese Trennung verhindert.

Dieser letzte Hinweis gilt auch für die Schreibweise von Zahlen in Tabellen und leitet damit über zu den nächsten Unterkapiteln.

4.3.3 Tabellarische Übersichten

Vielfach ist es zweckmäßig, Informationen in tabellarischer Form zu ordnen. Dabei kann es sich sowohl um Zahlen, als auch um textlich formulierte Informationen handeln, gegebenenfalls um eine Kombination von beiden. Tabellarische Übersichten sind daher im Wortsinn ‚übersichtlicher' und damit lesbarer als reine Textpassagen.
Mit dem folgenden Beispiel, der Beschreibung zweier Untersuchungsgebiete, soll das veranschaulicht werden.
Der ursprüngliche Text lautete:
„Das erste Untersuchungsgebiet liegt im Regierungsbezirk Fernland in der Gemeinde Großhausen auf 1.200 m Seehöhe. Es zeichnet sich durch ozeanisch getöntes Klima mit 980 mm Jahres- bzw. 560 mm Sommerniederschlag aus. Die Jahresmitteltemperatur erreicht nur 7.2 °C, bzw. 10,6 °C in der Vegetationszeit. Das geologische Ausgangssubstrat ist Gneis, aus dem sich grusige podsolige Braunerden mit stärkeren Rohhumusauflagen bilden. Das zweite Untersuchungsgebiet dagegen ..."

Diese Angaben könnten als tabellarische Übersicht besser nachvollziehbar aufbereitet werden (Tab. 4.3-1).

Tabellarische Übersichten eignen sich besonders gut für Zusammenstellungen von Verfahrens- oder Methodenbeschreibungen, und zwar vor allem in den Kapiteln Material und Methoden. Aber auch für Kurzfassungen von Literaturauszügen oder Quellenangaben können sie vorteilhaft sein. Hier im Leitfa-

Tab. 4.3-1: Lage und Standort der beiden Untersuchungsgebiete

Merkmal		Einheit	Untersuchungsgebiet 1	Untersuchungsgebiet 2
Lage	Regierungsbezirk		Fernland	Hornburg
	Gemeinde		Großhausen	Anderten
Höhenlage		mNN	1.200	700
Nieder-schlag	pro Jahr	mm	980	810
	in der Vegetationszeit		560	530
Tempe-ratur	pro Jahr	°C	7,2	8,5
	in der Vegetationszeit		10,6	12,0
Geologisches Ausgangssubstrat			Gneis	Kalk
Bodentyp			Podsol. Braunerde, grusig	Rendzina, steinreich
Auflageschicht			Starker Rohhumus	Humus
...			...	...

den bieten die Tabellen 1.1-1 (S. 2) und 7.1-2 (S. 197) weitere Beispiele.

Tabellarische Übersichten werden wie Tabellen nummeriert und bei diesen mitgezählt.

4.3.4 Tabellen im engeren Sinn

Solche Tabellen enthalten ausschließlich Daten bzw. Zahlen, jedoch keine Wörter. Sie sind die in Studien-Abschluss- und Doktorarbeiten gängigste Form der Datenpräsentation.

Grundlagenmaterial und Ausgangsdaten werden in Form sogenannter **Quellentabellen** zusammengefasst. Selbst gewonnenes und aufbereitetes bzw. ausgewertetes Zahlenmaterial wird in **Ergebnistabellen** präsentiert.

Die Übergänge zwischen den beiden Typen: ‚tabellarische Übersichten' und ‚Tabellen im engeren Sinn' sind fließend. Deshalb gelten Einzelheiten hinsichtlich ihrer Darstellungsform gleichermaßen.

4.3.4.1 Argumente für oder gegen die Datenwiedergabe in Tabellen

Gleichgültig, um welche Art von Daten es sich handelt, hat die tabellarische Wiedergabe exakter Zahlenwerte folgende **Vorteile**:

- Großer Informationswert aufgrund hoher **Detailtreue**,
- gute **Weiterverwendbarkeit** der angegebenen Daten,
- mehrstufige **Gliederungsmöglichkeiten** und damit
- übersichtliche **Vergleichbarkeit** mehrerer Merkmale,
- geringer **technischer Aufwand** bei ihrer Herstellung.

Auch Laien können sie mit Hilfe von Programmen innerhalb Microsoft Office wie Word, Excel, Power Point einfach und übersichtlich gestalten.

Nachteilig ist dagegen:

- **Geringere Anschaulichkeit** von Tabellen im Vergleich zu Grafiken

Die weitaus meisten Menschen fassen besser analog als digital auf, das heißt sie können grafisch dargebotene Größenverhältnisse und -änderungen leichter nachvollziehen als Unterschiede zwischen ‚nackten' Zahlen. Naturwissenschaftler sind dagegen im Umgang mit Zahlen im Regelfall geübter und vermögen deren Relationen zueinander besser zu überblicken. Deshalb tendieren sie dazu, eher Tabellen statt Grafiken für Ergebnisdarstellungen zu wählen.

- **Geringe Nachvollziehbarkeit** komplexer Zusammenhänge
  Das gilt für Regressionen, Zeitreihen oder dreidimensionale Beziehungen. Für sie sind Tabellen durchweg ungeeignet und daher grafische Darstellungen alternativlos.
- Gefahr der **Unübersichtlichkeit** großer Tabellen
  Ihre Lektüre ermüdet beim Lesen leicht. Enthalten sie zu viele Zahlen (‚Zahlenfriedhöfe'), so sind sie geradezu ‚unverdaulich'. Dieser Gefahr entgeht man allerdings auch bei Grafiken nicht immer: Sie werden gleichfalls oft überladen.

Die Frage, welche Darstellungsform gewählt wird, hängt also vom ‚Zielpersonenkreis', von den Vorlieben der AutorInnen und von der Art der Daten ab. Tabellen wird bei wissenschaftlichen Ausarbeitungen im Regelfall der Vorzug gegeben, allerdings abgesehen von der Darstellung von Kurvenbildern.

Zusätzlich beeinflusst der Anlass für eine Präsentation die Entscheidung pro und contra Tabelle oder Grafik:

- Bei **schriftlichen Ausarbeitungen** sind Tabellen üblicher. Die Leser können sie in Ruhe studieren, deshalb dürfen sie umfänglicher als bei mündlichen Präsentationen sein. Sie wirken gegenüber sehr bunten und auf Show angelegten Abbildungen zudem seriöser.
- Bei **Vorträgen** dagegen bieten sich Grafiken an. Sie müssen jedoch einfach gestaltet sein, damit die Zuhörer deren Inhalt und Aussage auf einen Blick erfassen können (siehe auch Kap. 7.1.2, S. 197).

4.3.4.2 Gestaltung von Tabellen

Im wissenschaftlichen Schrifttum finden sich zwei Darstellungsformen von Tabellen, und zwar der

(1) ‚traditionelle' und der
(2) ‚modernere' Typ.

Deren Unterschiede gehen zurück auf die früheren und heutigen Drucktechniken. Beide werden nach wie vor verwendet.

(1) Traditionelle Darstellungsform von Tabellen

Tabellen dieses Typs werden nur durch waagerechte Linien ober- und unterhalb des eigentlichen Tabelleninhalts abgegrenzt. Zusätzlich wird meist noch der ‚Tabellenkopf' durch eine waagerechte Linie vom Zahlenteil getrennt. Senkrechte Gliederungslinien fehlen (Tab. 4.3-2).

Die waagerechten Striche unterstützen die Leserichtung von links nach rechts. Dementsprechend sind die Aufnahmekriterien, Merkmale oder Eigenschaften (unabhängige Variablen) zeilenweise, die Varianten (abhängige, bzw. veränderliche Variablen) säulenweise angeordnet. Das ist vergleichbar mit der Handhabung bei Diagrammen, bei denen die ‚unabhängigen' Größen auf der Ordinate und die ‚abhängigen' Größen auf der Abszisse abgetragen werden. Allerdings kann man sehr lange Zahlen – wie hier im Beispiel – nicht gut miteinander vergleichen. Wir sind nämlich gewohnt, Daten untereinander zu setzen. Das ist vorteilhaft,

Tab. 4.3-2: Kenngrößen einiger latein-amerikanischer Länder. (Aus Fischer Weltalmanach, 2011)

Merkmal	Einheit	Land				
		Argentinien	**Bolivien**	**Brasilien**	**Chile**	**Ecuador**
Fläche	km²	2.780.403	1.098.581	8.547.404	756.096	256.370
Einwohner	insges. in 1000	39.883	9.694	191.972	16.804	13.481
	Pers./km²	14,3	8,8	23	22	53
Bruttoeinkommen	US-$/Pers.	7.190	1.460	7.300	9.370	3.690

wenn Zahlen in den jeweiligen Kolonnen (Säulen) addiert werden sollen. Dazu müssen Zeilen und Säulen – wie nachfolgend illustriert (Tab. 4.3-3) – um 90 ° gedreht und außerdem stellenrichtig übereinander angeordnet werden. Dazu werden Tabulatoren mit der Maus an die gewünschte Stelle im Lineal gesetzt. Bei dieser Anordnung lassen sich die Werte zu den jeweiligen Merkmalen besser vergleichen. Solche Tabellen erstrecken sich üblicherweise über die ganze Breite des Satzspiegels. Enthalten sie nur wenige Kolonnen, so werden die Spalten unschön auseinandergezogen.

Diese Darstellungsform stammt aus der Zeit, als es beim Druck von Arbeiten schwierig war, senkrechte Striche anzubringen. Sie ist aber – wohl aus alter Gewohnheit – nach wie vor in wissenschaftlichen internationalen (englischsprachigen) Zeitschriften gängig.

(2) Moderne Darstellungsform mit Umrandung und senkrechten Unterteilungen

Mit den verfügbaren Textverarbeitungsprogrammen (zum Beispiel ‚Word‘) kann man Tabellen vollständig umranden und senkrechte Striche einfügen. Dadurch werden sie klar vom umgebenden Text abgehoben. Die Trennung von Zahlenkolonnen oder -zeilen durch senkrechte und waagerechte Linien unterschiedlicher Stärke innerhalb der Tabelle fördert zudem deren Übersichtlichkeit (Tab. 4.3-4). Das gilt vor allem für ‚verschachtelte‘ Tabellen mit mehreren Untergliederungen.

Mit Hilfe der Tabellenfunktion wird die Zahl der Spalten und Breiten bestimmt. Die Spaltenbreite lässt sich durch Verschieben der Randmarkierungen mit Lineal oder Cursor einstellen. Löschen oder Hinzufügen von Zeilen oder Spalten ist problemlos möglich.

Tab. 4.3-3: Kenngrößen einiger latein-amerikanischer Länder. (Aus Fischer Weltalmanach, 2011)

Land	Merkmal			
	Fläche	**Einwohner**		**Bruttoeinkommen**
	km²	insgesamt in 1.000	Pers./km²	US-$/Pers.
Argentinien	2.780.403	39.883	14,3	7.190
Bolivien	1.098.581	9.694	8,8	1.460
Brasilien	8.547.404	191.972	23	7.300
Chile	756.096	16.804	22	9.370
Ecuador	256.370	13.481	53	3.690

Tab. 4.3-4: Kenngrößen einiger latein-amerikanischer Länder – mit den zeilenweise angeordneten Merkmalen und den Länderdaten in den Säulen. (Aus Fischer Weltalmanach, 2011)

MERKMAL		LAND				
	Einheit	Argentinien	Bolivien	Brasilien	Chile	Ecuador
Fläche	km^2	2.780.403	1.098.581	8.547.404	756.096	256.370
Einwohner	insges. in 1.000	39.883	9.694	191.972	16.804	13.481
	Pers./km^2	14,3	8,8	23	22	53
Bruttoeink.	US-$/Pers.	7.190	1.460	7.300	9.370	3.690

Bei dieser Tabelle können gleichermaßen Säulen und Zeilen vertauscht werden (Tab. 4.3-5).

Tab. 4.3-5: Kenngrößen einiger latein-amerikanischer Länder – mit den zeilenweise angeordneten Länderdaten und den Merkmalen in den Säulen. (Aus Fischer Weltalmanach, 2011)

LAND	MERKMAL			
	Fläche	Einwohner		Bruttoeink.
	km^2	insges. in 1.000	Pers./km^2	US-$/Pers.
Argentinien	2.780.403	39.883	14,3	7.190
Bolivien	1.098.581	9.694	8,8	1.460
Brasilien	8.547.404	191.972	23	7.300
Chile	756.096	16.804	22	9.370
Ecuador	256.370	13.481	53	3.690

In beiden Beispielstabellen wurden zur weiteren optischen Hervorhebung des Tabellenaufbaus drei **Strichstärken** verwendet:

- Stärke (pt.) 1 ½ für die Umrandung,
- Stärke 1 für die Abgrenzung des Tabellenkopfs und der Merkmalsspalte vom Zahlenteil und
- Stärke ½ für die Abgrenzung der Spalten und Zeilen mit geringerer ‚Wertigkeit'.

Die ‚gekastelten' Tabellen wurden schon als ‚Zahlengefängnis' verspottet. Ich finde jedoch, dass deren Struktur durch die Einfügung senkrechter Striche und die Wahl unterschiedlicher Strichstärken klarer erkennbar wird.

Die äußeren Umrandungen wirken gegebenenfalls ‚brutal', wenn sie zu dick gezeichnet werden.

Es ist teilweise eine Geschmacksfrage, ob man Tabellen nach traditionellem oder modernerem Muster gestaltet. Bei Studien-Abschlussarbeiten, Dissertationen und teilweise auch Büchern hat sich die modernere weitgehend durchgesetzt.

In wissenschaftlichen Zeitschriften dagegen ist, wie erwähnt, die traditionelle Darstellungsform nach wie vor üblich. Im Regelfall geben die Verleger die zu wählende Form vor. Bei Veröffentlichungen hält man sich deshalb zweckmäßigerweise an deren Vorgaben.

(3) Wahl der Schriftart bei Tabellen

Damit sich eine Tabelle optisch vorteilhaft vom Text abhebt, wird sie in einer anderen Schriftart geschrieben. Am stärksten hat sich durchgesetzt, ‚Arial' (also eine serifenfreie Schriftart) für die Tabellen und ‚Times New Roman' (oder eine andere ‚Serifenschrift' – siehe Kap. 6.2, S. 177) für die Fließtexte zu verwenden. In dieser Weise wurde durchgängig im ganzen Leitfaden verfahren.

(4) Informative Tabellenüberschriften und Zusatzinformationen

Tabellen werden – anders als Abbildungen – mit Überschriften versehen.

Das hat folgenden Grund: Sind die Tabellen nämlich so groß, dass sie nicht auf eine Seite passen, dann müssen sie geteilt und auf zwei oder mehr Seiten gebracht werden. Würden sie auf der ersten Seite keine Überschrift erhalten, wüssten die Leser nicht, worum es bei ihnen geht. Bei großen, über eine Seite hinausreichenden Tabellen wird deshalb der Tabellentitel auf der zweiten Seite knapp wiederholt mit dem Zusatz Tab. X (Fortsetzung) (siehe Tab. 7.1-5, S. 204/5). Zusätzlich muss dann die Kopfzeile mit den Spaltenbezeichnungen wiederholt werden. Derart große Tabellen kommen gelegentlich bei amtlichen Nachweisen vor, zum Beispiel von Behörden, und daher leitet sich die Regel her, Tabellen mit Überschriften zu versehen. In wissenschaftlichen Arbeiten sollten Tabellen aber so gestaltet werden, dass sie auf eine Seite passen.

Jede Tabelle muss ‚aus sich heraus' verständlich sein („stand alone principle‘). Es darf den Lesern nicht überlassen werden, im Text nach Informationen zu suchen, worum es in der Tabelle geht. Deshalb ist große Sorgfalt auf eine informative, kurze und treffende Formulierung der Überschrift zu legen. So sind in der Tabellenüberschrift Angaben über Untersuchungszweck, verwendete Parameter, Bezugsbasis, statistische Verfahren, Ort, Zeitraum erforderlich.

Zusätzliche Informationen wie Entschlüsselungen von Abkürzungen etwa von Versuchsvarianten oder Spezialbegriffen, Angaben zu statistischen Kennwerten, also ‚Legenden', können gleichfalls in die Tabellenüberschrift aufgenommen werden. Durch Kleindruck abgesetzt wird deutlich, dass sie nachrangige Bedeutung haben. Gelegentlich werden diese Zusatzangaben als Fußnoten unter die Tabelle gesetzt. Dort sind sie aber weniger auffällig, als wenn sie, klein gedruckt, in die Tabellenüberschrift eingefügt werden.

In Tab. 4.3-7 (S. 96) ist ein Beispiel gegeben, mit dem dieses Vorgehen verdeutlicht wird.

(5) Weitere Vorschläge für die Gestaltung gut lesbarer Tabellen

Im Hinblick auf die Verständlichkeit von Tabellen sind die folgenden Gestaltungsprinzipien zu beherzigen:

- **Übersichtlichkeit**

  Die Daten müssen klar und gut lesbar angeordnet werden. Dazu gehört, dass die Zahlenkolonnen mittig und stellenrichtig angeordnet sind. Das wurde in den Tabellen 4.3-3 und-5 illustriert.

  Bei kleinen Tabellen, die nicht die Zeilenbreite benötigen, kann man Platz sparen, indem man die ‚Überschrift' nebst Erklärungen neben den Tabellenteil setzt. Das wurde bei Tab. 4.3-5 und und andernorts im Leitfaden praktiziert. Diese Vorgehensweise entspricht zwar nicht der Vorschrift, nämlich eine Tabelle mit einer Überschrift zu versehen, spart aber Platz und fördert sogar die Lesbarkeit. Der Tabellentitel sollte dann jeweils links angeordnet sein, weil man ihn zuerst liest, bevor man sich dem Zahlenteil widmet. Alternativ kann man kleine Tabellen von Text ‚umfließen‘ lassen. Auch das spart Platz und schafft eine optisch enge Verbindung von Text und Tabelle. Hierfür bieten die gängigen Schreibprogramme einfache Umsetzungsmöglichkeiten. Dieses Vorgehen findet man häufiger in wissenschaftlichen Büchern und gelegentlich hier im Leitfaden. (zum Beispiel Tab. 7.1-2, S. 197)

- **Eindeutige Gliederung und Beschriftung innerhalb der Tabelle**
Jede Tabelle muss in sich klar gegliedert sein in einen **Tabellenkopf**, in einen **Merkmalsteil** und in einen **Zahlenteil**. Gleichgültig, ob senkrechte und waagerechte Linien eingefügt werden, sollten die 3 Tabellenteile auch durch die Schriftgröße und -art klar voneinander abgesetzt sein. Im Merkmalsteil sind gut verständliche Bezeichnungen der Beobachtungs- oder Versuchsvarianten (Behandlungen, Arten, Testmaterialien) zu wählen.
Schlüsselziffern, Maßeinheiten oder Kurzbegriffe, die in Tabellen verwendet wurden, sind zu ‚übersetzen', entweder in Form einer Legende oder als Teil der Überschrift – wie bei Tab. 4.3-7, S. 96 illustriert.

- **Gleichartige Gestaltung**
Tabellen mit thematisch gleichartigem Inhalt, aber jeweils verschiedenen Daten sind nach demselben Schema zu gestalten. Das verhilft zu rascherer Orientierung und Vergleichbarkeit. Außerdem wird dadurch verhindert, dass die Leser jedes Mal unnötige Mühe darauf verwenden müssen, gleiche Grundmuster als solche zu erkennen.

- **Kennzeichnung der Maßeinheiten oder Untersuchungskriterien**
Alle Maßeinheiten (Stück, m, kg, %) bzw. statistischen Kennwerte (ø, x̄, s, s%, VK) sind eindeutig anzugeben. Abkürzungen sind nur zulässig, soweit man ihre Kenntnis, wie die der international gebräuchlichen Maßeinheiten, voraussetzen kann. Alle anderen sollten entweder ausgeschrieben oder im Tabellenbegleittext erklärt werden. Das gilt gleichermaßen für Erläuterungen zu einzelnen Kriterien, Daten, Rechenverfahren. Sie können ebenfalls in Kleindruck beigefügt werden. Als Beispiel dient Tab.4.3-7 (S. 96).

Maßeinheiten sind exakt zu verwenden.
Oft wird beispielsweise ‚N' als Einheit für alle möglichen ‚Mengen' benutzt. ‚N' oder ‚n' bedeutet aber ganz allgemein ‚Anzahl' (von lateinisch ‚*numerus*' bzw. ‚*numeri*') und muss im speziellen Fall definiert werden (etwa: Stück, Personen, Einwohner, Länder, Pflanzen). Dementsprechend sollte es also nicht N/km², sondern Einwohner/km² oder nicht N/ha sondern Bäume/ha heißen.

Mit kleinen Buchstaben werden oft Einzelwerte bezeichnet, mit großen deren Summen (also etwa g = Grundfläche eines Einzelbaums, G = Summe der Grundflächen aller Bäume/ha).

Für alle Größen-, Gewichts-, Temperatur- und sonstigen Maßeinheiten sind die gesetzlich festgelegten ‚Internationalen Einheiten im Messwesen' (SI = Système international d´unités) zu verwenden.
Deren Liste ist umfangreich und ändert sich entsprechend dem Wissenschaftsfortschritt. Deshalb kann sie nicht als Anhang beigefügt werden. Die Einheiten werden regelmäßig aktualisiert und können übers Internet beschafft werden.

Im Einzelfall sind die Gepflogenheiten in den einzelnen Fachgebieten zu beachten.

Die Maßeinheiten müssen nicht jeder einzelnen Zahl beigefügt werden, wie man es oft bei Tabellendarstellungen sehen kann. Vielmehr erleichtert es das Lesen, wenn sie in einer gesonderten Spalte (vergl. Tab. 4.3-2 und 4.3-4, S. 90 und 91) oder im Tabellenkopf (vergl. Tab. 4.4-3 und 4.4-5, S. 90 und 91) angegeben werden. Enthalten Tabellen ausschließlich Daten mit derselben Maßeinheit, so kann diese auch in der Tabellenüberschrift genannt werden (siehe Tab. 4.3-7, S. 96).

- **Hervorhebungen innerhalb einer Tabelle**
  Hervorhebungen der wichtigsten Angaben, wie Versuchsvarianten oder Messkriterien durch Kapitälchen, Großschreibung, unterschiedliche Schriftgröße oder Fettdruck verdeutlichen die Hierarchie-Ebenen der Begriffe und erhöhen die Nachvollziehbarkeit.
  Beliebt ist die Hervorhebung des Tabellenkopfes und der Spalte mit den Angaben zu Versuchsvarianten oder Merkmalen durch Unterlegung mit grauer Farbe. Das ist zwar modisch, verschlechtert aber meist die Lesbarkeit und zwar umso stärker je dunkler der Hintergrund gewählt wird. Schwarz auf weiß liest sich generell am besten. Das haben Fachleute vielfach erprobt (zum Beispiel Verkehrsexperten mit Auto-Nummerschildern).
  Zudem kann man Angaben, wenn Tabellen mit grau hinterlegten Teilen kopiert werden, oft kaum noch erkennen. Das gilt jedenfalls für gedruckte Texte.
- **Weglassen entbehrlicher Zahlen**
  Viele Arbeiten enthalten mit Zahlen ‚überfrachtete' Tabellen, die als Beleg von Ergebnissen jedoch oft nicht erforderlich sind und im Text auch nicht weiter angesprochen werden. Die Leser müssen sich dann mühsam durch den Zahlenwust hindurcharbeiten und selbst herausfinden, welche Daten relevant sind bzw. erraten, wozu diese überhaupt gebracht wurden. Es ist für die AutorInnen zugegebenermaßen manchmal nicht leicht zu entscheiden, welche Daten überflüssig sind und gestrichen werden können. Oft sind sie nämlich zu ‚verliebt' in ihre mühsam erarbeiteten Ergebnisse und tun sich schwer, einige Zahlen wegzulassen, selbst wenn sie einsehen könnten, dass diese keinen Erkenntnisgewinn bringen.
  Zahlen, die gegebenenfalls für weitergehende oder spätere Untersuchungen dokumentiert werden sollen oder die eventuell für Spezialisten von Interesse sind, können im Anhang untergebracht werden (vergl. Kap. 3.1.1 [8], S. 59). In den Hauptteil einer Arbeit gehören sie nicht. Hier sind sie nur Informationsballast.
- **Abrunden und Vereinfachen der verwendeten Daten**
  Bei der Wiedergabe von Zahlen – gleichgültig, ob sie selbst hergeleitet oder anderen Quellen entnommen wurden – sind zwei Gesichtspunkte zu beachten:
  - **Datenqualität**
    Mit großen Messfehlern behaftete Ausgangsdaten werden nicht dadurch exakter, dass man Mittelwerte aus ihnen errechnet und dann mit vielen Kommastellen abdruckt:
    So waren die Ergebnisse einer Befragung von Erholungssuchenden in einem Ausflugsgebiet wegen der angewandten Methoden und des Umfangs von Interviews höchst problematisch. Dennoch wurden die an bestimmten Wochentagen ermittelten Werte übergenau angegeben: *„Besucherfrequenz: Mo-Do 43,74 %, Fr-So 56,26 %"*. Hätte sich der Autor damit begnügt, die Werte ohne Dezimalen, also 44 und 56 %, zu schreiben, so wäre das vertrauenswürdiger gewesen und hätte zudem den Unterschied zwischen den Mittelwerten klarer hervortreten lassen, also die Lesbarkeit erhöht.
    ‚Genaue' Zahlenangaben, die mit Hilfe wenig präziser Aufnahmen gewonnen wurden, erwecken zudem oft den Eindruck von ‚Pseudogenauigkeit'. Oder um C. F. Gauss zu zitieren: *„In Nichts zeigt sich der Mangel an mathematischer*

Bildung mehr als in einer übertrieben genauen Rechnung."

– **Verständlichkeit und Lesbarkeit der Zahlenangaben**

Oft geht es ausschließlich darum, die Größenordnung von Zahlen und deren Verhältnis zueinander zu verdeutlichen.

Für einen Überblick über die Flächengrößen von Ländern (vergl. Tab. 4.3-2 bis 4.3-4, S. 90/91) genügt beispielsweise die Angabe: Brasilien 8,5, Argentinien 2,8 Mill. km², statt hier auf größere Genauigkeit abzuheben: Brasilien 8.547.404, Argentinien 2.780.403 km². Solche übergenauen Flächenangaben sind ohnehin wegen der Probleme mit der Erdvermessung zweifelhaft – wie man den stark abweichenden Angaben verschiedener Datenquellen entnehmen kann.

Abgerundete Zahlen sind mithin ‚ehrlicher' vor allem dann, wenn ihre Qualität schon wegen der Probleme bei ihrer Erhebung nicht sehr groß ist. Zugleich wird mit der Abrundung der angesprochenen menschlichen Schwierigkeit Rechnung getragen, ‚unhandliche' Zahlengebilde nur mühsam zu ‚begreifen'. Beim Lesen rundet man die angegebenen Werte deshalb automatisch selbst ab, um deren Größenordnung zu erfassen. Die Nachvollziehbarkeit von Zahlen sinkt überproportional mit der Zunahme ihrer Stellen! Am Ende ‚überfliegen' Leser die ‚Zahlenfriedhöfe' ohnehin nur noch. Mit Abrundungen im Bereich von ≈1 % gewinnt man oft 100 % an Lesbarkeit!

Solche Zahlenrundungen sind im Regelfall im Hinblick auf die ‚Genauigkeit' unerheblich: Angesichts dieser 1 %-Vorgabe könnte also ein Wert 1.345,67 problemlos auf 1.350 gerundet werden – problemlos in dem Sinne, dass keine Verfälschung der Aussage eintritt.

An einem Beispiel mit Messergebnissen gedüngter Jungpflanzen sollen die Möglichkeiten einer vertretbaren Abrundung abschließend aufgezeigt werden (Tab. 4.3-6).

Nach den in Tab. 4.3-6 wiedergegebenen Daten liegen die Unterschiede zwischen den Mittelwerten bereits in der Zehnerstelle. Die Dezimalen können also gestrichen werden. Auch die jeweils zwei Einzelwerte der Wiederholungen der Düngervarianten weichen nur geringfügig voneinander ab, so dass die Rundung der Einzelwerte gleichfalls keine Verfälschung der Ergebnisse erbringen würde. Es dürfte Konsens bestehen, dass sich die abgerundeten Mittelwerte weit leichter lesen und verstehen lassen als die Originaldaten.

Die Abrundung findet jedoch dann ihre Grenze, wenn bei statistisch verarbeiteten Daten der Rundungsfehler die über die Irrtumswahrscheinlichkeit hergeleitete Grenzdifferenz überschreitet:

Die Abrundung von 0,237 für eine Variante A auf 0,24 und von 0,231 für die Variante B auf 0,23 ist falsch, wenn nämlich 0,005 bereits die Grenzdifferenz zwischen den zwei Mittelwerten darstellt und die statistisch gesicherte Differenz durch die Rundung überschritten wird.

Diese Zusammenhänge mussten hier ausgiebiger erörtert werden, weil sie zum Fehler-

Tab. 4.3-6: Trockengewichte (g/Pfl.) von jungen Buchen in Abhängigkeit von Düngergaben.

Düngermenge g/Pflanze	Block 1	Block 2	Mittelwert	Abgerundete Mittelwerte
0	6,34	6,10	6,22	**6**
10	20,76	22,20	21,48	**21**
50	86,95	90,90	88,92	**89**
100	120,78	123,14	121,96	**122**

repertoire nicht nur fast jeder Erstlingsarbeit gehören. Leider sind auch die AutorInnen vieler wissenschaftlicher Artikel ‚zahlengläubig'. Bei ihnen scheint sich unausrottbar festgesetzt zu haben, dass Zahlen-Ungetüme wissenschaftlich wirken. Sie trauen sich deshalb meist nicht, Zahlen sinnvoll – und dadurch die Lesbarkeit wesentlich fördernd – abzurunden.
Auf das ‚Zitieren' von aus anderen Arbeiten entnommenen und gerundeten Daten wird in Kap. 4.8 (S. 128) eingegangen.

(6) Einbau statistischer Befunde

Die experimentell hergeleiteten Daten müssen generell statistisch ausgewertet werden. Die bloße Wiedergabe von Mittelwerten genügt deshalb in der Regel nicht, weil mittels statistischer Kennwerte zugleich kenntlich gemacht werden soll, ob Unterschiede zwischen den Mittelwerten zufällig sind, oder ob gesteuerte Einflüsse (Versuchsvarianten) statistisch ‚gesicherte' Unterschiede verursacht haben. In die Tabellen müssen mithin die aus statistischen Analysen gewonnenen Befunde aufgenommen werden. Das soll nachfolgend exemplarisch aufgezeigt werden (Tab. 4.3-7 mit Erklärungstext).

Grundlage für die in dieser Tabelle wiedergegebenen Daten sind die Messergebnisse aus einem Versuch zum Umbau älterer Fichtenrein- in Mischbestände durch Unterpflanzung mit jungen Buchen und deren Kalkung zur Verbesserung von Anwuchs und Entwicklung in den ersten Jahren. Das Versuchsschema erlaubte die Auswertung der Messdaten mit Hilfe einer Varianzanalyse.

Bei der Tabelle wurden die oben und nachfolgend angesprochenen Gestaltungsvorschläge berücksichtigt:

- Die Abkürzungen Ü und K sind in der Tabellenüberschrift entschlüsselt.
- Die statistischen Kennwerte wurden erläutert, die Maßeinheit für alle Tabellenwerte (cm) in der Überschrift angegeben.
- Die Überschrift und die Erklärungen zu den statistischen Kennwerten wurden durch unterschiedliche Schriftgrößen voneinander abgesetzt. Die Hinweise zu den statistischen Kennzeichen könnten auch als Fußnote unter die Tabelle gesetzt werden. Das würde aber die Lesbarkeit nicht verbessern.
- Der Tabellenkopf ist optisch gut vom Datenblock abgesetzt. Das geschah – wie in vielen Lehrbüchern üblich – mit Hilfe von ‚Kapitälchen'.
- Durch Fettdruck wurden außerdem die wichtigsten Merkmale im Tabellentitel hervorgehoben.
- Die Zeichen ++ und +++ für andere Irrtumswahrscheinlichkeiten brauchen hier nicht aufgeführt zu werden, weil sie im Beispiel nicht vorkommen.

Es genügt, die Maßeinheit cm in der Tabellenüberschrift anzugeben, statt sie hinter jeder Zahl zu wiederholen, wie man es oft in Prüfungsarbeiten, aber auch Artikeln findet.
Bei Zeitschriftenartikeln wird meistens die genaue Angabe der statistischen Signifikanz verlangt (zum Beispiel p < 0,001 oder p = 0.250). Das wirkt zwar exakter, ist aber keineswegs lesbarer.

Tab. 4.3-7: Sprosslängen (cm) junger Buchen in Abhängigkeit von unterschiedlich starker Überschirmung (Ü) durch Altfichten und durch Kalkung (K), 15 J. nach der Ausspflanzung. (n. Huss und Csapek, 2010)

\+ = ≤ 5 % Irrtumswahrscheinlichkeit,
n.s. = nicht signifikant.
Mit denselben Buchstaben gekennzeichnete Mittelwerte unterscheiden sich bei einer Irrtumswahrscheinlichkeit von p = 5 % nicht signifikant voneinander.

Überschirmung		Kalkung		
		ohne	mit	Diff.
dicht		91 *a*	146 *a*	+ 55 *a*
mittel		130 *b*	211 *b*	+ 81 *a*
licht		256 *c*	330 *c*	+ 74 *a*
Statistische Signifikanz	Ü	+		
	K	+		
	Ü x K	n.s.		

Soweit zu den Gestaltungsprinzipien von Tabellen und der formellen Wiedergabe statistischer Befunde – in diesem Fall der Tab. 4.3-7. Der sachliche Inhalt einer Tabelle, sowie die Interpretation der Ursachen von Unterschieden zwischen den Mittelwerten der Versuchsvarianten ist jedoch eine andere Sache. Hierauf wird in Kap. 4.3.4.4 (nächste Seite) – wiederum am Beispiel der Tab. 4.3-7 wiedergegebenen Versuchsergebnisse – näher eingegangen.

4.3.4.3 Verbindung von Text und Tabelle

Das Zusammenspiel von Text und Tabellen, aber auch Abbildungen, verursacht vor allem bei Erstlingsarbeiten besonderes Kopfzerbrechen. Deshalb wird auf die zweckmäßige Vorgehensweise nachfolgend ausführlicher eingegangen:

- **Einfügung aller im Text besprochener Tabellen**

  Manche Anfänger neigen dazu, Tabellen oder Abbildungen, mit denen im Text erörterte Befunde belegt werden sollen, in den Anhang zu verbannen. Deshalb sei nochmals daran erinnert, dass diese mit dem Text zu verknüpfen sind. Nur Rohdaten oder solche, die für weitere Auswertungen dokumentiert werden sollen, gehören dorthin (vergl. Kap. 3.1.1 [8], S. 59).

- **Nummerierung der Tabellen**

  Jede Tabelle ist zu **nummerieren**, damit im Text Bezug auf sie genommen werden kann. Es ist im Übrigen gleichgültig, ob man ‚Tabelle' ausschreibt oder abkürzt (‚Tab.'), wobei die verkürzte Version die gängigere zu sein scheint (englisch Table oder Tab.).

  Gibt es nur eine einzige Tabelle, so wird sie dennoch mit einer Nummer versehen (Tabelle 1 oder Tab. 1). Weitere Tabellen brauchen nicht zu folgen.

  In kürzeren Arbeiten (Bachelor-, Masterarbeiten, wissenschaftlichen Veröffentlichungen) werden die Tabellen insgesamt durchnummeriert. Bei größeren Ausarbeitungen mit vielen Tabellen kann es sinnvoll sein – wie hier im Leitfaden –, sie kapitel- oder sogar unterkapitelweise zu nummerieren. Geschrieben wird das folgendermaßen:

  - kapitelweise: Tab. 1-1, 1-2, usw. oder
  - unterkapitelweise: Tab. 1.1-1, 1.1-2, usw.

  Dies Vorgehen hat den Vorteil, dass man bei Hinzufügung oder Weglassen einer Tabelle Fehler bei der Änderung der Tabellennummern einschränkt. Obwohl die Computerprogramme heute die Nummern der Tabellen im Text und in den Tabellenüberschriften selbständig anpassen, gibt es doch immer wieder Unstimmigkeiten, die sich mit der kapitelweisen Nummerierung umgehen bzw. verringern lassen.

- **Aufruf der Tabellen**

  Durch die Erwähnung der Tabellennummer werden die Leser an der entsprechenden Textstelle darauf hingewiesen, dass sie die Tabelle jetzt heranziehen sollen. Solche ‚Aufrufe' oder ‚Verweise' können folgendermaßen lauten:

  - Das Ergebnis dieser Untersuchungen ist in Tab. X wiedergegeben,
  - (siehe Tab. X) oder
  - nachfolgend werden die Ergebnisse zu Faktor/Parameter/Merkmal X wiedergegeben (Tab. X).

Erst danach darf die Tabelle in den Text eingefügt und ihr Inhalt erläutert werden. Wird sie nämlich bereits vorher abgedruckt, so weiß man beim Lesen nicht, was man mit ihr anfangen soll. In dieser Hinsicht werden leider viele lese-unfreundliche Versionen geboten.

Häufig wird auch der Inhalt einer Tabelle zunächst ausführlich erörtert und erst danach die Tabelle selbst ‚aufgerufen'. Das erschwert gleichfalls die Lesbarkeit, hat sich aber bei vielen AutorInnen noch nicht herumgesprochen.

- **Einbau** bzw. **Anordnung der Tabellen**
  Nach dem Hinweis im Text sind die Tabellen baldmöglich einzufügen, damit die enge Verbindung von Text und Daten erhalten bleibt. Das kann sofort nach dem Satz, in dem der Aufruf steht, geschehen. Das kann aber auch nach dem Ende eines Absatzes sein. Man muss nämlich nicht so weit gehen, einen Absatz und damit einen Gedankenkomplex zu zerreißen.
  Reicht der Platz nach dem Hinweis auf die Tabellen auf derselben Seite nicht mehr aus, um sie dort einzufügen, so ist sie zu Anfang auf der nächsten Seite zu bringen (vergl. als Beispiel Tab. 1.1-1, S. 2). Der dann verbleibende freie Platz wird mit Text aufgefüllt, der der Tabelle folgt. Es dürfen nämlich keine größeren Leerräume auf den Seiten entstehen, weil sie den Umfang einer Arbeit unnötig aufblähen würden.
  Beim Schreiben des Manuskripts kann es hilfreich sein, für jede Tabelle zunächst eine zusätzliche Seite zu reservieren und sie endgültig erst bei der Reinschrift in den Text einzufügen.

In Büchern und Zeitschriftenartikeln werden Tabellen oder Abbildungen aus ästhetischen Gründen gelegentlich an den oberen oder unteren Rand einer Seite gerückt. Das gilt aber nicht für Bachelor-, Master- oder Doktorarbeiten.

4.3.4.4 Beschreibung und Interpretation der wichtigsten Tabelleninhalte

Jede Tabelle muss zusammen mit der Tabellenüberschrift für sich aussagefähig bzw. ‚aus sich heraus verständlich' sein (vergl. Kap. 4.3.4.2 (4), S. 92). Das gilt gleichermaßen für den Text. Auch dieser muss für die Leser nachvollziehbar sein, ohne dass sie sich intensiv mit den Daten in einer Tabelle beschäftigt haben. Die AutorInnen müssen also mit Worten beschreiben, was in einer Tabelle sachlich enthalten ist. Das verlangt eine erhebliche gedankliche Leistung, nämlich den Tabelleninhalt sorgfältig zu analysieren und dann knapp zu erläutern. Es ist eine häufig praktizierte Unsitte, umfangreiche Tabellen in eine Arbeit aufzunehmen, diese dann aber kaum verbal ‚auszuwerten' bzw. zu interpretieren und es stattdessen den Lesern zu überlassen, selbst die wesentlichen Sachinhalte und Zusammenhänge zu erkennen sowie Schlussfolgerungen abzuleiten. Die Leser pflegen aber keine Lust und/oder Sachkenntnis zu haben, sich den ‚Kopf des Autors zu zerbrechen'.

Gerade in diesem Punkt sehen sich JungautorInnen besonderen Schwierigkeiten ausgesetzt: Wie weitgehend muss denn die Verbalisierung der in den Tabellen enthaltenen Details gehen? Eine bloße Wiederholung der in der Tabelle angegebenen Zahlen im Text ist jedenfalls nicht sinnvoll. Vielmehr geht es um die Darlegung der inhaltlichen Quintessenz. Sie muss in Worte gefasst werden. Das soll wiederum am Beispiel der Tab. 4.3-7 (S. 96) erläutert werden.

Ihr Inhalt könnte folgendermaßen in Worte gefasst werden:

Der Tab. 4.3-7 lassen sich hinsichtlich der Entwicklung der Sprosslängen bei den jungen Buchen folgende Sachverhalte entnehmen:

- Die **Überschirmung** beeinflusste sie signifikant. Unter dichtem Schirm waren die Buchen nur etwa ein Drittel so groß wie unter lichtem Schirm.
- Die **Kalkgaben** hatten das Wachstum, ebenfalls statistisch gesichert, fast gleich stark unter allen Schirmvarianten gefördert.
- Eine **Wechselwirkung** der beiden Versuchsfaktoren auf die Entwicklung der Buchen hatte sich dagegen nicht ergeben.

Die Wirkungen der beiden Einflussfaktoren ‚Überschirmung' und ‚Kalkung' waren mithin eindeutig und praxisrelevant. Eine Wechselwirkung war zu erwarten, trat aber nicht ein. Ihr Ausbleiben ist daher nachfolgend zu erörtern.

Bei dieser ‚Verbalisierung' wurden also die wichtigsten Befunde nach einem Einführungssatz in Form einer Auflistung wiedergegeben und abschließend zusammenfassend gewertet (vergl. Kap. 3.3.4, S. 72). Aus der Tab. 4.3-7 können die genauen Zahlen entnommen werden. Die Werte selbst dürfen im Text nicht zitiert werden, denn das würde den Text unnötig aufblähen und gegen den Grundsatz verstoßen, Daten nur einmal zu bringen.

Bei der textlichen Erläuterung des Inhalts einer Tabelle sollten außerdem – wie hier berücksichtigt – Tabellenaufbau und Textstruktur übereinstimmen, damit der Inhalt leichter nachvollzogen werden kann, also: Daten, die in einer Tabelle besonders hervorgehoben wurden oder an erster Stelle stehen, müssen auch als erste beschrieben werden. Man erkennt dadurch zugleich, ob eine Tabelle gut aufgebaut und der Text optimal komprimiert ist, und man kann etwaige Unzulänglichkeiten leichter beseitigen. Dies Vorgehen hilft beim Verfassen des Manuskriptes übrigens ganz generell!

Die Interpretation der Befunde stellt noch zwei weitere fachliche Herausforderungen dar:

- Einerseits erklärt die Tatsache, dass sich gewonnene Mittelwerte statistisch gesichert unterscheiden, noch nicht, ob den Unterschieden plausible Ursachen zugrunde liegen. Die aber müssen die AutorInnen herausfinden und beschreiben.
- Andererseits müssen die AutorInnen der Versuchung widerstehen, Unterschiede zwischen Mittelwerten auch dann ursächlich deuten zu wollen, wenn die statistischen Tests keine gesicherten Unterschiede ergeben haben. Definitionsgemäß sind die Differenzen aber zufällig und nicht ursächlich, sonst würden keine statistischen Tests benötigt.

Beides verlangt tiefere Einsichten in die Zusammenhänge oder Abhängigkeiten der möglichen Reaktionen von Versuchsobjekten auf gesteuerte oder auch ungesteuerte Einflüsse.

Beim Bemühen, die Inhalte von Tabellen oder Grafiken zu ‚verbalisieren', wird den AutorInnen außerdem oft erstmalig klar, ob die gebrachten Zahlen aussagekräftig oder reiner ‚Datenballast' sind, also gegebenenfalls weggelassen oder stark komprimiert werden können. Dadurch lässt sich im Vorhinein die harsche Kritik des Lesers einer forstlichen Fachzeitschrift vermeiden:

„Statistiken und Grafiken ohne Aussage und mit hohem Lesewiderstand sind tötend."

Weil gerade die Umsetzung statistischer Berechnungen und ihrer Ergebnisse meist besondere Schwierigkeiten bereitet, wurde sie hier ausgiebiger angesprochen. Im Rahmen dieses Leitfadens können jedoch nicht die spezifischen Statistikprobleme vieler Arbeiten angesprochen werden. Das muss vielmehr im Rahmen der Einzelbetreuung geschehen.

Im Übrigen war bereits auf die in Kap. 9.3 (S. 232) zitierten Lehrbücher der Biometrie und Statistik hingewiesen worden, die für den Einstieg und zur Vertiefung dienen mögen.

4.4 Grafiken und andere bildhafte Darstellungen

Hierunter ist eine Vielzahl visueller Darstellungen zu verstehen wie Diagramme, Schaubilder, Zeichnungen, Karten, Fotos. Vor allem Grafiken finden bei wissenschaftlichen Arbeiten in vielfältiger Weise Verwendung – sowohl bei Abbildungen von Geräten oder Versuchsanordnungen, wie bei der Datenanalyse und der Präsentation von Ergebnissen.

Hier im Leitfaden können unmöglich alle Methoden der Datenanalyse und Formen der visuellen Präsentation von Ergebnissen erschöpfend dargestellt werden. Angestrebt wird vielmehr ein Überblick, der hilft, die üblicherweise auftauchenden Probleme bei der Verarbeitung von Daten und Befunden in bildhaften Darstellungen anzugehen.

In den folgenden Unterkapiteln werden einige Überlegungen zur Erstellung von Grafiken, Karten und Fotos abgehandelt:

- Vor- und Nachteile der wichtigsten Typen an Grafiken (Kap. 4.4.1),
- Grafiken mit geometrischen Elementen (statistische Diagramme) (Kap. 4.4.2, nächste Seite),
- Grafiken mit gegenständlichen Figuren (sog. Schaubilder, bzw. Bildstatistik) (Kap. 4.4.3, S. 114),
- Karten (Kap. 4.5, S. 121) und
- Fotos (Kap. 4.6, S. 122).

Zusätzlich sind Hinweise zur Gestaltung von Abbildungen und deren Einbau in den Text (Kap. 4.7.3, S. 128), zum Nachweis der Urheberschaft (Kap. 4.8, S. 128) und der Schlusskorrektur (Kap. 4.9, S. 129) gegeben.

Am bedeutsamsten bei den bildhaften Darstellungen für naturwissenschaftliche Arbeiten sind Grafiken. Deshalb wird nachfolgend vor allem auf deren Form und technische ‚Machbarkeit' für Studierende ausführlicher eingegangen.

4.4.1 Grundsätze für die Erstellung von bildhaften Darstellungen

Oberstes Gebot bei der Gestaltung von Abbildungen muss – ebenso wie bei allen anderen Teilen einer wissenschaftlichen Arbeit – eine größtmögliche Nachvollziehbarkeit und Verständlichkeit sein. Das gilt für die bildhaften Darstellungen in besonderem Maße. Sie sind den Erwartungen der jeweiligen Leserschaft anzupassen, und zugleich muss der Versuchung widerstanden werden, in modische ‚Gags' abzugleiten.

Stetig sich verbessernde technische Möglichkeiten, Illustrations-Materialien zu erstellen, und damit verbunden deren sinkende Kosten erleichtern es, sie schon bei kleineren Ausarbeitungen einzusetzen. Das gilt sowohl für bildhafte Darstellungen wie für Fotos und Karten. Deshalb werden sie zunehmend selbst in diesen verwendet. Umso wichtiger ist es deshalb aber auch, ihren Einsatz kritisch zu reflektieren.

Bevor im Kap. 4.4.1.2 (nächste Seite) auf Einzelheiten der bildhaften Darstellungen eingegangen werden kann, soll – wie im Abschnitt über die Tabellen (vergl. Kap. 4.3.4.1, S. 88) – das Für und Wider von Abbildungen abgewogen werden.

4.4.1.1 Argumente für oder gegen die Erstellung von Grafiken

Als **Vorteile** sind anzusehen:

- Bildhafte Darstellungen sind meist anschaulicher und geben einen leicht fasslichen, einprägsamen Eindruck von den Beziehungen zwischen verschiedenen Größen – kurz:

„Ein Bild sagt mehr als tausend Zahlen!“

- Komplexe Zusammenhänge zwischen Daten, die in funktionaler, womöglich dreidimensionaler Beziehung zueinander stehen, sind überhaupt nur in Grafiken ‚durchschaubar' zu machen. *„Gute Grafiken bringen komplexe Sachverhalte auf den Punkt“* (Eberhart, DIE ZEIT 2014/15: 37).

Die Vorzüge von Grafiken sind aber teilweise zugleich ihre **Nachteile**:

- Gerade wegen der guten Einprägsamkeit wird mit Grafiken leichter manipuliert als mit Zahlen. Durch die Wahl des Bezugssystems und durch Maßstabsveränderungen lassen sich sehr unterschiedliche, zum Teil subjektiv steuerbare Eindrücke erzeugen. Deshalb wird in der populären Presse und Werbung fleißig davon Gebrauch gemacht, und so gilt dann vielfach:

  „Ein Bild lügt mehr als tausend Zahlen!“

- Grafiken werden unübersichtlich, wenn man sie ‚überfrachtet', das heißt zu viele Details in ihnen unterzubringen versucht. Ihr Vorteil gegenüber Tabellen wird dadurch leicht verspielt. Oft genug müssen die Leser mühsam Legenden entziffern, um die Einzelheiten und damit die eigentlichen Aussagen verstehen zu können.
- Ihre Fertigung erfordert einigen technischen Aufwand und übersteigt manchmal die Fähigkeiten von Laien. Deshalb wirken sie gelegentlich dilettantisch.

Weiterhin ist zu bedenken, dass die **Vor- und Nachteile von Grafiken und Tabellen teilweise im umgekehrten Verhältnis zueinander** stehen, also:

- Grafiken haben eine geringere Detailtreue. Ihnen lässt sich oft nur die ungefähre Größenordnung entnehmen. Das kann unbefriedigend sein, wenn die in ihnen wiedergegebenen Daten für Vergleiche herangezogen oder weiter verwendet werden sollen.
- Grafiken benötigen mehr Platz als Tabellen.
- Statistische Kenngrößen (wie Signifikanzgrenzen, Standardfehler, Variationskoeffizienten), die sehr wichtig für die Interpretation von Befunden sein können, lassen sich im Regelfall schlechter in Grafiken als in Tabellen unterbringen.

Gerade weil Abbildungen wenig detailgenau sind, werden oft die entsprechenden Zahlenwerte zusätzlich eingefügt. So entstehen mancherlei Übergangs- und Mischformen zwischen Tabellen und Diagrammen. Dadurch wirken sie aber manchmal unübersichtlich. Das legt bei den Lesern dann den Schluss nahe, die AutorInnen hätten lieber gleich die Tabellenform wählen sollen.

4.4.1.2 Möglichkeiten grafischer Darstellungen

Die Vielfalt der heute verwendeten grafisch-statistischen Darstellungsformen lassen sich in zwei Gruppen einteilen:

(1) Darstellungen mit geometrischen Elementen (statistische Diagramme) (nachfolgendes Kap. 4.4.2),

(2) Figürliche Darstellungen (sog. Schaubilder bzw. Bildstatistik) (Kap. 4.4.3, S. 114).

Zwischen ihnen gibt es vielerlei Übergangs- und Mischformen. Oftmals werden sogar Zahlen in bildhafte Darstellungen eingefügt, so dass sich die Mischformen noch um solche zwischen Tabellen und Diagrammen erweitern.

4.4.2 Darstellungen mit geometrischen Elementen

In vielen wissenschaftlichen Abhandlungen sind Grafiken unter Verwendung geometrischer Elemente unentbehrlich, denn häufig kann man nur mit ihrer Hilfe Datensätze und ihre Verhältnisse zueinander anschaulich aufbereiten. Sie lassen sich nach den verwendeten grafischen Elementen und den Bezugssystemen ordnen.

Elemente in Grafiken sind Punkt, Linie, Fläche, Körper und Kurve. Sie eignen sich für die Darstellung der unterschiedlichsten Zahlenmaterialien aus Versuchen, Erhebungen, Beobachtungen, von Häufigkeitsverteilungen, Mittelwerten verschiedener Messkriterien und Prozentzahlen (Abb. 4.4-1).

In solchen Grafiken wird versucht, Daten in einfacher Form bildhaft umzusetzen mit dem Ziel, Größenverhältnisse anhand von Strecken, Quadraten oder Kreisen optisch zu verdeutlichen (‚beschreibende Statistik'). Exakt und anschaulich erfassen lassen sich durch geometrische Elemente dargestellte Unterschiede allerdings nur, wenn sie lediglich eine, nicht dagegen zwei oder gar drei Ausdehnungs-Richtungen haben.

Linien- bzw. die grafisch befriedigenderen Säulendiagramme sind allen anderen an Klarheit überlegen, eben weil nur lineare Größen miteinander verglichen werden. Bei Flächen- oder Körperdiagrammen dagegen unterschätzt man die Größenunterschiede stets, weil die wiedergegebenen Werte in

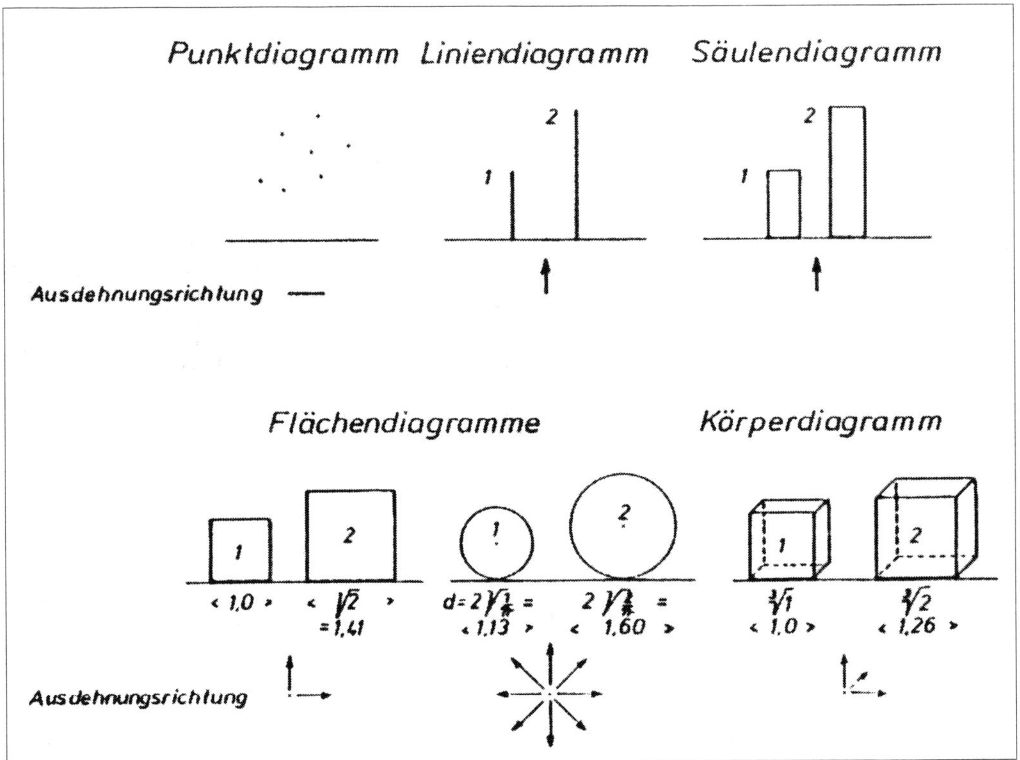

Abb. 4.4-1: Grafische Elemente der gebräuchlichsten Diagrammformen

quadratischer oder kubischer Form dargeboten werden.

4.4.2.1 Darstellungen ohne Bezugssystem

Von grafischen Darstellungen ohne Bezugssystem spricht man, wenn die Daten nur entsprechend der Skala auf der Ordinate, nicht jedoch auf der Abszisse abgetragen werden. Im Vordergrund stehen:

(1) Säulen- und Balkendiagramme,
(2) Kreis-, Torten- und Ringdiagramme,
(3) Fluss- bzw. Ablaufdiagramme,
(4) Strukturdiagramme.

(1) Säulen- und Balkendiagramme

Säulendiagramme sind die gängigste Form, um Größen über ihre Länge vergleichbar zu machen. Mit ihnen lassen sich besonders gut Prozentwerte veranschaulichen.

Anhand der Ergebnisse des in Tab. 4.3-7 (S. 96) wiedergegebenen Versuchs wird in Abbildung 4.4-2 gezeigt, wie die Zahlenwerte als Säulen in unterschiedlicher Weise angeordnet werden können. Durch die Anordnung der Säulen lässt sich verdeutlichen, welchen Varianten optisch mehr Gewicht verliehen werden soll – in diesem Fall der Kalkung oder aber der Überschirmung. In beiden Fällen bleibt die Abszisse dimensionslos.

Werden die Säulen unterteilt bzw. ‚gestapelt', so spart man Platz (Abb. 4.4-2, rechts). Werden die Säulen allerdings zu stark und mit vielen unterschiedlichen Signaturen unterteilt, so werden sie unübersichtlich, zumal, wenn die Teilabschnitte in mehreren Säulen miteinander verglichen werden sollen. Es kommt hinzu, dass die gängigen Zeichenprogramme Legenden mit – meist zu – kleinen Kästchen vorsehen (Abb. 4.4-3).

Bei gestapelten Säulen sollte die Schraffur oder Farbe möglichst unten dunkler als oben sein. Dadurch wirken sie ausgewogener. Das lässt sich allerdings, wie am Beispiel in Abb. 4.4-2 gezeigt, nicht immer realisieren, weil die ‚Nullvarianten' gegenüber denen mit einer ‚Behandlung' optisch nicht hervorgehoben werden sollten.

Wenige Säulen werden oft sehr breit dargestellt, weil die Rechenprogramme die Säulen gleichmäßig über die Breite des Satzspiegels verteilen. Dadurch erscheinen die Unterschie-

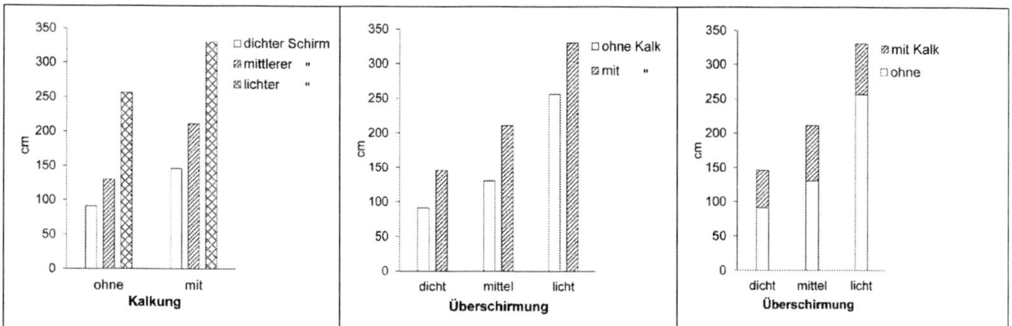

Anordnung der Säulen nach dem Einflussfaktor **Kalkung**.	Anordnung der Säulen nach dem Einflussfaktor **Überschirmung**.	**Unterteilung von Säulen** (‚gestapelte' Säulen): Kombination der Wirkung der beiden Einflussfaktoren.

Abb. 4.4-2: Säulendiagramme ohne Unterteilung der Abszisse.
hier: Drei Möglichkeiten der Darstellung der Sprosslängen junger Buchen in Abhängigkeit von 2 Einflussgrößen (Kalkgaben und Überschirmung). (Vergl. Tab. 4.3-7, S. 96)

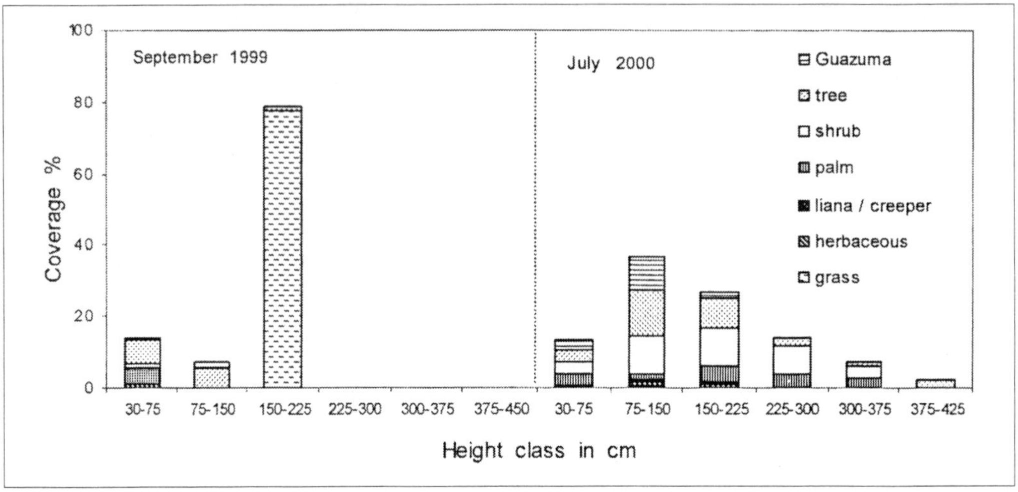

Abb. 4.4-3: Überladene Darstellung mit gestapelten Säulen.
Hier: Wiederbesiedlung einer Brandfläche durch einige Artengruppen. (Aus: Diaz. 2004: Diss.)

de zwischen den Längen der Säulen weniger bedeutsam (siehe auch Abb. 4.4-32b, S. 115), und die Darstellung wirkt optisch unbefriedigend. Säulendiagramme werden auch gern dreidimensional ausgeführt (siehe Abb. 4.4-13, S. 108). Das sieht zwar ‚cooler' aus als ein zweidimensional gezeichnetes Säulendiagramm, die Länge der Säulen lässt sich jedoch bestenfalls in ihrer Größenordnung abschätzen. Sie sind dadurch generell weniger exakt – und wissenschaftlich gesehen mithin unseriös.

Bei **Balkendiagrammen** werden die ‚Säulen' waagerecht angeordnet. Diese Darstellungsform wird dann verwendet, wenn die abgetragenen Werte umfängliche Bezeichnungen benötigen, die sich nicht adäquat unter der Abszisse einfügen lassen (Abb. 4.4-4).

Bei Balkendiagrammen wird die Abszisse maßstäblich unterteilt, und die Ordinate bleibt dimensionslos.

Balkendiagramme kommen unseren Sehgewohnheiten weniger entgegen als Säulendiagramme, weil wir Unterschiede zwischen verschiedenen Varianten meist in der Senkrechten dargeboten bekommen. Deshalb kann man sie nur bedingt empfehlen. Das gilt noch mehr, wenn die Balken ‚gestapelt' werden.

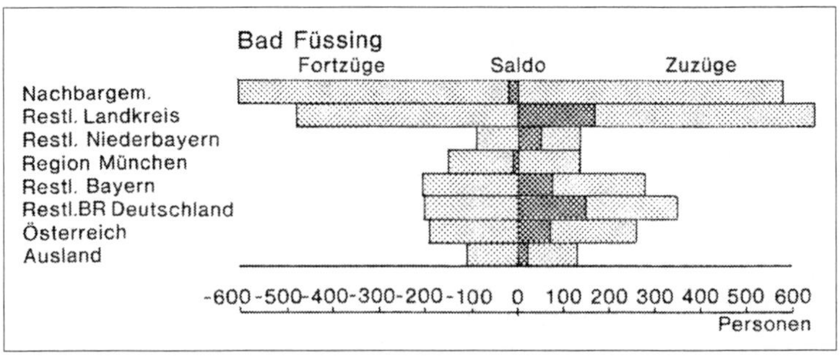

Abb. 4.4-4: Balkendiagramm
hier: Fort- und Zuzüge 15-29 jähriger Personen im Untersuchungszeitraum.
(Aus: Oberweger, 1988)

(2) Kreis-, Torten- und Ringdiagramme

Ebenso wie mit Säulendiagrammen sollen mit ihnen Unterschiede zwischen (einfachen) Daten veranschaulicht werden.

Kreisdiagramme werden überwiegend zur Wiedergabe von Prozentzahlen in zweidimensionaler Form herangezogen (Abb. 4.4-5).

Als ‚**Tortendiagramme**' sind sie auch in dreidimensionaler Form beliebt (Abb. 4.4-6). Tortendiagramme sind zwar ‚trendy', in ihnen ist aber die Größenordnung der Sektoren durch die Schrägprojektion verzerrt. Sie sind also besonders wenig detailtreu und gelten deshalb gleichfalls als unseriös. Sie sollten in wissenschaftlichen Ausarbeitungen nicht verwendet werden.

In Kreis- und Tortendiagrammen werden die Sektoren durch unterschiedliche Schraffuren oder Farben voneinander abgegrenzt. Diese müssen über eine Legende erschlossen werden. Leider produzieren die gängigen Rechenprogramme wie bei den Säulendiagrammen nur Legenden mit kleinen Kästchen, in denen die jeweiligen Schraffuren oder Farben dann schwer zu entziffern sind, wenn mehrere Varianten wiedergegeben werden sollen und die Kreissegmente schmal sind. Deswegen fügen viele AutorInnen Prozentzahlen oder auch die Kriterien zusätzlich ein. Dadurch werden die Kreisdiagramme jedoch leicht überfrachtet (Abb. 4.4-7).

Verschiedentlich werden mehrere Kreisdiagramme nebeneinander angeordnet. Mit ihnen sollen beispielsweise prozentuale Unterschiede innerhalb verschiedener Objekte bzw. Projekte miteinander verglichen oder zeitliche Entwicklungen kenntlich gemacht werden. Solche Darstellungen sind jedoch gegenüber Tabellen oder Säulendiagrammen meist nicht überzeugend. Das ist im Begleittext zu Abb. 4.4-7 angesprochen.

Ringdiagramme sind eine weitere Abwandlung des Kreisdiagramms. Sie werden gelegentlich verwendet, wenn ein zusätzliches Kriterium eingebaut werden soll, scheinen aber zunehmend in populärwissenschaftlichen Zeitschriften beliebt zu werden. Meist sind sie aber noch weniger detailtreu als andere Diagramme (Abb. 4.4-8). Generell gilt also, dass Kreis-, Torten- oder Ringdiagramme mit zunehmender Zahl der Varianten schnell unübersichtlich werden.

(3) Fluss- bzw. Ablaufdiagramme

Sie spielen eine wichtige Rolle vor allem in der Technik und Informationstechnologie, werden aber verschiedentlich auch zur Visualisierung sonstiger Abläufe verwendet, zum Beispiel als Programmablaufplan zur

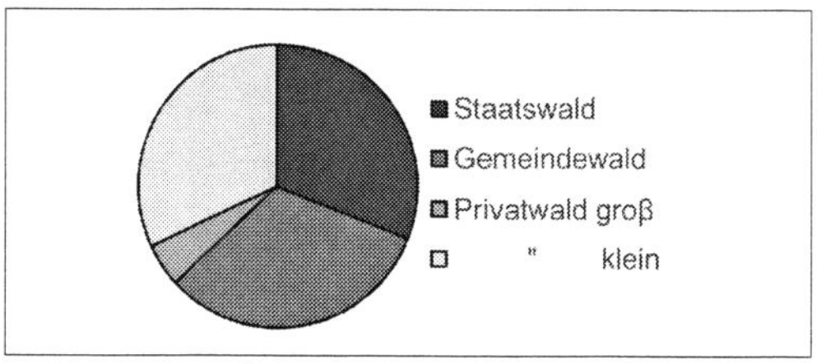

Abb. 4.4-5: Kreisdiagramm mit Prozentzahlen
hier: Anteile (%) der Besitzarten an den deutschen Wäldern (nach Bundeswaldinventur, 2004).

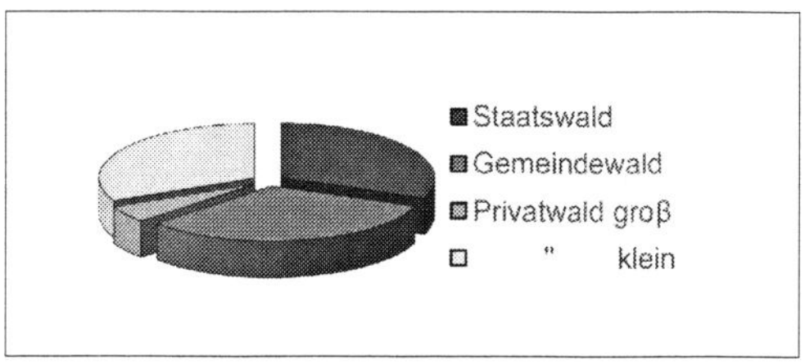

Abb. 4.4-6: Tortendiagramm mit Prozentzahlen
hier: Dieselben Daten wie in nebenstehender Abbildung.

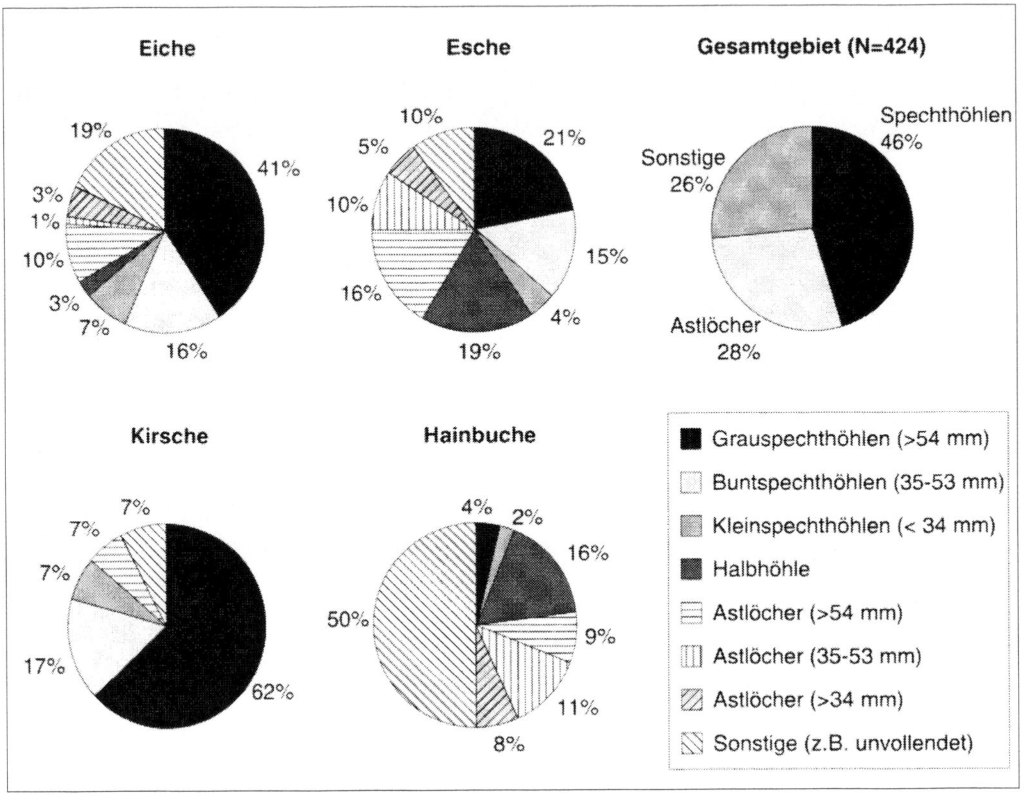

Abb. 4.4-7: Zusammenstellung mehrerer Kreis-Diagramme.
hier: Spechthöhlen und Astlöcher in Bäumen mehrerer Arten. (Scherzinger, 1996)
Das Beispiel veranschaulicht gleich mehrere Schwierigkeiten:

- Zur sachlichen Einordnung der Kreissegmente müssen die Leser die in der Legende nur schlecht erkennbaren Signaturen entziffern.
- Die Kreissegmente der insgesamt 8 Kriterien sind an verschiedenen Stellen in den Kreisen angeordnet. Deshalb braucht man einige Zeit, um sie zu finden und vergleichen zu können.
- Weil die Größe der Segmente nicht immer eindeutig zu erkennen ist, hat der Autor die Prozentzahlen daneben geschrieben und dadurch das Bild optisch belastet. Das gilt noch mehr, wenn wie bei der Zusammenfassung fürs Gesamtgebiet außerdem die Kriterien neben das Kreisdiagramm gedruckt werden.

übersichtlichen Darstellung eines Rechenprozesses. Das in Abb. 4.4-9 herangezogene Beispiel dürfte hier im Leitfaden sinnfällig sein, weil in ihm die Ablaufschritte einer wissenschaftlichen Arbeit wiedergegeben sind.

Für Fluss- und Ablaufdiagramme gibt es Symbole, die in mehreren DIN-Normen festgelegt und über Programme verfügbar sind.

(4) Strukturdiagramme

Als Diagramme ohne Bezugssystem im weiteren Sinne sind auch die in der Chemie oder Mineralogie gängigen Schemata für Strukturen anzusehen (Abb. 4.4-10 und 4.4-11).

Für sie gibt es gleichermaßen Spezialprogramme.

4.4.2.2 Darstellungen mit Bezugssystem

Grafische Darstellungen im engeren Sinne haben ein Bezugssystem, wie rechtwinklige,

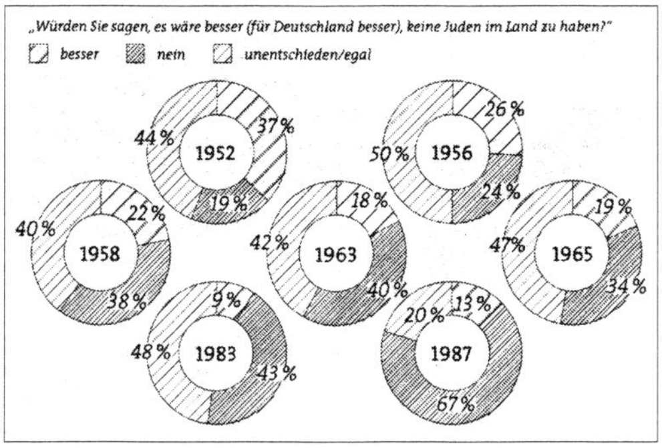

Abb. 4.4-8: Ringdiagramm
hier: Veränderung antisemitischer Einstellungen nach Befragungen in den Jahren 1952-1987 mittels Zusammenstellung mehrerer Ringdiagramme.
(Aus: HERZIG, 2010: 64)
Solche Zusammenstellungen sind unübersichtlich. Eine Tabelle oder ein Diagramm mit gestapelten Säulen dürfte verständlicher sein.

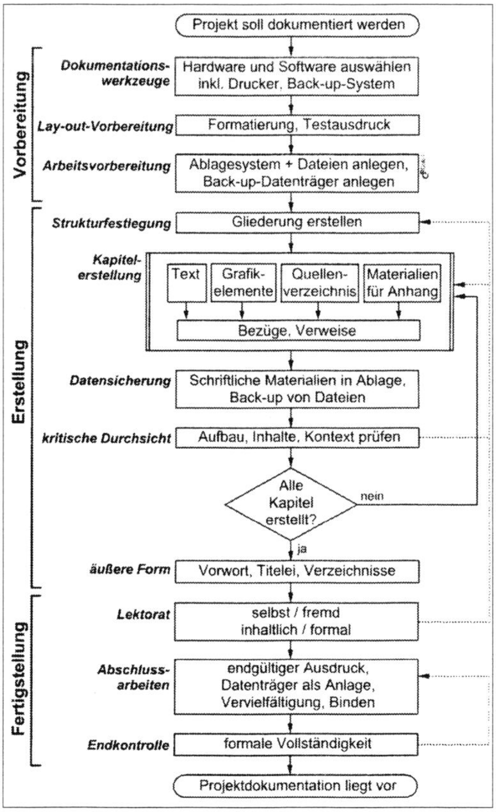

Abb. 4.4-9: Fluss- oder Ablaufdiagramm.
hier: Dokumentation von Projekten.
(Aus: FRIEDRICH, 1997: 22)

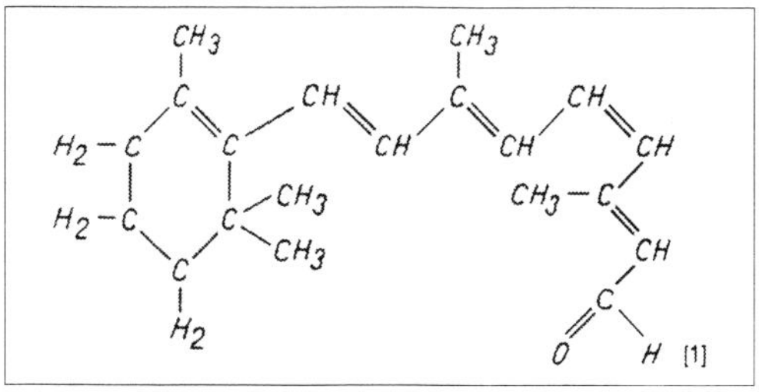

Abb. 4.4-10: Strukturdiagramm aus der Chemie. hier: Formelbild von Vitamin A_1-Aldehyd
(Aus: EMBROCK (ed.) 1988: 169)

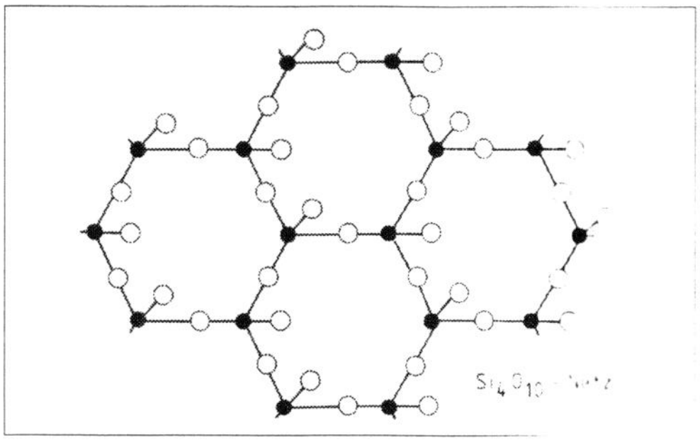

Abb. 4.4-11: Strukturdiagramm aus der Mineralogie.
hier: Aufbau eines Schichtsilikats.
(Aus: KUNTZE et al., 1994: 29)

Polar- oder Dreieckskoordinaten. Am häufigsten werden rechtwinklige Koordinaten verwendet, und man begnügt sich durchweg mit dem ersten Quadranten.

Auch bei den Grafiken mit Bezugsystem gibt es mehrere Formen und zwar:

(1) Säulendiagramme,
(2) Zeitreihen,
(3) Punktdarstellungen,
(4) Kurven- oder Funktionsdiagramme,
(5) dreidimensionale Funktionsdiagramme,
(6) Darstellungen der Ergebnisse von Hauptkomponentenanalysen,
(7) Darstellungen mit Dreieckskoordinaten oder Spinnennetz.

(1) Säulendiagramme

Auch bei Darstellungen mit Bezugsystem sind sie die häufigste Darstellungsform (Abb. 4.4-12).

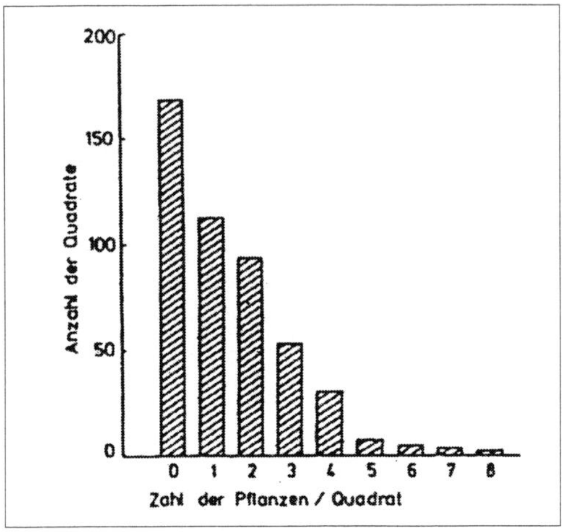

Abb. 4.4-12: Säulendiagramm mit Bezugssystem auf Ordinate und Abszisse.
hier: Die Häufigkeit der Segge, *Carex flacca*, in 500 Aufnahmequadraten (nach Sokal und Rohlf, 1969). Die richtig gewählte Balkenbreite führt zu einprägsamen Grafiken. (Siehe auch Abb.4.4-32 b, S. 115).

Die richtig gewählte Balkenbreite führt zu einprägsamen Grafiken (siehe auch Abb. 4.4-32 a, S. 115).

Mehr noch als bei Säulendiagrammen ohne Bezugsystem sind dreidimensionale Darstellungen für solche mit Bezugsystem beliebt, weil sie mit Programmen problemlos hergestellt werden können und ‚modern' aussehen (Abb. 4.4-13).

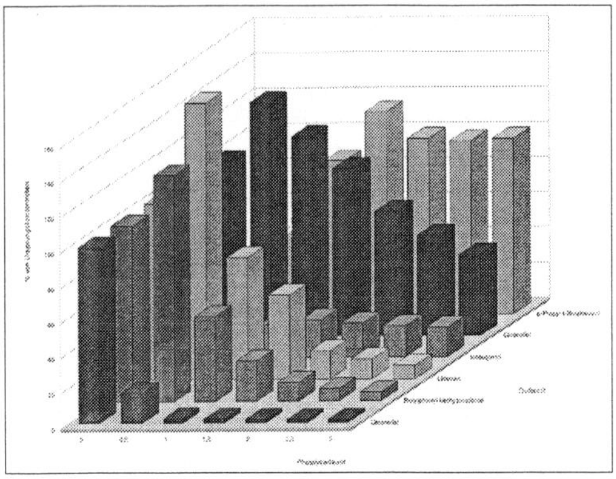

Abb. 4.4-13: Säulendiagramm mit Bezugssystem in dreidimensionaler Darstellung.
hier: Prozentualer Abbau eines Duftstoffmixes durch Bestrahlung mit UV-Licht. (Aus: Bolek, 2012, Diss.)

Für dreidimensionale Säulendiagramme gilt allerdings noch nachdrücklicher die Kritik, dass sie wenig detailgetreu sind. Bei ihnen verdecken sich die Säulen oftmals gegenseitig – wie bei Abb. 4.4-13 –, so dass sich einige Werte nicht ablesen lassen. In solchen Fällen bietet sich als Alternative an, Grafiken mit mehreren Kurvenverläufen zu zeichnen (siehe auch Abb. 4.4-22, S. 111).

Verschiedentlich werden **Zeitverläufe als Säulendiagramme** dargestellt (Abb. 4.4-14). Dabei ist jedoch meist zu fragen, ob die Präsentation in Form von Kurvendiagrammen nicht anschaulicher wäre. Diese Frage würde auch für die dreidimensionalen Säulendiagramme in Abb. 4.4-13 gelten. Deshalb wird nachfolgend auf entsprechende Kurvendarstellungen eingegangen.

Eine Kombination von Säulendiagramm und Kurvendarstellung sowie zugleich Zeitreihen bieten Klimadiagramme (oder auch ‚Klimatogramme') (Abb. 4.4-15). Sie sind mithin eine Übergangsform zwischen beiden.

(2) Zeitreihen

Eine häufige Darstellung ist die Veränderung einer Größe über der Zeit in Form von Kurven.

Zeitreihen können große Perioden überspannen (Abb. 4.4-16), sie sind aber genauso gut für kurze Zeiten geeignet, wenn eine rasche Ent-

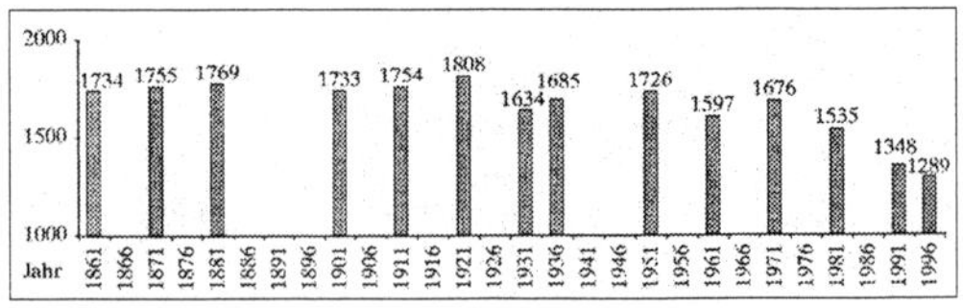

Abb. 4.4-14: Zeitreihe als Säulendiagramm dargestellt.
hier: Entwicklung der Bevölkerungszahlen im schweizerischen Valstronatal. (Aus: Höchtl et al., 2005)

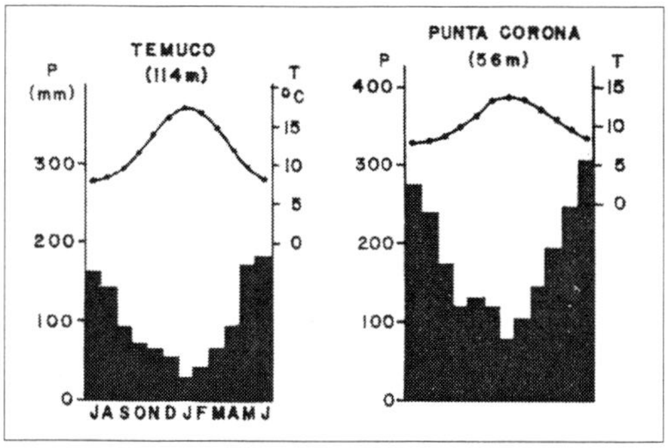

Abb. 4.4-15: Klimatogramme als Verbindung von Säulendiagramm und Kurvendarstellung.
hier: Monatliche Niederschläge (Säulen, linke Skala) und Temperaturen (Kurven, rechte Skala) an zwei unterschiedlich hoch gelegenen Orten in Chile.

wicklung veranschaulicht werden soll (Abb. 4.4-17).

In manchen Darstellungen liegen Maxima und Minima der abzubildenden Größen derart weit auseinander, dass sie sich nur mit einer logarithmischen Skala zeichnen lassen (zum Beispiel bei Insektenvermehrungen). In Abb.

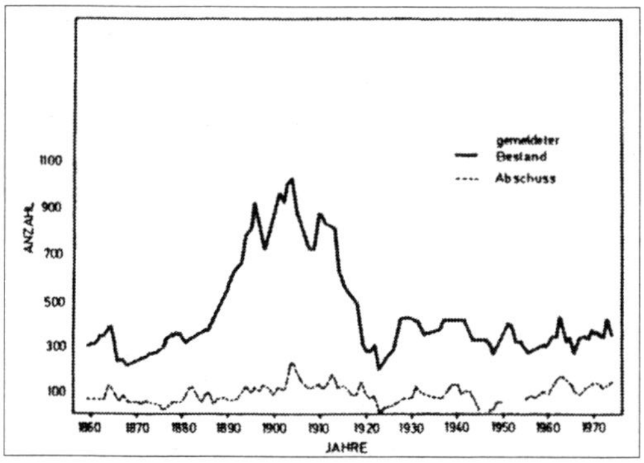

Abb. 4.4-16: Zeitreihe über eine lange Periode.
hier: Rotwildbestand und -abschuss im bayerischen Forstamt Ramsau in den Jahren 1859 – 1974. (Nach ALTKOFER, 1975)
Anhand dieser Grafik lässt sich die Entwicklung des Rotwildbestandes über eine Zeitspanne von 116 Jahren gleichsam mit einem Blick erkennen und zugleich das Verhältnis von gemeldetem Bestand und Abschuss rasch abschätzen. Diese Zusammenhänge würden sich nur mühsam erschließen, bekäme man die Daten in Tabellenform dargeboten.

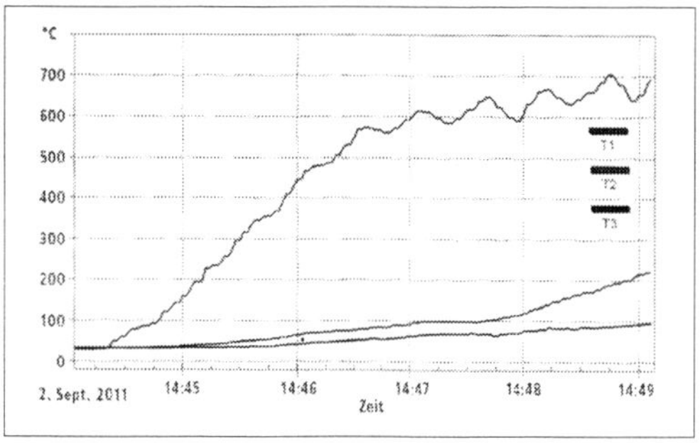

Abb. 4.4-17: Zeitverlauf während einer kurzen Periode.
Temperaturverlauf bei 5-minütigem Brand von Probeblöcken mit Bodenvegetation und Humusauflage.
(Aus: HORNSCHUH et al., AFZ 2012 (23): 28-30)

4.4-18 ist eine solche Zeitreihe wiedergegeben, in der die Ordinate logarithmisch geteilt wurde. Dadurch lassen sich Zu- und Abnahmeraten gut erkennen sowie vergleichen und zwar unabhängig von der Größe der absoluten Zahlen.

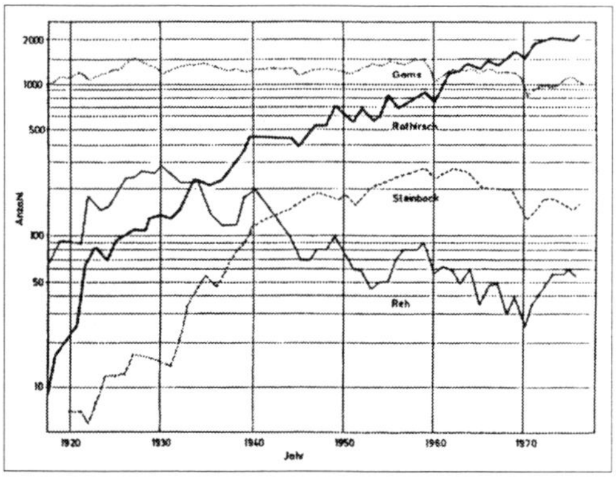

Abb. 4.4-18: Zeitreihe mit logarithmischer Teilung der Ordinate.
hier: Bestandesveränderungen von Huftieren im Schweizerischen Nationalpark.
(Aus: SCHRÖDER, 1978)

(3) Punktdarstellungen

Die einfachste Form zweidimensionaler Darstellungen sind Verteilungen von Objekten auf der Fläche (‚Punktwolken'), mit denen

Muster der Verbreitung etwa von Pflanzen veranschaulicht werden sollen (Abb. 4.4-19).

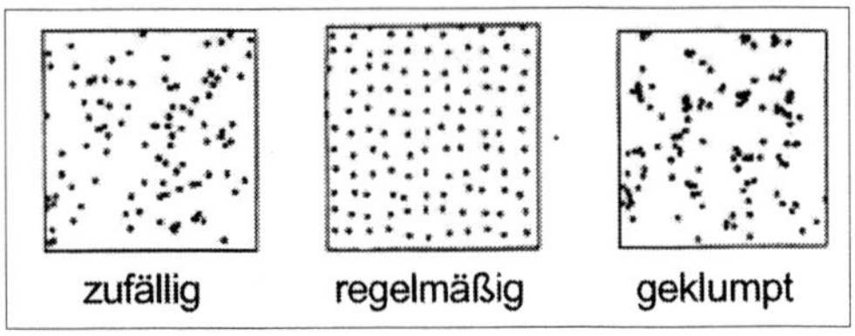

Abb. 4.4-19: Verteilungsmuster.
hier: Pflanzen auf einer Fläche.
(Aus: Fröhlich und Quednau, 1994)

Die zeichnerische Umsetzung solcher Daten hilft zu erkennen, ob diese eine ungeordnete Punktwolke bilden oder in funktionalem Zusammenhang stehen, ferner welche Art der Verteilung gegeben ist und welche statistischen Berechnungen oder Transformationen sinnvoll sein könnten (Abb. 4.4-20, hier handelt es sich um eine logarithmische).

(4) Kurven- oder Funktionsdiagramme

Mit ihnen lassen sich besonders gut die Abhängigkeiten zweier Größen voneinander illustrieren. Sie sind deshalb am gebräuchlichsten für die Veranschaulichung **funktionaler Zusammenhänge** (Regressionen).

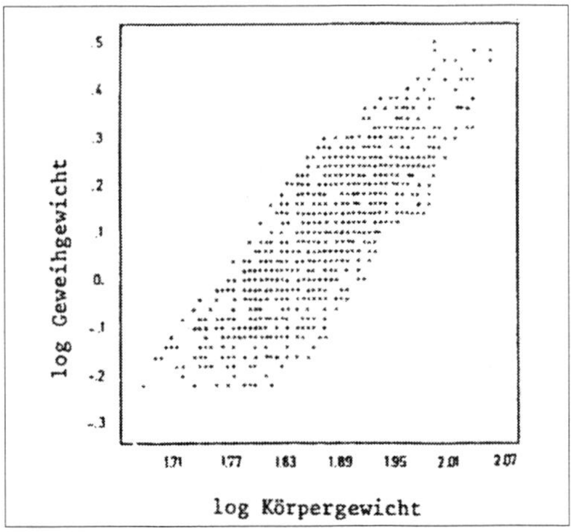

Abb. 4.4-20: Punktewolke zur Abschätzung des Verteilungsmusters.
hier: Illustration des Zusammenhangs von Geweih- und Körpergewicht bei Rothirschen. Beide Achsen sind logarithmisch geteilt. Dadurch erscheint die allometrische Beziehung linear.
(Aus: Schröder, 1978)

Im Regelfall wird man Punkteschwarm und Regressionskurven zusammen in einer Abbildung darstellen (Abb. 4.4-21).

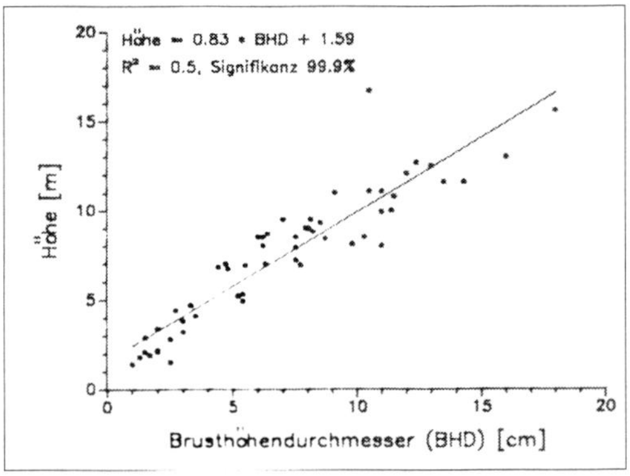

Abb. 4.4-21: Kurven-/Regressionsdiagramm mit Punkteschwarm und statistischen Kennwerten.
hier: Abhängigkeit der Baumstärke (BHD) von der Baumhöhe bei brasilianischen Araukarien.
(Aus: Wachtel, 1989)

Kurvendiagramme werden – wie in Abb. 4.4-21 gezeigt – informativer, wenn zusätzlich zur Regressionslinie die einzelnen Aufnahmewerte in Form eines Punkteschwarms, die Formel der hergeleiteten Regressionsgleichung (zum Beispiel $y = a^2 + bx$) und das Bestimmtheitsmaß (R^2) eingetragen sind. Dann wird nämlich der visuelle Eindruck einer Beziehung durch objektive statistische Kennzahlen unterstützt. Besteht aber die Gefahr, dass die Grafik durch diese Zusätze überladen wird, so sollten sie in der Abbildungsunterschrift aufgeführt werden.

Der Bezug zweier Größen für mehr als ein Kriterium ist in den Abb. 4.4-22 und -23 gezeigt. Das Ergebnis ist ein Bündel von Kurven, das den Vergleich der einzelnen Beziehungen erleichtert. Derartige Darstellungen

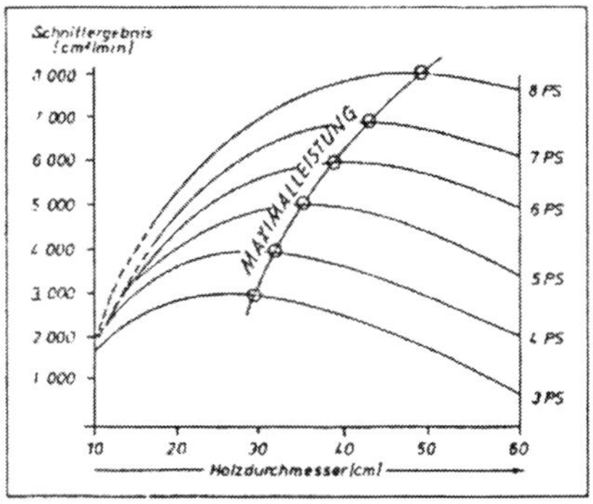

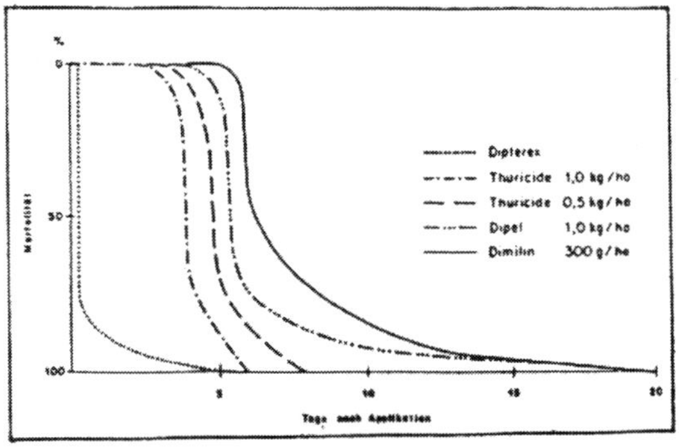

Abb. 4.4-22 und **-23:** Mehrere Regressionslinien (Wirkungskurven) in einer Grafik

hier: Die Leistung von Motorsägen in Abhängigkeit von Motorstärke und Holzdurchmesser.
(Nach Strehlke *et al.*, 1970)

hier: Die Mortalität von Schwammspinnerraupen im Feldversuch nach Behandlung mit einem Insektizid (Dipterex), einem Häutungshormon (Dimilin) und zwei *Bazillus thuringiensis*-Präparaten (Dipel und Thuricide).
(Nach Donaubauer, 1976)

dürfen allerdings aus Gründen der Verständlichkeit nicht überfrachtet werden.

(5) Dreidimensionale Diagramme

Dreidimensionale bzw. multivariate Zusammenhänge werden durch eine dritte Achse räumlich dargestellt. Solche dreidimensionalen Kurvenbilder sind besonders geeignet, komplexe Abhängigkeiten zu veranschaulichen (Abb. 4.4-24).

Dreidimensionale Darstellungen sind nicht einfach zu konzipieren, die Wahl einer entsprechenden Perspektive ist nämlich wichtig. Aus diesem Grund und wegen der komplexen Abhängigkeiten sind sie manchmal auch nicht leicht zu verstehen. Sie lassen sich über programmgesteuerte Plotter zeichnen. Solche Grafiken können für große und kleine Maßstäbe geeignet sein, um bestimmte optische Effekte erzielen (Abb. 4.4-25, 4.4-26).

Eben, weil sie anschaulich sind, werden dreidimensionale Abbildungen gern verwendet.

Abb. 4.4-24: Dreidimensionale Darstellungen zur Veranschaulichung der Abhängigkeit eines Merkmals von zwei Einflussgrößen.
hier: Die Keimung zweier *Fomes annosus*-Stämme in Abhängigkeit von Zeit und pH.
(Aus: Courtois, 1973).

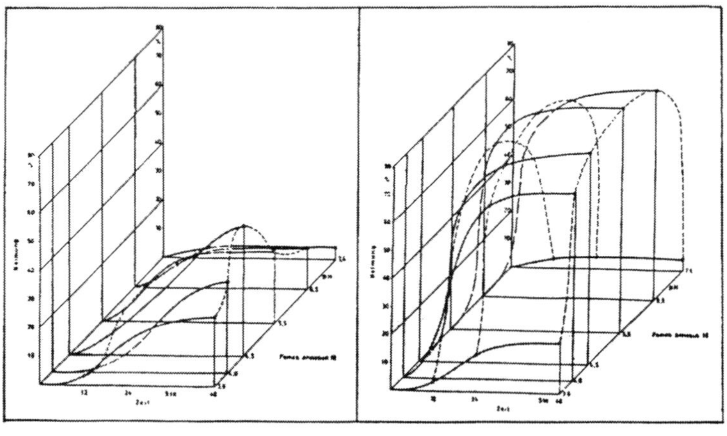

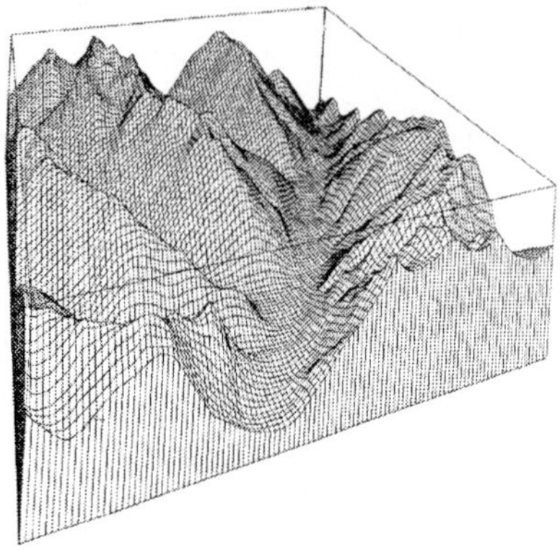

großräumig

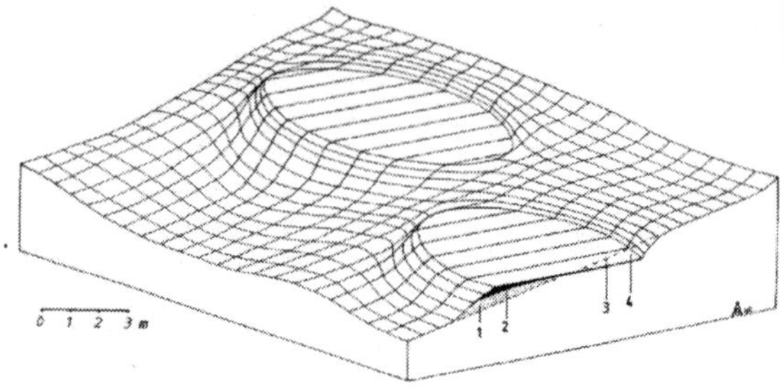

kleinräumig

Abb. 4.4-25 und **-26:** Dreidimensionale Darstellungen mit groß- und kleinräumigem Bezug.

hier: Der Naturraum und dessen Nutzung im alpinen Tourismus.
(Aus: Eidgen. Anst. f. d. forstl. Versuchswesen 1986, Bericht 289)
Bei geografischem Bezug sollten Nordrichtung und Maßstab beigefügt werden. Hier fehlen sie.

hier: Schematische Darstellung von Kohlenmeilerplätzen. (Aus: LUDEMANN, 1996)

Aber die Gefahr der tendenziösen Darstellung ist groß durch

- die geschickte Wahl der Maßstäbe der drei Bezugseinheiten,
- die Unmöglichkeit, Unterschiede zwischen den Werten in der Grafik auf Signifikanz zu prüfen und
- das mögliche Ausblenden unerwünschter Informationen.

Für wissenschaftliche Arbeiten steht Veranschaulichung nicht ganz so im Vordergrund wie bei journalistischen oder populärwissenschaftlichen Veröffentlichungen. Bei Studien-Abschluss- und Doktorarbeiten dürfte diese Art von Zeichnungen die Ausnahme bleiben.

(6) Darstellungen der Ergebnisse von Hauptkomponentenanalysen

Bis hierher wurden Diagramme aus Technik, Physik und Chemie ausgeblendet, bei denen nicht nur der erste Quadrant benutzt wird. Sie spielten bisher in den angewandten Naturwissenschaften eine untergeordnete Rolle. Das hat sich geändert. So werden in den Geowissenschaften und vor allem der Pflanzensoziologie zunehmend Hauptkomponenten- sowie Clusteranalysen durchgeführt und für die Darstellung von deren Ergebnissen die 4 Quadranten herangezogen (Abb. 4.4-27).

(7) Darstellungen mit Dreieckskoordinaten oder Spinnennetz

Diese werden verschiedentlich in den biologischen Wissenschaften oder auch der Meteoro-

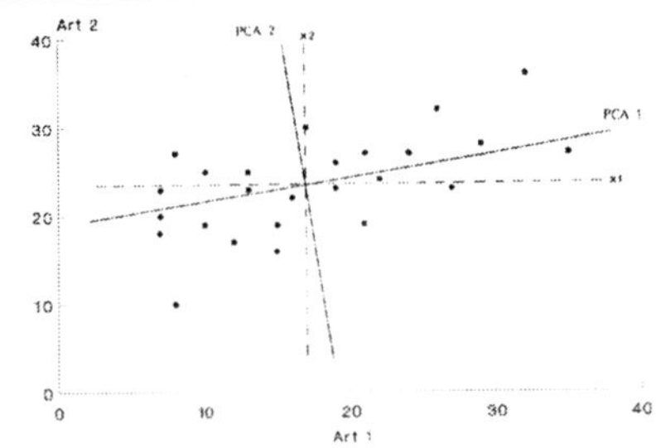

Abb. 4.4-27: Ergebnisse einer Hauptkomponentenanalyse
hier: Geometrische Veranschaulichung der Projektion von Punkten aus einem multidimensionalen in einen niederdimensionalen Raum von zwei Pflanzenarten. (Aus: GLAVAC, 1996: 165)

logie angewendet. Mit ihnen werden beispielsweise Reaktionen von Tieren oder Pflanzen auf mehrere Einflussgrößen gekennzeichnet (Abb. 4.4-28, -29). Man kann sie gewissermaßen als Übergangsformen zu den dreidimensionalen Grafiken auffassen.

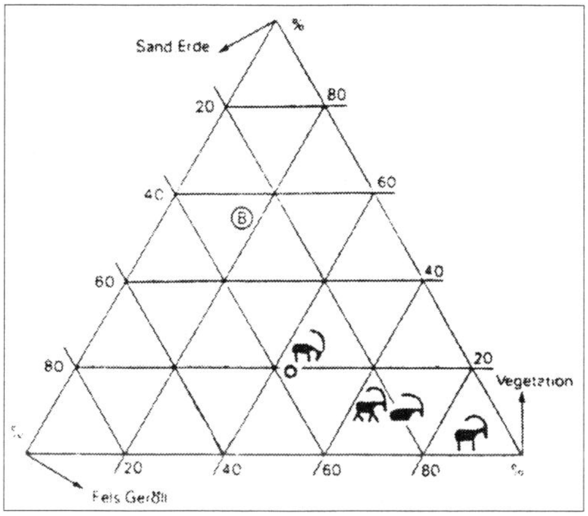

Abb. 4.4-28: Dreieckskoordinaten zur Veranschaulichung von Objektbeziehungen im Raum.
hier: Standortverhalten von Bezoarziegen und Braunbären nach dem Deckungsgrad der Vegetation. (Aus: Nievergelt, 1980)

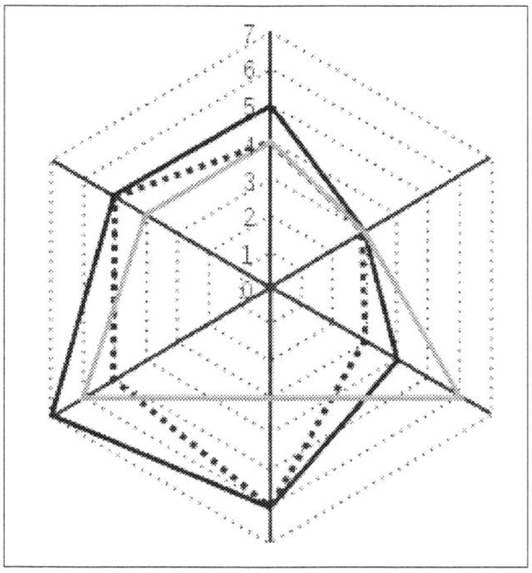

Abb. 4.4-29: Netzdiagramm zur Veranschaulichung mehrerer gleichwertiger Kategorien (mindestens 3; unübersichtlich bei >10 Kategorien). hier: Eins von vielen Beispielen.
(Aus: wikipedia, 19.11.2013)

4.4.2.3 Hinweise zur Gestaltung von Grafiken mit geometrischen Elementen

Zusammengefasst sollen abschließend einige Gesichtspunkte angesprochen werden, die bei den bisher erörterten Grafiken häufig missachtet werden.

(1) Kurvenbilder contra Säulendiagramme

Kurven dürfen nur gezeichnet werden, wenn die verwendeten Daten in einem funktionalen Bezug zueinander stehen und einen skalaren Maßstab haben.

Immer wieder wird der Fehler gemacht, Daten ohne Bezugssystem oder mit qualitativen Skalen als Kurven darzustellen. Das wird im nachfolgenden Beispiel veranschaulicht (Abb. 4.4-30).

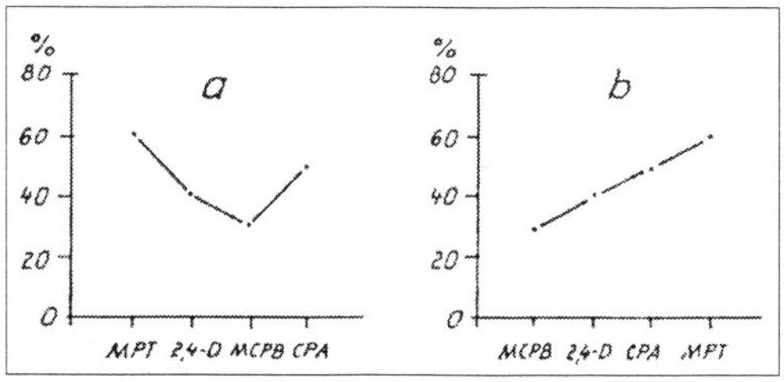

Abb. 4.4-30: Vortäuschung bzw. Manipulation eines funktionalen Zusammenhangs bei Versuchsergebnissen.
hier: Abtötungsprozente von Bodenvegetation mit Herbiziden.
Nach Zusammensetzung und Wirkungsweise standen die 4 getesteten Herbizide in keinem quantitativ fassbaren Zusammenhang. Ihre Reihung kann also – wie in Abb. 4.4-30, linke Seite – zufällig, nach Alphabet oder nur nach der Länge ihrer Namen vorgenommen werden. In der rechten Seite sind sie dagegen nach den Abtötungsergebnissen bei der Bodenvegetation geordnet worden und täuschen dadurch einen funktionalen Zusammenhang vor. In beiden Darstellungen sind Kurven falsch. Die Präsentation in Form eines Säulendiagramms ohne Bezugssystem wäre zwar akzeptabel, ‚ehrlicher' aber in einer Tabelle.

(2) Wahl der Maßstäbe

Bei Diagrammen ohne und mit Bezugssystem können die Achsen linear oder logarithmisch geteilt werden. Hierfür kommen die in Abb. 4.4-31 wiedergegebenen Netzlineaturen in Frage.

Auf lineare Teilungen mit und ohne Bezugssystem sowie auf die Vorzüge bzw. Notwendigkeiten besonders der logarithmischen Ordinatenteilungen war im vorhergehenden Abschnitt schon hingewiesen worden (Abb. 4.4-31 a–d; vergl. auch Abb. 4.4-18, S. 109).

Bei verkürzten Achsen (-Maßstäben) muss die Unterbrechung durch eine **entsprechende Signatur** deutlich gekennzeichnet werden (Abb. 4.4-31 e, f). Das wird allzu oft – versehentlich (?) – vergessen. Bei Abbildungen mit zwei oder drei Koordinaten ist außerdem auf das **richtige Verhältnis der Maßstäbe** zueinander zu achten (Abb. 4.4-32).

So kann also durch Änderung der Maßstäbe sowie durch Achsenverkürzungen jeweils ein anderer Eindruck verursacht werden. Man muss daher bei solchen ‚Spielereien' mit den Maßstäben Manipulationen vermuten. Bei platzaufwändigen Diagrammen sind sie dagegen oft notwendig.

Sollen die Werte in mehreren Diagrammen miteinander verglichen werden, so ist unbedingt darauf zu achten, dass sie dieselben Maßstäbe haben. Gegen diese Forderung wird allzu oft verstoßen.

(3) Einbau statistischer Kennwerte

Zur Veranschaulichung der unterschiedlichen Wirkung von Grafik und Tabelle ist das Zahlenmaterial in Form eines Säulendiagramms und einer Tabelle in Abb. 4.4-33 wiedergegeben.

Boxplots

Vielfach sollen statistische Kenngrößen grafisch dargestellt werden, wie Mittelwert, Maximum, Minimum, Standardabweichung, Standardfehler, Median, Quartile (Abb. 4.4-34).

4.4.3 Darstellungen mit gegenständlichen Figuren (Schaubilder)

Das Feld der gegenständlichen Darstellungen ist unübersehbar. Grafiker, Designer, Werbefachleute betätigen sich diesbezüglich auf die vielfältigste Weise. Auch innerhalb

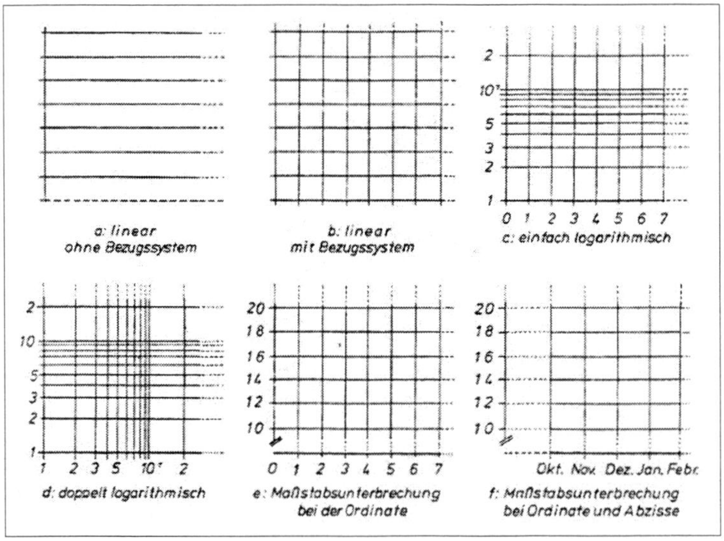

Abb. 4.4-31: Verschiedene Maßstäbe und Achsenunterbrechungen bei ein- und zweidimensionalen Darstellungen.
Bei verkürzten Achsen (-Maßstäben) muss die Unterbrechung durch eine entsprechende Signatur deutlich gekennzeichnet werden (Abb. 4.4-31 e, f).

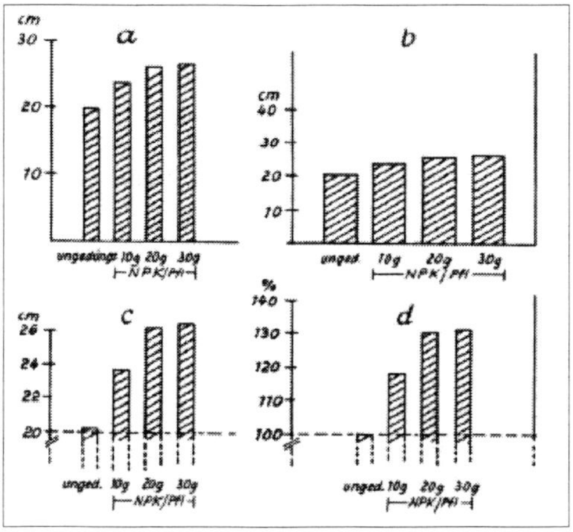

Abb. 4.4-32 a-d: Verschiedene Darstellungen eines Experimentbefundes.
hier: Sproßlängenänderung nach Düngung bei jungen Douglasien (siehe Tabelle und Abb. 4.4-33).
a: Dieses Diagramm hat ein ausgewogenes Verhältnis von Maßstab und Säulenbreite.
b: Durch Verkürzung des Maßstabes und Dehnung der Säulenbreite erscheinen die absoluten Unterschiede zwischen den Variantendeutlich kleiner als bei a.
c: Durch Achsenverkürzung und Maßstabsdehnung wirken die Differenzen zwischen den Varianten erheblich größer, als sie tatsächlich sind (vergl. a).
d: Die in % ausgedrückten Sproßlängen erwecken ebenfalls den Eindruck großer Unterschiede.

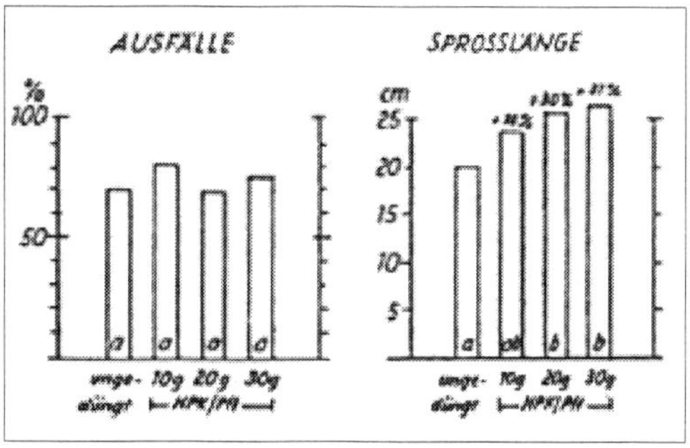

VARIANTE	AUSFÄLLE		SPROSSLÄNGE		
g /Pfl.	%	Statist. Signif.	cm	%	Statist. Signif.
0	70	a	20,1	100	a
10	81	a	23,7	+18	ab
20	69	a	26,1	+30	b
30	75	a	26,4	+31	b
Statist. Sign.		–			++

Abb. 4-4-33: Einfügung statistischer Kennziffern in ein Säulendiagramm und Darstellung derselben Werte zum Vergleich in einer Tabelle.
hier: Wirkung verschiedener Düngegaben (Nitrophoska) auf Ausfälle und Sprosslängenwachstum von Douglasien nach einer Vegetationszeit.
In die Grafik ließen sich die Ergebnisse des statistischen Mittelwertvergleichs (DUNCAN-Test) einfügen, nicht aber die der Signifikanzprüfung (F-Test). Die zusätzliche Angabe von Prozentzahlen zur Kennzeichnung der relativen Veränderungen bei den Sprosslängen mag optisch als störend erscheinen.
Die Tabelle enthält mithin mehr Informationen hinsichtlich der statistischen Analysen und benötigt etwas weniger Platz, ist aber nicht so anschaulich.

der angewandten Naturwissenschaften, vor allem der Ökologie und Geographie, ist die Diversität beeindruckend. Dennoch haben sich einige Formen herausgebildet, die häufiger vorkommen und gruppiert werden können. Es handelt sich um die folgenden:

(1) Schemazeichnungen von Geräten und technischen Verfahrensabläufen,
(2) Grafiken von Strukturen und Verfahrensabläufen in der Ökologie,
(3) Handzeichnungen,
(4) Schaubilder zur Veranschaulichung von Zahlen.

(1) Schemazeichnungen von Geräten und technischen Verfahrensabläufen

Geräte und Verfahrensabläufe lassen sich mit Hilfe von Schemazeichnungen oft anschaulicher als mit Fotos darstellen. Mit ihnen können nämlich die wesentlichen Elemente deutlich hervorgehoben, die unwesentlichen weggelassen werden (Abb. 4.4-35 und -36). Deshalb finden sie immer noch weite Anwendung. Entsprechende Symbole und figürliche Elemente sind in verschiedenen Grafikprogrammen enthalten. Schemazeichnungen sind besonders für die (populärwissenschaftliche) Darstellung von technischen Abläufen geeignet (Abb. 4.4-37 und -38).

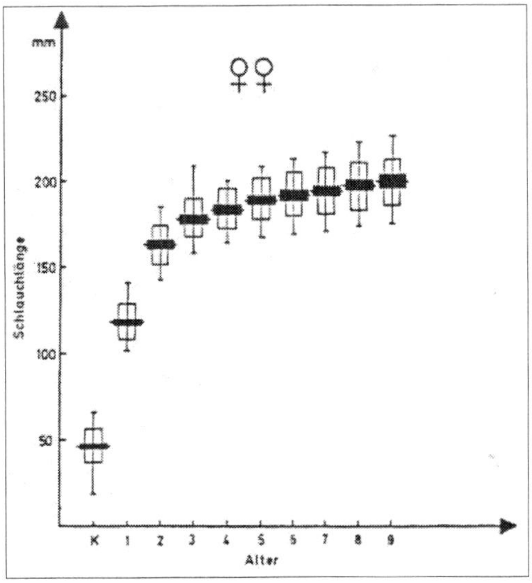

Abb. 4.4-34: Grafische Darstellung eines funktionalen Zusammenhangs und statistischer Kennwerte (Boxplots).
hier: Die Hornlängen bei unterschiedlich alten Gamsgeißen in Abhängigkeit vom Alter
(Nach Knaus und Schröder, 1975).
Waagerechter Strich: Mittelwert; senkrechter Strich: Maximum bis Minimum; schwarzes Rechteck: Standardfehler des Mittelwertes; weißes Rechteck: Standardabweichung des Mittelwerts.
Zur Ergänzung könnte noch die Stichprobengröße (N) über die Werte der einzelnen Jahrgänge geschrieben werden.

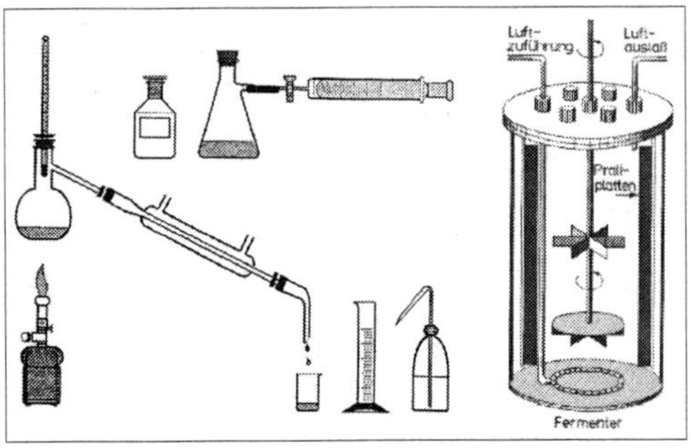

Abb. 4.4-35: Schemazeichnung von Gerätekonfigurationen.
(Aus: Kremer, 2006; Schlegel, 1971: 151)

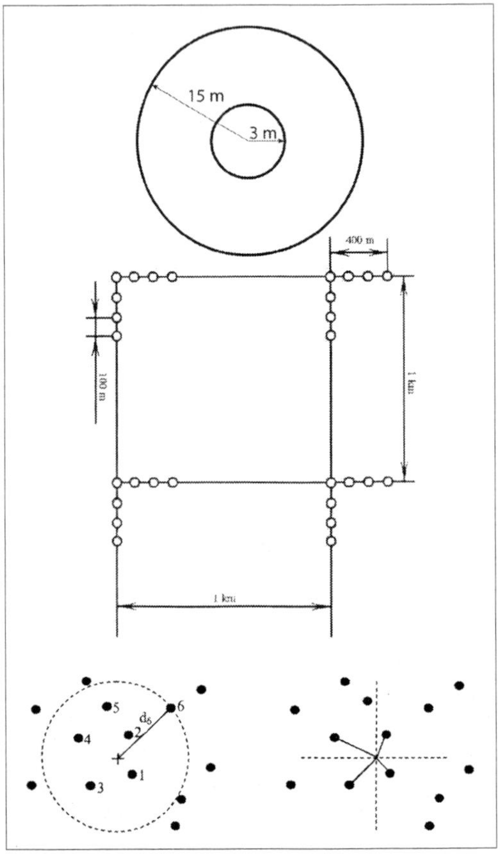

Abb. 4.4-36: Zeichnungen von Versuchsanlagen und Aufnahmeschemata.
hier: Schema der Anordnung von Aufnahmeplots und der Form der Stichproben.
(Aus: Basaan und Sambuu, 2008: 56; Kleinn und Vilčko, 2005:97)

(2) Grafiken und Schemazeichnungen von Verfahrensabläufen in den angewandten Naturwissenschaften

Besonders in der **Ökologie** sind Ablaufdiagramme ohne und mit figürlichen Elementen gängig. In Abb. 4.4-39 und -40 sind 2 Beispiele gegeben.

Auch in der **Geologie** lassen sich viele Zusammenhänge durch Zeichnungen ungleich besser veranschaulichen als etwa durch Fotos (Abb. 4.4-41 und -42).

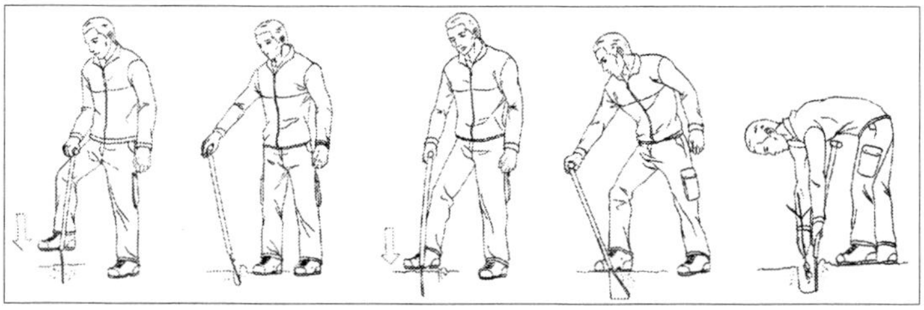

Abb. 4.4-37: Arbeitsablauf in der Waldarbeit.
hier: Pflanzverfahren. (Aus: JACKE, 2013. FTI 5+6: 11)

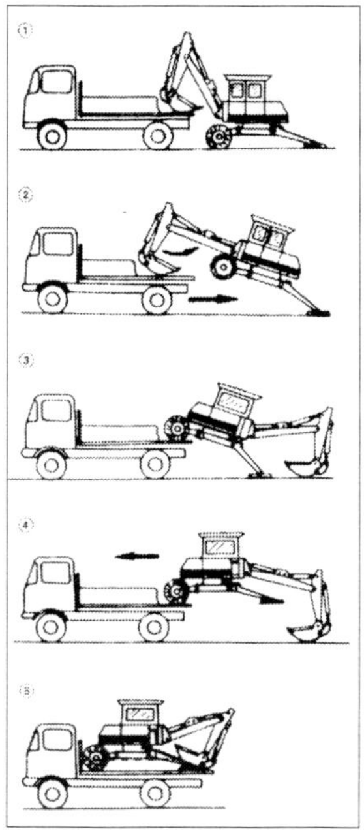

Abb. 4.4-38: Ablaufschema bei Maschinenverladung. (Aus: SCHAEFF, o. J.)

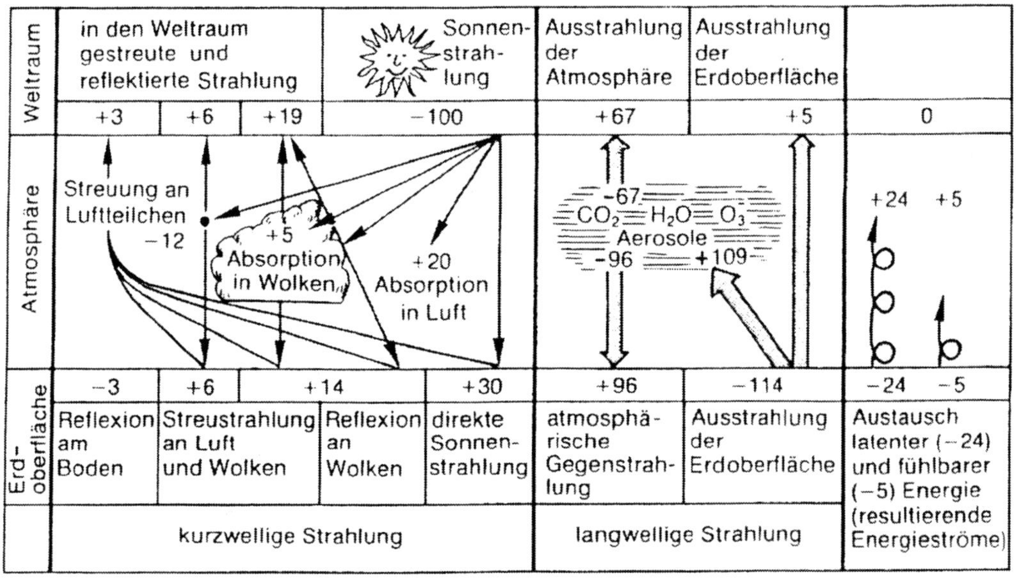

Abb. 4.4-39: Schemazeichnung aus der Meteorologie.
hier: Energiehaushalt von Erde und Atmosphäre. (Aus: KUNTZE *et al.*, 1994)

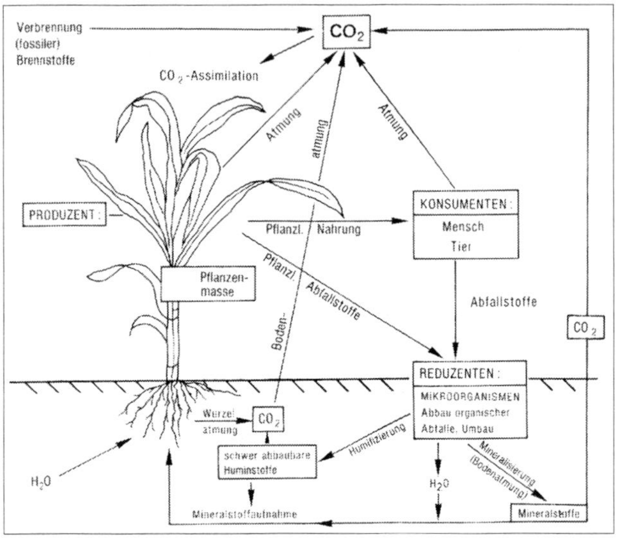

Abb. 4.4-40: Schemazeichnung aus der Ökologie.
hier: Kohlenstoffkreislauf – Kombination von Ablaufschema und bildhaftem Element.
(Aus: Kuntze *et al.* 1994: 135)

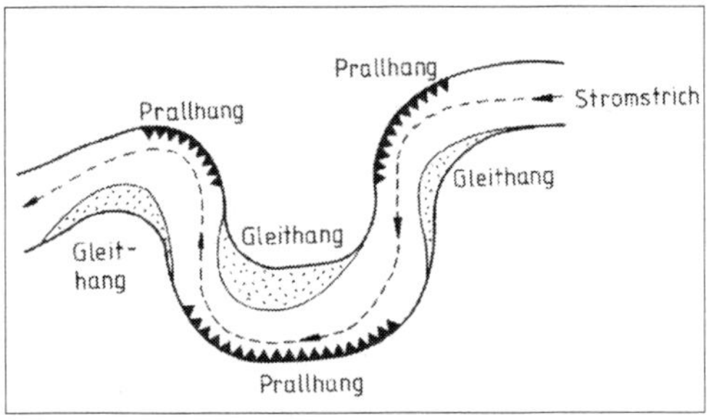

Abb. 4.4-41: Schemazeichnung aus der Geologie.
hier: Flussschlinge mit Stromstrich, Prall- und Gleithang. (Aus: Kuntze *et al.*, 1994)

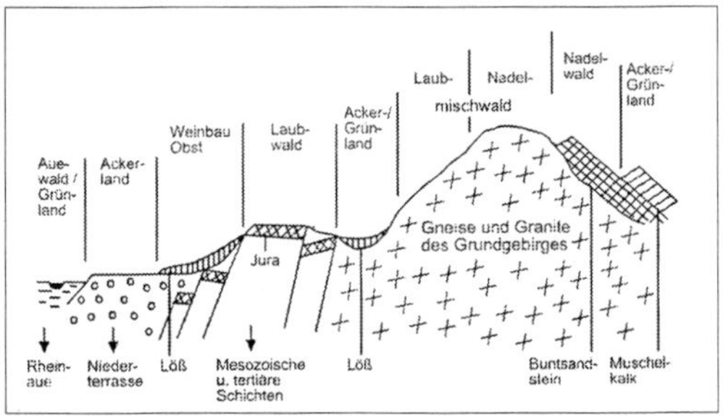

Abb. 4.4-42: Schemazeichnung aus der Bodenkunde/Geologie.
hier: Geologische Grundlagen der Böden im Oberrheingraben. (Aus: Hildebrand, 2006: Vorlesungsmanuskript)

(3) Handzeichnungen

So wie bei Gerätekonfigurationen (vergl. Abb. 4.4-35) werden in der Biologie, Geologie, Archäologie Handzeichnungen angefertigt, weil mit ihnen typische Merkmale oder Elemente von Pflanzen, Tieren, Gesteinen, Artefakten herausgearbeitet werden sollen (Abb.4.4-43 bis 4.4-45). Die Bedeutung von Handzeichnungen ist jedoch stark zurückgegangen, weil nur noch wenige Wissenschaftler gut zeichnen können und es kaum entsprechend ausgebildete Zeichner gibt, weil aber auch die technischen Möglichkeiten der Fotografie laufend verbessert wurden. Dennoch sind Handzeichnungen immer noch gebräuchlich, weil sich mit ihnen manche Details besser veranschaulichen lassen als mit Fotos (Abb. 4.4-46).

(4) Schaubilder

Ende der 1920er Jahre wurde in Wien vor dem Hintergrund didaktischer Erwägungen die ‚Schaubildtechnik' entwickelt. Mit Hilfe von Schaubildern sollen Zahlen oder Abläufe ins Optische übersetzt werden. Verwendet werden bildhafte Symbole zur Veranschau-

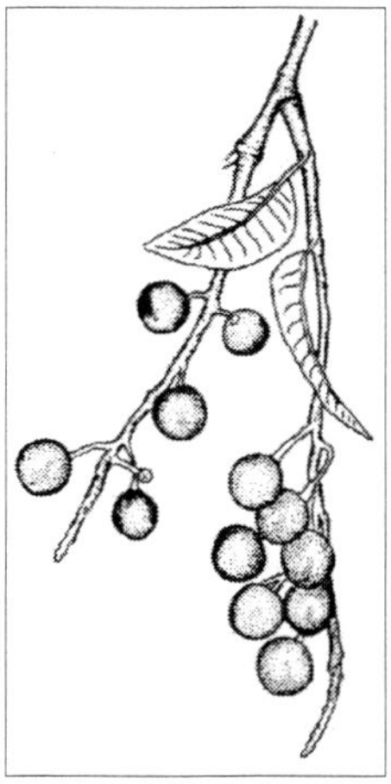

Abb. 4.4-43: Handzeichnungen zur Verdeutlichung spezieller Ausprägungen.
hier: Früchte von frühblühender Traubenkirsche und Schlehe im Vergleich.
(Zeichnungen: J. Diaz, 2009)

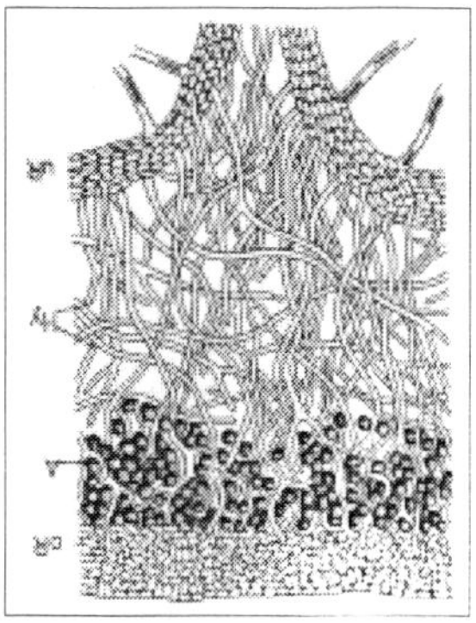

Abb. 4.4-44: Handzeichnung aus der Mikrobiologie.
hier: Flechtenthallus.
(Aus: Schlegel, 1971: 145)

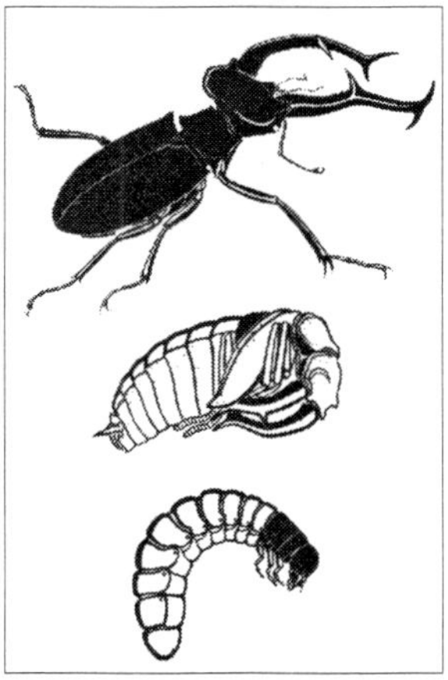

Abb. 4.4-45: Handzeichnungen aus der Zoologie.
hier: Entwicklungsstadien des Hirschkäfers.
(Aus: Naturmuseum Senckenberg, 1987:185)

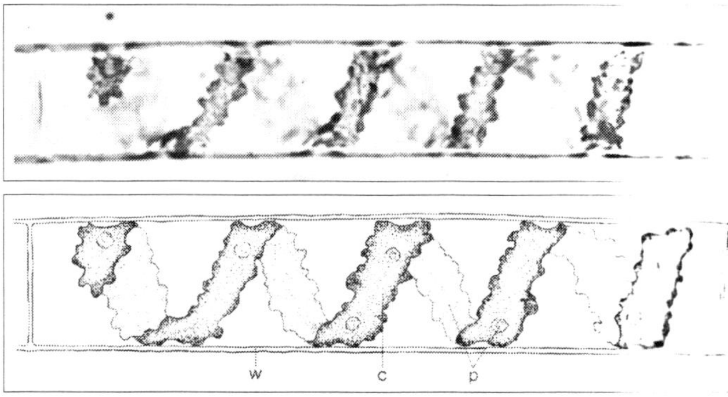

Abb. 4.4-46: Vergleich Foto und Handzeichnung in der Mikrobiologie.
hier: Zellstrukur von *Spyrogyra spec.*, schraubenförmige Chloroplasten.
(Aus: Nultsch, 1971: 37 u. 38)

lichung von Gegenständen, Mengen und Sachzusammenhängen. Sie findet nach wie vor in der Werbung, in Zeitungen, in Schul- und Lehrbüchern Verwendung. Aber auch in (populär-)wissenschaftlichen Veröffentlichungen sind Schaubilder gängig. In ihnen werden oftmals einfache Bildzeichen (Piktogramme) zur allgemein verständlichen Darstellung verwendet.

Nachfolgend sind zwei Schaubilder für die Darstellung von Mengen in Form anschaulicher Symbole wiedergegeben (Abb. 4.4-47 und -48).

In einigen Fachgebieten haben sich spezielle Schaubildtypen herausgebildet, so in der **Genetik** (Abb. 4.4-49), der **Ökologie** (Abb. 4.4-50 bis -52) oder der **forstlichen Arbeitswissenschaft** (Abb. 4.4-53). Ihre Anfertigung wird durch die

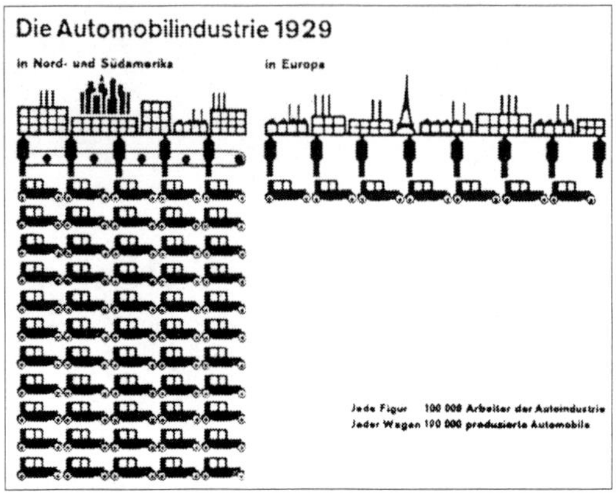

Abb. 4.4-47: Ein ‚klassisches' Schaubild der Wiener Schule.
hier: 1929 produzierten in Amerika 500.000 Arbeiter 5,5 Mill. Autos, in Europa 800.000 Arbeiter dagegen nur 0.7 Mill. Stück. (Aus: SLOBODA, 1974)

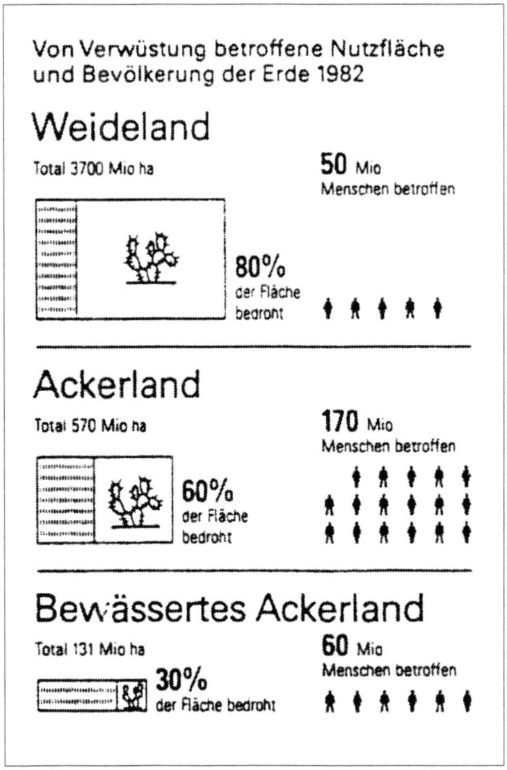

Abb. 4.4-48: Ein ‚moderneres' Schaubild.
hier: Ausdehnung der Wüsten in die Nutzflächen der Erde und davon betroffene Menschen.
(Aus: STRAHM, 1988)

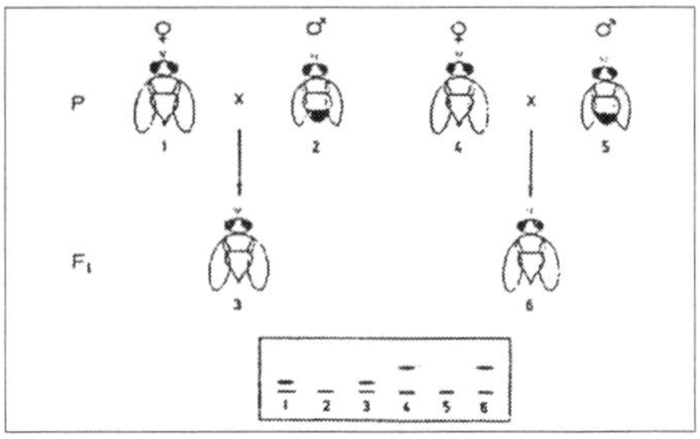

Abb. 4.4-49: Schaubild zu Ergebnissen genetischer Untersuchungen.
hier: Die Gen-Enzymsysteme bei *Drosophila*.
(Nach: DICKINSON und SULLIVAN, 1975)

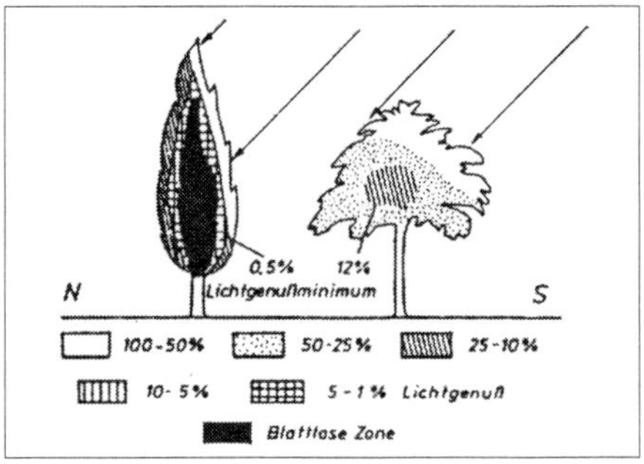

Abb. 4.4-50: Schaubild aus der Ökologie.
hier: Relativer Lichtgenuß bei Zypresse und Olivenbaum mittags an klaren Julitagen.
(Nach: BENATZSKY, 1979)

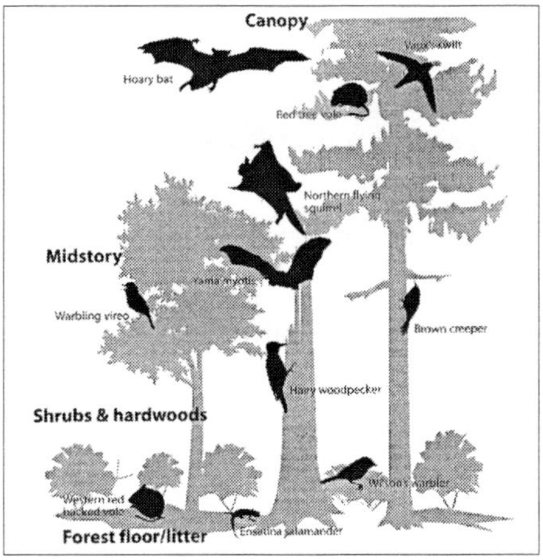

Abb. 4.4-51: Abbildung mit Piktogramm-Elementen.
hier: Nutzung des Raums in Waldbeständen durch verschiedene Säuger und Vögel.
(Aus: HAYES and HAGAR, 2002)

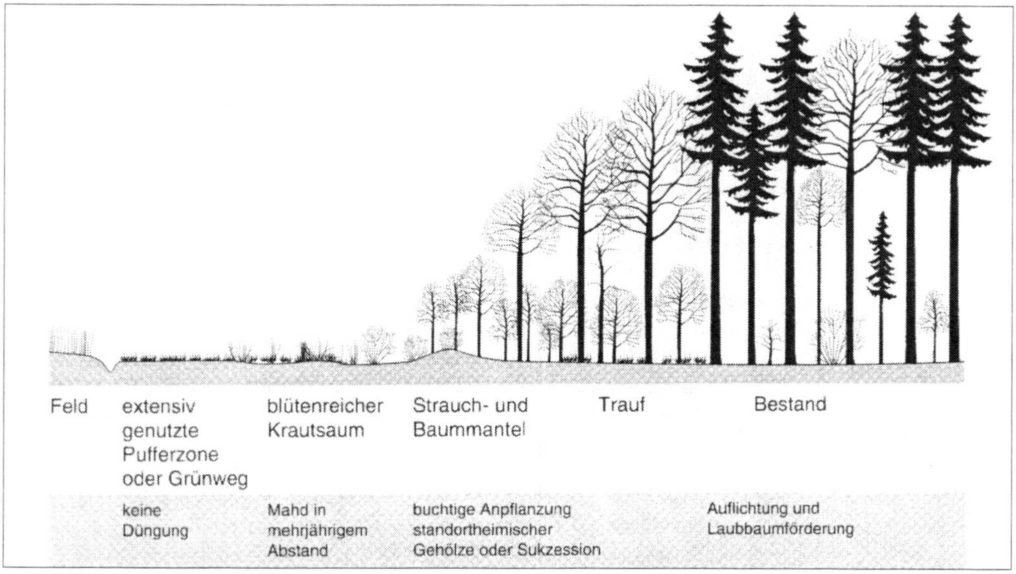

Abb. 4.4-52: Schemazeichnung aus der Ökologie.
hier: Waldrand als mehrgliedriger Übergang von der Freifläche zum Wald. (Aus: SCHERZINGER, 1996:155)

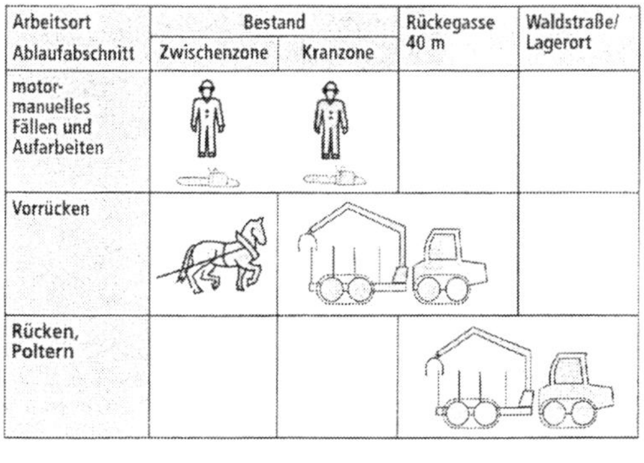

Abb. 4.4-53: Schaubild aus der Waldarbeitstechnik.
hier: Kombinierter Einsatz von Pferd und Tragschlepper (Aus: AFZ-Der Wald 2013/68 (18): 39)

Verwendung von Zeichenprogrammen erleichtert. Sie enthalten ebenfalls eine Fülle von figürlichen Symbolen.

Anhand der wiedergegebenen Beispiele wird bereits deutlich, dass es viele Mischformen von Ablaufdiagrammen mit figürlichen Darstellungen gibt. Besonders verbreitet sind Karten mit Bildelementen, auf die im folgenden Abschnitt eingegangen wird.

4.5 Karten

Karten sind in allen Fächern mit Bezug zur Landschaft im weitesten Sinne unentbehrliches Arbeits- und Illustrationsmaterial. Sie sind vor allem in der Geographie, Geologie, Landeskunde, Landschaftspflege, Waldwirtschaft verbreitet und vielfach unverzichtbar. Karten werden üblicherweise mit spezieller Software digital erstellt. Neben kommerziellen Anbietern solcher ‚Geografischen Informationssysteme' (GIS) sind auch leistungsfähige Softwarepakete aus dem freien ‚Open-Source-Bereich' verfügbar. Die topografischen und thematischen Daten und Informationen sind dabei in einer Datenbank gespeichert und können auf verschiedene Weise kombiniert, farblich gestaltet, sowie mit einem ansprechenden Layout versehen werden.

4.5.1 Kartenformen

Neben den amtlichen geografischen und Verkehrs-Karten spielen in naturwissenschaftlich orientierten Arbeiten 4 Formen die Hauptrolle:

(1) Karten zur Orientierung,
(2) thematische Karten,
(3) Verbreitungskarten und
(4) Kartogramme.

(1) Orientierungskarten

Oft dienen sie den Lesern lediglich zur **Orientierung** und Lagebeschreibung, und sollen verdeutlichen, wo sich beispielsweise ein Untersuchungsgebiet befindet (Abb. 4.5-1).

(2) Thematische Karten

Am gängigsten dürften **thematische Karten** sein, die gleichfalls in vielen Fächer verbreitet sind, neben den bereits genannten auch in der Wirtschaft, Politik, Geschichte (Abb. 4.5-2).

(3) Verbreitungskarten

Wichtig sind in den angewandten Wissenschaften weiterhin **Verbreitungskarten,** sei es für die Biologie oder Geologie (Abb. 4.5-3 bis 4.5-5).

(4) Kartogramme

Karten werden nach Einfügung von grafischen Elementen oder Figuren zu **Kartendiagrammen** oder **Kartogrammen** (Abb. 4.5-6).

In Verbindung mit gegenständlichen Symbolen gibt es gleichfalls eine große Vielfalt von Mischformen zwischen Karten und Grafiken, die aber nur ausnahmsweise für Studien-Abschlussarbeiten von Belang sind.

4.5.2 Gestaltungshinweise

Zur Gestaltung von Karten sind vor allem die folgenden Hinweise wichtig, weil hiergegen regelmäßig verstoßen wird:

- Karten müssen mit Maßstab und Nordrichtung versehen werden – Maßstab im Wortsinn als Maßstabsleiste, nicht etwa der Angabe 1:50.000, weil diese dann nicht mehr stimmt, wenn eine Karte beim Einbau in den Text vergrößert oder verkleinert wird.
- Karten und ihre Beschriftungen dürfen nicht zu sehr verkleinert werden, weil man sie sonst nicht mehr entziffern kann.
- Karten dürfen nicht überladen werden, etwa durch viele Farben, Details, Zahlen oder Wörter.

Karten werden im Regelfall zusammen mit den sonstigen Abbildungen gezählt, da ihre Zahl meist gering ist.
Sie sind wie Tabellen und Abbildungen im Text aufzurufen, und ihr Inhalt ist mit Worten zu beschreiben, damit die Leser erfahren, was speziell mit ihnen zum Ausdruck gebracht bzw. illustriert werden soll (vergl. Kap. 4.3.4.3, S. 97, und siehe Kap. 4.7.3, S. 128).

4.6 Fotos

4.6.1 Einsatzbereiche von Fotos

Fotos sind einerseits in verschiedenen Fachgebieten zur Untersuchung von und bei bestimmten Objekten unverzichtbares Hilfs- und Arbeitsmittel, andererseits besonders attraktiv zur Illustration. Sie sollen dann eingefügt werden, wenn sie Merkmale oder Eigenschaften visualisieren, die sich anders nicht oder nicht besser darstellen lassen.
In Tab. 4.6-1 wird ein Überblick über die wichtigsten Typen und Anwendungsfelder im Kontext der angewandten Naturwissenschaften gegeben.
Sie haben somit verschiedene Funktionen:

- Sie sind Hilfsmittel zur Erkennung von Strukturen, die anders nicht sicht- und darstellbar wären. Das gilt besonders für Mikro-, teilweise aber auch für Großraumfotos.

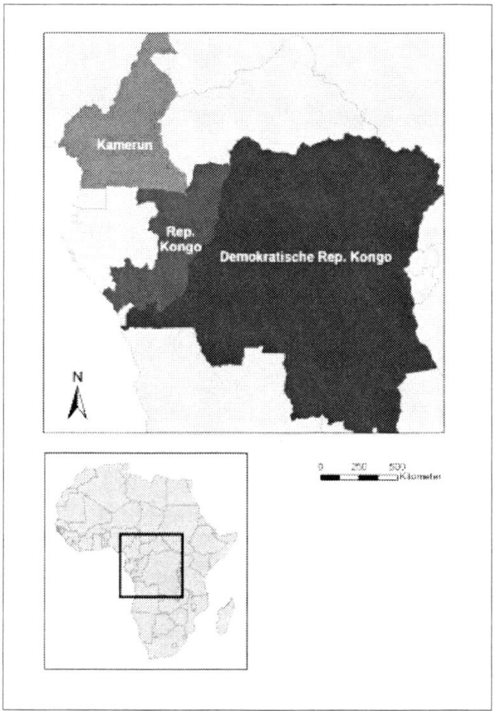

Abb. 4.5-1: Karten zur Einordnung eines Untersuchungsgebiets (Orientierungskarte).
hier: Wiedergabe des Großraums Afrika zur Groborientierung und der Untersuchungsgebiete in Kamerun, der Republik Kongo und der Demokrat. Rep. Kongo.

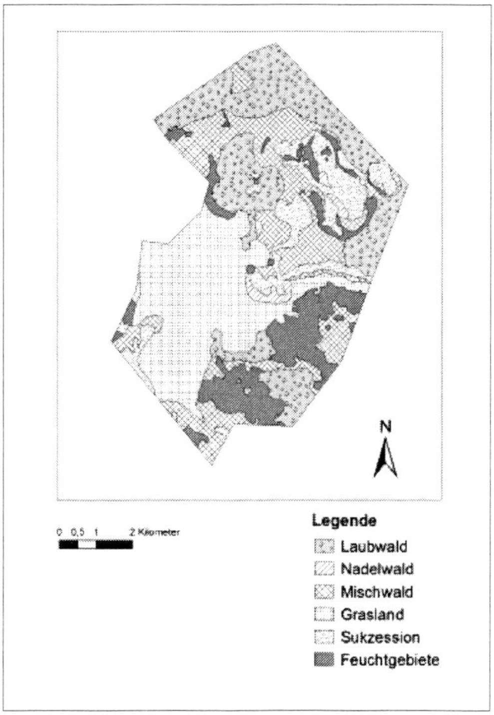

Abb. 4.5-2: Thematische Karte
hier: Verteilung unterschiedlicher Vegetationsformen. (Fiktives Beispiel nach: GROSS, 2014)

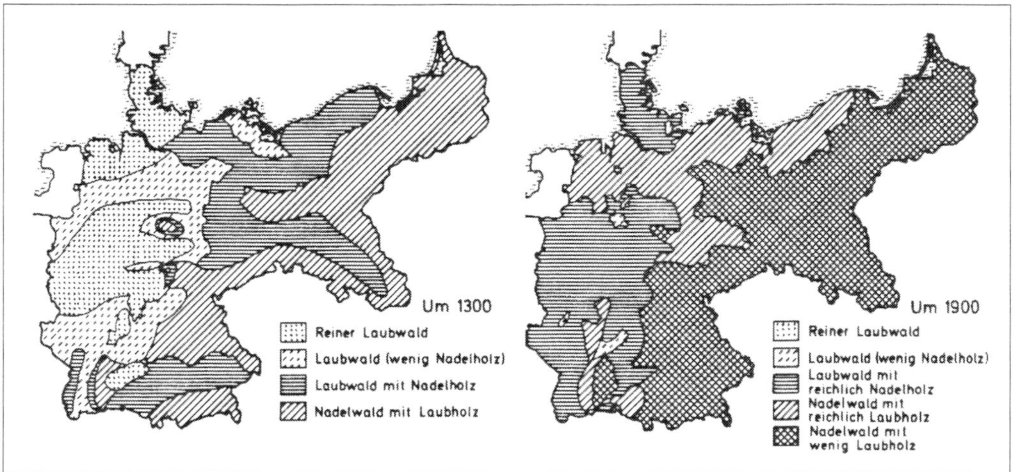

Abb. 4.5-3: Verbreitungskarte von Waldtypen.
hier: Baumartenwechsel als Folge anthropogenen Einflusses. (Aus: MAYER, 1984: 128, nach HAUSRATH, 1907)

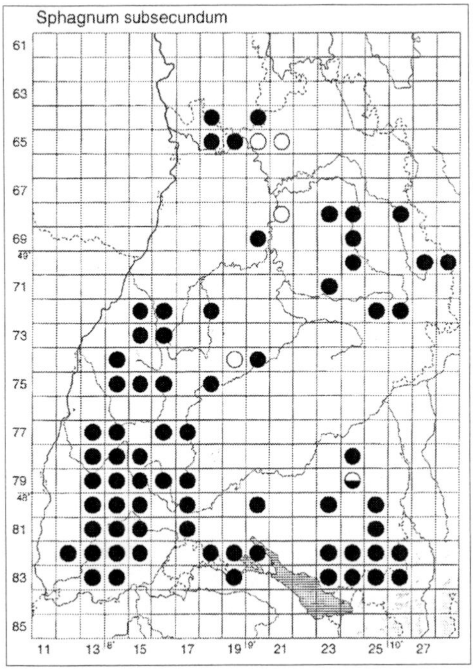

Abb. 4.5-4: Punktkarte zur Verbreitung von Pflanzenarten.
hier: *Sphagnum subsecundum* in Baden-Württemberg. (Aus: Nebel und Philippi, 2000)

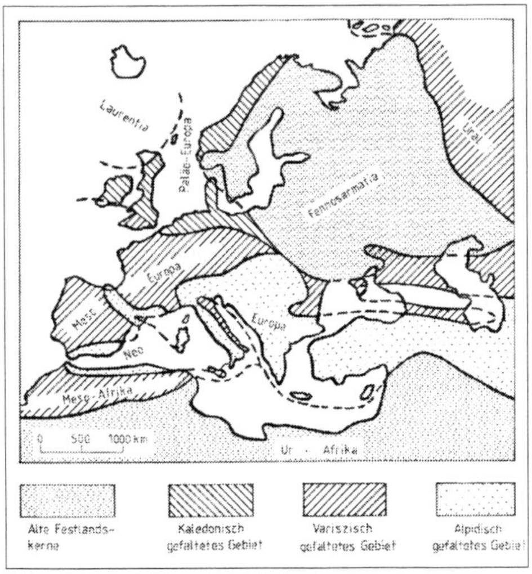

Abb. 4.5-5: Verbreitungskarte geologischer Strata.
hier: Größte Eisbedeckung in der letzten Eiszeit.
(Aus: Kuntze, 1994: 78)

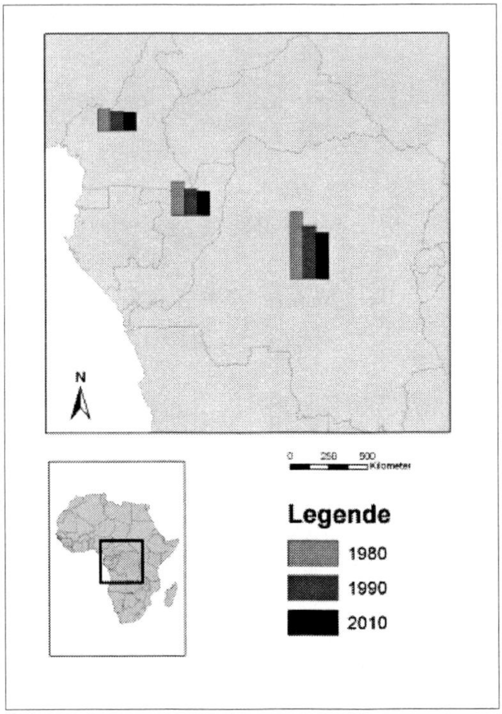

Abb. 4.5-6: Kartogramm (Verbindung geometrischer Elemente mit Karten).
hier: Waldflächenveränderung in drei westafrikanischen Ländern.
(Fiktive Zahlen nach Gross, 2014)

- Normal- und Großraumfotos lassen größere Landschaftseinheiten erkennen und verschaffen aus der Vogelperspektive Überblicke, die aus normalem Blickwinkel nicht möglich sind. Damit bilden sie eine wichtige Planungsgrundlage besonders für landschaftsbezogene Untersuchungen.

4.6.2 Vor- und Nachteile

Im vorangegangenen Abschnitt war angesprochen worden, dass Fotos für bestimmte Anwendungsgebiete unverzichtbar sind. Bei ihnen stellt sich mithin die Frage der Vor- oder Nachteile dieser Darstellungsform nicht. Verschiedentlich ist aber ein Abwägungsprozess anzuraten.

Tab. 4.6-1: Überblick über Typen, Geräte und Anwendungsgebiete von Fotos

TYP	MASSEINHEIT	TECHN. VORGABEN	ANWENDUNGSGEBIET
Mikrofotos	< 0,1 m	Elektronen-Mikroskop, Computer-Thomograph, Röntgen-Gerät, Mikroskop.	Medizin, Ultrastrukturen, Biologie (Mikrofauna), Physik, Technik.
Fotos im mittleren Maßstabsbereich	0,1 - 500 m	Handgehaltene Digitalkameras im sichtbaren Spektralbereich, Luftbildaufnahmen von UAV (unarmed aerial vehicles), sehr hochauflösende Satellitenbilder.	Geräte/Maschinen, Versuchsaufbauten, Verfahrensabläufe, Tiere, Pflanzen, sonstige biologische oder geologische Objekte, Landschaften.
Großraumfotos	> 500 m	Luftbilder im sichtbaren Bereich, Infrarotbilder (‚Falschfarben'), Aufzeichnungen in vielen Kanälen, Satellitenaufzeichnungen.	Landschaftsstrukturen /-elemente, Waldformationen, geographische Exploration, Ernteprognosen, Artefakte in der Landschaft (u. a. Archäologie).

So kann **vorteilhaft** sein:

- Fotos ergänzen Texte, machen manche Aussagen überhaupt erst verständlich, denn für sie gilt in besonderem Maße:

  ‚Ein Bild sagt mehr als 1000 Worte'.

- Die Anschaulichkeit von Fotos ist vielfach durch keine andere Illustrationsform zu übertreffen. In solchen Fällen empfiehlt es sich, den Spruch zu beherzigen:

  ‚Man muss den Lesern etwas zum Anschauen anbieten'.

Nachteilig dagegen kann sein:

- Gegenüber ihrer Verwendung ist oftmals Skepsis angebracht, weil sie sich mit Bearbeitungsprogrammen verändern, um nicht zu sagen, manipulieren lassen. Für sie gilt daher in besonderem Maße:

  ‚Nichts wirkt so echt wie ein Bild, auch wenn es falsch ist'.

- Die Qualität von Fotos lässt manchmal zu wünschen übrig. Viele Naturwissenschaftler sind nicht zugleich gute Fotografen.

Die Digitalisierung bei Aufnahme-, Druck- und Kopiertechnik hat es ermöglicht, selbst Farbfotos zu vertretbaren Kosten in Prüfungsarbeiten und Veröffentlichungen einzubeziehen. Deshalb werden sie zunehmend verwendet.

4.6.3 Hinweise für die Verwendung von Fotos in wissenschaftlichen Arbeiten

Zur speziellen Fototechnik und -verarbeitung können wiederum nur einige allgemeine Hinweise gegeben werden:

- Fotos sind – entsprechende Qualität vorausgesetzt – besonders einprägsam. Sie lassen sich auf vielfältige Weise beeinflussen: am stärksten durch Detail- und Ausschnittwahl, Vergrößerung, Farb- und Lichtgebung, Objektiv. Daher sind **Interpretationshilfen** in Form informativer Unterschriften bezüglich der Objekt- und Aufnahmedetails wichtig.
- Mikrofotos müssen **Maßstäbe** oder sonstige Orientierungshinweise enthalten. Konnten diese nicht mit aufgenommen

werden, so sind sie nachträglich einzufügen.

- Fotos werden generell mit den grafischen Darstellungen zusammen **als ‚Abbildungen' nummeriert.**

Sofern Fotos kopiert werden, ist zu bedenken, dass sie beim Kopierverfahren an Brillanz verlieren.

4.7 Hinweise zur Gestaltung von bildhaften Darstellungen und deren Einbau in den Text

4.7.1 Hilfsmittel für die Herstellung von Grafiken

Es gibt eine Vielzahl von Grafikprogrammen (Corel Draw, Autocad, Adobe Illustrator, Adobe Photoshop), mit deren Hilfe man mehrere Varianten der grafischen Darstellung ausprobieren und optimieren kann. Werden Bilder gescannt, so müssen diese anschließend bearbeitet werden: Schärfen, Einstellen der Gradation, des Weiß- und des Schwarzpunktes seien als wichtigste Aufgaben genannt. Das fördert die Bereitschaft, Grafiken zu erstellen und Abbildungen anstelle von Tabellen in die eigenen Abhandlungen einzubauen. Die Möglichkeiten, alle gängigen Diagrammtypen und Karten programmgesteuert zu erstellen, sind weit entwickelt. Vielfach lassen sich auch bildhafte Symbole einfügen. Schriftgrößen und Typen können frei gewählt werden.
Allerdings braucht es längere Einarbeitung oder entsprechende Beratung, bis man mit den Grafikprogrammen umgehen kann.

4.7.2 Hinweise zur Gestaltung

Ebenso wie bei der Fertigung von Tabellen sind bei der Gestaltung von Grafiken, Karten und Fotos eine Reihe von Details zu beachten, deren Berücksichtigung erwartet werden kann:

- **Gute Nachvollziehbarkeit** gilt bei ihnen in noch stärkerem Maße als bei Tabellen. Ein **hohes Maß an Anschaulichkeit** ist das Hauptmotiv für die Wahl solcher Darstellungen. Das aber lässt sich nur erreichen, wenn sie übersichtlich und auf das Wesentliche beschränkt gestaltet werden. Dabei sollte auf modischen Schnickschnack verzichtet werden.
- Der **Grad der Perfektion** von Grafiken hängt vom Typ einer wissenschaftlichen Arbeit ab. Bei Studien-Abschlussarbeiten sollte man bei jeder Abbildung den gestalterischen Ansatz erkennen können. Dabei ist darstellerische Vollkommenheit nicht verlangt, doch wird eine durchdachte Fassung gefordert. Bei Dissertationen dagegen wird eine grafisch einwandfreie Darstellungsform erwartet. Dies liegt auch darin begründet, dass Doktorarbeiten nach Abschluss des Promotionsverfahrens vervielfältigt bzw. publiziert werden.
- Bei der Klärung der Frage: **Tabelle oder Grafik** ist zu bedenken, dass Daten in wissenschaftlichen Abhandlungen grundsätzlich nur einmal präsentiert werden dürfen. Das war in Kap. 4.2 (S. 84) angesprochen worden und sei mit Nachdruck wiederholt.
- Grafische Darstellungen müssen ebenso wie Tabellen – darauf kann gar nicht oft genug hingewiesen werden – **für sich allein betrachtet verständlich** sein, auch ohne dass man den Text liest (vergl. Kap. 4.3.4.2 (4), S. 92). Hierzu dient in erster Linie eine informative Abbildungsunterschrift. Nach Bedarf sind weitere Angaben zum Verständnis zu machen, wie die Bezugseinheit (zum Beispiel

bei Prozent-Angaben), der Gesamt-Stichprobenumfang und statistische Parameter. Weiterhin helfen eindeutige Bezeichnungen der verwendeten Maßstäbe, sowie eine nicht zu knapp gefasste Legende, in der die Symbole, Schraffierungen und geometrischen Formen erläutert werden.

- Abbildungen wirken ebenso wie Tabellen unruhig, wenn sie mit **Fotos oder Mustern unterlegt** werden. Deshalb sollte generell darauf verzichtet werden.
- Grafiken und Tabellen heben sich deutlich vom Text ab, wenn man sie **vollständig umrandet**. Das wurde deshalb hier im Leitfaden so gemacht. Zusätzlich sind die Unterschriften in einer anderen Schrifttype als der Fließtext geschrieben. Dadurch heben sie sich zusätzlich ab. Letztlich ist es aber Geschmacksache, ob man sie umrandet.
- Abbildungen, Karten und Fotos werden – anders als Tabellen – **mit Unterschriften versehen**. Sie müssen stets so gestaltet werden, dass sie auf eine Seite passen (vergl. Kap. 4.3.4.2, S. 92).
- Die **Schriftgröße in Abbildungen** und zwar gleichermaßen bei Buchstaben und Ziffern, darf im endgültigen Druckbild nicht kleiner als 1,5 mm sein – so jedenfalls empfiehlt es ein Zeitschriftenverlag in seinen redaktionellen Richtlinien.
- **Farbige Darstellungen** erscheinen oft ansprechender und informativer als schwarzweiße. Farbige Karten sind es allemal. Nicht immer aber ist Farbigkeit von Vorteil. Das gilt zum Beispiel bei Darstellungen mit vielen Kurven:
  - Oft lassen sich mit nur geringen Farbnuancen dargestellte Kurven schlecht auseinanderhalten – vor allem bei suboptimalen Lichtverhältnissen. Mehr Leser, als vermutet, haben zudem eine Farbsehschwäche. Denen tut man mit solchen Darstellungen keinen Gefallen.
  - Farbige Darstellungen lassen sich schlecht kopieren. Selbst bei Farbkopieren verlieren sie an Farbtreue, und bei den üblichen Schwarz-Weiß-Kopierern bleiben die Differenzierungsmöglichkeiten vollends auf der Strecke. Werden dagegen Kurven mit unterschiedlichen Strichsignaturen ausgeführt oder Flächen mit verschiedenartigen Schraffuren gefüllt, so sind sie meist besser identifizierbar und bleiben auch nach dem Kopieren noch gut erkennbar.
  - Artikel in Fachzeitschriften werden aus Kostengründen meist nur schwarz-weiß gedruckt.

  Wie so oft, gibt es jedoch auch hier kein allgemein verbindliches Rezept hinsichtlich der Vor- und Nachteile! Man kann aber davon ausgehen, dass die Attraktivität farbiger Darstellungen weiterhin zunehmen wird, da die technischen Möglichkeiten des Farbdrucks hinsichtlich der Kosten und technischen Qualität laufend verbessert werden.

  Viele Printmedien sind ohne farbige Darstellungen nicht mehr denkbar. Wie schnell man auch bei Fachzeitschriften diesem Trend folgt, ist derzeit nicht absehbar. Außerdem setzen die heute üblichen PowerPoint-Präsentationen Standards.

Grundsätzlich ist zu empfehlen, Abbildungen (aber auch umfänglichere Tabellen) zunächst auf einem Bogen Papier zu skizzieren und hinsichtlich Aufbau sowie Übersichtlichkeit und damit Verständlichkeit mit kritischen Partnern zu diskutieren, bevor man sie in die endgültige Form bringt.

Ich habe allzu oft erlebt, dass Studierende oder DoktorandInnen viel Zeit damit vergeudet haben, bereits erste Entwürfe sorgfältig zu formatieren. Dann, nach der Besprechung und entsprechenden Empfehlungen mussten sie abermals Stunden für das Umformatieren drangeben.

Tabellen und Grafiken benötigen große Sorgfalt und oft originelle Lösungsansätze. Fließtexte kann man dagegen mit Formatvorlagen leicht in Form bringen.

4.7.3 Verbindung von Abbildung und Text

Für den Einbau von Abbildungen, Karten und Fotos in den Text gilt das für Tabellen Gesagte sinngemäß (vergl. Kap. 4.3.4.3, S. 97):

- Jede grafische Darstellung wird **nummeriert** und zwar unabhängig von der Zählung anderer Materialien wie Tabellen. Auch bei Abbildungen scheint die Abkürzung Abb. X gebräuchlicher zu sein als die ausgeschriebene Fassung Abbildung X (englisch Figure X oder Fig. X).

  Bei vielen Abbildungen kann es zweckmäßig sein, sie kapitel- oder sogar unterkapitelweise zu nummerieren (zum Beispiel Abb. 5.3-4). Es war darauf hingewiesen worden, dass Karten und Fotos meist als Abbildungen bezeichnet und zusammen mit den Grafiken gezählt werden.

  Wie bei Tabellen sollten auch bei Abbildungen Nummerierung und Texte der Unterschriften möglichst einheitlich gefasst werden.
- Auf jede Abbildung, Karte oder jedes Foto muss gleichermaßen wie bei Tabellen **im Text verwiesen** werden, damit sie aufgerufen werden kann (vergl. Kap. 4.3.4.3, S. 97).
- Jede Abbildung muss – wie jede Tabelle (vergl. Kap. 4.3.4.4, S. 98) – **textlich verarbeitet**, das heißt ihr Inhalt muss ‚verbalisiert' bzw. interpretiert werden. Das ist oft eine sehr anspruchsvolle Aufgabe. So kann es zwar statistisch gesicherte Unterschiede zwischen Varianten geben. Es ist aber keineswegs immer eindeutig, worauf diese zurückzuführen sind. Vielmehr müssen etwa die ökologischen, technischen oder soziologischen Hintergründe analysiert und durchdacht werden.

  Dies Problem lässt sich am Beispiel von ‚Scheinkorrelationen' aufzeigen. So können Zahlenreihen statistisch hochgesichert gleichgerichtet sein. Sie sind es aber möglicherweise nur zufällig, nicht ursächlich. Als Paradebeispiel für Scheinkorrelationen wird gern der über längere Zeit beobachtete Rückgang der Storchenpopulation und die Abnahme der Menschen-Geburten in Deutschland herangezogen. Die Korrelation war hochsignifikant, nur hatten beide Phänomene nichts miteinander zu tun. Man muss allerdings nicht immer so weit gehen, wie in Fachkreisen – offenbar auf A. Stinchcomb zurückgehend – gespottet wird: *„Wem zu einer Korrelation nicht wenigstens drei Erklärungen einfallen, der sollte den Beruf wechseln"*.

  Blindes Vertrauen in statistische Befunde führt also möglicherweise zu Fehlinterpretationen.

4.8 Nachweis der Urheberschaft bei Tabellen, Grafiken, Karten und Fotos

Grundsätzlich gilt: Stammen die Tabellen oder Abbildungen von den AutorInnen selbst, so ist kein Quellennachweis nötig. Andernfalls ist die Quelle zu nennen (zum Beispiel ‚Statistisches Bundesamt, 2005'). Dabei kann das Wort ‚Quelle' entfallen.

Ebenso wie Texte nicht wörtlich übernommen werden müssen, sondern auf ihren inhaltlichen Kern reduziert wiedergegeben werden können, gilt das für Daten und entsprechende Informationen, die fremden Quellen entnommen werden. Das Vorgehen bei deren Übernahme bereitet jedoch

Studierenden und DoktorandInnen oftmals besondere Schwierigkeiten: Wie genau und wie ausführlich müssen diese denn zitiert werden? Dies Problem lösen sie je nach Gewissenhaftigkeit, Rechtsempfinden und Temperament auf unterschiedliche Weise:

- **Die Bedenklichen**
  Aus Angst, nicht genügend sorgfältig zu verfahren, kopieren Studierende ganze Tabellen mit wahren ‚Zahlen-Friedhöfen' beispielsweise aus statistischen Nachweisungen von Ämtern und überfrachten damit ihre Ausarbeitungen. Dabei geht es ihnen oft nur um wenige Werte und bei diesen auch nur um die Größenordnung.
  Es spricht nichts dagegen, nur die relevanten Zahlen auszuwählen und diese sinnvoll abzurunden, so dass sie übersichtlich und lesbar werden. Bei der Quellenangabe ist dann aber die Abänderung durch Hinzufügung von nach oder verändert nach kenntlich zu machen:
  … (nach Statistisches Bundesamt, 2005).
  … (verändert nach SCHULZE, 2007).

  Auf das sinnvolle Vereinfachen von Zahlenwerten durch Abrundungen wurde bereits in Kap. 4.3.4.2 (S. 94) eingegangen.

- **Die Bedenkenlosen**
  Sie haben keine Skrupel, Materialien zu übernehmen und nach ihren Bedürfnissen abzuändern, weil sie korrektes Arbeiten nicht gelernt, sondern schon in der Schule verinnerlicht haben, wie leicht sich mit Hilfe der ‚copy and paste'-Tasten Referate aus dem Internet zusammenstellen lassen. Sie haben vielfach noch nicht einmal ein Unrechtsbewusstsein diesbezüglich, weil sie sich das Vorgehen im wissenschaftlichen Umfeld nicht klar gemacht oder dieses von ihren BetreuerInnen auch nicht nahegebracht bekommen haben.
  Es dürfte sich aber von selbst verstehen, dass die Aneignung, Manipulation oder gar Verfälschung fremder Daten genau so wenig akzeptabel ist, wie der missbräuchliche Umgang mit fremden Texten.

Für die Übernahme von bildhaften Darstellungen und Fotos gelten übrigens schärfere Urheberrechte (‚copyright') als fürs Zitieren wissenschaftlicher Texte. Die AutorInnen sollten deshalb unter Umständen bei Verlagen oder AutorInnen die Genehmigung einholen, wenn sie fremde Materialien dieser Art verwenden. Es könnte nämlich unangenehme Scherereien geben.

Es sei noch erwähnt, dass ‚Datenzitate' bibliografisch wie Literaturzitate behandelt werden, sie sind also im Literaturverzeichnis aufzuführen (vergl. Kap. 2.6.1 S. 28).
Schreibt man die Quellenangaben wie bei Literaturzitaten etwas kleiner (Schriftfont 2 pt. kleiner als der Standard-Text), so stören sie kaum beim Lesen.

4.9 Schlusskorrektur

Tabellen und Abbildungen sind in der Entwurfs-, ebenso wie der Endfassung sorgfältig auf Fehler hin durchzusehen. Dazu ist es grundsätzlich erforderlich, alle Urdaten auf Eingabefehler hin zu überprüfen. Nur Neulinge pflegen sich der Illusion hinzugeben, sie selbst oder andere, die ihnen zur Hand gegangen sind, hätten alles richtig abgetippt und ausgewertet.
Für Tabellen und Abbildungen gilt wie für die Texte: Die letzte Version sollte auf einer ausgedruckten Vorlage korrigiert werden, man sieht nämlich die Fehler und Unzulänglichkeiten besser auf Papier als auf dem Computerschirm.

Zusammenfassung der wichtigsten Punkte über die Aufbereitung von Daten und deren Darstellung:

- Tabellen und Abbildungen sind in den naturwissenschaftlich ausgerichteten Fächern unverzichtbare Formen, um die meist über Daten gewonnenen Ergebnisse darzustellen. Bei experimentellen oder explorativen Projekten kommen die AutorInnen deshalb nicht umhin, sich intensive Gedanken über deren Gestaltung zu machen – anders als in den Geisteswissenschaften.
- Nachvollziehbarkeit und Verständlichkeit sind entscheidende Kriterien für die Gestaltung von Tabellen und Grafiken. Tabellen geraten leicht zu ‚Zahlenfriedhöfen' mit überflüssigen und nicht genügend gerundeten Daten. Grafische Darstellungen werden oft überfrachtet oder mit modischem Schnickschnack angereichert. Grundsätzlich gilt deshalb: Weniger ist meistens mehr!
- Tabellen und Grafiken müssen einfach ‚gestrickt', das heißt übersichtlich und leicht nachvollziehbar aufgebaut und gestaltet sein, sonst stiften sie bei den Lesern eher Verwirrung, statt Verständnis zu fördern.
- Zahlen in Tabellen sind ‚datentreuer' als in Grafiken. In Tabellen dargestellte Befunde wirken in wissenschaftlichen Ausarbeitungen meist seriöser als solche in Grafiken, sofern beide Darstellungsmöglichkeiten bestehen.
- Zeitreihen, Regressionen, in Form mehrerer Kurven darstellbare Verläufe sind üblicherweise nur durch Kurvenbilder kenntlich zu machen und daher alternativlos.
- Fotos und Karten sind in mehreren Disziplinen gleichfalls unverzichtbar und durch keine andere Darstellungsform zu ersetzen. In manchen Arbeiten dienen sie jedoch eher zur Staffage und können entfallen. In dieser Hinsicht ist besonders sorgfältig zu prüfen, ob sie aussagekräftig sind und wirklich benötigt werden.
- Wie bei Texten ist die Urheberschaft von Daten und bildhaften Darstellungen nachzuweisen.
- Tabellen und Grafiken sind in die Texte einzubauen, und ihr Inhalt ist sorgfältig zu erklären. Gerade diese letztgenannte Aufgabe darf nicht den Lesern zugeschoben werden.

5 Anfertigung des Textes

In diesem Kapitel werden erörtert:

- Das Vorgehen beim Schreiben.
- Der Zeitbedarf dafür.
- Überlegungen, für wen wissenschaftliche Abhandlungen geschrieben werden und welche Auswirkungen das auf den Schreibstil hat.
- Die wichtigsten Grundsätze, um verständlich zu schreiben, in Form von acht Lektionen.
- Hinweise zu Rechtschreibung und Zeichensetzung.
- Das zweckmäßige Vorgehen bei Textkorrekturen.

Vorbemerkung

Eine effektive Arbeitstechnik und eine angemessene wissenschaftliche Sprache sind die beiden wichtigsten Teilbereiche, mit denen man sich bei der Manuskriptfertigung immer wieder und besonders beim ersten eigenen Werk auseinandersetzen muss. Beides hängt auf den ersten Blick zu sehr von der jeweiligen Persönlichkeit des Schreibers ab, als dass allgemeine Empfehlungen möglich erscheinen. Jedoch gibt es manche Grundsätze und Erfahrungen, die zu übernehmen vor allem für JungautorInnen vorteilhaft sein kann und die sie auf ihre Brauchbarkeit hin für sich selbst erproben sollten. Außerdem haben sich hinsichtlich des wissenschaftlichen Stils bestimmte Normen herausgebildet, die helfen können, präzise formulierte und damit gut lesbare Texte zu verfassen.

5.1 Arbeitstechnik

5.1.1 Vorarbeiten für die Textformulierung

Bevor mit der eigentlichen Textfassung begonnen werden kann, sollten folgende Teilaufgaben bewältigt sein:

- Die Literatur ist umfassend gesichtet.
- Die eigenen Auswertungen sind weitgehend abgeschlossen.
- Die wichtigsten Tabellen und Grafiken sind konzipiert.

Manche AutorInnen haben sich auf dem Weg dahin Gedankensplitter, Literaturzitate und Auswertungsergebnisse aufgeschrieben und bringen sie zunächst in eine sinnvolle Reihenfolge, ehe sie mit dem Schreiben beginnen. Stichworte oder ‚Rohtexte', die man sich im Verlauf der einzelnen Auswertungsschritte bei statistischen Analysen, Entwurfsfassungen von Tabellen und Abbildungen notiert hat, helfen beim Formulieren.
Ideal ist es natürlich, wenn man vorher bereits ein ‚Exposé', das heißt einen Entwurf der Arbeit gefertigt hat.

Bereits im Vorfeld sollte man sich mit einem Textverarbeitungsprogramm (Word, OpenOffice, LibreOffice, LaTex) vertraut gemacht haben, um spätere Umarbeitungen und -formatierungen zu vermeiden.

5.1.2 Erstellen und Verfeinern der Gliederung

Aus der ersten Sichtung des Materials ergibt sich fast zwangsläufig die Grobgliederung. Meist lässt sie sich jedoch schon aus dem

Arbeitsplan ableiten (vergl. Kap. 1.6.2, S. 9) und wird nun spezifiziert.
Eine Gliederung ist – wie in Kap. 3 angesprochen – einem Fachwerkbau vergleichbar. Auch dieser stellt anfangs nur eine Art Grundgerüst dar, in dem die ‚leeren Fächer' später mit Ziegelsteinen oder Lehm ‚ausgefacht' werden. In einer wissenschaftlichen Arbeit ist das Grundgerüst der Gliederung damit vergleichbar. Es wird schrittweise mit Stichworten und später mit ausformulierten Texten gefüllt.

Ein detailliert ausgearbeiteter Gliederungsentwurf ist üblicherweise Gegenstand einer ausführlicheren Besprechung mit den BetreuerInnen. Er sollte aber nur als vorläufige Arbeitsgrundlage betrachtet werden. Ein ängstliches Festhalten an einem anfangs fein gegliederten Konzept kann später bei der intensiveren Durchdringung der Materie hinderlich sein. Vorteilhaft ist es, sich zu den wichtigsten Gliederungspunkten eine Stoff- und Gedankensammlung anzulegen. Beim Schreiben und fortwährenden Überprüfen der logischen Zusammenhänge werden die Gedanken dann fast automatisch richtig zugeordnet und die Gliederung verfeinert. Diese ‚Ausdifferenzierung' der Gliederung begleitet mithin den Fortschritt einer Arbeit bis kurz vor deren Fertigstellung.
Manche AutorenInnen schreiben zunächst eine Zusammenfassung, um sich selbst den roten Faden und die Schwerpunkte ihrer Arbeit zu verdeutlichen. Im Regelfall ist dies jedoch der Schlussakt der Textfertigung.

5.1.3 Vorgehen beim Schreiben

Als Hilfe für das Schreiben des Manuskriptes gibt es 3 wichtige Grundsätze:

(1) Den Text von vorn bis hinten durchschreiben,
(2) den Text in Wellen vervollständigen,
(3) den persönlichen Arbeitsstil und -rhythmus erkennen.

Sie werden nachfolgend erläutert.

5.1.3.1 Den Text von vorn bis hinten durchschreiben

Hiermit ist nicht gemeint, dass man einfach drauflos schreibt. Vielmehr sollte ein Gliederungsentwurf vorliegen, der zunächst als Orientierung dient und den man beim Schreiben überprüft, ergänzt und verfeinert. *„Schreiben entlang der Gliederung"* hatte ich ein Referat übertitelt, in dem es ums Überwinden von Schreibblockaden ging.
Ich empfehle also, beim Schreiben mit dem ersten Satz des Manuskripts zu beginnen und sich nicht jene Teile herauszupicken, die schon vollständig ausgewertet sind, die deshalb ‚nicht so schwer' oder schlicht ‚sympathischer' erscheinen. Ein solches Vorgehen führt nämlich leicht dazu, dass Details in Kapiteln landen, in die sie nicht gehören. Außerdem werden die ‚sympathischeren' Abschnitte infolge ‚großen Wissens' gegenüber den unsympathischen, die zudem oft die wichtigeren sind, zu sehr aufgebläht. Als Folge können aufwändige Umarbeitungen nötig werden oder darstellerische Unzulänglichkeiten entstehen, die sich kaum mehr korrigieren lassen.
Viele AutorInnen scheuen sich aber davor, den Weg von vorne nach hinten zu nehmen, weil ihnen für einzelne Teilabschnitte noch die Materialien fehlen. Diesem misslichen Umstand kann man dadurch begegnen, dass man für solche Abschnitte stichwortartig notiert, was in sie eingefügt werden sollte. Dabei wird zugleich der zu erwartende weitere Arbeitsaufwand für die noch offenen Passagen abschätzbar.
Stellt sich heraus, dass Textskizzen an eine andere Stelle gehören, so kann man sie pro-

blemlos ‚ausschneiden' und anderswo einfügen.

Dieses Vorgehen bietet nicht nur den Vorteil, dass man seinen Text ausgewogen strukturiert, sondern es hat noch einen wichtigen psychologischen Aspekt: Der Fortschritt einer Arbeit wird wesentlich gefördert, wenn bereits etwas auf dem Papier steht, mag das auch noch sehr roh und unstrukturiert sein, gemäß der Spruchweisheit:

„Wie kann ich wissen, was ich denke, bevor ich nicht gelesen habe, was ich schrieb".

Einen solchen Rohentwurf kann man dann problemlos ändern und verbessern.

Andere Betreuer wissenschaftlicher Arbeiten argumentieren jedoch, es sei besser, mit jenen Teilen anzufangen, für die man bereits Materialien verfügbar hat. Auf diese Weise könne man nämlich am ehesten die sprichwörtliche ‚Angst vor dem leeren Blatt Papier', bzw. in neuer Version: ‚die Angst vor dem leeren Bildschirm', also die anfängliche Schreibblockade, überwinden. Die entsteht jedoch kaum, wenn man zuvor eine detaillierte Gliederung erstellt hat. Aufgrund der Erfahrungen mit vielen DiplomandInnen und DoktorandInnen ebenso wie mit eigenen Arbeiten bleibe ich jedoch mit Nachdruck bei meiner Empfehlung, den Text von vorne bis hinten ‚runterzuschreiben'. Man unterschätze nicht das Gefühl der Erleichterung, wenn die Arbeit im Gesamtkonzept steht und sich absehen lässt, was noch an Überarbeitungen, Ergänzungen und an Feinschliff nötig ist.

Das ist wie beim Bergsteigen. Zunächst erscheint ein Berg bedrohend hoch und kaum zu erklimmen. Halb oben aber wird er überschaubar, und die Reststrecke verliert ihren Schrecken.

5.1.3.2 Den Text in Wellen vervollständigen

Gerade bei Studien-Abschlussarbeiten als den ersten größeren wissenschaftlichen Abhandlungen bereitet die Textformulierung mancherlei Qualen. Diese pflegen sich noch erheblich zu verstärken, wenn man den Ehrgeiz hat, sogleich einen druckreifen Text zustande zu bringen. Die sich durch langsamen Arbeitsfortschritt und eigene schriftstellerische Unzulänglichkeiten steigernden Enttäuschungen lassen sich erheblich mindern, wenn man sich nicht mit einzelnen Formulierungen aufhält, sondern mäßig formulierte Sätze in Kauf nimmt, das sogenannte ‚Freewriting'. Die erste Manuskriptfassung darf also sprachliche Ungereimtheiten, Wiederholungen und Stilbrüche enthalten. In einer zweiten oder dritten ‚Bearbeitungs-Welle' werden diese nach und nach ausgemerzt und der Text geglättet: Auf die Rohfassung folgt deshalb mindestens eine weitere vorläufige Fassung und schließlich die Endfassung. In den frühen Phasen pflegen Umstellungen hinsichtlich der Gliederung und grobe Textkorrekturen im Vordergrund zu stehen. Man sollte deshalb zu Beginn nicht lange am Text feilen. Feinkorrekturen sind später angebracht. Den Schluss bildet der formale ‚Feinschliff' hinsichtlich des Textes, des Schriftbildes und der Seitengestaltung: Aus Chaos wird Ordnung!

Kleist hat einen Essay geschrieben mit dem Titel: *„Über die allmähliche Verfertigung der Gedanken beim Reden".* Das passt hier gleichfalls, wenn man Reden durch Schreiben ersetzt. Und Mitchell soll angemerkt haben (DER SPIEGEL 36/2012: 141): *„Der Kern der Arbeit sei, an jedem Tag einfach loszuschreiben und etwas Grobes, Rohes anzufertigen: »Stolpere in den Text hinein«, sagt er, »schreib's einfach hin! Man kann aus Chaos etwas bauen, man kann Müll polieren. Man kann nichts Abwesendes polieren, man kann kein Nichts verbessern.«"* Dieser letzte Satz enthält eine wichtige Botschaft: Es ist äußerst hilfreich, erste

Textentwürfe auf dem Papier (oder Bildschirm) stehen zu haben, sie helfen, die Gedanken zu sortieren, man kann sie überarbeiten.

Es ist übrigens vorteilhaft, Manuskriptentwürfe mit Datum zu versehen, gegebenenfalls auch mit den Namen etwaiger Zuarbeiter. Das hilft Schreibern und Betreuern, Ordnung und zeitlichen Überblick zu halten.

5.1.3.3 Den persönlichen Arbeitsstil und -rhythmus erkennen

Die Aufgabe, einen Text zu konzipieren, wird fast immer unterschätzt. So hört man auf die Frage nach dem Stand einer Arbeit etwa: *„Ich habe meine Daten zusammen und muss **nur noch** schreiben!"* Bei geisteswissenschaftlichen Arbeiten würde das entsprechend lauten: *„Ich habe alle wichtige Literatur gelesen …"*. Später klingen die Äußerungen hierzu weniger zuversichtlich. Das Schreiben erweist sich nämlich mühsamer als gedacht und verursacht oft ungeahnte Zeit-, sowie Nervenbelastungen. Um diese abzumildern und um effektiver zu arbeiten, sucht man sich deshalb die Tageszeiten aus, an denen man sein persönliches Optimum hinsichtlich Konzentrationsfähigkeit hat. Das ist bei den meisten Menschen der Vormittag. In dieser Zeit sollte man sich vorrangig dem Manuskript widmen. Weniger anspruchsvolle Tätigkeiten, wie mechanisch ausführbare Daten-Eingaben und -Auswertungen, Grafik-Erstellungen, Abschreibereien, Bibliotheksgänge oder Literaturdurchsicht werden besser in die individuell weniger ergiebigen Tageszeiten (oder auch Nachtzeiten?) gelegt. Schaffenskraft und -freude lassen nach einigen Stunden spürbar nach. Auch unter Zeitdruck kann man nicht 10 und mehr Stunden am Tag zufriedenstellende Texte verfassen, sondern braucht Abwechslung und Abstand. Trotzdem sollten keine zu großen Unterbrechungen entstehen, weil sonst jedes Mal längere Zeit nötig ist, um ‚den Faden wieder aufzunehmen'. Ich empfehle mithin dringend, Schreiben und Auswerten bzw. Literaturrecherchieren nebeneinander herzuführen. Das hat außerdem den Vorteil, dass man frühzeitig abschätzen kann, wie weitgehend die Daten ausgewertet oder wie viel Literatur noch gesammelt werden muss und wann man damit aufhören kann, weil das Material reicht. Hierauf war bereits nachdrücklich in Kap. 2.2.2.5 (S. 20) hingewiesen worden.

5.1.4 Einschätzen des Zeitaufwands fürs Schreiben

An dieser Stelle sei ein Hinweis über die durchschnittliche Schreibleistung eingefügt, weil viele Studierende und DoktorandInnen den Zeitaufwand fürs Schreiben erheblich unterschätzen. Ein im Wissenschaftsbetrieb ergrauter und entsprechend erfahrener Kollege merkte einmal in einem Doktoranden-Kolloquium an: Man müsse einen Tag für eine Seite rechnen. Dieser Schätzwert löste ungläubiges Kopfschütteln aus, und der Kollege wurde für weltfremd und abständig gehalten.

Dieser Wert: ‚1 Seite pro Tag' ist allerdings – und so hatte es der Dozent gemeint – als Durchschnitt des Zeitbedarfs fürs Schreiben insgesamt mit allen Änderungen sowie fürs Überarbeiten zu verstehen. Das Korrekturlesen und Einfügen bibliografischer Angaben zählt dazu. Natürlich schreibt man an manchen Tagen mehr als 5 Seiten Textentwürfe. Sind jedoch zusätzlich Tabellen oder gar Abbildungen zu entwerfen, Korrekturen und formale Kleinigkeiten, wie das Formatieren zu berücksichtigen, so muss man schließlich kleinlaut einräumen, dass der Wert: **1 Seite pro Tag** nicht unrealistisch ist.

Bei entsprechender Einschätzung des Zeitbedarfs gerät man also nicht so leicht in die ‚Zeitfalle' und vermeidet das Tag- und Nachtdurchmachen, einschließlich der Programmabstürze und Nervenzusammenbrüche, während der letzten 14 Tage vor Abgabe einer Arbeit.

Das Arbeiten daheim verlangt den AutorInnen deshalb ein hohes Maß an Selbstdisziplin ab – auch diese will gelernt sein.

Abschließend sei besonders Studierenden zum Trost geraten, sie mögen bei ihrer Erstlingsarbeit nicht verzweifeln, wenn ihnen die Texte nicht auf Anhieb gelingen: Schreiben ist ein hartes Geschäft. Auch ‚alte Hasen' müssen immer wieder damit ringen, verständliche, also gut lesbare, Texte zu verfassen.

So gestand KÜNG in einem Interview: *„Ich habe mir nie viel Mühe gegeben, gescheit zu erscheinen. Mir ging es immer darum, verstanden zu werden. Deshalb habe ich die Sätze x-mal geschliffen."* (BZ 19.03.2013: 4)

In dieselbe Richtung geht die Antwort des 80jährigen Philosophie-Historikers Kurt FLASCH auf die Frage, ob ihm die Verleihung des hochdotierten Philosophie-Preises ‚Tractatus' etwas bedeute: *„Dieser ist ein noch junger Preis, der für eine Denk- und Schreibweise vergeben wird, die schwierige Fragen in lesbare Form bringt. Ich arbeite, seit ich denken kann, an meinem Stil. Ich schreibe meine Sachen bis zu zehnmal um. Ich verstehe Leute nicht, die um ihr Aussehen, ihre Kleidung und ihre Haare besorgt sind, aber nicht um ihren Stil"* (DER SPIEGEL 45/2010: 151-154).

5.2 Über den wissenschaftlichen Stil

Über ‚schlechte Schreibe' wird geklagt, seit geschrieben wird. Dennoch drängt sich der Eindruck auf, dass sich die Unbeholfenheit der Schreibenden in den letzten zwei, drei Jahrzehnten verstärkt hat – zumindest im deutschen Sprachraum. Diese Vermutung wird gestützt durch eine beachtliche Zahl von seither erschienenen Büchern zu diesem Thema. Mit ihnen soll eine höhere Sensibilisierung für das Schreiben von Texten und zugleich den sensibleren Gebrauch der deutschen Sprache gefördert werden. In Kap. 9.5 (S. 233) sind einige Titel zusammengestellt.

Der Anteil deutschsprachiger Veröffentlichungen im Bereich der Naturwissenschaften und Technik soll auf etwa 1 % abgesunken sein. Angesichts dieser ernüchternden Erkenntnis könnte man ins Zweifeln geraten, ob es noch sinnvoll ist, sich mit aufs Deutsche ausgerichteten Schreibproblemen in diesen Gebieten zu beschäftigen. Damit würde aber verkannt, dass die meisten unserer Absolventen auch in Zukunft deutsch schreiben werden. Außerdem habe ich hinreichend Erfahrungen mit englisch- und spanischsprachigen Studierenden sammeln können, die mir zeigten, dass viele der nachfolgend erörterten Probleme fürs Schreiben in anderen Sprachen sinngemäß gelten.

Die Lockerheit, mit der heute E-Mails und oft auch wissenschaftliche Texte geschrieben werden, ist manchmal dazu angetan, einen verzweifeln zu lassen. Das können wahrscheinlich nur diejenigen nachvollziehen, die regelmäßig Textentwürfe von Studierenden auf den Tisch bekommen und diese korrigieren müssen. Aber auch das Begutachten (= ‚Reviewen') wissenschaftlicher Artikel ist nicht immer ein Vergnügen.

Die folgenden Ausführungen sind überwiegend das Ergebnis der Durchsicht von Studien-Abschluss- und Doktorarbeiten sowie von wissenschaftlichen Veröffentlichungen über viele Jahre hinweg. Daraus habe ich Anmerkungen, Argumente und Empfehlungen zusammengetragen, die mir für die Manuskriptfassung wissenschaftlicher Abhandlungen wichtig erscheinen. Allerdings hat auch die Lektüre von Zeitungen oder Büchern manches der nachfolgend aufgeführten Beispiele geliefert.

5.2.1 Für wen werden wissenschaftliche Abhandlungen geschrieben?

Stil und Zuschnitt einer Abhandlung sind abhängig von den ‚Zielpersonen', für die sie geschrieben werden, auf die man sich beim Schreiben also mehr oder minder bewusst einstellt. Haus- und Studien-Abschlussarbeiten sowie in gewissem Umfang auch Dissertationen sind zwar Prüfungsaufgaben und als solche von den Vorschriften der jeweiligen Ausbildungsstätten bzw. den Erwartungen der Betreuer- und GutachterInnen beeinflusst. Trotzdem empfiehlt es sich, schon, wenn man sie schreibt, zu überlegen, wer außer den GutachterInnen sie sonst noch lesen könnte. Dies ist eine gute Vorübung für das Schreiben von Berichten, Protokollen, Projektanträgen, wissenschaftlichen Artikeln später im Beruf. Viele Ausarbeitungen leiden nämlich darunter, dass sie nicht auf ein bestimmtes (Ziel-)Publikum hin ausgerichtet sind und dass sich die AutorInnen keine Gedanken darüber gemacht haben, wer die potenziellen Leser sein könnten.

Für diese Überlegungen gibt es aber handfeste Argumente:

- **Stärkere Vernetzung der Fachgebiete**
  Vor Jahren konnten Autoren noch davon ausgehen, dass ihre Veröffentlichungen nur von Experten ihres Fachgebietes gelesen wurden. Das hat sich geändert. Die Fächer sind heute stärker miteinander verknüpft. Fachbeiträge werden zunehmend auch von Leuten gelesen, deren eigentliches Fachgebiet sie nicht betreffen. Die Leserschaft ist insgesamt breiter geworden und damit oft weniger mit einem Spezialthema sowie der jeweiligen Fachsprache vertraut.

  Dementsprechend ziehen die meisten Zeitschriften Artikel vor, die für ein nicht zu spezialisiertes Fachpublikum geschrieben sind. Die AutorenInnen sollten sich also nicht nur an das halbe Dutzend Menschen auf der Welt wenden, die sich mit einer Detailfrage beschäftigen, sondern an die einigen hundert oder vielleicht sogar tausend, die an verschiedenen Aspekten des Artikels interessiert sein könnten.

  Dies gilt auch für die Studien-Abschluss- und Doktorarbeiten. Sie sollten auf ein zwar naturwissenschaftlich, aber nicht im Spezialgebiet vorgebildetes Publikum zugeschnitten sein. Die wichtigsten Details sollten mithin auch für Leser aus benachbarten Disziplinen nachvollziehbar sein.

  In neuen fächerübergreifenden Studiengängen wird gerade die interdisziplinäre Zusammenarbeit der Studierenden verschiedener Fachrichtungen gefördert. Sie sollen frühzeitig lernen, sich verständlich auszudrücken, so dass gegenseitiger geistiger Austausch möglich wird.

  Wissenschaftliche Artikel sind über das Internet jetzt allgemein zugänglich. Sie werden also häufig von Nicht-Spezialisten gelesen. Wollen AutorInnen nicht nur vom engeren Kreis der Fachleute zur Kenntnis genommen werden, so sollten sie auf Verständlichkeit besonderen Wert legen. Diese Überlegungen gelten bereits für Bachelor-, Master- und Diplomarbeiten. Diese werden gleichfalls vermehrt ins Netz gestellt.

  Hierzu passt die Aussage vom ‚Piraten'-Chef, Andreas Baum, im ZEIT-Magazin 46/2011: *„Eine Expertenmeinung ist immer so gut, wie sie einem Nichtexperten verständlich gemacht werden kann"*.

  Mithin müssen wissenschaftliche Ausarbeitungen auch von weniger interessierten, gutwilligen oder dem Fach nicht nahestehenden Lesern auf Anhieb verstanden werden können.

- **Bessere Zugänglichkeit und weitere Verbreitung wissenschaftlicher Ausarbeitungen**
  Die Frage nach dem Zielpersonenkreis ist übrigens keineswegs so theoretisch, wie sie zunächst erscheinen mag. Manche Studien-Abschluss- und erst recht Doktorarbeiten werden als Teil größerer Forschungsprojekte direkt für Forschungsberichte oder als Konzepte dafür verwertet. Gelegentlich sind sie Vorstudien für Folgeuntersuchungen.
  Dissertationen sind außerdem über diverse Bibliotheken ausleihbar (vergl. Kap. 2.4.2, S. 25) oder im Internet online verfügbar. Bachelor-, Master- und Diplomarbeiten stellen zwar Prüfungsleistungen dar und sind deshalb nicht als Veröffentlichungen anzusehen. Sie können aber vielfach über die Heimatfakultäten ausgeliehen und durchaus von einem über die GutachterInnen hinausgehenden Personenkreis gelesen werden.

5.2.2 Wie schreibt man wissenschaftliche Abhandlungen?

„Verständlichkeit ist stets die oberste Maxime", schrieb Bastian Sick 2005 im 2. Band seines Bestsellers: ‚Der Dativ ist dem Genetiv sein Tod'. Die JungautorInnen zu sensibilisieren, verständlich und damit lesbar zu schreiben, ist auch das Motto dieses Leitfadens!

Nach dem Zweiten Weltkrieg wandelten sich im deutschen Sprachraum Stil und Diktion wissenschaftlicher Abhandlungen – und, wie ich finde, zum Besseren. Das ist zum Teil auf den Einfluss der englischsprechenden Welt zurückzuführen. Dort wird das Schreiben schon im Studium mit größerer Intensität eingeübt. Aber auch die Kommunikationsforschung, der Journalismus und nicht zuletzt die Werbung haben zum Wandel des Schreibstils beigetragen.
Das hat auch seine Kehrseiten, denn oftmals sind die Unterschiede zwischen wissenschaftlichem und journalistischem Schreibstil verwischt, nicht immer zum Vorteil einer angemessenen wissenschaftlichen Diktion.
Fast überall wird jedenfalls ein relativ hohes sprachliches Niveau erwartet. Ein lieblos oder dilettantisch gestalteter Text weckt leicht den Eindruck, der sachliche Inhalt sei gleichfalls oberflächlich und wenig sachverständig behandelt.
Manche AutorInnen meinen, sich mit einer Fülle an Fachtermini und verklausulierten Sätzen umgeben zu müssen. Leider hält sich das Vorurteil hartnäckig, das sei wissenschaftlicher Stil und werde von den BetreuerInnen verlangt. Mit einer geschwollenen Ausdrucksweise meinen sie, den Eindruck tiefschürfender Wissenschaftlichkeit erwecken zu können, erreichen aber das Gegenteil: Sie schrecken potenzielle Leser ab. Wissenschaftliche Arbeiten sollen also klar und prägnant, präzise und logisch, sachlich und knapp, objektiv und frei von Polemik geschrieben sein. In einem Artikel über Studierende und deutsche Hochschulen in der Illustrierten STERN (vom 24.04.1980) wurde noch markanter formuliert: *„Die Sprache der Wissenschaft ist unpersönlich, extrem sachlich und extrem abstrakt zugleich. Es ist die nüchternste, kälteste Sprache, die es gibt"*.

So kann es nicht verwundern, dass den Studierenden die sprachliche Bewältigung wissenschaftlicher Ausarbeitungen vielfach große Schwierigkeiten bereitet.

Schon 1976 in einer frühen Fassung dieses Leitfadens hatte ich auf die Notwendigkeit hingewiesen, verständlich zu schreiben. Inzwischen hat dieser Aspekt wissenschaftlicher Außenwirkung erheblich an Brisanz gewonnen. Wissenschaftliches ‚Kauderwelsch' wird immer weniger akzeptiert.

Auf vielfältige Weise wird deshalb versucht, Abhilfe zu schaffen:

- Mit allgemeinen Appellen an die Wissenschaftler, klarer zu schreiben (und zu sprechen),
- durch Kurse an Universitäten, in denen verständliches Schreiben eingeübt wird,
- mit ‚science slams', das heißt mit ‚Wettkämpfen' von Wissenschaftlern vor Publikum, schwierige wissenschaftliche Sachverhalte in kurz bemessener Zeit und ohne Hilfsmittel klar darzustellen,
- mit Versuchen, durch ‚leichte Sprache', Vorschriften, Formulare bzw. Texte ganz allgemein lesbarer auch für Menschen zu machen, die weniger gewohnt sind, mit Schriftlichem umzugehen (STRASSMANN, 2014 DIE ZEIT 6: 35)

Verständliches Schreiben zu empfehlen, ist also nach wie vor hochaktuell oder – folgt man den Ergebnissen einer Umfrage (zum Beispiel DER SPIEGEL 2012/40: 48) – dringender denn je!

Anhand von zahlreichen, aus Master-, Diplom- und Doktorarbeiten sowie Veröffentlichungen entnommenen Beispielen werden nachfolgend die genannten Forderungen näher umrissen. Das geschieht in 8 Lektionen:

1. Lektion: Vom Ringen um Exaktheit bei den fachlichen Aussagen.
2. Lektion: Von der verständlichen Sprache.
3. Lektion: In der Kürze liegt die Würze.
4. Lektion: Das Ärgernis mit den Abkürzungen.
5. Lektion: Von der ‚Entpersönlichung' der AutorInnen und der ‚Personifizierung' von Institutionen, Gegenständen, Projekten.
6. Lektion: Probleme mit grammatikalischen Feinheiten.
7. Lektion: Gewinn an Lesbarkeit durch eine überlegte Satzkonstruktion.
8. Lektion: Verbesserung der Nachvollziehbarkeit von Textteilen durch deren Verknüpfung.

Diese werden nachfolgend näher erörtert.

5.2.2.1 Lektion 1: Vom Ringen um Exaktheit bei den fachlichen Aussagen

„Lesen macht vielseitig, verhandeln geistesgegenwärtig, schreiben genau".

Dieser Satz wird Francis BACON zugeschrieben, und er passt als Motto für diese Lektion. ‚Unsaubere', das heißt unpräzise und unlogische Formulierungen aus Gedankenlosigkeit und Flüchtigkeit sind ein besonderes Problem wissenschaftlicher Erstlingswerke – allerdings nicht nur dieser!
Zwei Formen kommen besonders häufig vor:

(1) Ungenaue Formulierungen
Das Bemühen, ‚wissenschaftlich' bzw. ‚gewählt' zu schreiben, führt häufig zu ungenauen Formulierungen, wenn nicht gar zu sprachlichen Entgleisungen. Die nachstehende Auswahl mit Versuchen, die jeweiligen Aussagen zu präzisieren, soll das verdeutlichen:

- *„Der Erhalt der Landschaft ..."* – Landschaft als solche kann weder erhalten, noch beseitigt werden. Gemeint war wohl eher der Erhalt eines bestimmten Landschaftstypus'.
- *„In den USA ist die jährlich von Insekten und Krankheiten befallene Waldfläche rund 45 Mal größer als jene, die durch Brände zerstört wird"* – Flächen können weder durch Insekten, noch durch Brände zerstört werden, vielmehr sind es die Wälder, die dies Schicksal erleiden. Krankheiten sind als Angabe zu vage, und 45mal müsste klein geschrieben werden.
- *„Diese Art ist ungenießbar für Haustiere."* – Hier sollte zum Ausdruck gebracht wer-

den, dass sich Pflanzen einer bestimmten Art nicht als Viehfutter eignen. Eine Art selbst ist jedoch weder genieß-, noch ungenießbar. Dasselbe gilt für eine vergleichbar unexakte Aussage: *„Allen diesen* [Schweine-] *Rassen ist gemein, dass sie in Stallhaltung zur Verfettung neigen".* – Verfetten Rassen, sind es nicht die Tiere?

- *„Diese Länder sind vorwärtsgewandt."* – Das sind wohl kaum die Länder, sondern die Menschen dort.
- *„Auf den etwas späteren Standorten konnten Anfang April erste Mengen geerntet werden".* – Es handelte sich um die zu unterschiedlichen Zeitpunkten mögliche Spargelernte. In dem kurzen Satz stecken gleich drei Ungenauigkeiten: erstens die absurde Verknüpfung von Standort und Erntezeitpunkt, zweitens die Ernte von Mengen (Ernte von Spargelmengen wäre noch akzeptabel gewesen) und drittens die ungenaue Definition des Begriffs Standort. ‚Standort' kann die geografische Lage betreffen, das war aber nicht gemeint. ‚Standort' im ökologischen Kontext umfasst Klima und Boden. Der Autor dürfte aber nur die Böden im Sinn gehabt haben.
- *„ ... ungesättigte Bodenmechanik"* sollte heißen: Mechanik ungesättigter Böden.
- *„Landeskunde meint alle Bezüge auf die Gesellschaft ..."* – Hier ist wie in vielen anderen Texten das englische it means unkritisch übernommen worden. Solche ‚unsauberen' indirekten Übersetzungen aus dem Englischen ‚erfreuen' sich zwar wachsender Beliebtheit, kaum aber kritische Leser.
- *„Die Zusammensetzung der Bewerber ist noch nicht bekannt."* – Bei diesem Satz merkt man erst beim zweiten Lesen, dass nicht etwa die chemische Zusammensetzung der Bewerber gemeint war, sondern die Zusammensetzung der Bewerberliste oder -gruppe.

Diese Beispiele mögen genügen – die eigene Sammlung gäbe viele weitere her!

(2) Umgangssprachliche Flapsigkeiten

In der Alltagssprache sind sie und sprachliche ‚Gemeinplätze' an der Tagesordnung. Journalistische ‚Laxheiten' haben sich auch in wissenschaftliche Arbeiten eingeschlichen. Werden sie gesprochen, so nehmen wir sie oft kaum mehr als solche wahr. Wenn sie aber schriftlich formuliert vor uns liegen, werden sie offenkundig. Davon kann der Autor dieses Leitfadens nach Durchsicht vieler wissenschaftlicher Ausarbeitungen wahrlich ‚ein Lied singen'. Bei Anfängern sind sie oft Ausdruck von Unbeholfenheit, bei ‚Profis' eher ein Zeichen mangelhafter sprachlicher Sorgfalt aufgrund von zeitlicher Hetze oder von ‚Schaumschlägerei', um Eindruck zu schinden.

Anleihen an der Alltags- und Umgangssprache (‚colloquialism') sind oft noch einen Grad schlimmer als die ungenauen Formulierungen, auch wenn sie manchmal erheiternd wirken:

- *„Nur, was jeder einzelne im Portemonnaie spürt, trägt zu einer nachhaltigen Verhaltensänderung bei'.*
- *„Das Waldsterben in unserem Land schreitet weiter in aller Ernsthaftigkeit einher ...".*
- *„Der Klimawandel, eine langsam, aber deutlich hörbare Zeitbombe'.*
- *„Die Pflanzen der Provenienz A hatten gegenüber denen der Provenienz B das Nachsehen".*
- *„Betrachtet man die Individuenzahl der beiden anderen Straten, so fallen die niedrigeren Werte ins Auge."*
- *„Die einjährigen Pflanzen haben durch die Bank versagt ..."*

- *„So tanzten die Pflugparzellen aus der Reihe ...“*
- *„Brutplätze für die Dohle sind mittlerweile rar gesät.“*

Diese Liste ließe sich gleichfalls endlos verlängern – oder anders ausgedrückt: ‚Auf dem Feld' der saloppen Formulierungen werden besonders viele Schnitzer gemacht – die gehen dann ‚leicht ins Auge'. Studierende wie DoktorandInnen – aber nicht nur sie! – sollten deshalb eine gesteigerte sprachliche und damit gedankliche Sensibilität entwickeln und sich zugleich bemühen, fachlich exakt und angemessen zu formulieren.

5.2.2.2 Lektion 2: Von der verständlichen Sprache

„Ein gewisser Grad an Unverständlichkeit in den Äußerungen signalisiert der Fachwelt Kompetenz. Dem Laien soll das verbale Kauderwelsch den nötigen Respekt abnötigen“. Diese Aussage könnte aus dem 19. Jahrhundert stammen, als man in der Wissenschaft dieser Maxime folgte. Tatsächlich wurden aber die oft kryptisch gehaltenen Äußerungen des früheren Chefs der Europäischen Notenbank, Trichet, hiermit glossiert (DER SPIEGEL 50/2006).

In den Naturwissenschaften hat sich dank des Einflusses der englischsprachigen Welt inzwischen durchgesetzt, einfacher und verständlicher zu schreiben. Man folge dabei dem **‚KISS-principle'** für das es laut Wikipedia eine Vielzahl von Entschlüsselungen gibt: (‚**k**eep **i**t **s**hort and **s**imple‘ = halte es kurz und einfach; ‚keep it sweet and simple‘ = gestalte es gefällig und einfach; ‚keep it strictly simple‘ = mach es konsequent einfach). Diese und weitere Versionen laufen alle auf dieselbe Empfehlung hinaus: nämlich einfach zu schreiben! Allerdings haben noch längst nicht alle WissenschaftlerInnen diese Verpflichtung ihren Lesern gegenüber verinnerlicht. NachwuchswissenschaftlerInnen und Studierenden sollte es mithin ein wichtiges Anliegen sein, sich von Anfang an um einen verständlichen und klaren Sprachstil zu bemühen.

Was damit gemeint ist, wird nachfolgend erläutert und zwar anhand

(1) des holprigen Verwaltungsdeutschs,
(2) des übermäßigen Gebrauchs von Fachausdrücken,
(3) der Verwendung von Fremd- und Modewörtern, sowie
(4) weiterer sprachlicher Stolpersteine, und schließlich
(5) von Übertreibungen bei der Wortwahl.

(1) Das holprige Verwaltungsdeutsch

Dieser Schreibstil zeichnet sich durch eine gestelzte, unnötig komplizierte, bürokratische Sprache aus. Er war ursprünglich eine Domäne der Beamten und Juristen, hat aber leider inzwischen auch viele Wissenschaftler ‚infiziert' und ist bei JungautorInnen besonders ‚beliebt‘.

Wesentliches Merkmal des ‚Beamtendeutschs‘ bzw. des ‚Nominalstils‘ ist die Verwendung von Verben, wie durchführen, erfolgen, vornehmen, erstellen, stattfinden, unterziehen, veranlassen, vollziehen. Sie alle beschwören zwangsläufig **schwerfällige Substantivierungen** herauf:

- *„Die Erfassung der Architektenwohnhäuser erfolgte im Rahmen des Inventarisierungsprojektes ...“* statt: Die Architektenhäuser wurden im Rahmen des Inventarisierungsprojektes erfasst.
- *„Zunächst wurde die Messung der Gebäudehöhen durchgeführt ...“* statt: ... wurden die Höhen der Gebäude gemessen. Das lässt sich noch steigern – Pardon: ‚toppen‘. So wollte sich ein Student besonders ‚wissenschaftlich' ausdrücken und schrieb: *„Die Durchführung der Messungen fand im Oktober 2009 statt.“*

- *„Die Erfassung der Qualität von Stämmen besteht generell aus subjektiver Quantifizierung von bestimmten Merkmalen, wie ...“* Hier wurde in einem Satz gleich zweimal substantiviert. Stattdessen könnte formuliert werden: Die Stammqualität kann nur subjektiv anhand der folgenden Merkmale erfasst und quantifiziert werden: ...
- Sehr beliebt sind Wendungen mit Möglichkeit: *„... ist die Möglichkeit gegeben“* – ist möglich, würde ausreichen. *„Für die Zukunft ergibt sich die Möglichkeit, eine nachhaltige und ressourcenschonende Bewirtschaftung der Wälder vorzunehmen“* – da kann man sogar auf ist möglich verzichten und schlicht formulieren: Zukünftig lassen sich die Wälder nachhaltig und ressourcenschonend bewirtschaften. Ebenso würde aus *„..., die recht nachteilige Bewirtschaftungsmöglichkeiten aufweisen“* einfacher und kürzer: die sich schlecht bewirtschaften lassen.
- *„Die Proben wurden anschließend einer bodenchemischen Untersuchung unterzogen.“* – Wie wär's mit: Die Proben wurden anschließend bodenchemisch untersucht? In dieselbe Schublade passt gleichfalls: *„Die Ergebnisse wurden einem Vergleich unterzogen“* statt: Die Ergebnisse wurden miteinander verglichen, oder *„Die Messergebnisse wurden zur Auswertung der Varianzanalyse unterworfen“* statt: Die Messwerte wurden mit Hilfe einer Varianzanalyse ausgewertet. Hier wurde zusätzlich noch der Begriff Ergebnisse unscharf verwendet.
- *„Durch die Haltung von Galloway-Rindern auf Weiden wird dort auch der Aufgabe der Landschaftspflege Rechnung getragen.“* – Mit Galloway-Rindern lässt sich gleichzeitig die Landschaft pflegen – warum einfach, wenn's umständlich geht?!
- *„Der Wald im Hessische Ried unterliegt infolge seiner Lage nahe des Ballungsraumes Rhein-Main-Gebiet einer Vielzahl von Nutzungen.“* So steht es in einem Flyer über jenes Gebiet. Den doppelten Genetiv und die Substantivierung kann man leicht beseitigen und formulieren: Der Wald im Hessischen Ried wird wegen seiner Nähe zum Rhein-Main-Ballungsgebiet vielfältig genutzt. Aber es kam noch schlimmer: *„Vor dem Hintergrund des erwarteten Klimawandels mit der Tendenz zu wärmeren, trockeneren Sommern und milderen Wintern kommt der Sicherung der Stabilität der Bestände zur Erhaltung der Nutz-, Schutz-, Lebensraum- und Erholungsfunktion dieser Region eine große Bedeutung zu“.* Diesen Satz mögen motivierte LeserInnen selbst in verdauliches Deutsch bringen!

Diese ‚Blütenlese' ist wiederum nur ein kleiner Ausschnitt der eigenen Sammlung. Mit ihr soll verdeutlicht werden, wie gängig solche sprachlichen Schwerfälligkeiten sind. Generell kann man also folgern: Einfache Verben sind – mit wenigen Ausnahmen – besser als deren Substantivierungen. Diese wirken nämlich stets ‚verschwurbelt'. Nur ein Sprachkünstler wie Wilhelm Busch handhabte auch Substantivierungen meisterlich:

„Stets findet Überraschung statt
da, wo man's nicht erwartet hat“.

Manche Autoren meinen, deshalb auf Substantivierungen ausweichen zu müssen, weil sie passivische Wendungen mit wird oder wurde umgehen wollen. Diese gelten ebenfalls als schwerfällig, sie sind jedoch akzeptabler als die umständlichen Substantivierungen. Mehrere der obigen Beispiele wurden sogar gleichfalls im Passiv formuliert. Durch Substantivierungen lassen sich also passivische Wendungen keinesfalls immer umgehen.

Auch nicht besser ist das verschiedentlich zu lesende Ausweichen auf Formulierungen wie: man beobachtete, man untersuchte, man fand heraus – was aber, wenn man frau ist? Jedenfalls wird deutlich, dass die Angst vor Passivwendungen zu vielen sprachlichen Verrenkungen führt.

Mehrere **hintereinander gestellte Genetive** (‚Genetivketten') sind gleichfalls beliebte Wendungen im Beamtenjargon: *„Nach dem Abschluss der wesentlichen Etappen der Renaturierung der Brockenkuppe erscheinen auch weiterhin stützende Maßnahmen für einige Arten erforderlich."* Drei Genetive sind einfach zu viel, selbst zwei wirken schon holprig: *„Wo die natürliche Wiederbesiedlung wegen des Fehlens entsprechender Initiale sehr erschwert ist, sollen ... "* Besser also: *„Wo die natürliche Wiederbesiedlung erschwert ist, weil entsprechende Initiale fehlen, sollen ..."*

Sprachliche Unbeholfenheit ist gleichfalls dem holprigen Beamtendeutsch zuzurechnen – im Englischen klingt das noch drastischer: ‚akwardness', ‚clumsiness', ‚helplessness'.
Im Bemühen, sich ‚gewählt' auszudrücken, verfallen viele Studierende zusätzlich in ein **altertümelndes Deutsch**. So benutzen sie statt der Personalpronomen ‚der, die, das' ‚welcher, welche, welches' oder statt ‚einige' ‚etliche'. Beim Sprechen würden sie das nie tun, und der Duden bezeichnet diese Ausdrucksweise als ‚schwerfällig'.
Weitere **sprachliche Schwerfälligkeiten** erfreuen sich gleichfalls hartnäckiger ‚Beliebtheit':

- *„Es existiert eine Vielzahl von Darstellungen, die ..."* statt: Es gibt viele Darstellungen, die ...
- *„Tendenziell besaßen die schwächsten Bäume in weitständig erzogenen Bestände größere Durchmesser als die stärksten Bäume in dicht aufgewachsenen Beständen"* statt: In weitständig erzogenen Beständen waren die schwächsten Bäume dicker als die stärksten in eng aufgewachsenen.
- *„Die weitständig erwachsenen Kiefern wiesen größere Durchmesser auf als die eng begründeten"* statt: Die weitständig gepflanzten Kiefern waren dicker als die eng aufgewachsenen.

Studierende und Personen, die sich beim Schreiben unbeholfen fühlen, flüchten sich in diesen ‚geschraubten Stil', offenbar weil sie ihn für besonders ‚wissenschaftlich' halten. Als Betreuer zahlreicher Studien-Abschluss- und Doktorarbeiten fragte ich mich stets von Neuem gequält, weshalb so vielen JungautorInnen ein schwerfälliges ‚Beamtendeutsch' als angemessene Wissenschaftssprache erscheint. Lernen sie diese Ausdrucksweise in der Schule, oder vermitteln ihnen Lehrbücher, wissenschaftliche Artikel und Vorlesungen bereits in den ersten Studiensemestern diesen Eindruck? Danach befragt, antworteten einige Studierende mit einem eindeutigen *„Ja!"* – und diese Aussage ist nicht unbedingt als Anerkennung für uns Professoren zu werten!

(2) Übermäßiger Gebrauch von Fachausdrücken

„Wenn einer übermäßig viel Fachausdrücke braucht, dann stimmt da etwas nicht", hat Tucholsky in seinem Roman ‚Schloss Gripsholm' glossiert. Genau darum geht es: den übermäßigen und oft nicht nötigen Gebrauch fachsprachlicher Begriffe! Das ‚Fachchinesisch' hat zweifellos – wie die Jägersprache seinerzeit – die Funktion einer Geheimsprache, die nur ‚Insidern' vertraut ist und die übrige Menschheit außen vor lassen soll.

So werden beispielsweise in den biologischen Wissenschaften Pflanzen- und Tierarten generell mit ihren wissenschaftlichen Namen angegeben, denn nur diese sind eindeutig, international gebräuchlich und müssen mithin nicht übersetzt werden. Aber es genügt, wenn die wissenschaftlichen Namen einschließlich der Kürzel der Autoren dieser Namen einmal (etwa in der Einführung oder im Abschnitt ‚Material') gebracht werden. Bei vielen Ausarbeitungen wird die Lesbarkeit nicht gefördert, wenn man die wissenschaftlichen Namen durchgängig auch bei jenen Arten in einer Arbeit verwendet, für die es in der jeweiligen verwendeten Sprache gebräuchliche Namen gibt. Statt also jedes Mal etwa *Felis leo* L. zu schreiben genügt es, den ‚scientific name' einmal zu Beginn zu nennen. In der Folge wird dann besser der ‚common name': Löwe, lion, leon benutzt. Das klingt weniger hochtrabend. Selbst bei einem scheinbar so nebensächlichen Detail sollten sich die AutorInnen überlegen, welches Publikum sie vorrangig ansprechen wollen, und wie sich wissenschaftliches ‚Brimborium' umgehen lässt.

Keinesfalls soll hier generell in Frage gestellt werden, Fachausdrücke zu verwenden. Jedes Fachgebiet entwickelt nämlich eine Fachsprache. Fachbegriffe und Definitionen lassen sich meist nicht ohne Verlust an fachspezifischer Genauigkeit übersetzen. Ihre Bedeutung muss aber oftmals erläutert werden, vor allem dann, wenn sie für viele Leser nicht eindeutig sind oder in anderen Fachgebieten abweichend verwendet werden. Fachbegriffe sind wichtig, weil andernfalls der Sinn mit mehreren Erklärungswörtern umschrieben werden müsste. Fachwörter sind genauer und benötigen weniger Platz. Ihr richtiger Gebrauch trägt mithin wesentlich zur Präzision von wissenschaftlichen Texten bei. Ihre Verwendung ist daher zwingend. Falsche Fachwortverwendung lässt dagegen auf mangelnde Beherrschung der Fachmaterie schließen. An zweiter Stelle nach den inhaltlichen Qualitäten wird deshalb dieses Moment bei Bachelor-, Master- und Diplomarbeiten streng bewertet.
Der angemessene und der inflationäre Fachwortgebrauch sind aber zweierlei!

(3) Vorsicht bei der Verwendung von Fremd- und Modewörtern

Fremdwörter sind besonders beliebt, um eine tiefschürfende Wissenschaftssprache vorzugaukeln. Sie sind wichtige Elemente der **‚wissenschaftlichen Imponiersprache'** und angeberischen Sucht nach Weltläufigkeit. Deshalb eignen sie sich gut für ‚professorales Geschwafel', ‚pomphafte Phrasen' oder für einen ‚bombastischen Stil'.
„Intellektuelle Aufmotzung" hat ein Kommentator im Leo-Online-Wörterbuch dieses Vorgehen treffend genannt.

Die Vielzahl abfälliger Begriffe für ‚aufgeblasenes und pompöses Schreiben oder Sprechen' verdeutlicht, dass es weit verbreitet ist und von Lesern oder Zuhörern wenig geschätzt wird:
„Wegen der hohen Relevanz von Suffizienzkonzepten hat die VÖÖ im vergangenen Jahr die Konsequenz gezogen und sich als Nachhaltigkeitsdiskurs dezidiert wachstumskritisch positioniert."
Das ist so ein aufgeblähter Satz, bei dessen Lektüre keine rechte Freude aufkommen will.

Der Präsident der Deutschen Forschungsgemeinschaft ging auch nicht gerade mit leseförderlichem Beispiel voran, als er schrieb: *„...der Vorgang der Reflexion und Deskription selbst kann etablierte Positionen profilieren und in neuen Kontexten neu konturieren."* (forschung 2/2013: 2)

Lewis CARROLL (1865) hat die geschwollene Wissenschaftlersprache in ‚Alice im Wunderland' treffend aufs Korn genommen:

„Unter diesen Auspizien" sagte nun der Dodo tiefsinnig, „votiere ich für eine Sistierung der Debatte und eine konsequente Korrektur der momentanen Kondition ...". „Rede anständig!" unterbrach ihn der kleinere Adler. „Ich verstehe kein Wort von dem Gequassel, und du verstehst es wahrscheinlich selber nicht!"

Bei Geisteswissenchaftlern sind besonders Wörter mit griechischem oder lateinischem Ursprung fürs ‚Wortgeklingel' oder für ‚Sprachschwulst' beliebt. Naturwissenschaftler ziehen eher Worte mit englischen Wurzeln vor. Allerdings machen sie gelegentlich Anleihen bei den Geisteswissenschaften.

Manchmal ist den AutorInnen die ursprüngliche Bedeutung der Fremdwörter offenkundig nicht vertraut. So kommt es zu überflüssigen Doppelungen: ‚doppelt gemoppelt' oder – gelehrt ausgedrückt: zu ‚Tautologien', das heißt zu Begriffen, die dasselbe besagen bzw. zu ‚Pleonasmen' (= Begriffen mit überflüssigen Zusätzen wie weißer Schimmel). Das wird mit dem Spruch karikiert:

„Die Basis ist die Grundlage des Fundaments!"

Aus vielen Texten kann man ‚Luft rauslassen', wenn man sie kritisch auf solche **überflüssigen Doppelungen** hin durchsieht. Die folgenden Beispiele mögen dies veranschaulichen:

- *„Hier ist der Schaden schon vorprogrammiert"* – ‚pro' bedeutet – lateinisch – ‚vor'. Es braucht mithin nicht ein zweites vor. Das ist seit einigen Jahren sogar den Journalisten klar geworden, und sie haben sich auf programmiert umgestellt.
- *„Dies Schriftstück ist nur als Exposéskizze gedacht"* – Exposé und Skizze sind identische Begriffe.
- *„Das Gebäude wurde neu renoviert."* – In renoviert steckt schon – lateinisch – neu. Man sollte kaum glauben, dass dieser Fehler immer noch gemacht wird.
- *„Die zugrundeliegende Hypothese ist ..."* – Hypothese ist aus dem Griechischen abgeleitet und bedeutet bereits die einer Sache zugrunde liegende ‚Unterstellung'.
- *„... dynamische Entwicklung..."* oder *„... dynamische Prozesse"* – Entwicklungen und Prozesse sind stets dynamisch. Das Entsprechende gilt für: *„Diese Situation zwang zu aktivem Handeln"*. Handeln ist immer aktiv, das Adjektiv also überflüssig! Umgekehrt ist dann *„Die Aufrechterhaltung eines statischen Zustands .."* sprachlich unsauber, weil ein Zustand eben statisch ist.
- *„ ...anthropogen bedingte Ausbreitungsprozesse ..."* – anthropo-gen ist zusammengesetzt aus griechisch ‚anthropos' und ‚gen'. Anthropogen enthält also bereits ‚menschlich' und ‚bedingt'. Menschlich bedingt klingt zudem schlichter.
- Gern wird *„auf-"* oder *„hinzuaddiert"* –‚addieren' schließt aber lateinisch ad = ‚zu' oder ‚hinzu' bereits ein.
- Tautologien aus der Statistik sind außerdem *„überwiegende Unklarheiten"* oder *„durchschnittliche Mittelwerte"*.
- *„Zukunftsperspektiven"*, *„Zukunftsaussichten"* oder *„Zukunftsvisionen"* – Prognosen, Perspektiven, Aussichten oder Visionen haben es sämtlich an sich, dass sie in die Zukunft gerichtet sind. Der *„zukünftige Entwicklungstrend"* enthält gleich zwei Pleonasmen.
- *„Als potenziell aussichtsreiche Kandidaten kommen schlussendlich in Frage: ..."* – aussichtsreich schließt potenziell ein, kann also entfallen, ‚schlussendlich' ist vom Sinn her eine Wiederholung.

Auch *„potenzielle Gefahren"* verursachen nur möglicherweise Schäden, der Zusatz potenziell ist also überflüssig.

- *„Ein tendenzieller Gradient ist ein spezieller Einzelfall"*. Ein Gradient pflegt eine Tendenz anzudeuten, und ein Einzelfall ist immer speziell.
- ‚Angestrebte Ziele' oder – schlimmer noch – ‚angestrebte Planungen' tragen ebenfalls – leicht erkennbar – Tautologien in sich.

Solche Doppelungen zu beseitigen, trägt vorteilhaft dazu bei, Texte zu verknappen.

Unschöne Doppelungen sind weiterhin **doppelte Verneinungen**: *„Eine Wirkung dieses Mittels ist deshalb nicht unwahrscheinlich"* statt Eine Wirkung dieses Mittels ist deshalb wahrscheinlich.

Mit der doppelten Verneinung versuchen unsichere SchreiberInnen, sich nicht bindend festzulegen. Eine ‚positive' Formulierung klingt dagegen weniger schwammig und ist zugleich kürzer und lesbarer.

Verbale Doppelungen zu eliminieren, ist ein Gesichtspunkt, der in der folgenden Lektion: ‚In der Kürze liegt die Würze' noch vertieft wird, – doch zurück zur Gefahr, Fremdwörter fehlerhaft oder gar missbräuchlich zu verwenden.

Einige Fremdwörter haben sich inzwischen verselbständigt:
Das gilt beispielsweise für ‚Alternativen': *„Hier stehen vier Alternativen zur Diskussion"*. – Streng genommen gibt es jedoch nur 2 Alternativen, denn lateinisch bedeutet *‚alter ...alter'*: der Eine und der Andere, und das können nur 2 sein. 3 oder mehr Alternativen sind sprachlich gesehen mithin ein Unding. Die Schreiber meinen stets mehrere Möglichkeiten und sollten das auch so formulieren!

Über manche Feinheiten ist der Wortgebrauch hinweg gegangen: So sprechen wir nach wie vor von einem Manuskript – auch hier im Leitfaden wurde dieser Begriff durchgängig verwendet –, obwohl kaum noch Jemand von Hand *(manus)* schreibt *(scribet)*. Eigentlich müsste es deshalb ‚Typoscript' oder gar ‚Computoscript' heißen.
Das englische it makes sense hat sich seit einiger Zeit in deutscher Version so sehr durchgesetzt, dass man schon verwundert ist, wenn Jemand – richtig – schreibt: Ob es überhaupt Sinn hat, ... oder: ob es sinnvoll ist, statt: es macht keinen Sinn.

Das Problem liegt mithin darin, zu erkennen, was inzwischen **akzeptierter Sprachgebrauch** und was als **sprachliche Ungenauigkeit** zu werten ist. Gelegentlich wird man schon mal zum Duden oder vergleichbaren Werken greifen müssen, um nachzuschauen, was derzeit als ‚richtig' gilt, also ‚in' ist.
Diese Beispiele mögen helfen, die sprachliche Sensibilität besonders von JungautorInnen zu schärfen.

Verwendet man **entsprechende deutsche Wörter**, so lassen sich die Schwierigkeiten umgehen, Fremdwörter zu benutzen, deren Sinngehalt und Handhabung man möglicherweise nicht genau kennt. Das hat den vorteilhaften Zusatzeffekt: Es verbessert die Verständlichkeit von Texten. Deutsche Wörter sind nämlich für die meisten Leser eingängiger als Fremdwörter.

So gelobte ein Kommunikationsfachmann in Regierungsdiensten selbstkritisch, künftig genau hinzusehen, ob sich ein Fremdwort vermeiden ließe, um sicherzustellen, dass die Verlautbarungen der Regierung im Lande auch ankämen (DER SPIEGEL 2005/16: 164).

Dazu einige Beispiele:

Deutscher Begriff	statt Fremdwort
Vorstellungskraft	Imagination
Auslöschung	Extinktion
Wechselwirkung	Interaktion

Deutscher Begriff	statt Fremdwort
Widerstandskraft	Resistenz
Lage	Situation
Zusammenarbeit	Kooperation
Fachmann	Koryphäe
Anwesenheit o. ä.	Präsenz
Beseitigung	Elimination
Absicht	Intention
Wunschgegenstand	Desiderat
besonders	exzeptionell
teuer	kostenintensiv
künstlich	artifiziell
einheitlich o. ä.	homogen
möglich	potenziell
vorrangig	präferenziell
zweitrangig o. ä.	sekundär
begrenzend	limitierend
einschließlich	inklusive
unverträglich	inkompatibel
aus eigenem Antrieb	intrinsisch
werben für etwas	propagieren
wiederholen	replizieren
erkennen o. ä.	identifizieren
umsetzen o. ä.	implementieren
mitteilen	kommunizieren
feststellen	konstatieren
erklären	deklarieren
beabsichtigen	intendieren
vereinfachen	simplifizieren
fordern	postulieren
Gegensätze fördern	polarisieren

Diese Zusammenstellung kann beliebig verlängert werden. Wenn also nicht gerade fachspezifische Aussagen gemacht werden sollen, bei denen allein Fachausdrücke den Sinn exakt treffen, so sind deutsche Begriffe vorzuziehen. Es geht hier nicht um Deutschtümelei, sondern allein darum, die Verständlichkeit von Texten zu fördern!

In Kap. 9.6 (Bücher hinsichtlich des Fremdwortgebrauchs, S. 234) sind einige Bücher aufgelistet, die helfen können, geeignete deutsche Ausdrücke (= deutsche Synonyme) zu finden und zugleich der Gefahr zu entgehen, Fremdwörter falsch zu gebrauchen. Da immer weniger JungautorInnen Latein- oder Griechisch-Kenntnisse aus der Schule mitbringen, sollten sie entsprechende Nachschlagewerke als Hilfe heranziehen, um nicht in solche Sprachfallen zu tappen.

Der übermäßige Gebrauch von Fremdwörtern lässt erkennen, dass die AutorInnen nicht bemüht waren, sich verständlich und lesefreundlich auszudrücken. Wie schon im vorigen Abschnitt betont, sei hier aber nochmals herausgestellt: Zwischen der wissenschaftlich einwandfreien Verwendung von Fachbegriffen und einem mit Fremdwörtern gespickten Text ist oft ein himmelweiter Unterschied!

Ebenso wie in der Alltagssprache finden sich in den Fachsprachen zahlreiche Modewörter mit oft nur kurzer Lebensdauer. Deren ausgiebige Verwendung fördert selten die Präzision und Verständlichkeit. Das gilt besonders für Ausdrücke aus dem Umfeld des Computers, für die der Oberbegriff ‚denglische Imponiervokabeln' geprägt wurde, und scheint dem Zeitgeist – sorry: mainstream – geschuldet.

Aber auch andere Modeworte sind gängig geworden: Kaum ein Artikel, in dem nicht Themen problematisiert oder etwa gesellschaftliche Schlüsselfaktoren identifiziert werden sollen. Neu ist das Prekariat (zusammengesetzt aus prekär und Proletariat), und schon taucht es auch in wissenschaftlichen Veröffentlichungen auf, etwa als prekariate Beschäftigung.

Kein Beitrag, in dem nicht Nachhaltigkeit – als hoffnungslos verwässerter Begriff – in allen denkbaren Kombinationen angestrebt wird. Sie, die Nachhaltigkeit, solle zudem möglichst ihren Finger- oder Fußabdruck – noch besser in englischer Version: foot print – und zwar extrem nachhaltig hinterlassen.

Wahrscheinlich ist sie ein milestone auf unserem Weg in den Fortschritt, auch wenn kaum noch Jemand weiß, wie lang eine Meile ist – etwa eine nautische Meile oder eine preußische Landmeile – und sicher auch nicht, wie ein Meilenstein aussah.

Seit einigen Jahren hat sich in den biologischen Wissenschaften und neuerdings sogar in den Sozialwissenschaften – wie so oft aus Amerika kommend – der Begriff ‚Kohorte' durchgesetzt, obwohl es schlicht um ‚Gruppe' geht. Das klingt aber nicht so wissenschaftlich. Ob die vielen AutorInnen, die diesen Begriff willig aufgegriffen haben, eigentlich wissen, dass Kohorte, aus dem Lateinischen übersetzt, ‚Schar' oder ‚Gefolge' heißt und eine militärische Teileinheit von Legionen bzw. die Palastwache bei den Römern bezeichnete?

Zugegebenermaßen ist es nicht leicht, sich vom täglichen Sprach- (und Schreib-)Stil abzukoppeln, denn er wird quasi ‚subkutan' (unter die Haut gehend) vermittelt, und Studierende bzw. jüngere WissenschaftlerInnen folgen den jeweils herrschenden Moden zunächst noch weniger sensibilisiert als jene, die schon mehrere mitgemacht haben. Im Übrigen sind die Grenzen zwischen dem strengeren wissenschaftlichen und dem lockeren journalistischen Schreibstil oft arg verwischt.

(4) Besondere sprachliche Stolpersteine

Zu den sprachlichen und damit oft zugleich den fachlichen Ungenauigkeiten zählt schließlich noch der fehlerhafte Gebrauch der Begriffspaare scheinbar/anscheinend und der selbe/der gleiche. Sie sind eigentlich ‚ein alter Hut', werden aber so oft falsch verwendet, dass ich mich bemüßigt sah, sie hier aufzunehmen.

Den Unterschied von scheinbar und anscheinend zu verstehen, überfordert offenkundig viele AutorInnen. Dieser Eindruck drängt sich jedenfalls bei der Lektüre mancher Prüfungsarbeit auf. Dabei bekommt man diesen Unterschied schon in der Schule eingetrichtert: Scheinbar dreht sich die Sonne um die Erde – es hat zwar den Anschein, aber man weiß sicher, dass es nicht so ist. Entsprechend hatte eine Autorin mit ihrer Formulierung: *„scheinbar gibt es für dieses Problem zwei Lösungen"*, wohl kaum zum Ausdruck bringen wollen, dass es für das von ihr angesprochene Problem eindeutig keine zwei Lösungen gäbe. Vielmehr hätte sie mit der Aussage: Anscheinend gibt es für dieses Problem zwei Lösungen offen gelassen, ob oder ob nicht. Und bei dem hier in der 2. Lektion, Abschnitt (2) (S. 143) geschriebenen Satz: *„Selbst bei einem scheinbar so nebensächlichen Detail sollten sich die AutorInnen überlegen …"*, war ich mir ganz klar, dass es sich eben nicht um ein nebensächliches Detail handelt!

Richtig ist ebenfalls: *„Die Betriebsleiter sollten begreifen, dass sie auch mit scheinbar oder tatsächlich weniger geeignetem Nachwuchs klarkommen müssen."*

Der gleiche ist nicht derselbe und umgekehrt. Auch hier sollte man vermuten, dass die Unterschiede bereits im Schulunterricht klargemacht worden seien. Das ist aber keineswegs immer der Fall: „Wir haben dreimal die gleichen Autos gesehen, aber nicht einmal dasselbe".

(5) Übertreibungen bei der Begriffswahl

Ebenso, wie sich biologische Organe ‚hypertroph', (= sich übermäßig vergrößernd) entwickeln können, scheint auch bei der Begriffsbildung zunehmend eine ‚Hypertrophie' um sich zu greifen – wie nachfolgend illustriert:

- Es genügt dementsprechend nicht mehr, die Beschreibung einer Methode schlicht als Methode zu betiteln, sondern es muss mindestens um Methoden, Methodik oder gar Methodologie gehen. Dabei wird nicht bedacht, dass ‚Methode' allein bereits die planmäßige Vorgehensweise zum Erreichen eines bestimmten Zieles umfasst. ‚Methodologie' aber bezeichnet streng genommen die ‚Lehre von den Methoden', umreißt also ein ganzes Lehrgebäude. Gleichermaßen erscheint vielen AutorInnen die Dynamik, das heißt die ‚Lehre von den Kräften bzw. Triebkräften' in der Einzahl unzureichend. Stattdessen bilden sie gern deren Mehrzahl: Dynamiken. Außerdem gibt man sich selten mit einem einfachen Problem zufrieden, sondern will Probleme bzw. die Problematik oder – schlimmer noch – Problematiken behandeln. Auch muss eine Thematik her, die ebenfalls noch zu Thematiken gesteigert wird, obwohl lediglich ein Thema gemeint ist. Und bei der Leichtbau-Technologie hatte ein Autor nur die entsprechende Technik erörtert. Desgleichen reicht ein Argument nicht, sondern es muss um eine Argumentation gehen. Statt einer *„nationalen Sichtweise"* tät's die Sicht auch.

Einfache Fragen werden zu Fragestellungen hochstilisiert, und eine Konzeption oder Konzeptionierung klingt anspruchsvoller als ein Konzept. Selbstverständlich reicht es nicht, eine Hypothese aufzustellen, sondern es muss gleich eine Theorie sein. Darunter wird jedoch ein ‚System wissenschaftlicher Aussagen' verstanden, von dem noch nicht geklärt ist, ob sie ein naturwissenschaftliches Gesetz bilden. Wollen viele AutorInnen, die derart anspruchsvoll formulieren, wirklich so weit ausgreifen? Zielsetzungen sind wohltönender als schlichte Ziele, und eine Auswahlprozess klingt aufregender als eine bloße Auswahl. Überhaupt scheint es mehr und mehr überall um Prozesse zu gehen: Handlungs-, Entscheidungs-, Entwicklungs-, Herstellungsprozesse ...

- Kein Forststudent traut sich noch über Wälder zu schreiben, nein, es müssen Ökosysteme sein. Dabei sind nur selten ökosystemare Zusammenhänge gemeint. Bei ‚Öko-Bezug' ist die Sprachschludrigkeit – entsprechend dem Vorbild der Medien – besonders ausgeprägt.
- Die Werbung macht uns gleichfalls vor, wie man – laut Mark TWAIN – Begriffe ‚übercharakterisiert', wenn es etwa heißt: *„Eiche vollmassiv"*. Offenbar traute der Möbelhersteller seiner eigenen Versicherung selbst nicht, dass es sich um Massivholz handele – mehr als massiv geht aber nicht!

Diese und ähnliche Schnitzer bzw. ‚Worthülsen' finden sich in allen Arten von Ausarbeitungen und Veröffentlichungen. Als generelle Empfehlung gilt daher, stets kritisch zu prüfen, ob sich nicht durch weniger hochtrabende bzw. hochgestochene Begriffe die Sachverhalte einfacher und klarer, ja, griffiger umreißen lassen.

(6) Ungenauer Gebrauch von Adjektiven

Adjektive sind oft nicht nur überflüssig, sie werden vielfach sogar falsch oder ungenau verwendet:

- So war in einer Universitätsschrift von *„avancierten Standards der jeweiligen Disziplinen"* die Rede. Hier wurde das Adjektiv avanciert (= befördert werden) falsch gebraucht. Gemeint war wohl anspruchsvoll. Weiterhin dürften Standards bereits hehre Ziele beinhalten, avanciert kann also entfallen.

- Beliebt sind adjektivische Formen wie *„Philosophische Fakultät"*, obwohl eine Fakultät nicht im strengen Wortsinn philosophisch sein kann. Richtig müsste es heißen: Fakultät für Philosophie.

  Die Unsicherheit im Umgang mit solchen Fakultäts- oder – entsprechend – Institutsnamen kommt auch darin zum Ausdruck, dass es beispielsweise an der Universität Freiburg nebeneinander Institute für .., aber auch Einrichtungen mit Adjektiven wie meteorologisches oder limnologisches Institut gibt.
- Wendungen wie *„negatives Wachstum"* oder: *„negatives Einkommen"* sind zwar beliebt, aber unexakt, denn in ihnen werden Begriffe mit entgegengesetzten Richtungen verbunden.
- *„Der weibliche Waldbesitz wird künftig immer wichtiger."* Gemeint war wohl, dass Waldbesitz zunehmend in die Hand von Frauen kommt.
- Schließlich sei noch mit *„Ofenfrische Brot-Aktion"* eine verbale Verrenkung der Werbung zitiert.

Diese Auflistung mag helfen, den Sinn dafür zu schärfen, dass man manche Adjektive in wissenschaftlichen Arbeiten daraufhin kritisch unter die Lupe nehmen sollte, ob sie präzise verwendet wurden oder nicht womöglich in die Rubrik ‚Wortgeklingel' fallen.

In der 3. Lektion, Abschnitt (3) wird zusätzlich ausgeführt, dass Adjektive oft überflüssig sind.

(7) Für und gegen Wortwiederholungen

Wortwiederholungen können die Leser ermüden, wenn sie unbeabsichtigt oder die Folge sprachlicher Hilflosigkeit sind. Haben die SchreiberInnen in mehreren Sätzen hintereinander beobachtet, untersucht oder dargestellt geschrieben, dann fühlen sie sich bemüßigt, nach anderen Verben zu suchen. Bald kommen sie jedoch an die Grenzen ihres Einfallsreichtums und enden in sprachlichen Verzweiflungstaten. Handelt es sich um Aufzählungen etwa von Arbeitsschritten, so kann man sich jedoch mit Auflistungen im Telegrammstil helfen (vergl. Kap. 3.3.4, S. 72).

In naturwissenschaftlich ausgerichteten Arbeiten geht sachliche Präzision vor sprachlicher Schönheit. Im Zweifelsfalle wird also derselbe eindeutig definierte Fachausdruck immer in derselben Weise verwendet. Viele Autoren fürchten, dass der Text dadurch monoton klingen könnte. Das ist aber besser, als nach weniger exakten Synonymen zu suchen – mag das auch dem Sprachgefühl widersprechen. Leser werden nämlich leicht verunsichert oder gar verwirrt, wenn unterschiedliche Begriffe für dieselben Sachverhalte oder Objekte lediglich aus stilistischen Gründen gewechselt werden – oder, um einmal mehr mit Mark Twain zu argumentieren: *„ ... wenn wir im Englischen ein Wort in einem Absatz mehrmals verwendet haben, bilden wir uns ein, tautologisch zu werden, und sind dann so schwach, daß wir es gegen irgendein anderes Wort auswechseln, das der genauen Bedeutung nur nahekommt, nur um dem zu entgehen, was wir fälschlich für den größeren Makel halten. Wiederholung mag von Übel sein, aber bestimmt ist Ungenauigkeit schlimmer"*. Dem ist für deutsch geschriebene wissenschaftliche Arbeiten nichts hinzuzufügen.

5.2.2.3 Lektion 3: In der Kürze liegt die Würze

Heute wird mehr als je zuvor geschrieben. Die schiere Menge an Publikationen oder digital übermittelten Informationen kann Niemand mehr bewältigen. Die potenziellen Leser haben deshalb immer weniger Zeit, sich in Texte zu vertiefen, wenn diese nicht knapp und gut lesbar verfasst sind. Die Leserschaft verlangt also verständlich aufbereitete Abhandlungen. Sie ist außerdem durch

Werbung und flotten Journalismus gewöhnt, auch schwierige Sachverhalte griffig präsentiert zu bekommen. Verlage mahnen deshalb ihre Autoren: *„Wer kurz schreibt, erfreut den Leser!"*, und schon Altmeister Goethe meinte: *„Getretner Quark wird breit, nicht stark"*.

Viele Fachzeitschriften nehmen Abhandlungen erst gar nicht nicht zum Druck an, wenn sie zu lang sind. Man mag das in Einzelfällen bedauern, da Berichte über größere Forschungsvorhaben oft in mehrere Artikel zerstückelt und womöglich in verschiedenen Fachzeitschriften veröffentlicht werden. Im Regelfall aber fördert dieser heilsame Zwang zur Beschränkung die Ökonomie der Darstellung.
Dem Sinne nach ist das alte arabische Sprichwort *„Große Weisheiten lassen sich immer in wenige Worte fassen"* auch in der Wissenschaft gültig. Besonders sind jedoch – wie der Begriff ‚Beamtendeutsch' aussagt – die Verwaltungen betroffen. So hat der Regierungspräsident von Oberbayern 1978 zur Vereinfachung und Beschleunigung des Schriftverkehrs empfohlen:

„Wer sich kurz fasst, spart sich und anderen Zeit. Kürze kostet Überlegung, aber die lohnt sich. Die Arbeit wird nicht nach Seitenzahlen, sondern nach Ergebnissen bewertet".

Bachelor-, Master- sowie Diplomstudierende und gleichfalls viele DoktorandInnen sollten gleichermaßen diese Aufforderung beherzigen. Sie legen allzu oft weitschweifig formulierte Entwürfe vor, denen die nötige ‚leserfreundliche' Überarbeitung bzw. Komprimierung abgeht, und denen man anmerkt, dass den AutorInnen *‚leider die Zeit fehlte, kurz zu schreiben'*. Kurz zu schreiben, bedeutet nämlich harte, geduldige Arbeit. Dennoch hält sich zäh die Vorstellung, dass viele Seiten ein Gütezeichen seien.
An dieser Stelle soll nicht auf den Umfang der verschiedenen Abschlussarbeiten eingegangen werden. Dazu gibt es Hinweise in Kapitel 5.5 (S. 171).
Man muss hinsichtlich des Umfangs wissenschaftlicher Arbeiten sicher nicht so rigoros formulieren, wie es General Eisenhower nachgesagt wird: *"Was nicht auf einer einzigen Manuskriptseite zusammengefasst werden kann, ist weder durchdacht, noch entscheidungsreif"* – aber dran ist was. Auf jeden Fall sollten Langatmigkeit und Wiederholungen vermieden werden.

Texte lassen sich knapper und lesbarer gestalten:
(1) Durch kurze Sätze,
(2) das Weglassen von Füllwörtern und
(3) durch das Streichen überflüssiger Adjektive.

Das wird nachfolgend dargelegt.

(1) Das ‚Kreuz' mit den ‚Bandwurmsätzen'
Verständlichkeit und Präzision der Sprache gewinnt man wesentlich durch kurze Sätze. Die im Deutschen so beliebten verschachtelten Sätze mit einem Gestrüpp von Einschiebungen erschweren das Verständnis. Die Gefahr besteht im Englischen weniger. Ohff (2007) hat das am Beispiel der gelungenen Übersetzung von Pücklers ‚Briefe eines Verstorbenen' deutlich formuliert: *„Die lästigen Fremdworte fallen weg, die Sätze sind kürzer, weil die englische Sprache so viele Nebensätze wie die deutsche einfach nicht duldet"*.

Auch im Deutschen sind kurze Sätze lesbarer als lange und Hauptsätze besser als Nebensätze – hier 3 Beispiele, die aber nicht als Vorbild dienen sollen:

- Aus: Definition der nachhaltigen Waldentwicklung im Vorfeld des Umweltgipfels von Rio 1992: *„Die Behandlung und Nutzung von Wäldern auf eine Weise und in einem*

Ausmaß, dass deren biologische Vielfalt, Produktivität, Verjüngungsfähigkeit, Vitalität sowie deren Fähigkeit, die relevanten ökologischen, wirtschaftlichen und sozialen Funktionen gegenwärtig und in der Zukunft auf lokaler, nationaler und globaler Ebene zu erfüllen gewährleistet, ohne anderen Ökosystemen Schaden zuzufügen".

Einen solchen Satz muss man mehrmals lesen, um ihn einmal verstehen zu können. Es bietet sich deshalb an, aus ihm mehrere, in diesem Fall 4 Sätze zu machen. Dadurch werden die einzelnen Aussagen – portionsweise verpackt – erheblich ‚genießbarer'.

Umformuliert könnte es nun heißen: Wälder sollen so behandelt und genutzt werden, dass ihre biologische Vielfalt, Produktivität, Verjüngungsfähigkeit und Vitalität gesichert bleibt. Neben den ökologischen sollen sie alle wesentlichen wirtschaftlichen und sozialen Funktionen erfüllen. Das ist gegenwärtig und zukünftig auf lokaler, nationaler und globaler Ebene zu gewährleisten. Dabei darf zugleich anderen Ökosystemen kein Schaden zugefügt werden.

- Aus einem Buch von Sippel, (2002) über archäologische Fundstellen von der Steinzeit bis zur Neuzeit im hessischen Reinhardswald:

  „Nur jene beiden vor- und frühgeschichtlichen Wallanlagen, nämlich die auf dem Ahlberg (Nr. 1; die Nummern verweisen auf das unten stehende Verzeichnis der Fundstellen) und die Sieburg (Nr. 104), waren aktenkundig und sonst noch gerade mal sieben oder acht Fundstellen mit Hügelgräbern, deren Eintragung aber, wie sich dann herausstellte, nur auf Mitteilungen mehrerer Oberförstereien aus dem Jahre 1889 und auf einer bloßen Übertragung von Einträgen der Topographischen Karten (NTB 25; TK 25) beruhte, so dass sich ein aus der Karte in die Denkmalspflegeakten übertragenes angebliches Hügelgrab dann als Schütthügel der Kirche St. Anna der Wüstung Hombüren (Nr. 107) erwies".

  Hier fehlt nicht viel an 100 Wörtern, und man müsste mindestens 5 Sätze aus ihnen machen, um die Lesbarkeit zu verbessern.

- Aus einer Masterarbeit: *„Die angesprochenen Anpassungsvorgänge beziehen sich fast ausschließlich auf junge Bäume, da diese im Gegensatz zu älteren reaktionsfähiger sind, für sie der wichtigste Wachstumsfaktor das Licht ist und sich Veröffentlichungen zu dem Thema hauptsächlich auf Jungwüchse konzentrieren".*

  Dieser Satz enthält 36 Wörter mit 3, wenn nicht sogar 4 verschiedenen Sachaussagen, die teilweise nicht zusammengehören und daher besser in 3 oder 4 Sätze hätten gebracht werden sollen.

‚Bandwurmsätze' schienen eine Unsitte in früheren Zeiten zu sein. Aber das stimmt nicht. Sie erfreuen sich nach wie vor einer ungebrochener Beliebtheit in wissenschaftlichen Ergüssen, und das nicht nur bei Anfängern.

Bei verschachtelten Sätzen muss man mehrmals ansetzen, um sich in ihrem Gewirr allein schon optisch zurecht zu finden, und mehrmals Luft holen, um sie einmal laut vorlesen zu können. Die Lösung lautet nach Vorschlag des Komikers Heinz Erhardt: *„Man muß sogenannte Schachtelsätze, die als Unart vieler Dichter, die teilweise sogar noch leben, weil man vergessen hat, sie totzuschlagen, gelten, meiden".*

Germanisten und Schriftsteller monieren verschiedentlich, dass aneinandergereihte, kurze Hauptsätze hart und stakkatohaft klängen. Bei Literatur-Kritikern scheint dieser Schreibstil dagegen weniger verpönt zu sein: *„Jan Costin Wagner ist ein Meister der kurzen Sätze. Vielleicht ist es das, was die Leute an ihm und seinen Texten mögen"*, hat Gertz (2011) geurteilt.

Wie dem auch sei: Knappe Sätze sind leichter verständlich als verschachtelte – und darauf kommt es bei wissenschaftlichen Abhandlungen an!

Sprachwissenschaftler wollen herausgefunden haben, dass Sätze nicht mehr als 18 Wörter enthalten sollten, möglichst weniger. Es wurde sogar behauptet, dass in der BILD-Zeitung ein Satz durchschnittlich nur 7 Wörter umfasse. Tatsächlich ergab eine eigene Auszählung von 260 Sätzen in einer zufällig ausgewählten Ausgabe dieses Blattes, dass 75 % dieser Sätze nur bis zu 13 Wörter enthielten.

Ernest Hemingway wusste ein probates Mittel gegen das Verfassen von Bandwurmsätzen: *„Autoren sollten stehend an einem Pult schreiben. Dann würden ihnen ganz von selbst kurze Sätze einfallen“*. Matussek würdigte Hemingway 2011 mit den Worten: Er *„hat lange vor den Sechzigern den <New Journalism> erfunden mit seinen schmucklosen Hammersätzen. … Dieser atemlose Telegrammstil ist ja tatsächlich eine Erfindung, die der Journalismus der Literatur geschenkt hat. Wir sollten täglich mindestens eine Seite Hemingway lesen, schon um das Gespür für Reinheit und Stil nicht verkümmern zu lassen.“*

Man kann die Kürze der Sätze allerdings auch übertreiben. Der SPIEGEL liefert dafür immer wieder Beispiele: *„… eine unabhängige Überprüfungsstelle gibt es bislang nicht. Sondern nur wenige selbst-ernannte Tester. Und sehr viele begierige Käufer“* (DER SPIEGEL 35/2005: 177).

Solche semantischen Eigenwilligkeiten mögen im Journalismus durchgehen, in wissenschaftlichen Arbeiten aber sollten vollständige Sätze, wenigstens mit Subjekt und Verb, die Regel sein! Dennoch glauben manche Autoren wissenschaftlicher Arbeiten, dem (fragwürdigen) Beispiel der Journalisten folgen zu müssen.

Abschließend muss einem Missverständnis vorgebeugt werden: Mehrere kurze Sätze verringern den Umfang eines Textes gegenüber wenigen langen Sätzen nicht zwangsläufig. Sie machen ihn aber verständlicher.

Mit kurzen Sätzen umgeht man weiterhin das Problem, **trennbare Verben** auseinanderzureißen bzw. ihre Teile näher beieinander zu lassen: *„Die studienbegleitenden Prüfungen lösen die früheren Vor- und Schlussprüfungen, die jeweils in einem bestimmten Zeitraum konzentriert durchgeführt wurden, mittlerweile ab“*. In zwei Sätzen würde das lauten: Die studienbegleitenden Prüfungen lösen mittlerweile die früheren Vor- und Schlussprüfungen ab. Diese wurden bisher in einem bestimmten Zeitraum konzentriert durchgeführt.

Mark Twain hatte noch drastischere Beispiele parat und spottete: *„Die deutsche Grammatik strotzt von trennbaren Verben, und je weiter die beiden Teile auseinandergerissen werden, desto zufriedener ist der Urheber des Verbrechens mit seiner Leistung“*.

In diesem Zusammenhang sei daran erinnert (vergl. Kap. 3.3.8, S. 77), dass sich auch ‚**Bandwurmwörter**‘ lesbarer gestalten lassen, und zwar indem man sie durch Bindestriche ‚aufbricht‘, denn kurze Wörter sind ebenso wie kurze Sätze leichter zu lesen als lange. Wassereinzugsgebietsmanagement ist so ein Beispiel. Es hilft schon viel, wenn man schreibt: Wassereinzugsgebiets-Management. Alternativ aber – und besser – zerlegt man dieses Wortungetüm in Management von Wassereinzugsgebieten.

Bei Katastrophenschutzfachleuten könnte man darüber stolpern, ob es sich um Katastrophen-Schutzfachleute handelt oder um Katastrophenschutz-Fachleute. Bei der

letzten Schreibweise ist gleich klar, was gemeint ist.
Auch hörnervattackierend musste ich mehrmals lesen, bis ich verstand, dass Hörnerv-attackierend gemeint war.

(2) Weglassen von Füllwörtern

Es gibt kaum einen Text, der nicht mit Füllwörtern angereichert wurde, die bezweifeln lassen, dass damit dessen Ausdrucksreichtum erhöht wird.
Wie man Texte ‚entschlacken' kann, soll jetzt verdeutlicht werden:

- Beliebt sind die Floskeln: *„Wie schon"* oder *„wie bereits oben schon erwähnt…"* Das wie reicht aus; schon, bereits und oben sind überflüssig, denn wenn etwas erwähnt wurde, war das schon oder bereits und das kann nur oben gewesen sein. Der Hinweis oben ist ohnehin unpräzise. Nur eine Seiten- oder Kapitelangabe hilft den Lesern beim Wiederauffinden der entsprechenden Textstelle. Mithin genügt zu schreiben: wie erwähnt.

  Auch in Sätzen *„… wie beispielsweise in Kap. 2.3.1 angesprochen wurde, ist …"* oder: *„Hierbei kamen Verfahren zur Anwendung wie zum Beispiel die Tomographie"* genügt das Wörtchen wie. Es besagt in diesem Zusammenhang bereits, dass ein Beispiel gegeben werden soll.
- Bei der *„… immer zunehmenden Apathie …"* ist das immer überflüssig, es sei denn, dass die Apathie sonst nur gelegentlich zunimmt.
- Oft liest man Sätze wie diese: *„Wir haben bewusst drei Varianten gewählt. Dabei handelte es sich konkret um …"*. Man wäre irritiert, wenn die Autoren, ‚unbewusst' oder gar ‚bewusstlos' die Wahl getroffen hätten, und man nimmt ihnen zugleich ab, dass es sich nicht um ‚abstrakte', sondern um ‚konkrete' Varianten handelte. Beide Zusätze sind mithin überflüssig und können ersatzlos gestrichen werden.
- Ebenso gehören Hinweise wie absichtlich, speziell, komplex, tatsächlich zu den ‚lässlichen Sünden'. Die meisten Texte werden verschlankt, wenn man sie streicht, und das fördert wiederum die Lesbarkeit.
- *„Nur etwa 4,7 % der Bevölkerung haben …"* – Bei einer derart genauen Angabe wie dieser ist der Zusatz etwa überflüssig. Wäre die Absicht des Autors gewesen, nur die Größenordnung zu umreißen, dann hätte es heißen sollen: etwa 5 %.
- Viele AutorInnen haben Angst, sich festzulegen. Daher wimmelt es in ihren Texten von Einfügungen wie: möglicherweise, gegebenenfalls, gewissermaßen, irgendwie, überhaupt, lediglich, in der Regel, vielleicht, quasi, sozusagen, relativ, mehr oder weniger, bestenfalls, natürlich, im Bereich von …

  Solche Texte sind geeignete Objekte für Streichorgien. Sie werden dadurch kürzer und gleichzeitig präziser.
- Viele Füllwörter wie: also, auch, gar, aber, ganz, dann, bereits, nun, sehr, nämlich, jetzt, gezielt, entsprechend, ziemlich, eigentlich, übrigens, rein, schlicht sind gleichfalls meist überflüssig. Sie verraten zudem, dass die SchreiberInnen sich nicht klar waren über das, was sie ausdrücken wollten, und sich deshalb sprachlich ein Hintertürchen offenhielten.
- Das gilt verschiedentlich auch für einerseits – andererseits oder zum Einen – zum Anderen. Andererseits wird gern allein verwendet. Das ist nicht korrekt: ‚einerseits' muss vorangehen. Auf erstens oder zum Einen muss zweitens oder zum Anderen folgen. Auch das wird oft vergessen.

Diese Liste könnte mühelos verlängert werden. Mit ihr soll gezeigt werden, dass es sich lohnt, manchen Satz daraufhin ‚abzuklopfen', ob und wo man ‚Luft herauslassen' kann.

Auch ‚Profis' müssen sich mit dem Weglassen von Füllwörtern herumschlagen. So hat Dieterich (1943) im Vorwort zur 2. Auflage seiner ‚Forstlichen Betriebswirtschaftslehre' angemerkt: *„Schon deshalb war es nötig, die bisherige Fassung auf entbehrliche Worte und Sätze zu durchmustern, eine prägnantere Darstellung überall anzustreben."*

(3) Streichen überflüssiger Adjektive

Viele Texte werden blumig mit Adjektiven angereichert. Das führt zu den schon genannten ‚Übercharakterisierungen'. Streicht man sie, so gewinnen die Texte an Präzision. Einige Beispiele sollen das verdeutlichen:

- *„Echte Herausforderungen", „echte Führungsstärke", „echter Wechsel"* – der Zusatz ‚echt' ist stets überflüssig, denn die Leser werden kaum unterstellen, dass es um ‚unechte' Herausforderungen gehen könnte.
- *„Hohe Qualität", „schönes Beispiel", „in größeren Modulen", „aktuelle Neuerungen", „hervorragender Erfolg", „entsprechende Maßnahmen", „große Ziele", „erklärte Zielsetzungen"* – dies sind alles Beispiele mit überflüssigen Adjektiven.
- *„Unterschiedliche westliche und orientalische Kulturen"* – Es versteht sich von selbst, dass sich die Kulturen unterscheiden. *„Viele junge aussichtsreiche Nachwuchswissenschaftler"* – auch in diesem Fall wird man davon ausgehen können, dass Nachwuchswissenschaftler jung und aussichtsreich sind. *„Die Doktoranden haben die Möglichkeit, eigene Lehrveranstaltungen durchzuführen"* oder: *„Die Leiter haben eigene Doktoranden als Projektmitarbeiter."* – Es ist kaum anzunehmen, dass es sich um fremde handelt. Desgleichen kann *„meine persönliche Arbeitssituation"* nur die persönliche sein, und dieser Zusatz ist ebenfalls unnötig.
- Die *„höchstmögliche Gewinnmaximierung"* kann eigentlich nur noch als kabarettistischer Beitrag gewertet werden.

Überflüssige Adjektive können am ehesten von kritischen Lesern des Manuskriptes aufgespürt werden (siehe Kap. 5.6, S. 174). So wurde von Hemingway berichtet, dass er sich von Ezra Pound die überflüssigen Adjektive aus den Texten streichen ließ.

Füllwörter, überflüssige Subjektive und Begriffsdoppelungen werden auch als ‚Redundanz' (= Überfülle) bezeichnet, das heißt als Anhäufung von Elementen in Texten, die keine zusätzlichen Informationen liefern.

Füllwörter und auch die in Lektion 2 (7) (S. 149) angesprochenen Wortwiederholungen lassen sich übrigens mit der Suchfunktion von Schreibprogrammen (Word) aufspüren. Danach kann man entscheiden, ob man sie streicht oder durch Synonyme ersetzt.

5.2.2.4 Lektion 4: Der Ärger über die Abkürzungen

„Die Abk. von Abk. ist Abk." (Sponti-Sprüche).

Die vorangegangene Lektion soll nicht so verstanden werden, dass Kürze um jeden Preis anzustreben ist – womöglich sogar mittels hemmungsloser Verwendung von Abkürzungen.

Nachdem in Deutschland der AKÜFI-(= ‚Abkürzungsfimmel')-Irrsinn der Nationalsozialisten nach dem 2. Weltkrieg überwunden zu sein schien, verbreitet sich diese ‚Seuche' jetzt erneut.

Das wird in folgendem Zitat gegeißelt: *„Mit GROKO knickt die Jury ein vor dem Abkürzungswahn, der dank Twitter und SMS über uns gekommen ist. Kurzwörter fördern ohne Zweifel die schnelle Kommunikation und sind zeitgemäß. Ob sie allerdings der deutschen Spra-*

che dienen, ist zweifelhaft." (BZ 16.12.13, Zitat aus Nordkurier).

Zu welchen Auswüchsen dies Unwesen mit den Abkürzungen führen kann, belegen die beiden folgenden Zitate:

- *„...ein General kämpft sich durch eine längliche Powerpoint-Präsentation, die im Publikum bald für brutale Müdigkeit sorgt. Es purzeln die Karten, Fähnchen und Pfeile, es jagen sich die Abkürzungen, so dass denen, die nicht schlafen, allmählich schwindlig wird: CIMIC, TLRS, OMLT, JQRF, OCC-P/R, CJT-FG, IED, GIRoA. Es gibt Hunderte davon, und sollte dieser Krieg verlorengehen, läge das wahrscheinlich auch daran, dass ein SBCT mit einem IBCT verwechselt wurde."* (aus: KURBJUWEIT, D.: Mut zur Zärtlichkeit. SPIEGEL 24/2009: 36-38)
- *„Falsches Bein amputiert, zu viel Morphium verabreicht, einfach zwei Finger weggesägt, tödliche Dosis eines Herzmedikaments – und warum das alles? Wg. all d. Abk. d. Ärz. verw., d. verst. näml. da. sel. nix m. Das zumindest hat eine US-Studie ergeben. Die Medical Defence Union warnt, dass unklare Abkürzungen von Ärzten Ursache für Behandlungsfehler sind und Patientenleben gefährden..."* (aus: *„Keiner konnte es lesen"* – Zeitung am Sonntag, 12.01.08)

Leider sind viele wissenschaftliche Texte gleichfalls mit Abkürzungen gespickt. Sie scheinen nur für Insider geschrieben worden zu sein. Interessierte Leser dagegen, die nicht direkt vom Fach sind, können manche Artikel kaum verstehen. Das gilt besonders für Ausländer, die deutsche Texte lesen, aber sich schwer tun, Abkürzungen zu entschlüsseln, die für Muttersprachler geläufig sind. Das können diejenigen gut nachvollziehen, die im Ausland mit diesen Problemen zu kämpfen hatten.

Die ‚Abkürzeritis' erschwert also die Lektüre vieler Arbeiten. Abkürzungen haben ‚hohen Lesewiderstand', wie es freundlich umschrieben heißt. Selbst gängige Abkürzungen wie d. h., Anm., evtl., inkl., ggf., u. U., u. a., u. v. m., im Bes. lesen sich flüssiger, wenn sie ausgeschrieben sind.

Durch die Arbeit mit Computern sind Abkürzungen immer üblicher geworden. Dadurch wird den Lesern zugemutet, sich über viele Seiten hinweg die Abkürzungen bestimmter Begriffe zu merken. Sie müssen also unnötigen Ballast mitschleppen. Abkürzungen unterbrechen außerdem den Lesefluss. Sie nerven, denn man muss anhalten und quasi seine innere Übersetzungsmaschine einschalten, bevor man weiterlesen kann. In den redaktionellen Richtlinien von Fachverlagen finden sich deshalb Hinweise wie:

„Bei der Verwendung von Abkürzungen muss berücksichtigt werden, dass die Verschlechterung der Lesbarkeit den geringfügigen Raumgewinn nicht aufwiegt".

Die gebräuchlichen Abkürzungen wie usw., etc., u. a. sind generell gleichbedeutend mit: ‚mehr fällt mir nicht ein'. Sie können ohne Schaden gestrichen werden.

In einem Kreuzworträtsel der ZEIT wurde nach ‚etc.' sinnigerweise gefragt: *„Aufforderung an den Leser, selber weiter nachzudenken".*

Die Verwendung von Abkürzungen ist fast immer auf Gedankenlosigkeit, Bequemlichkeit und mangelnde Rücksichtnahme der SchreiberInnen denjenigen gegenüber zurückzuführen, die sich durch Texte wie den folgenden quälen müssen:

„4.2.2 RAZ
Unter RAZ werden nur die unmittelbar produktiven Zeiten verstanden. Tab. 4 illustriert die Mittelwerte und Variationsbreiten der RAZ bezogen auf die einzelnen Ablaufabschnitte, die der RAZ zugerechnet werden. Ebenso ist daraus der prozentuale Anteil dieser Teilarbeiten an der RAZ und der GAZ ersichtlich".

Die Leser verstehen einen solchen Text entweder nicht, oder sie stocken beim Lesen, drum merke: Alles, was den Lesefluss stört, lenkt vom Sachinhalt ab!

Das soll nun nicht heißen, dass Abkürzungen in jedem Falle von Übel sind. Die Bedeutung gängiger Abkürzungen wie km, kg, t, EU, NATO kann als bekannt vorausgesetzt werden. Bei vielen aber, wie FAO, ILO, ist das keineswegs sicher. So stellt sich auch hier wieder die Frage, welche Leserschaft die AutorInnen erreichen wollen.

Standardisierte Abkürzungen, Spezialbegriffe, Formelelemente, Symbole oder Zeichen sind jedoch in vielen Fachgebieten unumgänglich. Man kann mit ihnen auf dreierlei Weise umgehen:

- **Ausschreiben der Begriffe oder Symbole bei jeder Textstelle.**
  Das ist die lesefreundlichste Lösung. Die meisten Abkürzungen benötigen – voll ausgeschrieben – nicht wesentlich mehr Platz.
- **Ausschreiben eines Begriffs nur bei erstmaliger Erwähnung und Beifügen der Abkürzung in Klammern.**
  Das ist die schlechteste, aber dennoch häufig genutzte Lösung. Wenn der abgekürzte Begriff nämlich wieder auftaucht, erinnern sich die Leser womöglich nicht mehr an dessen Bedeutung und müssen gegebenenfalls lange suchen, bis sie die Stelle mit der geklammerten Vollversion gefunden haben. Außerdem lesen manche Personen einen Text nicht planvoll von der ersten bis zur letzten Seite und sind hilflos, wenn sie auf eine ihnen unbekannte Abkürzung stoßen, mag die auch irgendwo zu Beginn entschlüsselt worden sein.
  Nach den Autorenhinweisen der Zeitschrift Oikos dürfen Begriffe nur abgekürzt werden, wenn sie mindestens dreimal vorkommen. Dann sind sie sowohl im Abstract wie bei Erstnennung im Text zu definieren.
- **Auflisten der abgekürzten Begriffe und Symbole in einem Abkürzungsverzeichnis.**
  Ein solches ist hilfreich oder sogar unvermeidbar, wenn die Abkürzungen mehrfach im Text auftauchen und nicht jedes Mal erklärt werden können. Das ABKÜRZUNGSVERZEICHNIS wird an den Anfang einer Arbeit gleich hinter das INHALTSVERZEICHNIS gesetzt (vergl. Kap. 3.1.1, S. 46). Dennoch ist es gleichfalls ein Notbehelf. Der Lesefluss wird gestört, denn man muss die Lektüre unterbrechen, um im Verzeichnis nachzuschlagen.

AutorInnen müssen also, wenn sie Abkürzungen verwenden, sorgfältig die Forderung nach Lesbarkeit und Handhabbarkeit abwägen. Zusätzlich ist zu bedenken, dass Artikel eher im Zusammenhang gelesen werden, Bücher eher ausschnittsweise, eingangs gebrachte Abkürzungsdefinitionen werden bei der Buchlektüre nicht immer gleich gefunden.

Abkürzungen von Maßeinheiten sind gemäß dem ‚Internationalen Einheitensystem' (S. I.) standardisiert (http://physics.nist.gov/cuu/units/units.html). In den Texten müssen sie entsprechend benutzt werden.

‚Quadratmeter' beispielsweise ist in wissenschaftlichen Arbeiten seit vielen Jahren als m² zu schreiben und nicht, wie immer wieder zu lesen ist, als qm. Anstelle von v. H. (= vom Hundert) wird stets % verwendet. Auch für andere Maßeinheiten gibt es verbindliche Regeln.

Sind Abkürzungen oder Spezialbegriffe unverzichtbar, so sollten sie wenigstens einheitlich verwendet werden. Oft wechseln die AutorInnen deren Schreibweise jedoch ohne Not von Seite zu Seite.

5.2.2.5 Lektion 5: Von der ‚Entpersönlichung' der Autoren und der ‚Personifizierung' von Institutionen.

(1) Zur Entpersönlichung der Autoren

Der wissenschaftliche Schreib- und Sprachstil ist nüchtern und neutral. Im Bemühen um größtmögliche Objektivität treten deshalb in wissenschaftlichen Arbeiten die AutorInnen hinter ihr Werk zurück, sie ‚entpersönlichen' sich. So werden aus dem *„Ich habe ... untersucht und gefunden"* Wendungen wie: ergibt sich, lässt sich zeigen, es wurde gefunden, die Untersuchungen erbrachten. Die unbeliebten Passiv-Formen mit wurde lassen sich allerdings oft nicht umgehen.

Lediglich im VORWORT oder in den DANKSAGUNGEN können sich die AutorInnen direkt an das Publikum wenden oder bei der Interpretation der Ergebnisse (DISKUSSION) subjektiv abwägen, werten und schlussfolgern. Aber auch hierbei hat sich im deutschen Sprachraum eingebürgert, das ich oder gar wir möglichst zu umgehen. Sogar in der Danksagung schreibt man eher: die Autoren danken für ..., als: wir danken oder: ich bedanke mich für ....

In den SCHLUSSFOLGERUNGEN weicht man dem direkten ich oder wir aus durch Wendungen wie meiner Meinung nach oder meines Erachtens. Selbst dann wird jedoch die unpersönliche Fassung: nach Meinung des Verfassers/der Verfasserin, noch dem nach meiner Meinung vorgezogen.

Im englischsprachigen Schrifttum scheint sich ein Wandel vollzogen zu haben, denn dort findet man zunehmend Wendungen wie *„we came to the conclusion...", „All our measures indicate ..."* Die Autoren ‚outen' sich mithin als Personen. Das wir ist in deutschsprachigen wissenschaftlichen Arbeiten dagegen nach wie vor verpönt. Dabei ist gleichgültig, ob man dieses wir als *‚pluralis majestatis'* (= Majestätsplural) oder als *‚pluralis modestiae'* (= Plural der Bescheidenheit) definiert. Die englische Queen mag befinden: *„We are not amused"*, für AutorInnen wissenschaftlicher Ausarbeitungen passt das nicht. Wir klingt besonders affektiert, wenn eine Arbeit nur von einer Person geschrieben wurde. Das gibt es allerdings immer seltener, denn zunehmend werden Arbeiten von mehreren Autoren verfasst. Auch diese Tatsache rechtfertigt das wir nicht unbedingt, und so sollte es – entpersönlicht – beispielsweise besser heißen: Aus den Untersuchungsergebnissen können folgende Empfehlungen abgeleitet werden: ....

(2) Zur Personifizierung von Institutionen, Gegenständen, Projekten

In merkwürdigem Gegensatz zum Gebot des objektivierenden, unpersönlichen und anonymisierten Stils in der Wissenschaftssprache steht der Trend, Institutionen, Objekte, Methoden, Projekte, Bücher oder selbst abstrakte Begriffe zu personifizieren (hergeleitet von lateinisch *persona* und *facere* = zur Person machen). Die AutorInnen vermenschlichen Objekte und lassen sie gleichsam als handelnde Personen erscheinen:

- *„Eine Feuervermeidungspolitik häufte große Mengen brennbaren Materials an."* – Die Politik ist ein abstrakter Begriff und kann nicht selbst aktiv werden.
- *„Obwohl sich die Kirche Ebersmünster an solche Grundgedanken anlehnt, ..."* – Eine Kirche kann sich nicht anlehnen, schon gar nicht an Gedanken.
- *„Das Internationale Jahr der Wälder will Menschen würdigen, durch deren Handeln Wald geschützt wurde." „Das 19. Jh. räumte der Rohstoffunktion die beherrschende Stellung ein."* – Ein Jahr wird kaum selbst agieren und ein Jahrhundert gleichfalls nicht.
- *„Die Gaia-Hypothese betrachtet die Erde als einen geschlossen funktionierenden Su-*

perorganismus." Man sieht die Hypothese förmlich in Betrachtung versunken! *„Es ist an der Zeit, dass das Jagdrecht diesem Gedanken folgt."* Auch hier ist fraglich, ob das Recht eigenen Gedanken zugänglich ist. Und man kann weiterhin bezweifeln, ob ein Nationalpark soviel Verständnis aufbringt, wie das folgende Zitat unterstellt: *„Der Nationalpark versteht sich ausdrücklich als Gebiet, in dem evolutionäre Prozesse ungehindert ablaufen können."*

- Schlimm wird es mit *„der Motivation der Thematik"*, denn hier agiert ein abstrakter Begriff zusätzlich mit einem anderen abstrakten Begriff.
- Besonders beliebt sind Formulierungen wie: *„Der Beitrag befasst sich mit ...;" „Der vorliegende Artikel möchte als Beitrag zur Schließung der Wissenslücke dienen"; „Die spätere Forschung übernahm diese Auffassung"; „Die Studien verfolgen dabei drei grundlegende Prozesse:..."; „Empirische Untersuchungen sollen die Vermutungen des vierten Kapitels belegen"; „Hierzu will die Dissertation einen Beitrag liefern", „Was will uns das Kapitel sagen?"; „Die vorliegende Arbeit gelangte zur selben Erkenntnis..."; „Das Buch versucht, Antworten auf diese Fragen zu geben."; „... stellt ein Forschungsbericht fest."; „Vorliegende Arbeit analysiert die Zusammenhänge."; „Das Gesetz berücksichtigt nicht, ..."; „Das Papier untersucht mögliche Auswirkungen", „Die Untersuchungen haben gezeigt, dass ..."*

  Stattdessen sollte es sinngemäß heißen:
  In (oder mit) der vorliegenden Arbeit wird der Versuch unternommen, ...,
  Durch die Ergebnisse wurden weitere Forschungen angeregt. Im vierten Kapitel werden die geäußerten Vermutungen durch empirisch gewonnene Ergebnisse belegt.

  Im vorletzten Zitat ist der Begriff Papier sogar wörtlich – und zwar falsch – vom englischen paper übersetzt. Im letzten Zitat stecken gleich zwei Fehler: Die Untersuchungen wurden personifiziert, und nicht mit Untersuchungen, sondern nur anhand von deren Ergebnissen kann man zeigen.
  In allen Fällen sind es also die AutorInnen, die analysieren, zeigen oder belegen wollen!

Dieser ‚Blütenlese' hätte eigentlich ein eigenes Kapitel gebührt. Mit ihr soll zum Ausdruck gebracht werden, wie häufig solche unpräzisen Wendungen gedankenlos dahingeschrieben werden. Es gibt kaum eine Arbeit, in der die AutorInnen nicht ihre geistigen Kinder stellvertretend agieren lassen. ‚Personifizierungen' dieser Art sind leider allgemein verbreitet – und zwar keinesfalls nur bei Naturwissenschaftlern! Es käme daher dem Kampf Don Quichottes gegen die Windmühlenflügel gleich, wollte man versuchen, sie auszurotten. Das soll allerdings nicht heißen, dass sie deshalb akzeptabel würden und sich die AutorenInnen der Macht des Faktischen bzw. dem Zeitgeist beugen müssten.

5.2.2.6 Lektion 6: Probleme mit grammatikalischen Feinheiten

Es kann hier nicht darum gehen, sprachliche Feinheiten dieser Art generell zu erörtern. Sie können dem Duden und entsprechenden Informationsquellen über Grammatik und Rechtschreibung entnommen werden (siehe Kap. 9.7, S. 234). Wie zuvor sollen aber jene Fehler angesprochen werden, die mir häufig in Studien-Abschlussarbeiten, Dissertationen und wissenschaftlichen Artikeln auffielen, und das sind eine ganze Menge:

(1) Handhabung einiger grammatikalischer Zeiten,
(2) Gebrauch von ‚um ... zu',
(3) Steigern von mit Adjektiven verbundenen Partizipien,
(4) Gebrauch von Ein- und Mehrzahl bei Fach- und Sachbegriffen,
(5) Deklination lateinisch- und griechisch-stämmiger Wörter,

(6) Getrennt- oder Zusammenschreibung,
(7) unbestimmter oder bestimmter Artikel,
(8) wider den grassierenden ‚Wo-Ismus'.

(1) Handhabung einiger grammatikalischer Zeiten

Gegenwart und Vergangenheit richtig zu verwenden, verunsichert viele AutorInnen beim wissenschaftlichen Schreiben stets von Neuem:

- *„Die langen Fassaden der nur dreigeschossigen Häuser ... gliedert RICHTER nach Norden durch Treppenhäuser, während er nach Süden Veranden vorbaute".* Im selben Satz hat der Autor LÖFFLER (2006) die Verben also sowohl in die Gegenwart wie in die Vergangenheit gesetzt. Man kann sich die Frage ersparen, ob RICHTER die Fassaden heute noch so gliedern würde, weil er nämlich längst gestorben ist.
- *„MURPHY (1984) skizziert mehrere Methoden zur Schätzung ..."* und gleich im nächsten Satz heißt es: *„CLINCH (1999) benutzte Erhebungen zur ...".*

Vor solchem sprachlich uneinheitlichen Vorgehen scheint kaum ein Autor gefeit.

Das ‚historische' oder ‚narrative' (= erzählerische) Präsenz verwenden Romanciers und Journalisten auch bei Ereignissen, die vergangen sind. Sie wollen Handlungen oder Überlegungen aktueller erscheinen lassen und wählen deshalb die Gegenwartsform. Das Präsenz hebt zwar die Lebendigkeit des Ausdrucks, seine Verwendung geht aber zu Lasten der sachlichen Präzision.

Generell gilt daher in wissenschaftlichen Ausführungen:

- In der **Gegenwart**sform werden allgemeingültige Aussagen, Zusammenhänge, Verhaltensweisen, Gesetzmäßigkeiten oder noch stattfindende Aktivitäten beschrieben:
  - *„Nach dem Lehrsatz von PYTHAGORAS ist bei einem rechtwinkligen Dreieck ... ".* Das ist generell so.
  - *„Durch den Deutschen Wetterdienst wird seit 1878 ...gemessen."* Das geschieht immer noch.
  - *„Mithin lässt sich ableiten, dass die Substanz A mit der Substanz B in folgender Weise reagiert: ..."* Dies ist ein verallgemeinerungsfähiger Befund.
- In die **Vergangenheit** werden dagegen einmalige, zeitlich fixierbare, aber bereits abgelaufene Ereignisse, Beobachtungen, Befunde oder Untersuchungsergebnisse gesetzt:
  - *„MENDEL entdeckte 1865 die Vererbung einfacher Merkmale".*
  - *„Autor A fand heraus und beschrieb ..."*
  - *„Es wurden folgende Reaktionen festgestellt: ..."*

In allen diesen Fällen ist nicht eindeutig oder zunächst nicht klar, ob die darin enthaltenen Aussagen verallgemeinert werden können.

Im Bemühen, Aussagen lebendiger zu formulieren, wird immer wieder die Gegenwartsform gewählt: *„MEIER bemerkt 1982...".* Ob er das immer noch tut oder überhaupt noch lebt, und etwas bemerken kann, sei dahingestellt.

In naturwissenschaftlichen Arbeiten sollten mithin sprachliche Logik und Präzision Vorrang vor sprachlicher Schönheit oder Bemühung um Aktualität haben.

So widerstand beispielsweise KREMSER (1973) der Versuchung, in seinem Bericht über das Sturmereignis in Nordwest-Deutschland im Spätherbst 1972, obwohl dieses einen durchaus dramatischen Akzent hatte, ins eingängigere Präsenz zu verfallen. Er benutzte – richtigerweise – die schwerfälligere Vergangenheitsform: *„Das Orkanfeld hatte am*

13.11.72 um ca. 10 Uhr Diepholz und Osnabrück erreicht, schwenkte von dort nach Osten, überwalzte zwischen 10-13 Uhr die gesamte Lüneburger Heide ...“
Dagegen können Aussagen wie im nachstehenden Beispiel sehr wohl verallgemeinert und daher ins Präsenz gesetzt werden: *„Nach Geigers Untersuchungen erreicht der Wind im Waldesinneren im Stammraum nur 40 % der Geschwindigkeit, mit der er oberhalb der Kronen dahinfährt.“* – Das gilt nämlich generell!

Die mündliche Ausdruckweise ist zwar inzwischen sehr locker geworden, und den meisten Leuten genügen im Alltag Präsenz und Perfekt (morgen gehe ich ins Kino; gestern Abend bin ich zu Hause gewesen). Entsprechend gibt es kaum eine schriftliche (Erstlings-)Arbeit, in der nicht nach Gefühl und Wellenschlag mit den Zeiten umgesprungen wird. In wissenschaftlichen Arbeiten sollte jedoch auch hinsichtlich der grammatikalischen Zeiten exakt formuliert werden. Bisher sind Futur, Präteritum und sogar Plusquamperfekt ebenso wie Konjunktiv und Konditional noch nicht abgeschafft worden!

(2) Gebrauch von ‚um … zu'
Unlogische Wendungen ergeben sich in vielen Arbeiten durch den Gebrauch von ‚um ... zu' im Sinne von ‚und'. Das soll anhand der folgenden Beispiele gezeigt werden:

- *„Die Fichten begannen im Mai zu keimen, um dann bald im Juni den Keimungshöhepunkt zu erreichen.“* Richtig sollte es heißen: Die Fichtensamen begannen im Mai zu keimen und erreichten bereits Anfang Juni den Keimungshöhepunkt.
- *„Der PSA-Wert fällt zunächst entsprechend der Halbwertszeit ab, um dann unter die Nachweisgrenze zu fallen.“* Richtig ist dementsprechend: Der PSA-Wert fällt zunächst entsprechend der Halbwertszeit ab und dann unter die Nachweisgrenze.
- *„Nach einem Szenario steigt das potenzielle Rohholzaufkommen vorübergehend auf 100 Mill. m³ pro Jahr an, um dann wieder auf den Wert des Basisszenarios zurückzufallen“.* Man könnte den Eindruck gewinnen, das Rohholzaufkommen sei deshalb auf den Basiswert zurückgefallen, weil es zunächst stark angestiegen war.
- *„Viele vom Hund gebrachte Füchse werden vom Erleger stolz auf die Strecke gelegt, um sie nachher in die Dickung zu werfen ...“* Dieser Satz ist abgesehen vom falschen Gebrauch von ‚um…zu' auch sonst noch verquer: Die Einzahlform Hund ist falsch, denn es ging nicht um den Hund an sich, sondern um viele Hunde und ebenso um viele Erleger. Außerdem ist der Bezug sie nicht eindeutig.
- *„Die Burg wurde von den Kurpfälzern erobert, um 1689 von den Franzosen zerstört zu werden.“* Damit die Franzosen die Burg zerstören konnten, haben die Kurpfälzer sie erobert?

Um ... zu ist mithin in allen Beispielen anstelle von und verwendet worden. Seine eigentliche Bedeutung ist dagegen ‚final', das heißt im Sinne von zu welchem Zweck und Ziel bzw. damit. Das wird in den folgenden Beispielen verdeutlicht:

- *„Das Rechenprogramm musste modifiziert werden, um für die Datenanalyse benutzt werden zu können.“*
- *„Der Sportler verringerte sein Gewicht, um besser laufen zu können.“*
- *„Wasser diffundiert in die Zellen, um Konzentrationsunterschiede auszugleichen.“*

In allen diesen Fällen passt ‚um … zu', weil der Zweckbezug eindeutig ist.

(3) Steigern von Adjektiven und von mit Partizipien verbundenen Adjektiven

Zunehmend wird mit sprachlichen Nachlässigkeiten großzügig umgegangen. Dazu gehört das Steigern ‚einzigartiger' Wörter. Mehr als einzig, eindeutig, einmalig, einförmig, einmütig, einstimmig geht nicht. Das hindert aber viele AutorInnen nicht, diese Adjektive dennoch zu steigern (einzigst, einstimmiger, eindeutiger, die einzigartigste Persönlichkeit), weil sie sich nicht klar machen, dass sich eins nur durch zwei, drei oder mehr steigern lässt.

Wörter wie der erstere oder der letztere sehen gleichfalls nach Steigerungen aus und sind damit absurde Prägungen. Sie werden gern verwendet im Sinne von der erst- oder der letztgenannte und sollten deshalb auch so formuliert werden.

Manche Begriffe sind nicht steigerbar, werden aber dennoch so behandelt: *„im vollsten Vertrauen"*, *„eine der zentralsten Fragen"*, *„die aktuellste Lösungsmöglichkeit"*, *„in keinster Weise"*, *„das wesentlichste Ziel"* – mehr als voll, zentral, aktuell, wesentlich geht ebenfalls nicht!

Absurd wird es mit der Steigerung fremdsprachlicher Begriffe: Optimal, maximal, minimal sind bereits Superlative. Also ist maximalst, minimalst, optimalst quasi eine quadrierte Steigerung! Und ein Minimum wird nicht dadurch minimaler, dass man es zum *„extremen Minimum"* macht.

Überhaupt sind Steigerungen von extrem (= äußerst) zu extremer und am extremsten oder besonders extrem sehr beliebt! Ganz schlimm, quasi *„brutalstmöglich"* –, um mit dem ehemaligen hessischen Ministerpräsidenten KOCH zu argumentieren – wird es aber *„im äußersten Extremfall!"*.

Weiterhin sind **doppelte Extremierungen** sehr beliebt:

- *„Ein effizientes und unverzerrtes Verfahren, das einen höheren Informationsgewinn und niedrigere Kosten verursacht, sollte immer bevorzugt werden"*. Nein, nur eins ist möglich: bessere Information oder geringere Kosten, aber nicht Beides zugleich.
- *„Es geht darum, in kürzester Zeit eine größtmögliche Menge herzustellen"*. Auch hier sind zwei Extremierungen nicht gleichzeitig möglich.
- *„Der Mensch hat seit Adam und Eva den Antrieb, mehr mit weniger zu schaffen …"* fand der Daimler-Chef ZETSCHE (ZEIT-Interview, 15.11.2012, Nr., 47: 23).
- *„Den Fischern solle es ermöglicht werden, mit minimalem Aufwand den maximalen Ertrag zu ernten – und zwar dauerhaft."* (DER SPIEGEL 2013/50: 144) – ob man Ertrag ernten kann, ist zudem eine andere Frage.

Mit allen vier Beispielen wird allerdings über die sprachliche Formulierung hinausgegriffen und die Kenntnis des ‚ökonomischen Gesetzes' vorausgesetzt. Dieses besagt nämlich, dass entweder mit gegebenen Mitteln ein maximaler Erfolg (Maximalgesetz) oder ein bestimmter Erfolg mit minimalem Mitteleinsatz (Minimalgesetz) angestrebt wird. Weil dieser Fehler allzu oft gemacht wird, wurde er hier angesprochen.

Nur Rentner schaffen es, doppelt zu steigern und damit das ökonomische Gesetz auszuhebeln: Sie benötigen mehr Zeit für weniger Arbeit.

Auch mit positiv oder negativ ist es vertrackt: positiver, am positivsten – geht das? Streng genommen nicht: Negativ oder positiv geben die Richtung einer Entwicklung an bzw. in der Mathematik und Statistik die Lage von Werten rechts oder links vom Null- bzw. Mittelpunkt, und die sind nicht steigerbar (rechtser vom Nullpunkt?).

Mangelnde Sprachsensibilität verrät weiterhin das falsche Steigern von aus Adjektiven und Partizipien zusammengesetzten Wörtern: Hochwertig wird also nicht zu hochwertiger, sondern zu höherwertig gesteigert, und geringerwertige Bäume sind kürzerschaftig, nicht kurzschaftiger, da sich der Schaft von Bäumen schlecht steigern lässt. Die Wortkombination kleinwüchsig ist insofern fatal, als man sowohl klein als auch wüchsig steigern kann, was aber nicht zu kleinstwüchsigst führen darf.

Bei der Zeitungslektüre aufgesammelt fand sich: *„am naheliegendsten"* statt: am nächstliegenden. *„Am hochrangigsten"* – so zu lesen in der Frankurter Rundschau – müsste wohl heißen: am höchstrangigen. Manche Autoren meinen es besonders gut und steigern vorsichtshalber doppelt: am höchstrangigsten.

Heikel aber wird es mit solchen Wörtern wie vielversprechend. Wie steigert man diese: mehrversprechend und meistversprechend oder doch besser vielversprechender und am vielversprechendsten? In der ‚Wirtschaftswoche' stand *„der vielbeschäftigste ..."*. *„Langlebiger"* und *„längerlebig"* wurden dort nebeneinander angeboten. Auch ein SPIEGEL-Redakteur (13/2013:136) hatte offenkundig in dieser Hinsicht Schwierigkeiten, als er schrieb: *„Der gutgläubigste und besterzogene ..."*

Zugegebenermaßen ist der Sprachgebrauch diesbezüglich nicht eindeutig. Zwei Seiten vorher hier im Leitfaden habe ich nämlich selbst geschrieben *„schwerfälligere Vergangenheitsform"*. Schwererfällige Vergangenheitsform wäre wohl richtiger gewesen, widerspricht jedoch meinem Sprachgefühl. Und wie steht es mit kleinräumig, kleinerräumig, am kleinsträumigen? Das klingt gleichfalls gewollt. Aber hat nicht auch HÖLDERLIN von *"gutwilligsten"* Menschen statt von bestwilligen gesprochen?

Also, wie denn nun? – Entsprechend der neuen Rechtschreibung kann man sich aus der Affäre ziehen, indem man die Zusammenschreibung aufhebt und formuliert: kleiner räumig oder am besten erforscht statt: besterforscht, sie verspricht mehr statt: sie ist vielversprechend.

Es hilft, sich solche Wortgebilde laut vorzusprechen, dabei merkt man dann, welche Form akzeptabel erscheint. Auf diese Weise lassen sich solche Probleme umgehen.

Im täglichen Leben ‚schnuddeln' wir solche sprachlichen ‚Unsauberkeiten' zwar oft gedankenlos dahin. Bei schriftlichen Ausarbeitungen aber gibt es kein Ausweichen: Da müssen sie stimmen.

Nur am Rande sei erwähnt, dass in der Schriftsprache nach der ersten Steigerungsstufe (= Komparativ) eines Adjektivs das Wörtchen als folgt (größer als ...) und nicht wie. Hier schlägt jedoch oft die süddeutsche Sprechweise: größer wie durch.

(4) Gebrauch von Ein- und Mehrzahl bei Fach- und Sachbegriffen

Auch diesbezüglich herrscht vielfach Unklarheit. Wann also sind Singular, wann Plural die sachlich und sprachlich angemessenen Formen? Das sei nachfolgend umrissen:

- Begriffe werden in der **Einzahl** verwendet, wenn sie verallgemeinert oder mit ihnen grundsätzliche Zusammenhänge angesprochen werden sollen (*pars pro toto* = ein Teil steht fürs Ganze): *„Der Mensch in seinem dunklen Drange"*, *„Der Wald steht still und schweiget"*. Hier ist nicht ein spezieller Mensch oder besonderer Wald gemeint, sondern der Mensch oder der Wald schlechthin.

  Das verallgemeinernde Singular ist eher in Lehrbüchern richtig: Das Ökosystem umfasst eine komplexe Einheit abiotischer und biotischer Kompartimente.

- Die **Mehrzahl** ist dagegen zutreffend, wenn es um mehrere Objekte, Institutionen, Maßnahmen, Ergebnisse von Untersuchungen, Erhebungen, Befragungen geht, und das ist in den meisten Arbeiten der Fall! Bei ihnen ist die Verwendung des Singulars als Ausdruck der Verallgemeinerung nicht angemessen, der folgende Satz also ‚unsauber' formuliert: *„Nach der Kartierung von MEIER reicht die Weide bis auf eine Geländehöhe von über 2000 m."* Stattdessen sollte dreimal der Plural benutzt werden: Nach Kartierungen von MEIER reichen die Weiden bis auf Geländehöhen von über 2000 m.

Weil viele AutorInnen unsicher sind, wann sie Ein- und wann Mehrzahl verwenden sollen, wechseln sie locker – zum Missvergnügen der LeserInnen – ‚nach Gefühl und Wellenschlag' zwischen diesen ab.

(5) Deklination fremdsprachlicher Wörter

Viele gebräuchliche Wörter entstammen dem Lateinischen und sollten richtig dekliniert werden.

So lautet die Mehrzahl von Visum – Visa, von Optimum – Optima, von Minimum – Minima. Zunehmend liest man jedoch schon mal: mein Visa oder meine Visas, die Optimums oder auch die Optimas. Visas, Optimas und Minimas sind also doppelte Plurals! Allerdings muss eingeräumt werden, dass englisch-schreibende Autoren diesbezüglich noch weit lockerer sind und auch data als Einzahl verwenden. Das gilt entsprechend für per capita, das ‚pro Einwohner' heißen soll, aber per caput heißen müsste, weil capita eine Pluralform ist. In solchen Fällen entgeht man den Deklinierungsproblemen, indem man deutsche Begriffe wählt.

Noch schwieriger wird es mit **griechischstämmigen Wörtern**:

Komma – Kommata, Schema – Schemata, ... oder doch besser: Kommas, Schemas, ...? Die Mehrzahl von Trauma aber lautet nach wie vor Traumata.

Man sieht, dies Gebiet ist voller Fußangeln.

Vollends konfus wird es, wenn ein Begriff **Wurzeln in mehreren Sprachen** hat:

Nicht der Norm entsprechend ist so ein Beispiel und kann als unnormal, abnorm oder anomal ausgedrückt werden. Oft wird aber abnormal oder anormal daraus. Das kollidiert zwar noch mit dem Sprachgefühl mancher LeserInnen (wie dem meinen), wird aber laut Duden (2006) toleriert.

(6) Getrennt- oder Zusammenschreibung

Das Deutsche erlaubt eine exzessive Zusammenschreibung. Dennoch verursacht sie – ausweislich vieler Manuskripte – immer wieder erhebliche Unsicherheiten:

Wir beschlossen, zusammen zu kommen oder Wir beschlossen, zusammenzukommen. Man muss schon genau ‚hineinhorchen', um den unterschiedlichen Sinngehalt zu erkennen, und diesen dann auch durch die Schreibweise richtig wiedergeben.

(7) Bestimmter oder unbestimmter Artikel

Es fällt vielen Schreibern offenbar nicht auf, wie oft sie **bestimmte Artikel** (der, die, das) auch dann gebrauchen, wenn sie eine Person, ein Objekt, einen Begriff noch gar nicht eingeführt oder vorgestellt haben.

So stand in einer Diplomarbeit: *„Die Versuchsanlage befand sich in der Region X."* Bis dahin war aber weder davon gesprochen worden, dass überhaupt Versuche angelegt worden waren, noch dass sich eine Anlage in der Region X befand. In diesem Fall hätte es also etwa heißen müssen: Mehrere Versuche wurden angelegt. Eine Anlage befand sich in der Region X.

Bei der Erstnennung von Objekten, Versuchen, Methoden, Materialien ist also der

unbestimmte Artikel richtig. Der bestimmte Artikel ist dagegen dann zu verwenden, wenn Objekte oder ähnliches bekannt sind oder bereits vorgestellt wurden.

(8) Wider den grassierenden ‚Wo-Ismus'

Besonders in Süddeutschland ist der ‚Wo-Ismus' verbal weit verbreitet („das Beispiel, wo gezeigt wird"). Bernhard Sick zog gegen ihn zu Felde, und Gerhard Polt karikierte ihn wunderbar:

„Selten ein Schaden,
wo kein Nutzen dabei ist".

Das mag im gesprochenen Dialekt durchgehen. Inzwischen greift der Wo-Ismus aber – vergleichbar einer ansteckenden Krankheit – auf geschriebene Texte über und hat begonnen, sogar wissenschaftliche Texte zu infizieren:

- *„Am günstigsten ist das Verhältnis bei den Maschinenbauingenieuren, wo auf 100 ältere Kollegen lediglich 77 jüngere kommen"* (Südd. Zeitung 8./9. 01.11). Bei Bezug auf einen Ort wäre ‚wo' richtig gewesen. Hier aber hätte es heißen müssen: bei denen. Das gilt gleichermaßen für das folgende Zitat: *„Starke Verluste gab es bei den Arbeitern, wo nur 4 % der Stimmen erreicht wurden."*
- *„Es muss eine Struktur geschaffen werden, wo …"* In diesem Beispiel wäre bei der oder einfach nur die angemessen.
- *„In dem Moment, wo die Entscheidung gefallen war, begannen sie mit den Arbeiten".* Kürzer und genauer würde es heißen: *Als* (bzw. nachdem oder sobald) die Entscheidung gefallen war, …

Wie so oft ließen sich hierzu ebenfalls weitere Beispiele nennen. Doch sei eingeräumt, dass der Wo-Ismus derzeit in wissenschaftlichen Texten noch seltener vorkommt als in der Sprechsprache – dennoch: ‚wehret den Anfängen!', denn: *„Wir leben in Zeiten, wo nichts mehr Bestand hat."*

5.2.2.7 Lektion 7: Gewinn an Lesbarkeit durch eine überlegte Satzkonstruktion

In der 3. Lektion war angesprochen worden, dass kurze Sätze die Verständlichkeit eines Textes fördern. Deshalb hätte dieser Aspekt auch in jene Lektion aufgenommen werden können. Mit überlegtem Satzbau kann man aber noch mehr für die Lesbarkeit eines Textes tun. Deshalb ist ihm eine eigene Lektion gewidmet.

Zwei Ratschläge sollen hier erörtert werden:

(1) Hauptaussagen an den Satzanfang und
(2) die Trennung von Telegrammstil und ausformulierten Sätzen in Auflistungen.

(1) Hauptaussagen an den Satzanfang

Vielfach beginnen AutorInnen Sätze mit – umständlichen – Erklärungen, ehe sie zur eigentlichen Aussage vorstoßen. Der Beginn eines Satzes mit dem Nebensatz mindert dabei automatisch dessen Verständlichkeit. Das gilt zumindest für längere Sätze. Man liest und liest und erfährt erst am Satzende, worum es eigentlich gehen soll:

- *„Weil das und das nicht vorhanden war, das und das nicht beschafft werden konnte, keine Zeit für die und jene Erhebungen bestand, keine Hilfskräfte verfügbar waren etc., etc., konnte nur ein stark abgespecktes Aufnahmeprogramm realisiert werden".* Die entscheidende Information erhalten die Leser also erst, wenn sie sich durch die diversen Erklärungen gequält haben. Lesbarer wäre es deshalb anders herum: Leider konnte nur ein reduziertes Aufnahmeprogramm realisiert werden. Es fehlte nämlich an …
- *„Da keine Wechselwirkung zwischen Bodenbearbeitung und Pflanzensorte erkennbar wurde, kann nichts über den speziellen Einfluss der einzelnen Bodenbearbeitungen auf das Wachstum bestimmter Sorten ausgesagt werden."* Hier ist ebenfalls das weniger wichtige Ergebnis an den Anfang gestellt worden.

Besser hieße es stattdessen: Über den Einfluss der einzelnen Bodenbearbeitungen auf das Wachstum verschiedener Arten kann nichts ausgesagt werden, da sich keine gesicherten Wechselwirkungen zwischen den beiden Versuchsfaktoren nachweisen ließen. (Außerdem ist Pflanzensorte kein exakter Begriff, es hätte Art heißen müssen).

- *„Die Antwort auf die Fragen, wie die Bundesregierung auf die für 2020 prognostizierte Holzlücke in der Größenordnung von jährlich 30 Millionen Festmeter Holz reagieren will und ob unter Nachhaltigkeitsgesichtspunkten ein wesentlicher Ausbau der Holzenergienutzung tatsächlich noch stattfinden kann, bleibt die Bundesregierung genauso schuldig wie die Antwort auf die Frage, wie sie die waldbezogenen Ziel der Biodiversitätsstrategie der Bundesregierung umsetzen will, ergänzte die Kommentatorin".*

  In diesem Satz stecken gleich 4 Mängel: Erstens ist er mit 63 Worten viel zu lang. Zweitens werden die Leser lange im Unklaren darüber gelassen, wer das gesagt hat, bzw. dass die Bundesregierung eine Antwort schuldig geblieben ist. Drittens enthält er 2 Schreibfehler und ist viertens zudem mit ellenlangen Begriffen gespickt.

- *Dass in diesem Rahmen auch regelmäßig auf Livestreams zurückgegriffen wird, um Nutzern die Teilnahme zu ermöglichen, die aus Zeit- oder Entfernungsgründen nicht zum Veranstaltungsort reisen können, nahmen die Anwesenden interessiert zu Kenntnis.*

  Drei Nebensätze gehen in diesem Beispiel voraus, bis die entscheidende Aussage im Hauptsatz am Schluss nachgeliefert wird.

Die Leser müssen also zunächst die Erklärung für einen Sachverhalt abwarten, bis die wichtige Information kommt. Deshalb sollte man Sätze nicht mit da, dass, denn, wenn, weil einleiten. Der eigentliche Sachverhalt wird dadurch nämlich nachgeschoben, und das mindert automatisch die Verständlichkeit.

Ein positives Beispiel ist dagegen der folgende Satz: *„Die Kindersterblichkeit ist ein guter Indikator für die medizinischen und sozialen Bedingungen eines Landes, denn sie verdeutlicht den Stand der medizinischen Versorgung, der Sozialstaatlichkeit und des Lebensstandards."* Hier steht die Hauptaussage am Satzanfang, und die Erklärung folgt im Nebensatz.

Ebenfalls liest es sich leichter, wenn ein Satz mit der Sachaussage statt mit einem Autorennamen beginnt: Statt zu schreiben: *„Braun (2002) betonte die infolge der intensiven Auseinandersetzung gewonnene Erkenntnis, dass .."* wäre besser: Aus der intensiven Auseinandersetzung wurde Braun (2002) zufolge die Erkenntnis gewonnen, dass …

Schließlich sei auf eine Empfehlung in Kapitel 4.3.4.4 (S. 99) zurückgegriffen. Dort war darauf hingewiesen worden: Bei der ‚Verbalisierung' des Inhalts einer Tabelle solle stets mit der wichtigsten Aussage begonnen und der gewählten Reihenfolge der Angaben gefolgt werden. Das gilt auch für sonstige Texte. Im folgenden Beispiel wird das verdeutlicht:

„In beiden Versuchen waren jeweils knapp 30 % der Individuen 10 m hoch oder höher, mehr als zwei Drittel dagegen niedriger". – Hier ist also das weniger wichtige Ergebnis zuerst genannt worden. Stattdessen hätte es besser geheißen: In beiden Versuchen waren mehr als zwei Drittel aller Individuen niedriger als 10 m. Knapp 30 % dagegen hatten eine Höhe von 10 m und mehr erreicht.

(2) Trennung von Telegrammstil und ausformulierten Sätzen in Auflistungen

Als holperig erweist sich die Mischung von Telegrammstil und ausformulierten Sätzen. Das liest man oft in Auflistungen von Argumenten, Untersuchungsbefunden oder Schlussfolgerungen. Es hat sich bewährt, hier klar zu trennen:

- In tabellarischen Zusammenstellungen, Übersichten oder Aufzählungen ist der Telegrammstil geeignet und prägnant.
- Erklärende Fließtexte verlangen dagegen ganze Sätze.

Das war in Kap. 3.3.4 (S. 73) erläutert worden. Deshalb kann auf das dort gegebene Beispiel verwiesen werden. Eine klare Trennung zwischen beiden verbessert die Lesbarkeit.

5.2.2.8 Lektion 8: Verbesserung der Nachvollziehbarkeit von Textteilen durch deren Verknüpfung

Texte bzw. Gesamtdarstellungen von Projekten sind besser nachzuvollziehen, wenn man sie mit folgenden Lesehilfen versieht:

(1) Einführungen und Überleitungen sowie
(2) Querbezügen.

(1) Lesehilfen durch Einführungen und Überleitungen

Als **Einführung** in einen längeren Abschnitt sollte angesprochen werden, was in diesem abgehandelt wird. Dann werden die Leser nicht ‚unvermittelt‘ mit einem neuen Stoff konfrontiert.

Als Beispiel für ein solches Vorgehen sei auf die Vorbemerkungen für das Unterkapitel 5.2.2 (S. 138) verwiesen. Dort wurde erläutert, dass die Probleme bei der Textformulierung in 8 Lektionen abgehandelt werden. Durch die Nennung der Titel dieser Lektionen wurden die Leser im Vorhinein darauf eingestimmt, was sie in den Lektionen erwartet, sie wurden quasi an die ‚Hand genommen'. Auch in dieser 8. Lektion wurde so verfahren.

Solche einführenden Texte folgen direkt auf die Kapitel- (oder Unterkapitel-)Überschrift und werden nicht gesondert nummeriert.

Oft fehlen **Überleitungen**, das heißt die AutorInnen springen von einem Gedanken zum nächsten, ohne die Leser ‚mitzunehmen'. Sie sprechen Einzelheiten im eigentlichen Wortsinn: ‚unvermittelt' an. Sie stimmen die LeserInnen also nicht auf die jeweils folgenden Ausführungen ein. Dadurch bleiben diese eine Weile im Ungewissen, was ihnen in den anschließenden Textpassagen nahegebracht werden soll.

Eine Überleitung kann beispielsweise lauten:

Nachdem zunächst die Grundlagen des Verfahrens erläutert wurden, wird im folgenden Kapitel der Aufbau des Analysegerätes beschrieben.

Viele Autoren halten solche Lesehilfen für Ballast bzw. für ‚Redundanz' (= ‚Überfülle'), die die Texte unnötig aufblähen. Einführungen und Überleitungen liefern tatsächlich keine zusätzlichen Informationen, erleichtern aber die Lektüre der Texte, sie sind gleichsam die Gelenke zwischen den Textabschnitten. Redundanzfreie Texte sind meist sperrig, das heißt schwer zu lesen.

(2) Querverweise bzw. Verknüpfungen

Textverknüpfungen und **Rückverweise** auf bereits erörterte Sachverhalte oder **Hinweise** (Vorausverweise) auf später zu liefernde Informationen helfen den Lesern, den Zusammenhängen zwischen Teilaspekten oder Gedankengängen innerhalb einer wissenschaftlichen Arbeit besser folgen zu können. In Kapitel 3.3.9 (S. 77) war bereits auf sie hingewiesen worden. Sie sollten unbedingt als Mittel der Feinstrukturierung beim Schreiben benutzt werden. Deshalb wird an diese Möglichkeit, Arbeiten nachvollziehbarer zu machen, hier wieder erinnert.

Querverweise sollten neben den Kapitelnummern zusätzlich Seitenangaben enthalten, damit die LeserInnen nicht erst lange nach der Verweisstelle suchen müssen.

Lästiges Zurückblättern und die Unterbrechung des Leseflusses kann man den Lesern ersparen, wenn man nicht etwa schreibt: *„Die folgenden Schlussfolgerungen gelten unter den bereits in Kap. 5.2.1.4 dargelegten Prämissen“*, sondern die Prämissen knapp wiederholt:

Bei den hier möglichen Schlussfolgerungen gelten dieselben Prämissen, die schon in Kap, 5.2.1.4 genannt wurden, dass nämlich die Untersuchungen nur kurzzeitig und während kühler Witterung vorgenommen werden konnten.

Ein besonderes Problem sind in diesem Zusammenhang **Wiederholungen im Text**. Sie erleichtern die Lektüre, wenn sie Querbezüge erkennen lassen. Sie können aber lästig werden, wenn sie keine neuen Informationen enthalten. Die Texte müssen also sorgfältig auf überflüssige Wiederholungen durchgesehen werden. Das ist oft ein mühsamer Prozess des Abwägens: wieviel Redundanz ist zum Verständnis einer Arbeit hilfreich? Endgültig lässt sich das meist erst abschätzen, wenn das Manuskript der ganzen Arbeit vorliegt.

In diesem Abschnitt ging es abermals überwiegend um formale Mittel zur Förderung der Lesbarkeit wissenschaftlicher Texte. Diese sind aber eng mit dem eigentlichen Schreiben verknüpft.

5.3 Formulierung des endgültigen Titels der Arbeit und der Zwischenüberschriften

5.3.1 Titel der Abhandlung

Erst gegen Abschluss des Manuskripts kann der Titel endgültig formuliert werden. Mit einem bis dahin verwendeten ‚Arbeitstitel' sollte zwar schon das Arbeitsthema und -programm umrissen werden – das war in Kap. 1.6.2 (6), S. 10 angedeutet worden –, die endgültige Fassung ist jedoch erst am Ende möglich.

Bei der Formulierung des Titels befindet man sich gewissermaßen in einer ‚Zwickmühle': Er soll kurz und knackig sein und muss zugleich genau mit dem Inhalt einer Arbeit übereinstimmen. Er soll also spezifisch sein, außerdem so knapp, prägnant, eindeutig und zugleich so informativ wie möglich. Außerdem soll er **Schlüsselwörter** (‚key words') enthalten, die für die Aufnahme in Sach- und Suchregister geeignet sind. Diese Forderungen zu kombinieren, verlangt oft einen nur mühsam zu erreichenden Kompromiss.

Es sei daran erinnert, dass für die bibliografische Erfassung und Dokumentation wissenschaftlicher Arbeiten generell digitale Suchhilfen eingesetzt werden (vergl. Kap. 2.2.2.1, S. 18). Als Voraussetzung für das leichte Auffinden ist ein unproblematisches Zuordnen erforderlich. Verschiedene Zeitschriften verlangen deshalb die Angabe von 3-5 Schlüsselwörtern. Diese sollten möglichst aus dem Titel hervorgehen, müssen aber oft zusätzlich angegeben werden. So ist es zweckmäßig, wenn im Titel bereits die Art einer Untersuchung (Labortest, Befragung, Freiflächenversuch), das Untersuchungsobjekt (Pflanzen-, Tierart, ökologisches Phänomen) bzw. das Untersuchungsgebiet angedeutet ist. Der Titel sollte aber trotzdem nicht zu lang werden – amerikanische Zeitschriftenverlage empfehlen 15 Wörter als Obergrenze.

Verschiedentlich erweitern AutorInnen den Haupttitel durch einen Untertitel, um Präzisierungen oder Einschränkungen vorzunehmen: *„25 Jahre naturgemäße Waldwirtschaft im Stadtwald Emmendingen: eine Fallstudie zur Qualifizierung der Jungwüchse.“*

Angesichts dieser Forderungen ist die Formulierung mühsamer, als man es zunächst vermutet. Zur Arbeitserleichterung bringt man deshalb am besten ohne langes Feilen textbegleitend mehrere Titelentwürfe ‚zu Papier'. Erst am Schluss geht man an die endgültige Fassung.

Abgesehen von den Erfordernissen für die Dokumentation müssen auch potenziell Interessierte dem Titel entnehmen können, wovon die wissenschaftliche Ausarbeitung handelt und ob die Lektüre für sie interessant sein könnte. Nichtssagend sind solche Titel wie:

- *„Neue Tendenzen auf dem Finanzmarkt"*
- *„Beobachtungen an Bienenvölkern"*

Am besten ist natürlich, wenn es gelingt, einen Titel so zu formulieren, dass er den wissenschaftlichen Ansprüchen genügt und zugleich anregt, den Artikel zu lesen. Journalisten verwenden viel ‚Gehirnschmalz' darauf, Überschriften als ‚Aufreißer' zu gestalten.

Schneider und Esslinger (2007) erläuterten gar in einem ganzen – sehr lesbaren – Buch mit dem Titel: *„Die Überschrift"* die Sachzwänge, Fallstricke und Versuchungen bei deren Formulierung.

5.3.2 Überschriften von Kapiteln und deren Untereinheiten

Informativ formulierte Überschriften machen den ‚roten Faden' sichtbar, nehmen die Leser gleichsam an die Hand. Darauf war schon hingewiesen worden. Dennoch wird dies Thema nochmals aufgegriffen, und zwar im Hinblick auf die informative Formulierung der Überschriften innerhalb einer Arbeit. Diese Aufgabe wird nämlich oft vernachlässigt.

Die Hierarchie von Kapitel- und Unterkapitelüberschriften muss auch in der Wortwahl erkennbar sein. Überschriften von Unterkapiteln müssen jeweils detaillierter formuliert werden als die höherrangigen Kapiteleinheiten.

Überschriften im Text haben eine doppelte Funktion:

- Sie geben den Lesern Orientierungshilfen für die Lektüre der jeweils nachfolgenden Textpassagen.
- Zugleich helfen sie den AutorInnen beim Schreiben, den logischen Zusammenhang von Überschrift und Text zu beachten.

Überschrift und anschließender Text sind also eng miteinander zu verknüpfen. Das geht so weit, dass die Reihenfolge mehrerer Stichworte in einer Überschrift mit der Reihenfolge ihrer Erörterung im Text, wie nachfolgend gezeigt, übereinstimmen sollte:

„3.1.1 Einfluss der Nahrungsaufnahme auf Körpergewicht und Psyche". In dieser Überschrift zu einem Unterkapitel ist die Reihenfolge der Teilaspekte, also Körpergewicht und Psyche, vorgegeben. Sie ist auch im nachfolgenden Text einzuhalten. Dementsprechend müssen erst die Folgen für das Körpergewicht und dann für die Psyche abgehandelt werden – und nicht umgekehrt, wie allzu oft, unbedacht, gehandhabt.

Man liest und versteht solche Texte besser!

Titel von Abhandlungen sowie Kapitel- und Unterkapitelüberschriften werden übrigens im Telegramm- bzw. Nominalstil geschrieben, meist ohne einführende Artikel und Verben. Das wurde hier im Leitfaden durchgängig so gehandhabt.

Vollständige Sätze sind unüblich und Formulierungen in Frageform eher zu vermeiden.

Die Titel werden nicht mit einem Punkt abgeschlossen, eben weil sie keine vollständigen Sätze darstellen.

5.4 Rechtschreibung und Zeichensetzung

5.4.1 Rechtschreibung

„Ordografi is drifial" (Sponti-Sprüche)

Die Orthografie scheint bereits die Menschen bewegt zu haben, als sie noch nicht verbindlich fixiert war. So meinte GOETHE: *„Ich denke immer, wenn ich einen Druckfehler sehe, es sei etwas Neues erfunden"*. Etwas prosaischer kann man auch folgern: Viele Druckfehler zwingen die Leser, Texte mehrmals zu lesen, um endlich zu verstehen, was gemeint ist – und schon ist der Lesefluss unterbrochen!

Die Probleme der **Rechtschreibung** sind offenkundig alt. So soll SHAKESPEARE geäußert haben: *„Das Beste beim Diktieren ist: Man kann Worte verwenden, von denen man keine Ahnung hat, wie sie geschrieben werden"*. Dummerweise können sich die AutorInnen heute nicht so leicht aus der Affäre ziehen, sondern sie müssen selbst schreiben – wenn sie nicht einen ‚Ghostwriter' wie manche DoktorandInnen für sich einsetzen. Sie können sich aber immerhin Rat aus vielen Quellen holen: beim Duden und ähnlichen Rechtschreibbüchern, bei Google, Leo-Online oder mit Hilfe von Rechtschreibkontroll-Programmen. Orthografie- und Flüchtigkeitsfehler müssten deshalb nicht mehr vorkommen. Dennoch unterlassen es viele AutorInnen – meist aus Zeitmangel –, die genannten Hilfen heranzuziehen.

Eine exakte Rechtschreibung wird von vielen SchreiberInnen als eine lästige Formfrage betrachtet und deshalb mit entsprechender Nonchalance behandelt. Diese Haltung wurde jahrelang, und wird offenkundig noch immer, in den Schulen unterstützt. Sie steht in merkwürdigem Gegensatz zu den furiosen Äußerungen zahlreicher Journalisten, Schriftsteller und engagierter Zeitgenossen, als im Zuge der letzten Rechtschreibreform vergleichsweise moderate Korrekturen der Orthografie vorgenommen wurden. Das veranschaulichte schlaglichtartig, wie wichtig auch heutigen Menschen eine korrekte Rechtschreibung ist und wie sehr Autoren darauf achten sollten, sich nicht die Sympathie vieler Leser (und Gutachter) durch formale Unzulänglichkeiten in diesem Bereich zu verscherzen.

„Regeln sind dazu da, Verständlichkeit zu schaffen", wurde der Rechtschreibexperte STANG zitiert (DER SPIEGEL 2013/36: 50) – und diese Aussage kann ich in diesem Zusammenhang nur unterstreichen.

Über das Rechtschreibungs-Portal <http://www.korrekturen.de beliebte Fehler> kann man sich übrigens Hilfen hinsichtlich der Schreibweise mancher vertrackter Wörter holen.

5.4.2 Zeichensetzung

Gleich nach den Problemen mit der Rechtschreibung kommen die Schwierigkeiten mit der Zeichensetzung. So sind besonders die Kommaregeln für viele SchreiberInnen offenbar ein ‚Buch mit sieben Siegeln' und oft genug reine Glücksache. In E-Mails und anderen ‚hingehauenen' Schriftstücken verzichten die AutorenInnen vielfach ganz darauf, sie zu berücksichtigen. Weil sie aber meist nur kurze Sätze schreiben, hat man keine Schwierigkeiten, diese zu verstehen.

Auch im Englischen werden Kommas (bzw. ‚Kommata') sparsam und nicht immer konsequent gesetzt. Man muss dennoch die Texte meist nicht zwei- oder dreimal lesen, um ihre Aussagen nachvollziehen zu können, weil die ‚Engländer' üblicherweise keine Bandwurmsätze fabrizieren. Im Deutschen

dagegen sind die Sätze generell länger, und so braucht man Kommas als Lesehilfen.
Im Rahmen der deutschen Rechtschreibreform in den 1990er Jahren wurden die Kommaregeln vereinfacht. Dabei gingen auch einige sinnvolle Handhabungen über Bord, die im Nachhinein stillschweigend wieder zurückgeholt wurden. Dazu gehört die Regel, zwei **mit ,und' verbundene Hauptsätze** durch ein Komma zu trennen:

- *„Ein solcher Baukasten spart Umstellungen an den Maschinen, Lagerkosten und die höheren Stückzahlen reduzieren die Kosten."*
- *„Es gibt weniger Kinder und Eltern sind statistisch betrachtet weitaus häufiger arm als Rentner."*

Beim ersten Lesen wird man in die Irre geführt, weil es sich bei beiden Beispielssätzen um Aufzählungen zu handeln scheint, was aber nicht der Fall ist. Folglich muss man sich die Sätze abermals vornehmen. Durch die Einfügung eines Kommas nach Lagerkosten bzw. nach Kinder wird diese Irreführung vermieden.

Infinitivsätze sollten durch Kommas getrennt werden. Das wird häufig vernachlässigt. AutorInnen bedenken dabei nicht, dass ein fehlendes Komma die Lektüre erschwert: *„So skizzierte der Doktorand Kenntnisse über die ökologischen Bedingungen gewinnen zu wollen."* Ohne ein Komma nach Doktorand geht man zunächst davon aus, dass der Doktorand Kenntnisse über die ökologischen Bedingungen skizzierte und stutzt dann beim Weiterlesen. Man muss also an den Anfang zurückkehren, um den Satzinhalt richtig zu erfassen.

Infinitive, die lediglich **aus einem Verb** bestehen, brauchen jedoch kein Komma: *„Ich bin nicht bereit zu akzeptieren, mich dauernd durch formale Mängel im Lesefluss unterbrechen zu lassen"* oder *„Für Studierende ist es nicht leicht abzuschätzen, wie weit der ‚Überblick' gehen muss".*

Nach bereit bzw. leicht muss also kein Komma gesetzt werden.

Kommas helfen, längere Sätze mit Einschüben auf Anhieb zu verstehen. Man kommt beim Lesen nicht ,ins Stolpern' und muss einen Satz nicht ein zweites Mal lesen, um seinen Sinn zu erfassen. Kommas haben mithin eine Weiserfunktion. Richtige Zeichensetzung verbessert die Lesbarkeit vieler Texte wesentlich!

Eine Anekdote, ein Witz und eine Zeitungsmeldung sollen zusätzlich verdeutlichen, wie missverständlich Aussagen ohne sachgerecht gesetzte Kommas sein können:

- Zuerst die Anekdote:
  Im 18. Jh. konnten sich die Stadtväter in einer preußischen Kleinstadt nicht darauf einigen, ob man einen Delinquenten hinrichten oder begnadigen solle. Deshalb legten sie den Fall Friedrich dem Großen mit der Bitte um Entscheidung vor. Der ,alte Fritz' antwortete salomonisch: *„Soll hängen nicht laufen lassen"*. Er überließ es damit den Stadtverordneten, ein Komma vor oder hinter das *,nicht'* zu setzen und schob ihnen wieder geschickt die Aufgabe zu, selbst zu entscheiden. So etwas nennt man ,Rückdelegation'.
- Jetzt der Witz:
  Die Freunde Peter und Hans treffen sich, fragt der Peter: *„Hat der Aloys nun die Resi geheiratet?"*; antwortet der Hans: *„Nein, er will sie nicht"*; meint der Peter: *„Ich habe auch so etwas gehört, aber ich glaube, Du hast das Komma nicht mitgesprochen: Er will, sie nicht!"*
- Schließlich die Zeitungsmeldung – abgedruckt im ,Hohlspiegel' des SPIEGEL:
  „Es gelingt den Stadtwerken, nicht das Wahrzeichen von Gehrsweiler (einen Wasserturm) zu verkaufen".
  Hätte der Redakteur das Komma nicht vor, sondern hinter das ,nicht' gesetzt, so wäre seine Notiz wohl kaum durch die Aufnahme in den Hohlspiegel ,geadelt' worden.

Fehlende oder falsche Zeichensetzung kann Leser verärgern, wie es in einer Buchrezension anklingt: *„Wie kann man aber einen Roman anpreisen, der sich extrem dem Leser versperrt, weil schon die interpunktionslose Sprache höchste Konzentration verlangt?“* (NACHBAR, 2011) Das ist der springende Punkt gerade auch bei naturwissenschaftlichen Arbeiten: Richtige Zeichensetzung verbessert die Lesbarkeit, statt höchste Aufmerksamkeit aufgrund unzulänglicher Formdetails zu erfordern!

„Je mehr Bildung, desto kompetenter kann jemand Zeichen setzen“, hat der Internet-Sprachforscher RUNKEHL in einem Interview angemerkt (DER SPIEGEL 2013/39: 62).

Eine offene Frage ist, ob und wann ein **Semikolon** gesetzt werden sollte. Mir ist aufgefallen, dass es in nahezu allen Texten, in denen ich es gefunden habe, durch einen Punkt ersetzt werden konnte, da es zwei vollständige Sätze trennte. Deshalb habe ich für mich entschieden, es überhaupt nicht mehr zu verwenden, auch wenn ich mir damit den Widerspruch mancher Gemanisten zuziehe!

In diesem Abschnitt konnte das Thema Zeichensetzung nur angerissen werden und zwar anhand der häufigsten Fälle, die mir regelmäßig bei Korrekturen von Text-Entwürfen aufgefallen sind. Weitere Einzelheiten hinsichtlich der gültigen Regeln zur Zeichensetzung sind dem Duden oder vergleichbaren Werken zu entnehmen.

5.5 Umfang der Manuskripte

Im Zusammenhang mit der Fertigung eines Manuskriptes kommt unweigerlich die Frage nach dessen gefordertem Umfang. Grundsätzlich gilt die Maxime:

So kurz und präzise wie möglich!

An vielen Fakultäten haben sich Rahmenwerte durchgesetzt, die als angemessen für die jeweiligen Arbeiten gelten:

TYP DER ARBEIT	SEITENUMFANG
Bachelor-	30-(50)
Master-/Diplom-	40-(80)
Doktor-	120-(200)

Gemeint sind hier immer Textseiten ohne ‚Beiwerk‘ (also ohne Inhaltsverzeichnis, Zusammenfassung, Literaturnachweise und Anhang). Je mehr ‚Materialien‘ als Belege für Aussagen beigefügt werden müssen, desto umfangreicher werden Arbeiten zwangsläufig. Das ist einer der Gründe, warum geisteswissenschaftliche Arbeiten oft seitenstärker sind. Diese Angaben können deshalb nur als grobe Orientierung dienen.

‚Seitenumfang‘ ist allerdings ein dehnbarer Begriff. Die Länge eines Textes pro Seite ist nämlich abhängig von Schrifttyp und -größe sowie Zeilenabstand. Um also die Länge von Manuskripten eindeutig bestimmen zu können, wurde die ‚Normseite‘ als Maßeinheit eingeführt. Sie geht zurück auf den Umfang von Schreibmaschinenseiten mit 30 Zeilen und 60 Zeichen je Zeile = 1.800 Zeichen (einschließlich Leerzeichen). Seitens der VG Wort (siehe Kap. 8.2, S. 228) wird die Normseite pauschal mit 1.500 Zeichen (einschließlich Leerzeichen) gerechnet. Einzelne Fakultäten geben gleichfalls die maximale Zeichenzahl als Orientierung für den Textumfang von Haus- oder Studien-Abschlussarbeiten vor, um Manipulationen auszuschließen. Nicht immer ist dabei klar, ob Leerzeichen mitgerechnet sind oder nicht. Sie machen durchschnittlich 20 % der Gesamtzeichenzahl aus.

Seitenlimits werden eher über- als unterschritten, weil es leichter ist, ausschweifend als knapp und präzise zu schreiben. Dies Problem haben nicht nur Studierende sondern auch ‚Profis', wie aus einem Zeitungs-Kommentar hervorgeht: *„Er feilt stundenlang an Texten, um prägnante Formulierungen zu finden"* (DIE ZEIT 2012/30: 21). Kurz und prägnant zu schreiben (und zu sprechen) bedeutet mithin harte Arbeit und ist eine wichtige Schlüsselqualifikation im späteren beruflichen Leben.

‚Dicke' Arbeiten sind im Übrigen eine Zumutung für den, der sie lesen muss, und lösen bei vielen BetreuerInnen leicht Missvergnügen aus. Inhaltsarmut dagegen verlockt dazu, Texte ‚auszuwalzen'. Es soll aber auch DozentInnen geben, die Arbeiten nicht annehmen, wenn diese nicht einen Mindestseitenumfang haben – als ob Länge ein Qualitätsmerkmal ist.

5.6 Textkorrekturen

Manuskripte sind erst nach sorgfältiger Überarbeitung fertig. Selbst bei großer Gewissenhaftigkeit pflegen sich mancherlei Fehler einzuschleichen. Überprüfungen und Korrekturen sind deshalb ein Muss. Diese umfassen die folgenden Schritte:

- **Korrekturen auf Ausdrucken**
  Das Schreiben am Computer birgt eine große Gefahr: Schon die erste Fassung sieht gefällig aus. Viele JungautorInnen lassen sich davon blenden und betrachten ihr Werk in diesem Stadium bereits mit Wohlgefallen und als weitgehend fertig.
  Am Bildschirm hat man aber keinen guten Überblick hinsichtlich der inhaltlichen Zusammenhänge. Man sieht ja immer nur einen Seitenausschnitt. Dementsprechend entdeckt man viele Unzulänglichkeiten der ersten Fassungen bei Gliederung, Gedankenlogik und Diktion weniger leicht als auf einem Ausdruck. Vielleicht erschwert auch das Sitzen vor dem Bildschirm – womöglich mit mehreren Personen im selben Raum – die nötige Konzentration. Außerdem fallen Schreibfehler wie Wortverdrehungen, Wortdoppelungen oder Dreckfuhler bei speziellen Begriffen weniger auf. Die Schreibweise von Fachausdrücken erkennt auch ein Rechtschreibprogramm nicht immer.
  Deshalb ist dringend anzuraten, das Manuskript vor seiner endgültigen Fertigstellung wenigstens einmal auszudrucken und auf der papierenen Fassung gründlich durchzuarbeiten.
- **Korrekturen in Phasen geistiger Frische**
  Übermüdet überliest man sprachliche Unzulänglichkeiten und erkennt formale Fehler nicht. Auch kann man keine umfangreiche Arbeit auf einmal durchsehen. Weil Textkorrekturen anspruchsvoll sind und wache Aufmerksamkeit erfordern, sollte man sich ihnen zu Zeiten widmen, in denen man geistig fit ist.
  Selbst hinsichtlich dieser scheinbaren Lapalie ist also eine gute zeitliche Planung empfehlenswert.
- **Korrekturen mit zeitlichem Abstand**
  Manche Passagen kann man erst dann straffer und präziser fassen, wenn man die Arbeit eine Weile hat liegen lassen und sie nochmals – quasi in der Rolle der virtuellen Leser – kritisch durchsieht. Man liest sie dann fast wie neu und wundert sich, wie viele Passagen sich noch verbessern lassen. Die Durchsicht mit genügendem Zeitabstand generell zu empfehlen, mag jedoch utopisch sein, denn wer schreibt seine Arbeit – jedenfalls in der Schlussphase – eigentlich nicht unter Zeitdruck?

- **Texte laut lesen**
  Passagen, die offenkundig nicht klar formuliert sind, sollte man laut lesen – natürlich für sich im ‚stillen Kämmerchen'. Das hilft sehr, um unbefriedigend formulierten und dadurch wenig verständlichen Stellen auf die Spur zu kommen, denn was sich nur holprig sprechen lässt, liest sich auch nicht flüssig.
- **Korrekturen durch kritische Kollegen**
  Eine große Hilfe bedeuten Freunde und Bekannte, die bereit sind, das Manuskript wohlwollend und sorgfältig unter die Lupe zu nehmen sowie eine kritische Rückmeldung zu geben. Es ist vorteilhaft, wenn diese Personen zwar mit dem Fachgebiet, nicht jedoch mit dem Spezialthema vertraut sind. Kennen sie die Materie überhaupt nicht, so ist das nicht unbedingt nachteilig. Dann können sie eine Arbeit nämlich besonders gut auf ihre Verständlichkeit hin ‚abklopfen' und sachliche Ungereimtheiten sowie Ungeschicklichkeiten in der Darstellung aufspüren. Leider findet man nicht leicht Leute, die geübt sind, Texte kritisch zu analysieren.
  Man braucht also Partner als kritisches Gegenüber für Gespräche und ‚externe' Gutachter für die Korrektur der Texte. Jeder Autor neigt nämlich mit Fortschritt seiner Ausarbeitungen dazu, ‚betriebsblind' zu werden und viele der angesprochenen Unzulänglichkeiten zu übersehen.
  Diese Aufgabe haben bei Bachelor-, Master-, Diplom- und Doktorarbeiten eigentlich die BetreuerInnen. Aber viele Studierende bemängeln zu Recht, dass sie von ihnen oft im Stich gelassen werden.
- **Referat vor Fachkollegen oder in Arbeitsgruppen**
  Dieselbe Funktion der kritischen Überprüfung kann ein Referat über das jeweilige Projekt im Rahmen eines Institutskolloquiums oder -seminars haben. Die Tatsache, dass man sein Projekt vortragen muss, hilft einem selbst schon, Schwächen zu erkennen. Zusätzlich hilfreich können kritische Kommentare der Teilnehmer des Kolloquiums oder Workshops sein.
  Eine solche Veranstaltung sollte allerdings rechtzeitig vor Abgabe der Arbeit stattfinden, damit noch Zeit verbleibt, die kritischen Anmerkungen und Vorschläge einzuarbeiten.

Formale und inhaltliche Korrekturen
Es ist nicht einfach, bei Textkorrekturen Inhalt und Form gleichzeitig im Auge zu behalten. Entweder konzentriert man sich beim Durchlesen mehr auf inhaltliche Einzelheiten und übersieht dann formale Unzulänglichkeiten oder umgekehrt. Zweckmäßig ist es daher, einen Text zweimal mit entsprechend versetzten Korrekturprinzipien durchzusehen.

5.7 Abschließende Bemerkungen zur Langzeitbedeutung des Textens

Das strukturierte ‚Texten' als Teil des wissenschaftlichen Schreibens wird generell von Einsteigern unterschätzt. Hierbei tun sie sich oft besonders schwer. Das war bereits angeklungen.

Bei der Betreuung von Studien-Abschluss- und Doktorarbeiten hat mich daher die Korrektur der Texte stets am stärksten in Anspruch genommen.

Haus- und Studien-Abschlussarbeiten dienen vorrangig der Einübung spezieller wissenschaftlicher Fähigkeiten. Nach ihrer Fertigstellung und Abgabe dürfen die JungautorInnnen zwar viele sachliche Details vergessen, in die sie sich während der Bearbeitung vertiefen mussten. Sie dürfen aber nicht vergessen, wie man schreibt, denn anspruchsvolle fachliche Sachverhalte werden sie lebenslang verständlich darstellen müssen. Durch die Hinweise in diesem Kapitel sollen sie hierfür sensibilisiert werden. Knapp, klar und präzise zu schreiben, erfordert harte gedankliche Arbeit sowie ständiges Üben – und viel Selbstdisziplin. Man sollte sich immer wieder klar machen: Schreiben hängt unmittelbar mit der gedanklichen Durchdringung eines Projektes zusammen. Logisch und präzise kann man nur schreiben, wenn man präzise denkt.

„Wenn ich einen Satz mehrmals lesen muss, um ihn zu verstehen, zweifle ich daran, dass der Autor ihn verstanden hat", hat der Theatermann und Komiker Curt Goetz gefolgert.

Wilhelm Busch aber spottete:

> *„Oft fällt das Denken schwer, indes*
> *das Schreiben geht auch ohne es."*

Schreiben verlangt eine stetige gedankliche Auseinandersetzung mit dem Inhalt eines Projektes und braucht Rückmeldung seitens der BetreuerInnen oder anderer Gesprächspartner und Begleitpersonen während des Arbeitsfortschritts.

Viele Studiengänge weisen gerade in dieser Hinsicht Defizite auf: Sie bieten den Studierenden zu selten Gelegenheit, sich mit Hilfe von Übungs- und Hausarbeiten im Schreiben zu trainieren und zu vervollkommnen. Bei den Studien-Abschlussarbeiten sieht es oft nicht viel besser aus. Der Grund ist klar: Die Dozenten haben wenig Zeit, die Arbeiten durchzusehen und sie kommentiert den Studierenden zurückzugeben. Sie halten diese Verpflichtung oft auch nicht für wichtig, weil sie keinen akademischen Lorbeer einbringt. Deshalb hat die Deutsche Forschungsgemeinschaft mit Nachdruck darauf hingewiesen, dass die intensive Betreuung von Studierenden und DoktorandInnen zur ‚guten wissenschaftlichen Praxis' gehört (vergl. Kap. 1.8, S. 13) – heute mehr denn je!

Viele Hinweise zur sprachlichen Gestaltung gelten übrigens in verschärftem Maße, wenn die Studierenden oder Graduierten ihre Abschluss- bzw. Doktorarbeiten nicht in ihrer Muttersprache schreiben. Zunehmend gehen deutsche Absolventen dazu über, sie englisch zu verfassen, und die wachsende Zahl von ausländischen, gleichfalls nicht englisch-muttersprachlichen Studierenden hat sich ebenfalls mit diesem Problem herumzuschlagen. Bei ihnen ist die Betreuung und Hilfe bei den Korrekturen umso wichtiger, möglichst durch einen ‚native speaker'.

Ein befriedigendes Druckbild herzustellen, gehört zu den letzten Aufgaben der Fertigstellung einer Arbeit, nicht nur des Textes. Sie werden im folgenden Kapitel 6 erörtert.

Zusammenfassung der wichtigsten Punkte hinsichtlich der Textfassung:

- Überlegungen hinsichtlich der Zielpersonen: Möglichst nicht zu speziell, sondern für einen größeren Kreis potenzieller Leser schreiben.
- Verständlichkeit und Präzision der Texte sind wichtigster Leitsatz. Gegenüber verbalen Nachlässigkeiten sensibel werden. Keine saloppen Anleihen bei der Alltags- und Umgangssprache.
- Durchdenken des Inhalts: Was man nicht verständlich formulieren kann, hat man nicht verstanden: Nur ein klarer Gedanke ermöglicht einen klaren Satz.
- Einfach schreiben: Einen schwerfälligen ‚Beamtenstil' mit Sustantivierungen, Bandwurmsätzen und -wörtern vermeiden. Fremdwörter nur verwenden, wenn sie treffender als deutsche Entsprechungen sind. Übercharakterisierungen, Füllwörter, überflüssige Adjektive, Wortdoppelungen entfernen. Derart ‚entrümpelte' Texte werden prägnanter.
- Fachbegriffe exakt verwenden. Fachliche Modewörter möglichst umgehen.
- Abkürzungen nur, wenn absolut unumgänglich. Ausgeschrieben sind die Begriffe lesbarer.
- Personifizierungen von Institutionen, Objekten, Methoden, Ideen unterlassen.
- Ich-Stil vermeiden.
- Grammatikalische Zeiten (Gegenwart und Vergangenheit) sachlogisch verwenden.
- Ein- und Mehrzahl von Begriffen gleichfalls sachlogisch einsetzen.
- Textteile miteinander verknüpfen, um gedankliche Zusammenhänge zu verdeutlichen. Die Leser ‚an die Hand nehmen'.
- Informative Überschriften als Lesehilfen formulieren.
- Rechtschreibung und korrekte Zeichensetzung beachten.
- Überprüfen der Verständlichkeit der Texte durch Lautlesen, durch Korrekturhilfen von Freunden oder Kollegen, durch Einfordern kritischer Hilfestellungen seitens der BetreuerInnen.
- Generelles Fazit: Schreibe lesbar: *„Liebe deinen Leser, wie dich selbst!"*

6 Äussere Form, Abschliessende Arbeiten und Bewertung

In diesem Kapitel werden erörtert:

- Bedeutung der äußeren Form bei Studien-Abschlussarbeiten, (das ‚Layout'),
- Schriftart und -bild,
- Seitengestaltung,
- Kapitelanordnung und Seitenzählung,
- Schlussredaktion
- Erklärungen zur selbstständigen Anfertigung einer Arbeit,
- Kriterien für die Bewertung von Studien-Abschlussarbeiten und Dissertationen.

6.1 Bedeutung der äußeren Form

Die Form entspricht der Funktion (‚form follows function') und wirkt in mehrfacher Hinsicht:

- **Die Form fördert die Lesbarkeit!**
  Gute Form erleichtert den Lesefluss. ‚Lesbarkeit als oberstes Ziel' war als Motto schon im Vorwort genannt worden.
- **Die Form transportiert Inhalt!**
  Sie ist ein wichtiges ‚Vehikel' (= Transportmittel) der Inhaltsvermittlung. Als zweites Motto des Leitfadens war es in der Einführung (vergl. Kap 1.1, S. 3) herausgestellt worden.
- **Die Form hat auch eine Funktion!**
  Sie erleichtert nämlich die Nachvollziehbarkeit der Informationen in Tabellen und Abbildungen, sowie die Überprüfbarkeit von Zitaten.
- **Die Form hebt den Gesamteindruck!**
  Selbst, wenn die Form kein Selbstzweck sein soll, so darf nicht verkannt werden, dass ein gefällig gestaltetes Erscheinungsbild einer Prüfungsarbeit heute Standard ist und von den Gutachtern und Lesern erwartet wird.

Die äußere Form einer Studien-Abschlussarbeit oder einer Dissertation soll zwar nur am Rande Gegenstand der Benotung sein, trotzdem muss man sich darüber im Klaren sein, dass sie indirekt die Notengebung beeinflusst, indem sie eine gewisse Voreingenommenheit bei den Gutachtern erzeugt – zum Guten wie zum Schlechten.
Das kommt in einem in München gefertigten Gutachten über eine Diplomarbeit deutlich zum Ausdruck. In diesem heißt es nämlich: „*Selbst in einem Zeitalter, das geneigt ist, Fragen der Form gering zu schätzen, verwundert es, wenn der Verfasser einer Diplomarbeit es nicht für nötig hält, zumindest ...*“

Leser sind im Allgemeinen wenig geneigt, sich dauernd durch formale Mängel im Lesefluss unterbrechen zu lassen. Sie werden ungeduldig und legen den Text beiseite. Das Schlimmste aber, was den AutorInnen passieren kann, ist, dass ihre Arbeiten wegen formaler Unzulänglichkeiten nicht gelesen, und damit nicht zur Kenntnis genommen werden.

Ein häufiger Mangel besonders bei vielen Erstlingsarbeiten ist die Inkonsequenz – oder neudeutsch: die ‚Inkonsistenz' –, mit der sie geschrieben werden. Das betrifft die Rechtschreibung, die Verwendung von Maßeinheiten und Abkürzungen sowie eine Vielzahl weiterer formaler Kriterien. Die JungautorInnen schreiben, wie es ihnen gerade kommt: mal so, mal so.

Ein Diplomand war in dieser Hinsicht besonders ‚großzügig': Er schrieb Zahlen ohne und mit Gliederungspunkt oder Zwischenraum (10.530, 2798, 15 556). Mit der Einheitlichkeit bei den Maßeinheiten hatte er es gleichfalls nicht (1000 ha/J., 530 ha a^{-1}), und die durchgängig selbe Schreibweise von Namen war ihm kein Anliegen (Kyoto- bzw. Kioto-Protokoll).

Es verwundert immer wieder, mit welcher Lässigkeit manche AutorInnen die Schreibweise vieler Wörter ohne Not von Seite zu Seite wechseln. Solche Nachlässigkeiten verunsichern die Leser und erschweren die Lektüre: Verbirgt sich hinter abweichenden Definitionen oder wechselnder Gestaltung womöglich verschiedener Inhalt? Zugleich lassen sie leicht den Verdacht aufkommen, die SchreiberInnen seien bei der Datengewinnung und -auswertung gleichfalls unsorgfältig vorgegangen. GutachterInnen und kritische Leser pflegen ‚zwischen den Zeilen' zu lesen und aus solchen Details auf die Qualität einer Arbeit insgesamt rückzuschließen. Der äußere Eindruck ist also nicht unerheblich für die Beurteilung.

Die Wirkung, die der erste und äußere Eindruck verursacht, hat übrigens Gottfried KELLER anschaulich in seiner Novelle ‚Kleider machen Leute' geschildert.

An dieser Stelle sei an die frühere Empfehlung erinnert, möglichst bald, spätestens bei Beginn des Textschreibens, einen kleinen Leitfaden zu erstellen (vergl. Kap. 3.3.11, S. 78 und siehe Kap. 6.2.2, S. 180). In einem solchen wird aufgeführt, wie im Einzelnen formal vorgegangen werden soll. Das spart viel Arbeit und verringert die Gefahr, anfangs anders zu schreiben und zu strukturieren als am Ende. Einheitliches Vorgehen auch in formalen Kleinigkeiten fördert die Lesbarkeit! Für schriftliche Ausarbeitungen gilt sinngemäß dasselbe wie für die Organisation von Tagungen oder ähnlichen Veranstaltungen:

„Gute Form ist, wenn man sie nicht merkt!"

Man lasse sich aber nicht täuschen: Mit Schreibprogrammen geschriebene Texte sehen gleich gefällig aus, und die Verfasser geben sich schnell damit zufrieden. Das bedeutet aber noch lange nicht, dass sie auch inhaltlich in Ordnung sind.

Zwar dominieren Schreibprogramme den Markt (allen voran ‚Word' von Microsoft), aber alles ändert sich dadurch, dass vermehrt Tablet-Computer und Smartphones auf den Markt drängen. Möglich ist auch, dass man in Zukunft Office-Pakete nicht mehr lokal auf dem eigenen Rechner installiert, sondern Texte mit Software im Internet bearbeitet und dort speichert (‚cloud-computing'), das ist aber durchaus mit Risiken verbunden, die derzeit in der Tagespresse diskutiert (und hier nicht weiter verfolgt) werden. Nur ein Hinweis für die Arbeit mit der Textverarbeitung sei gestattet: Verwenden Sie Formatvorlagen (falls Sie nicht wissen, was das ist, suchen Sie nach dem Begriff im Internet). Das Ergebnis Ihrer Mühen wird professioneller und schöner.

Neben den kommerziellen Office-Paketen gibt es Gratis-Pakete (OpenOffice), die genauso gut (als Ersatz für Word und Excel) verwendet werden können. Manche Autoren schreiben sogar mit Satz-Programmen (LaTex, Pagemaker, Quark, InDesign), das sind aber eigentlich Werkzeuge für den Einsatz bei der Buchproduktion.

Hier im Kapitel 6 werden schwerpunktmäßig Hinweise zu Form und Fertigstellung von Studien-Abschlussarbeiten und Dissertationen gegeben. Sie sind weitgehend unabhängig von den benutzten Schreibprogrammen. Empfehlungen zu Formdetails von Veröffentlichungen werden in Kap. 7.3.5 (S. 218) angesprochen. Dennoch gelten die hier in Kap. 6 zusammengestellten Einzelheiten großenteils auch für Veröffentlichungen.

6.2 Schriftart und -größe

6.2.1 Schriftart (‚font')

Studienabschluss- und Doktorarbeiten sind mit heute gebräuchlichen Schriften vorzulegen.

Standard sind **Proportionalschriften** mit Buchstaben, deren Breite ihrem Platzbedarf entspricht. So ist ein ‚i' weniger raumgreifend als ein ‚w'. Proportionalschriften sind optisch ansprechender und benötigen insgesamt weniger Platz als mit **nicht-proportionalen Schriften** gedruckte Texte, die bei Schreibmaschinen üblich waren, wie die `Courier`.

Ein weiterer genereller Unterschied sind **Schriften ohne und mit ‚Serifen'** (nach niederländisch ‚schreef' = Strich von lateinisch *scribere* = schreiben;, deutsch ‚Häkchen') (Abb. 6.1-1 und Tab. 6.1-1).

Serifenschriften werden auch als Antiquaschriften bezeichnet. Welche Schriftart gewählt wird, ist weitgehend Geschmacksache. Verbindliche Vorschriften hierzu gibt es nicht. Allerdings wirken ‚Fancy'-Schriften wie *ITC Zapf Chancery*, **Comic Sans MS**, *Monotype Corsiva* oder Schreibschriften in wissenschaftlichen Arbeiten als unseriös und sind daher nicht zu empfehlen. Die Vor- und Nachteile von serifenfreien oder von Serifenschriften sowie die gebräuchlichsten Schriftarten sind in Tab. 6.1-1 aufgelistet.

Serifenlose Schriften gelten bei jüngeren AutorInnen eher als ‚modern'. Sie werden daher zunehmend auch für Fließtexte verwendet. Mit serifenlosen Typen werden oft Plakate, großflächige Reklamen und in Zeitungen die Überschriften geschrieben. Serifenlose Schriften sind außerdem gängig bei PowerPoint-Präsentationen (siehe Tab. 7.1.5, S. 205). Mit ihnen

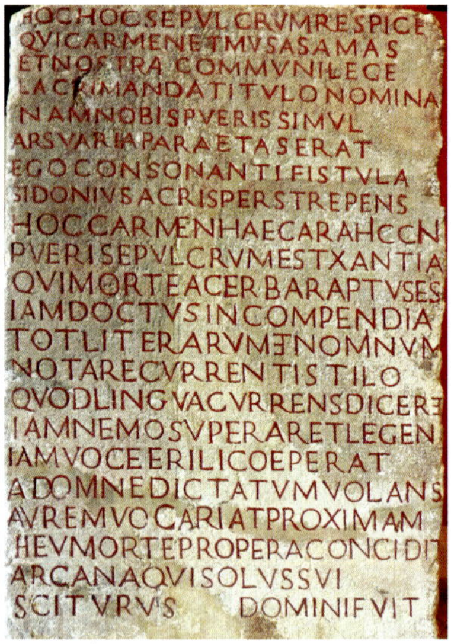

Abb. 6.1-1: ‚Klassische' Schriften mit und ohne Serifen
Serifen sind kleine Querstriche bzw. häkchenartige Enden an Buchstaben. Serifenschriften waren bereits zu ‚Römerzeiten' auf Gedenk- und Grabsteinen gebräuchlich.

Das linke Bild zeigt die auf römischen Gedenksteinen häufig verwendete Serifenschrift, wie hier auf dem in Baden-Baden gefundenen ‚Caracalla'-Stein. Dieser war im Jahre 197 n. Chr. dem damals zehnjährigen Thronfolger Marcus Aurelius Antoninus gewidmet, der als Kaiser später den Beinamen Caracalla erhielt.

Selten ist dagegen eine (fast) serifenfreie Schrift, die wie hier auf dem rechten Grabsteinbild für zwei talentierte Sklaven (einen Flötenspieler und einen Sekretär) durchaus modern anmutet (Römisch-Germanisches Museum in Köln).

Tab. 6.1-1: Charakterisierung von Schriften ohne und mit Serifen
Abgesehen vom Tabellenkopf wurden hier alle Wörter in der Schriftgröße ‚pt. 9' geschrieben. Damit lässt sich einerseits die Größe der Schriften miteinander vergleichen, diese ist nämlich trotz derselben Vorgabe wegen der verschiedenen Schriftarten nicht gleich. Andererseits kann man den Eindruck abschätzen, den sie erzeugen.

SCHRIFTART	VORTEILE	NACHTEILE	GEBRÄUCHLICHE SCHRIFTEN
Serifenfreie Schrift	Klarere Trennung der Buchstaben bei kleinen Schriftgrößen; besser lesbar auf dem Bildschirm.	Schlechtere Lesbarkeit bei langen Texten.	Helvetica, Arial, Verdana, Microsoft sans serif, Calibri
Serifenschrift	Bessere Lesbarkeit von Wortbildern in Fließtexten durch Betonung der Grundlinien.	Schlechtere Lesbarkeit bei sehr kleinen Schriftgrößen durch ‚Verschwimmen' der Einzelbuchstaben.	Times New Roman, Georgia, Garamond, Palatino, Courier PS

kann man Kleingedrucktes – wie in Tab. 6.1-1 erwähnt – besser lesen. In wissenschaftlichen Arbeiten eignen sich serifenlose Schriften besonders für einzelne Worte und Texte in Tabellen, Grafiken oder für eingeschobene Beispiele.

Durch **Serifenschriften** werden die Grundlinien betont. Dadurch verbessert sich die Lesbarkeit von Fließtexten. Serifenschriften werden heute eher als ‚altbacken' bewertet. Dennoch werden Fließtexte nach wie vor am häufigsten in einer Serifenschrift gedruckt – so in Büchern, Zeitschriften, Magazinen, Wissenschaftsjournalen –, eben weil man bei Normaltexten die Wortbilder leichter erfassen kann. Eine gebräuchliche Schriftart ist die ‚Times New Roman'. Gefälliger ist jedoch die schon im 16. Jahrhundert entwickelte ‚Garamond'. Deshalb wurden die Fließtexte hier im Leitfaden mit Garamond gedruckt.

Serifenlose Schriften scheinen aber zunehmend beliebter zu werden. Dem trägt offenbar auch Microsoft Rechnung. So war bisher beim Schreibprogramm ‚Word' die Serifenschrift ‚Times New Roman' die Standardeinstellung. ‚Word 2010' hat dagegen jetzt als Standard die serifenlose Schrift ‚Calibri' bekommen.

Vielfach werden Serifen- und serifenlose Schriften nebeneinander verwendet: Die Fließtexte mit Serifenschriften und die Texte in Tabellen und Abbildungen mit serifenlosen Schriften. Dadurch heben sich die Tabellen und Abbildungen vorteilhaft vom Text ab. Deshalb wurde hier im Leitfaden ebenso verfahren – entsprechend der gängigen Praxis. Schreibt man dagegen die Fließtexte ebenfalls in einer serifenlosen Schriftart, so unterscheiden sich diese nicht von Texten in Tabellen und Grafiken.

6.2.2 Schriftgröße und Zeilenabstand

Grund-Maßeinheit ist die Schrifthöhe bzw. die Buchstabengröße als Summe von Ober-, Mittel- und Unterlänge der Buchstaben.
Sie wird als Vielfaches von ‚Punkt' bzw. ‚point' (pt. 1 = ≈0,38 mm) angegeben. Die Schrifthöhe allein charakterisiert allerdings nicht den Eindruck der Größe einer Schrift, weil Schriftdicke, Mittellänge und Breite der Buchstaben diesen wesentlich mitbestimmen.

Längere Arbeiten sollten ermüdungsfrei gelesen werden können. Deshalb sind neben den gut lesbaren bereits genannten Schriftarten **Schriftgrößen** zu wählen, die dies gewährleisten. Dementsprechend hat sich für Hausarbeiten und wissenschaftliche Abhandlungen eine Größe von pt. 12 oder auch pt. 11 durchgesetzt. Dabei muss allerdings bedacht werden, dass dies nur für Serifenschriften gilt. Serifenfreie Schriften wirken dagegen deutlich größer. Bei ihnen reicht daher pt. 11 oder gar 10 aus. Im nächsten Satz wurden zur Illustration dieses Sachverhalts die 3 wichtigsten serifenlosen Schriften und die 3 meistverwendeten Serifenschriften nebeneinander jeweils in pt. 11 gedruckt: Arial, Verdana und Calibri gegenüber Times New Roman, Garamond und Palatino.
Bei derselben Schriftgröße werden mit Times New Roman geschriebene Texte gegenüber solchen mit Garamond gedruckten geringfügig länger. Arial und Calibri benötigen rd. 10 % mehr Platz und Verdana sogar rd. 20 % mehr als Garamond. Palatino ist ebenfalls um etwa 10 % aufwändiger als Garamond, aber weitgehend identisch, wenn man sie mit pt. 10 schreibt.

Schriftgröße und **Zeilenabstand** sollten aufeinander abgestimmt werden. Vereinfacht gesagt sollte die Schriftgröße nicht unter 8 pt. sein. Abhängig von der Schriftgröße ergibt sich ein vernünftiger Zeilenabstand folgendermaßen:

Zeilenabstand = Schriftgröße x 1,3 (oder 1,2).

Es soll nicht verheimlicht werden, dass man durchaus deutlich nach oben abweichen kann, so kann man bei einer 12 pt.-Standardschrift auf einen Zeilenabstand von 17 pt. vergrößern. Verwendet man Formatvorlagen, dann lässt sich dies spielend einfach für ein komplettes Dokument testen, auch, wenn nur der Umfang der Arbeit ermittelt werden soll.

Hier im Leitfaden wurde ein 1,3-facher Zeilenabstand gewählt. Für Studien-Abschlussarbeiten ist dagegen oft ein 1 ½-facher, manchmal sogar 2-facher Zeilenabstand vorgeschrieben. Für Veröffentlichungen wird empfohlen, den Zeilenabstand um 2 pt. größer als die Schrift oder 1,3-fach zu wählen.

Mit der **Größe der Überschriften**, sowie **Großschreibung, Fett- oder Schrägdruck** wird die Gliederungshierarchie einer Arbeit verdeutlicht. Darauf wurde in Kap. 3.2.2 (S. 66/67) hingewiesen. Die dort angegebenen Details wurden im Leitfaden umgesetzt und können auch für prüfungsrelevante Arbeiten als Orientierung herangezogen werden.
Manche Schreibprogramme strukturieren die Überschriften selbständig, aber leider nicht immer optimal. Man kann jedoch, wie bei ‚Word', die Schriften, Größen und Zeilenabstände als eigenen Standard vorgeben. Dazu muss man vorher allerdings ein eigenes Schema entwickelt haben.

Standard-Seitengröße für Manuskripte von Studien-Abschlussarbeiten ist DIN A4. Dissertationen werden später oft auf DIN A5 verkleinert. In einem solchen Fall sollte die Schrift im Original mindestens 13 pt. groß sein. Schriften in Tabellen, Abbildungen, Kleindruckblöcken können zwar kleiner, müssen aber auch nach der Verkleinerung noch gut lesbar sein.

Dissertation im Buchformat werden gelegentlich auch im B5-Format (25,0x17,6 cm) angelegt.

6.3 Gestaltung von Titelseite und Inhaltverzeichnis

Titelseite

Sie soll enthalten:

- Titel der Abschlussarbeit,
- Bezeichnung der Lehrveranstaltung (bei Haus-, Seminararbeiten, Protokollen),
- Name der Fakultät (bei Studien-Abschlussarbeiten) und der Universität (bei Dissertationen),
- Name des Verfassers/der Verfasserin,
- Abgabedatum,
- Name der Erst- und ZweitgutachterInnen.

Bei Dissertationen werden die BetreuerInnen (Gutachter + Prüfer) oftmals auf der Rückseite des Titelblatts aufgeführt.

Verschiedentlich setzen Studierende oder DoktorandInnen noch das Universitäts-Logo über den Titel. Das ist jedoch eigentlich nicht zulässig, da sie ja – streng genommen – nicht Mitglieder dieser Institution sind und nicht in deren Auftrag und Namen berichten. Manche BetreuerInnen sehen das aber lockerer und ermutigen die Studierenden oder DoktorandInnen, das Logo zu verwenden.

Abb. 6.3-1 enthält Beispiele für diese Angaben auf der Titelseite gemäß den Vorschriften der ‚Fakultät für Umwelt und Natürliche Ressourcen', Freiburg.

Es hat mich immer wieder erstaunt, wie wenig Mühe manche JungautorInnen auf eine ansprechende Gestaltung des Titelblatts verwenden, zum Beispiel durch die Wahl ab-

Betreuende Institution: Seminar/Professur/Institut Thema der Bachelor- oder Masterarbeit Name der Verfasserin/des Verfassers gegebenenfalls Matrikelnummer Ort genaues Datum der Abgabe 1. ReferentIn 2. ReferentIn	Thema der Dissertation Inaugural-Dissertation zur Erlangung der Doktorwürde der Fakultät für Umwelt und Natürliche Ressourcen der Albert-Ludwigs-Universität Freiburg i. Brsg. vorgelegt von Name der Verfasserin / des Verfassers Ort Kalenderjahr der Abgabe der Dissertation Rückseite Dekanin / Dekan Betreuerin / Betreuer (sofern es sich nicht um die Referentin / den Referenten handelt) Referentin / Referent Korreferentin / Korreferent Datum der mündlichen Prüfung bzw. der Disputation
Muster für das Titelblatt einer Bachelor- und Masterarbeit	Muster für das Titelblatt einer Dissertation

Abb. 6.3-1: Gestaltung von Titelseiten von Studien-Abschluss- und Doktorarbeiten.

gestufter Schriftgrößen und harmonischer Zeilenanordnung. Das Titelblatt ist immerhin eine Art Eintrittspforte für die Leser der Arbeit.

Inhaltverzeichnis
Durch unterschiedliche Schriftgrößen und Zeilenabstände, durch Fett- und Normaldruck, sowie unterschiedliche Einrückungen lässt sich die Gliederungshierarchie übersichtlich visualisieren. Als Beispiel kann das Inhaltsverzeichnis dieses Leitfadens herangezogen werden.

6.4 Aufteilung der Textseiten

6.4.1 Satzspiegel und Textformatierung

Seitenaufteilung, Randgestaltung und Größe des Schriftblockes sind nicht verbindlich vorgeschrieben. Doch gibt das – monopolartig verbreitete – Microsoft-Programm ‚Word' als **Standardeinstellung** für die Randbreite vor:

Oberer Rand 3,0 cm, linker, rechter und unterer Rand 2,5 cm.

Bei diesen Randbreiten und 1 1/2-zeiliger Schriftweite sowie der Schrift Times New Roman pt. 12 gibt es pro Seite 35 Zeilen mit ~85 Zeichen je Zeile, also knapp 3.000 Zeichen je Seite. Hierbei wurden keine Leerzeilen und Wortzwischenräume berücksichtigt, das heißt es können pro Seite durchschnittlich 2.000-2.500 Buchstaben oder Zahlen kalkuliert werden.

In einigen Universitäten werden **für Korrekturen am linken Rand** 6 cm Breite verlangt. Das scheint jedoch nur für Haus- und Seminararbeiten oder für Entwurfsfassungen von Abschlussarbeiten zu gelten. Endfassungen dagegen werden wohl kaum noch mit Korrekturen versehen.

Verschiedene Fachzeitschriftenverlage haben abweichende Vorgaben.

Die Arbeiten werden generell im **Hochformat** geschrieben. Nur bei breiten Tabellen oder Abbildungen ist gegebenenfalls **Querformat** unumgänglich. In solchen Fällen sind die Oberkanten der Tabellen oder Illustrationen zur Buchmitte hin zu orientieren. Seitenzahl und Kopfzeile sollten dennoch wie bei einer Hochformatseite angeordnet werden (siehe Tab. 7.1-3, S. 198).

Studien-Abschlussarbeiten werden generell **einseitig** beschrieben vorgelegt. Das ist leichter zu bewerkstelligen als zweiseitiger Druck und erfreut die Papierindustrie.

Seitenaufteilung und Zeilenanordnung werden gelegentlich manipuliert, um Textarmut oder -überlänge zu verschleiern:

- So sind viele Leerzeilen, breite Ränder, große Schrift ein ‚probates' Mittel, um Textarmut zu kaschieren.
- Das umgekehrte Vorgehen: schmale Ränder, kleine Schrift und geringe Zeilenabstände sowie keine Leerzeilen helfen dagegen, die Überschreitung eines etwaigen Umfanglimits abzumildern.
- Auch die Wahl der Schriftart bewirkt Wunder.

Zur Eingrenzung solcher Manipulationen geben manche Institutionen für Prüfungsarbeiten statt des Seitenumfangs die maximale Zahl von Wörtern oder Zeichen vor (vergl. Kap. 5.5, S. 171).

6.4.2 Gestaltung der Textblöcke

Die Textblöcke können auf folgende Weise gestaltet werden:

(1) Ein- oder mehrspaltig,
(2) mit Flatter- oder Blocksatz.

(1) Ein- oder mehrspaltiger Textblock

Studien-Abschlussarbeiten werden generell einspaltig geschrieben. Das gilt üblicherweise auch für Dissertationen.

In Büchern sind die Texte dagegen oftmals zweispaltig angeordnet. So wurde auch hier im Leitfaden verfahren. Dadurch werden die Zeilen kürzer und lassen sich besser lesen. Unschön kann jedoch wirken, dass längere Überschriften 2 oder 3 Zeilen benötigen. Außerdem lassen sich größere Tabellen und Abbildungen weniger leicht einbauen. Dennoch überwiegt der Vorteil, die Zeilen leichter überblicken zu können.

In Tages- und Wochenzeitungen sind die deutlich größeren Seiten sogar bis zu 5mal unterteilt, eben wegen der Verbesserung der Lesbarkeit.

(2) Flatter- oder Blocksatz

Die Textblöcke selbst können auf zweierlei Weise ausgeführt werden:

- Bei **‚Flattersatz'** entsteht durch die unterschiedliche Wortlänge am rechten Rand des Satzspiegels ein ‚ausfransender' Rand, daher die Bezeichnung. Er war jahrzehntelang bei allen maschinengeschriebenen Texten üblich, denn Schreibmaschinen hatten keinen automatischen Randausgleich.

  Vorteilhaft hierbei ist, dass die Zwischenräume zwischen den einzelnen Wörtern nicht ‚auseinandergezogen' werden. Daher wirkt das Schriftbild in den Zeilen ruhig. Worttrennungen am Zeilenende sind oft entbehrlich. Ganz kommt man allerdings auch beim Flattersatz nicht um Worttrennungen herum, wenn etwa bei langen zusammengesetzten Wörtern wie ‚Forschungsförderungsorganisationsstruktur' zu große Lücken am Zeilenende entstehen würden.

  Nachteilig ist das weniger schöne Erscheinungsbild solcher ‚ausfransenden' rechten Ränder. Außerdem sind Absätze (vergl. Kap. 3.3.2, S. 68) dann nur schlecht erkennbar, wenn die letzte Zeile eines Absatzes bis fast an den Rand reicht.

  Dieser Abschnitt wurde im Flattersatz geschrieben, um als Anschauungsbeispiel zu dienen.

- Der **Blocksatz** erzeugt einen buchdruckartigen Satzspiegel und sieht daher gefälliger aus.

  Das ist sein **Vorteil**. Zudem lässt er sich heute mit Schreibprogrammen problemlos herstellen. **Nachteilig** ist jedoch, dass die Wortzwischenräume von Zeile zu Zeile ungleich groß werden. Daher müssen längere Worte silbenweise getrennt werden, wenn man ein Schriftbild ohne ‚Löcher' im Textbild erreichen will.

  Bei schmalen Textblöcken lassen sich dennoch unschöne Löcher im Text nicht immer vermeiden. Deshalb wird dann vielfach wieder auf Flattersatz zurückgegriffen (z. B. in den Texten zu den einführenden Erörterungen und den Zusammenfassungen am Anfang und Ende jedes Kapitels).

Das buchdruckartige Erscheinungsbild hat den Blocksatz in Verbindung mit einspaltigen Textblöcken aber zum Standard für alle Studien-Abschlussarbeiten und sonstige Schriftstücke werden lassen.

6.4.3 Gestaltung und Anordnung der Überschriften

Zwecks besserer Übersichtlichkeit wird der Rang der Überschriften der Kapitel und ihrer weiteren Untergliederungen in der Gliederungshierarchie durch Schriftgröße,

Groß- oder Normalschreibung, Fettdruck und Zwischenzeilen kenntlich gemacht.
In den Kapiteln 3.2 und 3.3 (S. 65 und 67) finden sich hierzu genauere Hinweise.
Manche Schreibprogramme strukturieren die Überschriften selbständig, aber leider nicht immer optimal. Sie arbeiten nämlich vielfach mit Kursivdruck oder Unterstreichungen, die in Kap. 3.3.3 kritisch beurteilt worden waren (S. 70). Insgesamt gesehen gibt es diesbezüglich jedoch keine verbindlichen Vorgaben.
Das hier im Leitfaden verwendete Schema von Schriftgrößen und Hervorhebungen ist in Tab. 3.2-2 (S. 67) wiedergegeben. Es mag den Studierenden zur Orientierung für die eigene Arbeit dienen.
Die AutorInnen können sich also hinsichtlich der Einzelheiten frei entscheiden. Wichtig ist aber zweierlei: Die Gliederungshierarchie sollte klar erkennbar sein und das einmal gewählte Schema konsequent angewendet werden – nicht wie bereits eingangs bemängelt: ‚mal so, mal so' (vergl. Kap. 6.1, S. 176).

Überschriften sollen nachfolgende Texte übertiteln. Das können sie aber nicht, wenn sie als unterste Zeile auf einer Seite zu stehen kommen (‚nackte Überschrift'). Ist das der Fall, so sind sie auf die nächste Seite zu setzen, und es bleiben 1-2 Zeilen am Seitenende leer.
Auch eine alleinstehende erste Zeile eines neuen Abschnittes am unteren Seitenrand sieht unschön aus. Buchsetzer nennen sie ‚Schusterjungen'.
Ebenfalls soll eine einzelne Zeile, die unten auf der Seite keinen Platz mehr gefunden hat, nicht allein auf die Folgeseite gebracht werden. Das wird im Druckgewerbe mit der Bezeichnung ‚Hurenkinder' noch deutlich drastischer kritisiert. In so einem Fall müssen mehrere Zeilen auf die neue Seite genommen werden, und auf der vorangegangenen bleibt unten etwas Leerraum.

6.4.4 Kopfzeilen

Bei umfangreicheren Arbeiten hat sich eingebürgert, die Titel der Kapitel als Kopfzeile über die entsprechenden Seiten zu drucken. Das erleichtert die Suche bei Querverweisen und die Orientierung beim Querlesen. Bei sehr langen Arbeiten kann man noch einen Schritt weitergehen und die Titel der Kapitel auf die jeweils linken Seiten mit geraden Seitenzahlen und die Überschriften der Unterkapitel auf die rechten, geraden Seiten abwechselnd rechts- und linksbündig zu drucken. So ist hier im Leitfaden wegen der vielen Querverweise verfahren worden.
Für Studien-Abschlussarbeiten sind Kopfzeilen gleichfalls vorteilhaft, aber es genügt, die Kapitelüberschriften aufzunehmen.

6.5 Anordnung der Teile einer Arbeit und Seitenzählung

6.5.1 Anordnung der Teile einer Arbeit

Studien-Abschluss- und Doktorarbeiten haben – wie in Kap. 3.1 (S. 43) beschrieben – üblicherweise folgende Anordnung:

- Zum **Vorspann,** bzw. zum vorderen ‚Beiwerk', gehört zunächst das Titelblatt. Es steht grundsätzlich rechts. Die linke Blattseite bleibt im Regelfall unbedruckt. Leerblätter sind nicht erforderlich, weder am Anfang, noch am Ende. Bei Büchern ist das etwas Anderes.
  Es folgt das **Vorwort**, sofern ein solches geschrieben wird (vergl. Kap. 3.1.1, S. 44).
  Danach kommt das Inhaltsverzeichnis. Es enthält alle (nummerierten) Kapitel und Abschnitte mit Angabe der Seitenanfänge.

Als Anregung für eine übersichtliche Gestaltung kann das Inhaltsverzeichnis dieses Leitfadens dienen.

Tabellen- und Abbildungsverzeichnisse in Bachelor-, Master- und Doktorarbeiten hatte ich als platzzehrendes Beiwerk ohne rechten Nutzen hingestellt (Kap. 3.1.1, S. 45). Sie können deshalb meines Erachtens entfallen.

Ein **Abkürzungsverzeichnis** ist – allerdings nur selten – sinnvoll, wenn viele, ungebräuchliche Abkürzungen, Akronyme oder Symbole verwendet werden. Es sei jedoch nochmals darauf hingewiesen, dass es meist nicht viel mehr Platz kostet, Abkürzungen an Ort und Stelle auszuschreiben. Der Gewinn an Lesbarkeit ist erheblich (vergl. Kap. 5.2.2, 4. Lektion, S. 154).

- Der **Text** beginnt generell auf der rechten Blattseite. Mithin sind alle ungeraden Seiten stets rechts, alle Seiten mit gerader Zahl links angeordnet.
  Jedes neue Kapitel beginnt auf einer neuen Seite. Das kann links wie rechts sein.

  Nur am Ende eines Kapitels dürfen Leerräume unbedruckt bleiben, weil ja jedes neue Kapitel auf einer neuen Seite beginnt. Unterkapitel schließen dagegen unmittelbar aneinander an. Zwischen ihnen werden mithin keine leeren Seitenteile gelassen.

  Es sei daran erinnert, dass gleichfalls keine Leerstellen im Text frei gelassen werden dürfen, wenn Tabellen oder Grafiken eingefügt werden sollen, diese aber nicht mehr auf die Seite passen. Auch sie sind mit nachfolgenden Texten aufzufüllen (vergl. Kap. 4.3.4.3, S. 98). Als Beispiel hierfür kann außerdem das Vorgehen auf Tab. 2.3-2, S. 22 dienen.

  Von dieser Regel gibt es nur die gerade erläuterte Ausnahme: Eine Unterkapitel-Überschrift am unteren Seitenende, also eine ‚nackte Überschrift', muss an den Anfang der nächsten Seite gesetzt werden. Auf der vorangegangenen Seite verbleiben dadurch eine oder zwei Leerzeilen.

- Den ‚**Nachspann**', bzw. das hintere ‚Beiwerk', bilden die **Zusammenfassung**, das **Literaturverzeichnis,** gegebenenfalls noch der **Anhang**, und zwar in dieser Reihenfolge.

6.5.2 Seitenzählung und Anordnung der Seitenzahlen

Die Seiten von Studien- oder Abschlussarbeiten sind immer zu nummerieren.
Bei umfangreicheren Arbeiten war es früher üblich, den Vorspann getrennt vom eigentlichen Textteil zu nummerieren. Dabei wurde der Vorspann **mit römischen, der Textteil mit arabischen Ziffern** versehen. Diese Zählweise hatte praktische Gründe: Der Vorspann, und hiervon vor allem das Inhaltsverzeichnis, wurde oft erst gefertigt, wenn der Textteil fertiggestellt war. Deshalb konnte man den Umfang des Vorspanns zunächst nicht abschätzen und musste die Seitennummerierung des Textteils bis ganz zum Schluss aufheben. Das verursachte zusätzliche Arbeit und Fehlerquellen. Außerdem waren Seitenquerverweise kaum möglich.
Moderne Programme erstellen das Inhaltsverzeichnis automatisch, vorausgesetzt es wurden Formatvorlagen verwendet. Dabei werden immer die kompletten Überschriften in das Inhaltsverzeichnis übernommen. Möchte man abweichende Texte im Inhaltsverzeichnis haben, dann muss man das manuell machen (allerdings wird beim Aktualisieren des Inhaltsverzeichnisses alles manuell eingetragene gelöscht und muss erneut eingefügt werden).
Häufig nummeriert man den Vorspann mit römischen Ziffern (I, II, III ...). Um diese Nummerierung vom Hauptteil (üb-

licherweise mit arabischen Ziffern (1, 2, 3 ...) zu trennen, fügt man einen sog. manuellen Abschnittswechsel ein (Informationen hierzu finden sich in der Online-Hilfe der Software). Das hintere Beiwerk gehört zum Textteil und wird mit weiterlaufenden Seitenzahlen nummeriert.

Die **Seitenzahlen** kann man an verschiedenen Stellen **anordnen**. Gebräuchlich sind die Positionen oben in der Seitenmitte oder am äußeren Seitenrand. Die Position außen bietet sich dann an, wenn – wie hier im Leitfaden – die Überschriften von Kapiteln und Unterkapiteln als **Kopfzeile** aufgeführt, aber zur Buchmitte hin orientiert sind. Alternativ können die Seitenzahlen ans untere Seitenende gesetzt werden.
Bei beidseitigem Druck ist zu bedenken, dass die Seitenzahlen bei geraden Seiten links außen, bei ungeraden Seiten rechts außen zu stehen kommen, gleichgültig ob sie oben oder unten angeordnet werden.

6.6 Schlussredaktion und -kontrolle

Die sachlichen Hintergründe für Rechtschreibung, Zeichensetzung und das Vorgehen bei Textkorrekturen wurden in den Kap. 5.4.1 (S. 168) und 5.4.2 (S. 169) erörtert. Hier geht es nur um die abschließenden inhaltlichen und sprachlichen Kontrollen sowie die Überprüfungen der Rechtschreibung und Worttrennungen.

6.6.1 Annahme oder Ablehnung von Kommentaren und Änderungsvorschlägen

Die VerfasserInnen selbst oder Freunde bzw. die BetreuerInnen können bei der Durchsicht eines Manuskripts Kommentare oder Änderungsvorschläge in die digital vorliegenden Texte einfügen. Dabei bleibt die ursprüngliche Textfassung erhalten. Bei der Schlusskorrektur kann dann entschieden werden, ob die Kommentare abgelehnt oder angenommen werden, bzw. welche Änderungen übernommen werden sollen. Weil man die alten Texte noch erkennen kann, lassen sie sich problemlos wiederherstellen, wenn man sich dafür entscheidet.

6.6.2 Kontrolle der Rechtschreibung und Zeichensetzung

Rechtschreibprogramme (‚spell checks') bieten den unschätzbaren Vorteil, Tippfehler aufzuzeigen, die sonst übersehen worden wären und die dann leicht korrigiert werden können. Die Programme helfen jedoch nicht zuverlässig bei Fremd- und Fachwörtern, sowie bei komplexen Begriffen oder Synonymen, die nicht im ‚Thesaurus' (= umfangreiches Wörterbuch) gespeichert sind. Unklare Wortschreibungen sind deshalb mit dem Duden oder per Internet zu überprüfen. In http://www.korrekturen.de/beliebte_fehler sind zahlreiche vertrackte und häufige Schreibfehler aufgelistet, die man über alphabetischer Reihung finden kann. Außerdem lassen sich über eine Forum-Anfrage Zweifelsfälle aufklären.

Die **Zeichensetzung** (‚punctuation') lässt sich nur bedingt schematisieren, weil mit ihr oft Sinnzusammenhänge verdeutlicht werden sollen, die von Programmen nicht immer nachvollzogen werden können. Deshalb muss sie am Schluss noch überprüft werden (vergl. Kap. 5.4.2, S. 169).

6.6.3 Trennungen von Wörtern und Zahlen

Mit Programmen hierzu lassen sich die im Deutschen so häufigen langen Wörter automatisch trennen. Wählt man – wie üblich –

Blocksatz und trennt lange Wörter nicht, so entstehen die erwähnten optisch störenden ‚Löcher' im Textbild. Sie sind – zumindest auf den ersten Blick – auffälliger als Rechtschreibfehler. Die automatische Trennung funktioniert jedoch nicht immer korrekt, weil die deutsche Sprache bei zusammengesetzten Wörtern mit mehreren Konsonanten verschiedene Trennmöglichkeiten zulässt, die oft nicht sprachlogisch sind. Mithin ist eine visuelle Kontrolle aller Trennungen nötig.

Die kurioseste Worttrennung enthielt ein hochschulpolitisches Manifest über Master-Zeugnisse. Dieser Begriff war getrennt worden, als ob es um Tierproduktion ginge: „Mast-erzeugnis".

Zeitungsleser können im Übrigen ‚ein Lied davon singen', wie oft Wörter falsch getrennt werden. Gelegentlich trägt dies sogar zur Erheiterung der Leser bei, etwa wenn aus Fehl-Ernährung durch falsche Trennung eine *„Fehler-nährung"*, aus Spar-Geldern „Spargel-dern" oder aus Namens-Paten „Namen-spaten" werden. Auch Trennungen wie „Bi-osprit", „Sekt-oral", „ge-ologisch" oder „Jo-beinstieg" sind lese-hemmend. Es macht sich eben keiner mehr die Mühe, vor dem Druck Korrektur zu lesen. Deshalb wimmeln viele Artikel von ‚verstümmelten' Silben, und die Leser müssen zwei- oder dreimal hinschauen, ehe sie verstehen, was gemeint ist. Das darf kein ‚Vorbild' für die Schreiber von wissenschaftlichen Abhandlungen sein.

Sonderfälle sind **Trennungen von Zahlenwerten** und deren Maßeinheiten. Sie werden oftmals auseinandergerissen, wenn sie ans Zeilenende geraten. So kann es passieren, dass beim Temperaturwert 12 °C die 12 am Zeilenende und °C am Anfang der nächsten Zeile zu stehen kommt. Auch geraten längere, durch Leerzeichen gegliederte Zahlen wie 11 043 310 möglicherweise an den Rand und werden dann getrennt in 11 am Zeilenende und den Rest 043 310 am Beginn der nächsten. Solche unschönen, sinnentstellenden Trennungen lassen sich in Word durch ‚geschützte Leerzeichen' vermeiden (Tastenkombination (Strg+Shift)+Leertaste)

6.6.4 Überprüfung von Inhalt und Gestaltung der Tabellen und Abbildungen

Zur Schlussredaktion gehört die Überprüfung der Lesbarkeit aller Illustrationsmaterialien. Oft sind durch Verkleinerungen beim Einbau in die Texte die Daten oder Begriffe kaum mehr entzifferbar. Kurvenbilder verschwimmen, Karten zeigen nur noch einen Einheitsbrei, für Legenden müssten eigentlich Lupen mitgeliefert werden.

6.6.5 Abschließende Hinweise zu den Kontrollen

Es ist arbeitstechnisch unökonomisch, schon in frühen Bearbeitungsphasen viel Gewicht auf die endgültige Formatierung und die Seitenumbrüche zu legen, denn bei späteren Umarbeitungen müssen sie regelmäßig abgeändert werden.

Rechtschreib- und Worttrennungskontrollen sind gleichfalls Aufgabe der Schlusskorrektur. In der Hektik der Abschlussarbeiten werden die genannten Programme aber oftmals nicht herangezogen. Doch selbst, wenn sie verwendet werden, sind sie keine Garantie für Fehlerarmut. Das sorgfältige ‚händische' Durchsehen der Texte bleibt also nach wie vor notwendig. Hierfür sei nochmals empfohlen (vergl. Kap. 5.6, S. 172), den letzten Manuskriptentwurf auszudrucken, weil man Fehler auf dem Papier leichter erkennt als auf dem Bildschirm.

Als neue Fehlervariante ist mir in den letzten Jahren aufgefallen, dass Textteile, Tabellenüberschriften, Legenden, Zahlenwerte kopiert und an anderen Stellen eingefügt (‚copy and paste'), aber nicht mehr sachlich dem veränderten Sinnzusammenhang angepasst wurden. Hierfür gibt es leider keine Prüfprogramme. Auch solche Fehler muss man also selbst aufspüren.

Völlig fehlerfreie Manuskripte kann man allerdings auch bei großer Sorgfalt kaum herstellen, denn ‚nobody is perfect!' – Letzte Perfektion ist also kaum erreichbar, irgendwann muss man die Kontrollen beenden. Von Fehlern strotzende Manuskripte dagegen sind eine Zumutung für die Leser, weshalb man eine sorgfältige Durchsicht der Endfassung eines Manuskriptes mit Fug und Recht verlangen kann.

6.6.6 Schlusskorrektur

Die nachfolgenden Checklisten mögen für die abschließende Korrektur vor Abgabe einer Arbeit helfen (Tab. 6.6-1).

6.7 Beizufügende Erklärungen

Den Studien-Abschlussarbeiten ist eine – vielfach **eidesstattliche** – **Erklärung** darüber beizufügen, dass die Arbeit selbständig verfertigt und dass keine anderen als die angegebenen Quellen bzw. Hilfsmittel benutzt

Tab. 6.6-1: Checklisten für die Kontrolle von Struktur, Schreibstil und Formalia naturwissenschaftlich orientierter Arbeiten

Checkliste für die **Kontrolle der Struktur**

- Einstieg in das Thema verständlich?
- Inhalt und Ablauf des Projekts erkennbar?
- Gliederung logisch, ausgewogen und durchgängig nachvollziehbar?
- Kenntnisstand ausreichend dargestellt?
- Problemstellung klar herausgearbeitet?
- Hypothesen/Ziele schlüssig hergeleitet?
- Kapitelüberschriften prägnant und informativ?
- Methoden und Auswertungsverfahren vollständig und reproduzierbar beschrieben?
- Inhalt von Tabellen/Abbildungen verbal erklärt?
- Ergebnisse verständlich wiedergegeben?
- Eigene Befunde kritisch beurteilt?
- Eingangshypothesen in Diskussion beantwortet, überprüft? Bogenschlag zur Einleitung?
- Praxisrelevante Schlüsse gezogen?
- Hinweise für weiterführende wissenschaftliche Untersuchung gegeben?

Checkliste für den **Schreibstil**

- Fachbegriffe hinreichend definiert?
- Satz-Ungetüme beseitigt?
- Kommas richtig gesetzt?
- Grammatikalische Formen richtig?
- Reihenfolge: Hauptsatz – Nebensatz beachtet?
- Abkürzungen entschlüsselt?
- Füllwörter und Redundanzen eliminiert?
- Überschriften als Lesehilfen klar formuliert?
- Gibt Zusammenfassung die Arbeit und besonders ihre Ergebnisse ausgewogen wieder?

Checkliste **Formalia**

- Titelblatt etc. optisch ansprechend gestaltet?
- Gliederungshierarchie durch Schriftgestaltung verdeutlicht?
- Tabellen, Abbildungen, Formeln durchgängig nummeriert?
- Tabellen, Abbildungen mit eindeutigen Bezeichnungen (Legenden, Symbolen)?
- Schriftgröße bei Tabellen und Abbildungen ausreichend?
- Absätze lesefreundlich gebildet?
- Alle Literaturangaben im Literaturverzeichnis belegt?
- Bibliografische Angaben vollständig und entsprechend den Standards geschrieben?
- Quellenangaben bei statistischen Daten berücksichtigt?

wurden. Außerdem sollen die wörtlich oder sinngemäß aus veröffentlichten Schriften entnommenen Passagen eindeutig kenntlich gemacht sein. Weiterhin darf eine Studien-Abschlussarbeit nicht, auch nicht auszugsweise, für eine andere Prüfung eingereicht worden sein.
Diese Erklärung ist mit Datum und handschriftlicher Unterschrift zu versehen.

Für Dissertationen schreiben die meisten Fakultäten angesichts der in den letzten Jahren vermehrt bekannt gewordenen Plagiatsfälle vorformulierte Erklärungen vor, die aus den Prüfungsordnungen heruntergeladen werden können. So lautet beispielsweise der entsprechende Text der Fakultät für Umwelt und Natürliche Ressourcen der Universität Freiburg in der Version von 2008:
„Ich erkläre hiermit, dass ich die vorliegende Arbeit ohne unzulässige Hilfe Dritter und ohne Benutzung anderer als der angegebenen Hilfsmittel angefertigt habe. Die aus anderen Quellen direkt oder indirekt übernommenen Daten und Konzepte sind unter Angabe der Quelle gekennzeichnet. Insbesondere habe ich hierfür nicht die entgeltliche Hilfe von Vermittlungs- bzw. Beratungsdiensten (Promotionsberaterin/-berater oder anderer Helferinnen/Helfer) in Anspruch genommen.
Die Arbeit wurde bisher weder im In-, noch im Ausland in gleicher oder ähnlicher Form einer anderen Prüfungsbehörde vorgelegt."

Eine solche eidesstattliche Erklärung wird weder ins Inhaltsverzeichnis aufgenommen noch mit einer Seitenzahl versehen. Sie wird meistens am Ende, nach Vorschrift mancher Fakultäten jedoch nach dem Titelblatt eingefügt.

An einigen Universitäten sollen DoktorandInnen ihrer Dissertation außerdem einen aktuellen **Lebenslauf** und ein **Verzeichnis ihrer veröffentlichten Arbeiten** beifügen. Das ist dann obligatorisch, wenn sie kumulative Dissertationen vorlegen.

Die Studien-Abschlussarbeiten sind zu allererst Prüfungsarbeiten und demgemäß entsprechend den unterschiedlichen Usancen der einzelnen Fakultäten nur beschränkt zugänglich. Von manchen Instituten wird aber bei der Abgabe eine **schriftliche Einverständniserklärung** darüber erbeten, dass die Arbeit an Interessenten ausgeliehen werden darf. Diese wird dann in die Arbeit eingeklebt.

6.8 Binden und Abgabe der einzureichenden Arbeiten

Bachelor-, Master- oder Diplomarbeiten
Diese Arbeiten sind entsprechend den Gepflogenheiten an den einzelnen Institutionen im Regelfall in 3facher Ausfertigung gebunden abzuliefern. Die Exemplare sind für das Dekanat sowie die beiden ReferentInnen bestimmt.
Sie werden später zur Dokumentation den Bibliotheken der entsprechenden Institute, Lehrstühle oder Professuren (gegebenenfalls Fakultäten oder Hochschulen), an denen die Arbeit gefertigt wurde übereignet.

Als **Bindungen** kommen Hardcover- und Heißleimbindungen in Frage. Für sie werden in manchen Copyshops einige Stunden benötigt, die entsprechend einzuplanen sind. In manchen Fakultäten werden auch die zeitlich und kostenmäßig weniger aufwändigen Spiral-Bindungen aus Kunststoff oder Metall akzeptiert. Diesbezüglich sind die jeweiligen Vorgaben zu berücksichtigen.

Dissertationen
Je nach Vorschrift der einzelnen Universitäten sind **druckreife, gebundene Dissertationen** vorzulegen – an der Freiburger Fakul-

tät für Umwelt und natürliche Ressourcen beispielsweise 7 Exemplare.
Anders als bei den Studien-Abschlussarbeiten sind die DoktorandInnen verpflichtet, die eingereichten und angenommenen Dissertationen zu veröffentlichen.
Dieser Verpflichtung wird durch Ablieferung einer bestimmten Zahl von Exemplaren als Buch- oder Fotodruck, als Microfiche oder über Nachweis einer veröffentlichten Mindestauflage, durch Veröffentlichung in einer Fachzeitschrift oder durch Online-Stellung Rechnung getragen.
Die diesbezüglichen Einzelheiten sind in den Promotionsordnungen niedergelegt. Sie weichen zwischen den Fakultäten ab und ändern sich entsprechend dem Stand der Technik. Deshalb können sie hier nicht im Einzelnen erörtert werden.
Im Gegensatz zu Studien-Abschlussarbeiten gelten Dissertationen nach Erfüllung der genannten Ablieferungs-Verpflichtungen als veröffentlicht, werden in Bibliotheken eingestellt und sind im Regelfall über Netz verfügbar. Sie sind voll zitierfähig.

6.9 Abschließende Bemerkungen zu Form und Inhalt

Nach der Lektüre dieses Leitfadens mag der Eindruck entstanden sein, dass die Beherrschung des dargestellten Handwerkszeugs – also: ansprechend gestaltete Textseiten, saubere Tabellen und Abbildungen – bereits den Erfolg einer wissenschaftlichen Ausarbeitung garantiert, nach dem Motto:

‚Die Form ist alles, nichts der Inhalt!'

Aber, wie in verschiedenen Prüfungsordnungen angesprochen, soll der Inhalt einer Arbeit bei der Bewertung mehr Gewicht erhalten als Darstellungsform und Stil, dennoch gilt das englische Sprichwort: *"It´s not what you say that counts – it´s how you say it!"*

Die im Leitfaden dargelegten Formprinzipien können jedoch nur einen Anhalt hinsichtlich der formalen Gepflogenheiten geben und müssen mit dem Ergebnis selbständigen Denkens und origineller Problemlösungen ausgefüllt werden.

In die verschiedenen Hinweise sind die eigenen und die Erfahrungen vieler Wissenschaftler eingegangen, die sich bereits intensiv und oft genug leidvoll mit den Problemen wissenschaftlicher Schriftstellerei herumzuschlagen hatten. Die beschriebenen Vorgehensweisen sind im Wesentlichen als Empfehlungen aufzufassen: Strikte Vorschriften gibt es nicht, nur Gebräuche. Diese ändern sich aber permanent gemäß einer Bemerkung von Schmitter: *„Der Mensch gewöhnt sich an allem. Auch an dem Dativ und dem Skandal"* (DER SPIEGEL 17/2010: 137).

Ein unabhängiger Geist wird daher die Hinweise souverän abwandeln und seinen speziellen Bedürfnissen anpassen, wenn ihre rigide Anwendung ihn unnötig einengen würde. So verstanden, können die Empfehlungen aber helfen, den Inhalt wissenschaftlicher Arbeiten ansprechend, und das heißt vor allem lesefreundlich und gut nachvollziehbar zu gestalten. Die AutorInnen dürfen nicht Gefahr laufen, dass mit ihren Texten ähnlich umgegangen wird, wie ich es gemäß meinen nachstehend wiedergegebenen Kriterien für die Beurteilung wissenschaftlicher Arbeiten zu tun pflege: Ich habe nämlich drei Kategorien gebildet, die entsprechende Reaktionen bei mir auslösen (Tab. 6.9-1).
Das Bestreben aller JungautorInnen sollte daher frühzeitig darauf gerichtet sein, mit

Tab. 6.9-1: Qualitätskriterien hinsichtlich der Lesbarkeit wissenschaftlicher Arbeiten

QUALITÄT	REAKTION
gut	Lektüre sofort
mäßig	Sofern Thema interessant erscheint: Ablage auf großem Stapel zwecks späterer Lektüre – aber die findet de facto nie statt!
schwer verständlich	Entsorgung sofort in den Papierkorb!

ihren Schriften die Kategorie ‚gut' zu erreichen.

Bei wissenschaftlichen Arbeiten ist man – wie bei journalistischen Texten – heute mehr als früher mit dem Zeitmangel des Publikums konfrontiert. Daraus entsteht der Zwang, präzise, knapp und lesbar zu schreiben. Das ist jedoch harte Arbeit – oder um MOLTKE zu zitieren: „*Genie ist Arbeit*".

Nur, wer das Ringen um eine klare Sprache durchlitten hat, ahnt, wie große Mühen in gelungenen Veröffentlichungen stecken, und kann solche entsprechend wertschätzen.
Schreiben erfordert im Übrigen mehr als sprachliche Kompetenz. Es verlangt zusätzlich Selbstdisziplin, Selbstorganisation und Konsequenz. Insofern ist die Anfertigung einer Studien-Abschluss- oder Doktorarbeit weit mehr als nur eine prüfungsrelevante Leistung, sondern eine ganzheitliche Herausforderung.

Wer eine gute Arbeit schreiben will, muss immer wieder kritisch den Rotstift ansetzen und neu formulieren, bis ein Text herauskommt, der kaum mehr verbesserungswürdig erscheint (vergl. Kap. 5.1.3, S. 133: ‚Den Text in Wellen vervollständigen'). Dazu aber braucht man Zeit und Muße für kreative Auseinandersetzung, Konzentration, ja, und auch den Weg durch die Hölle des Selbstzweifels.
Das alles aber stellt sich nicht ein, wenn man wissenschaftliches Schreiben nur als lästige Pflichtübung betrachtet, die man ‚auf den letzten Drücker' abhakt. Vielleicht hilft das Sprichwort: „*Je eher daran, desto eher davon*", sich frühzeitig einen Ruck zu geben und anzufangen, sei es auch mit dem ‚Einfachsten', um in die Gänge zu kommen, – und damit müsste sich die ‚Angst vor der leeren Seite' eigentlich bald überwinden lassen.
Beginnen Sie sich also beizeiten mit Ihrem Projekt zu beschäftigen und unaufgeregt und unverkrampft, aber stetig zu arbeiten, wiederum gemäß einem Sprichwort und zwar:
„*Eile ist der Feind der Vollkommenheit*"
(vergl. auch Kap. 1.6.2 (7), S. 10).
Beherzigen Sie WILHELM BUSCHS Feststellung:

„*So steht zum Schluss am rechten Platz*
der unumstößlich wahre Satz:
Die Schwierigkeit ist immer klein,
man muss nur nicht verhindert sein".

6.10 Betreuung und Bewertung von Studien-Abschlussarbeiten und Dissertationen

6.10.1 Bedeutung der schriftlichen Arbeiten für das berufliche Fortkommen

Mit ihrer Bachelorarbeit stehen Studierende – neben dem Bemühen um eine gute Beurteilung – erstmals vor dem Problem, sich wissenschaftlich ausdrücken zu müssen. Mit dieser Vorübung sammeln sie Erfahrungen für spätere schriftliche Ausarbeitungen. Mit Master-, Magister- oder Diplomarbeiten vertiefen sie dies Bemühen. DoktorandInnen aber stellen sich mit ihrer Dissertation bereits in die Reihe der wissenschaftlich Aktiven und haben die Chance, mit einem Schlag Aufmerksamkeit zu erringen. Sie sollten diese Chance wegen formaler Unzulänglichkeiten nicht verspielen.

Studien-Abschluss- und Doktorarbeiten werden im Übrigen oft Bewerbungen beigefügt. Sie sollen den Arbeitsuchenden zusätzlich helfen, sich über das Ergebnis einer solchen Arbeit gut ‚zu verkaufen'. Dabei können sie davon ausgehen, dass die künftigen Arbeitgeber gerade auch hinsichtlich des äußeren Erscheinungsbildes genau hinschauen.

6.10.2 Betreuung der Studien-Abschluss- und Doktorarbeiten

Anleitungen für wissenschaftliches Arbeiten in Form von Büchern oder Kursen können zwar den Studierenden und Graduierten theoretische bzw. allgemeine Hilfestellungen geben und sie für die Grundsätze beim wissenschaftlichen Schreiben sensibilisieren. So richtig aber verstehen sie die Feinheiten erst, wenn man ihnen diese an ihren eigenen Texten verdeutlicht. Das ist eine Erfahrung, die die meisten schon in der Schule gemacht haben: Erst am Beispiel der eigenen Fehler erkennt man die generellen Regeln und kann sie später berücksichtigen. Das bedeutet aber auch, dass die meisten JungautorInnen diese Hilfen von den BetreuerInnen in Form durchkorrigierter Manuskripte benötigen. Dass das in vielen Fällen nicht oder nur unzureichend geschieht, war bereits beklagt worden (vergl. Kap. 5.6, S. 173), sei aber wiederholt, weil Studierenden diese Funktion der akademischen Ausbildung oft nicht genügend klar ist und BetreuerInnen diese Aufgabe nicht genügend wichtig erscheint.

6.10.3 Begutachtungskriterien

Studien-Abschlussarbeiten werden gelegentlich nur mit Endnoten bewertet. Überwiegend werden die Noten jedoch in schriftlichen Gutachten begründet. Für Dissertationen sind ausformulierte Gutachten mit einer Endnote die Regel.

Für die Schriftform der Gutachten gibt es keine vorformulierten Gliederungen. Vielmehr fertigen sich viele Referenten ihre eigenen Kriterienkataloge (Tab. 6.10-1).

Tab. 6.10-1: Wichtige Punkte zur Beurteilung von Studien-Abschlussarbeiten

- Gliederung (logischer Aufbau, Gliederungstiefe),
- konzeptioneller Rahmen, theoretische Basis,
- Erläuterung des ‚Problems',
- Wiedergabe und Verständnis des aktuellen Wissensstandes,
- Erstellung und Begründung von Hypothesen und Zielsetzung,
- Umfang und Zitierung der bearbeiteten Literatur (auch Berücksichtigung ausländischer Literatur),
- Wahl geeigneter Methoden und korrekte Auswertungen,
- Gestaltung und Einbau von Tabellen und Abbildungen,
- Darstellung der Ergebnisse,
- Schreibstil (sprachliche Darstellung, Beherrschung der Fachsprache, Rechtschreibung),
- äußere Form (Schriftbild, Hervorhebungen Formulierung der Überschriften),
- kritische Analyse der Ergebnisse (Diskussion), Ableitung von Schlussfolgerungen,
- Engagement, Selbständigkeit bei Konzeption und Durchführung der Arbeit,
- zusammenfassende Gesamtnote.

Die Einzelpunkte erhalten unterschiedliche Gewichtung etwa der in Tab. 6.10-2 skizzierten Art.

Tab. 6.10-2: Wertung der Teilbereiche in Studien- und Abschlussarbeiten

TEILBEREICH	KRITERIUM	%
Struktur	Gliederung, Layout, Illustrationsmaterial, Literaturverarbeitung.	30
Inhalt	Theoretischer Hintergrund, Methodenwahl und -verwertung, Argumentation.	20
Stil und Form	Sprachliche und formaler Darstellung.	20
Durchführung	Selbständigkeit, Engagement, kritische Reflexion, Fleiß.	30

Zusätzlich werden in den Gutachten oft noch die Entstehungsbedingungen einer Arbeit angesprochen.

So berücksichtige ich, ob Jemand etwa im Ausland unter schwierigsten Bedingungen mit viel Eigeninitiative ein Programm entwickeln musste, oder ob Jemand ein Projekt daheim an der Universität im Labor oder der Bibliothek mit klaren Vorgaben und vielen Hilfestellungen bearbeiten konnte.

Es sollte sich von selbst verstehen, dass die Bewertung hinsichtlich der textlichen Ausführungen und der Gesamtnote übereinstimmen muss.

In den Fakultäten wird es unterschiedlich gehandhabt, ob die Studierenden und DoktorandInnen die Gutachten zu sehen oder nur die Gesamtnote mitgeteilt bekommen.

Ich schicke sie generell den Studierenden oder DoktorandInnen unaufgefordert zu, weil ich der Meinung bin, dass diese ein Anrecht auf eine sorgfältige Begutachtung und deren Ergebnis haben, nachdem sie sich über Monate (oder Jahre) mit einem Projekt auseinandersetzten.

Im Regelfall ist die Gesamtnote endgültig. Nur ausnahmsweise werden bei Dissertationen in Absprache mit den BeteuerInnen Überarbeitungsmöglichkeiten eingeräumt, beispielsweise ausländischen DoktorandInnen, um formale Mängel wie Fehler bei der Rechtschreibung vor Drucklegung der Arbeit auszumerzen zu können.

6.10.4 Probleme der Bewertung und Kommentare zur Noteninflation

Studien-Abschlussarbeiten haben – wie im Einführungskapitel erörtert (vergl. Kap. 1.2, S. 3) – in erster Linie eine Ausbildungsfunktion. Je intensiver Dozenten oder Assistenten sich aber um deren Anfertigung kümmern, desto mehr spiegeln die Arbeiten am Ende (meistens) den ‚Input' und die Vorstellungen der Betreuer wider. Das kann zur Folge haben, dass sich die Studierenden zu sehr an den Vorstellungen der BetreuerInnen orientieren statt an den mutmaßlichen Erwartungen der potenziellen Leserschaft.

Bei der Beurteilung stecken die Gutachter dann in einer Art ‚Zwickmühle': Was ist als originärer Beitrag der Studierenden und was als ihr eigener Anteil zu werten? Diesbezüglich gibt es kaum eindeutige und nachprüfbare Kriterien, weil die BetreuerInnen einerseits ihrer Verpflichtung zur wissenschaftlichen Fortbildung der Studierenden nachkommen und sie andererseits zu eigenständigen Leistungen anregen sollen. Sie werden deshalb die Motivation der Studierenden, sowie deren Arbeitseifer und Fähigkeit, sich mit komplizierten Projekten auseinander zu setzen, positiv berücksichtigen, auch wenn sie selbst viele Hilfestellungen gegeben haben.

Viele Kollegen entziehen sich diesem Problem – ‚geschickt' (?) –, indem sie ihre Beratungsintensität auf ein Minimum mit dem Argument beschränken, die Studien-Abschlussarbeiten sollten eigenständige Leistungen der Studierenden sein.

Die Notengebung schließt noch ein weiteres, ein psychologisches Problem ein: Die meisten Studierenden können nicht zwischen der Bewertung ihrer spezifischen Leistung bei der Studien-Abschlussarbeit und der Beurteilung ihrer Person unterscheiden: *„Der hat mir eine schlechte Note gegeben, der mag mich nicht"*, oder entsprechend: *„Der mag mich"*.

Deshalb ist den Studierenden anzuraten, baldmöglich zu lernen, die Bewertung ihrer Arbeitsergebnisse von der ihrer Person zu trennen und damit zugleich ihre Frustrationstoleranz zu erweitern.

Die GutachterInnen aber müssen es aushalten, sich mit schlechten Noten unbeliebt zu machen. Manche Kollegen entziehen sich dieser Belastung, indem sie ausschließlich gute Noten vergeben. Es ist jedoch einfach, sich mit ‚Einsern' beliebt zu machen. Es kostet aber Stehvermögen, die wissenschaftlichen Standards nicht aufweichen zu lassen.

Die Folgen sind jedenfalls bedenklich. So ist in manchen Fächern, wie der Biologie, eine fragwürdige Noteninflation eingerissen. Die Note ‚2' (= gut) wird dort bereits als eine sehr mäßige Bewertung angesehen. Diese Entwicklung wieder zurückzudrehen, wird einer ‚Sisyphos'-Arbeit gleichkommen.

Der griechisch-mythologische König von Korinth, Sisyphos, muss in der Unterwelt als Strafe für seine Frevel einen Steinbrocken einen Berg hinaufwälzen, und jedes Mal, wenn er es fast geschafft hat, rollt der Stein wieder hinab.

Zusammenfassung der wichtigsten Punkte hinsichtlich der äußeren Form und Benotung:

- Die Form wissenschaftlicher Abhandlungen unterliegt keinen strengen Vorschriften. Es haben sich aber Gebräuche herausgebildet, die teilweise fachspezifisch sind und sich zudem im Laufe der Zeit ändern.
- Das äußere Erscheinungsbild einer Arbeit trägt wesentlich zur Akzeptanz bei den Lesern und zur positiven Bewertung durch die GutachterInnen bei.
- Viele formale Einzelheiten bedingen den Eindruck, den die äußere Form einer Arbeit macht: Die Gestaltung der Titelseite, die Anordnung der Überschriften, die Seitenaufteilung, die Wahl geeigneter Schriften.
- Eine sorgfältige Schlusskontrolle ist wichtig im Hinblick auf die Beseitigung von Rechtschreib- und Zeichensetzungsfehlern, auf die Lesbarkeit von Tabellen und Grafikbeschriftungen, die Eliminierung von Löchern im Text als Folge unzureichender Worttrennungen, auf uneinheitliches Vorgehen bei der Gestaltung von Tabellen und Abbildungen, sowie im Hinblick auf die Überprüfung der mitgeteilten Daten.
- Für die Schlusskontrolle sollte das Manuskript auf Papier ausgedruckt werden, weil man auf ihnen einen besseren Überblick hat und Fehler eher entdeckt als auf dem Bildschirm.
- Ein ansprechendes Äußeres einer Arbeit erhöht deren Akzeptanz bei den Lesern und kann zugleich ein überzeugendes ‚Aushängeschild' etwa gegenüber potenziellen Arbeitgebern sein.
- Die Benotung einer Abschlussarbeit betrifft nur diese und nicht die Person der AutorInnen. Studierende haben oft Probleme, dies auch so zu sehen. Manche GutachterInnen tendieren dazu, sich mit guten Noten beliebt zu machen. Das führt zur Noteninflation.

7 Präsentation von Forschungsprojekten als Referat, Poster oder Veröffentlichung

In diesem Kapitel werden erörtert:

- Drei wichtige Formen der Präsentation von Forschungsprojekten:
  (1) Referat bzw. Vortrag (Kap. 7.1),
  (2) Präsentation in Form von Postern (Kap. 7.2, S. 209) und
  (3) wissenschaftliche Veröffentlichung (Kap. 7.3, S. 213).
- Formen und Anlässe von Vorträgen.
- Empfehlungen zur Gestaltung vor allem von PowerPoint-Präsentationen.
- Hinweise für die Erarbeitung und das Halten von Vorträgen allgemein.
- Kriterien für die Gestaltung von Postern.
- Überlegungen zur Veröffentlichung von Teilinhalten aus Studien-Abschluss- und Doktorarbeiten.

Vorbemerkung

In früheren Jahren stellten Diplom- und Magisterarbeiten lediglich Prüfungsleistungen dar. Anschließend verschwanden sie in den Archiven der Institute oder Dekanate. So erging es oft auch den Dissertationen. Das hat sich geändert. Heute sind manchmal schon Bachelorarbeiten in größere Forschungsprojekte eingebunden. In verstärktem Maß gilt das für Master- und Doktorarbeiten. Sie enthalten vielfach neue Forschungsergebnisse, und die sollen mündlich oder als Poster vorgestellt bzw. veröffentlicht werden – gelegentlich schon vor Abgabe der Studien-Abschlussarbeiten.

In einigen Studiengängen sind die Ergebnisse von Master- oder Diplomarbeiten sowohl als Seminarvortrag oder als Disputation (‚Thesenverteidigung') mündlich wie auch in Form eines Posters vorzustellen.

7.1 Präsentation als Referat

Kaum eine Fähigkeit wird so hoch geschätzt, wie die, seine Gedanken oder Projekte frei und überzeugend darstellen zu können. Menschen mit Worten zu erreichen, zu überzeugen und zu begeistern, ist zu einer wichtigen ‚Schlüsselqualifikation' von Fachleuten aufgestiegen. So werden Studierende und Nachwuchswissenschaftler frühzeitig angehalten, sich im Vortragen zu üben, denn sie müssen immer wieder in ihrem beruflichen Leben fachliche Inhalte vor verschiedenartigem Publikum verständlich und – im Wortsinn – ‚ansprechend' darstellen. Das geschieht meist über kürzere **Referate** oder aber über längere und damit oft tieferschürfende **Vorträge**.

Der Begriff ‚Referat' kommt vom lateinischen *referre* mit vielen Bedeutungen wie ‚vortragen', ‚berichten', ‚wiederholen' und gibt den Sinn gut wieder, denn es werden Ergebnisse oder Erkenntnisse von Untersuchungen, Studien oder Überlegungen dargelegt (‚reproduziert') mit dem Ziel, über ein Projekt mündlich zu ‚informieren'. Im Gegensatz dazu stehen beispielsweise Verkaufspräsentationen, bei denen Kunden ‚überzeugt' werden sollen, um etwas zu erwerben.

Der Vortrag ist sozusagen die ‚Königsdisziplin' der Auseinandersetzung mit und Präsentation von einem wissenschaftlichen Projekt, weil man es nicht nur klar strukturieren, sondern auch in eng begrenzter Zeit verständlich und kompetent sowie möglichst in freier Rede einem mehr oder minder interessierten und fachkundigen Publikum vermitteln muss.

Im Folgenden geht es um Fachreferate im weitesten Sinne. Sie sind formal strenger, seriöser zu gestalten als etwa populärwissenschaftliche Vorträge oder gar Verkaufs-Shows.

In diesem Sinn sind folgende Teilbereiche zu erörtern:

(1) Anlass und Zweck für ein Referat (Kap. 7.1.1),
(2) Formen der Präsentation (Kap. 7.1.2, S. 197),
(3) Fertigung des Referattextes (Kap. 7.1.3, S. 199),
(4) Erstellung und Gestaltung von ‚Folien' (Kap. 7.1.4, S. 201),
(5) Fertigung von ‚Handouts' (Kap. 7.1.5, S. 202),
(6) Vorbereitung kurz vor der Präsentation (Kap. 7.1.6, S. 202),
(7) Technik und Ablauf der Präsentation (Kap. 7.1.7, S. 203).

7.1.1 Anlass, Zweck und Rahmenbedingungen für ein Referat

Die Anlässe für Referate mit wissenschaftlicher Ausrichtung sind vielfältig. In Tab. 7.1-1

Tab. 7.1-1: Veranstaltungstypen für mündliche Präsentationen und deren Charkterisierung

Veranstaltungstyp		Ziel/Zweck	Kommentar
1	**Probevortrag**	Erprobung des Zeitbedarfs, der Verständlichkeit, von Gestaltungsformen. Kritische Diskussion (Feedback) mit KollegInnen, KommilitonInnen. Üben von Vorträgen.	Gilt für alle Vortragsarten. Offene Diskussion über Inhalt und Verbesserungsmöglichkeiten der Präsentation wichtig.
2	**Seminar**	Information der (Instituts-)Mitarbeiter. Studentischer Beitrag/Leistungsnachweis bei einer Seminarreihe. Weiterbildung.	Vielfach obligatorisch bei (Bachelor-), Master-, Diplom-, Doktorarbeiten.
3	**Workshop**	Erarbeitung von Konzepten, Arbeitsfortschritt, Fragen zu Methoden, kritische Schlussbewertung von Projekten. Arbeits- oder Fachgruppensitzungen.	Zunehmend Standard für Graduiertenkollegs und größere (Verbund-)Projekte.
4	**Disputation**	Abschließende Vorstellung von Forschungsprojekten als Prüfungsleistung von DoktorandInnen.	Spezielle Vortragsveranstaltung als Teil einer Promotion, gelegentlich von Masterprüfungen.
5	**Vorlesung**	Aufbereitung von vorhandenem Wissensstoff im Rahmen der Lehre.	Gelegentlich Auftrag für DoktorandInnen.
6	**Kolloquium**	Vorstellung von Forschungsprojekten oder aktuellen Problemen.	Oftmals als Gastvortrag.
7	**Statuskolloquium**	Präsentation von Teilprojekten im Rahmen eines Verbundprojektes.	Möglichkeit junger WissenschaftlerInnen, bekannt zu werden.
8	**Regionaler Kongress**	Bekanntmachung neuer Forschungsergebnisse. Expertenfortbildung.	Teilweise wie bei 7.
9	**Wissenschaftskongress**	Bekanntmachung aktueller Forschungsergebnisse (oft im Rahmen einer internationalen Veranstaltung).	Im Regelfall in englischer Sprache.

sind die wichtigsten Formen zusammengestellt.

Die ersten 5 in Tab. 7.1-1 aufgeführten Veranstaltungen sind überwiegend ‚instituts- oder Arbeitsgruppen-intern' (Nr. 1-3) bzw. ‚universitäts-/betriebsintern' (Nr. 4, 5). Die letzten 4 Beispiele (Nr. 6-9) haben eher Außenwirkung. Kolloquien nehmen eine Übergangsposition ein.

Entsprechend der vielfältigen Anlässe für mündliche Präsentationen ist die Frage nach der Zusammensetzung der Zuhörerschaft, also nach dem Zielpersonenkreis noch dringender als bei schriftlichen Arbeiten zu klären: Vor welchem Publikum soll das Projektthema präsentiert werden? Ist es fachkundig? Haben die Teilnehmer überhaupt Vorkenntnisse? Was erwarten sie von dem Vortrag? Sollen die Zuhörer neue Erkenntnisse oder Eindrücke mitnehmen (‚take-home-message') oder durch ein wissenschaftliches Feuerwerk beeindruckt oder womöglich eingeschüchtert werden?
Auch die Gruppengrößen (kleine Arbeitsgruppe oder großes Auditorium) spielen eine Rolle. In jedem Fall ist es wichtig, die Zuhörer ‚dort abzuholen, wo sie stehen'!

Von der Art des Vortrags hängt meist die **verfügbare Redezeit** ab (Tab. 7.1-2).

Tab. 7.1-2: Redezeiten für Vortragstypen

Vortragsart	Zeitdauer Minuten
Kurzvortrag	5-10
Normalvortrag	20-30
Haupt-/Langvortrag	45

Der wissenschaftliche Vortrag bietet zudem eine ausgezeichnete Gelegenheit, um – oft erstmals – an die Öffentlichkeit zu treten und sich als NachwuchswissenschaftlerIn vorzustellen.

Zunehmend werden bei Seminarvorträgen oder in Graduiertenkollegs ‚Gruppenreferate' von 2 bzw. sogar 3 Studierenden oder DoktorandInnen präsentiert. Dabei müssen sich die ReferentInnen gemeinsam sorgfältig vorbereiten und abstimmen. Leider mangelt es oft genug an rechtzeitigem Üben vorher.

7.1.2 Formen der Präsentation

Entsprechend dem Ziel und Anlass mündlicher Präsentationen gibt es die in Tab. 7.1-3 zusammengestellten Gestaltungsmöglichkeiten.

Zumindest im Bereich der angewandten Naturwissenschaften hat sich durchgesetzt, dass Referate optisch unterstützt werden, gemäß dem Sprichwort:

„Die Ohren sind offener, wenn die Augen etwas zu sehen bekommen".

Präsentationen sollen also im Wortsinn ‚anschaulich' gestaltet werden, denn Wörter haben es schwer, mit Bildern zu konkurrieren. Visualisierung ist daher Standard. Sie hat eine doppelte Funktion, nämlich die Aufmerksamkeit zu fördern und Aussagen mit Tabellen oder Grafiken zu veranschaulichen bzw. zu belegen. Das schließt jedoch nicht aus, dass auch reine Wortvorträge sinn- und eindrucksvoll sein können.

In den Naturwissenschaften und der Technik scheint es derzeit nicht mehr ohne PowerPoint-Präsentationen (PPP) abzugehen. Noch vor Jahren waren Folien für Overhead-Projektoren der Standard, sind aber nach drei Jahrzehnten ‚out'. Gleichfalls sind Dia-Vorführungen ‚Schnee von gestern'. Hieran kann man lernen, wie schnell technisch be-

Tab. 7.1-3: Art der Präsentation, Bedeutung, benötigte Hilfsmittel und Einsatzbereich

PRÄSENTATIONSTYP	BEDEUTUNG	HILFSMITTEL/MEDIUM	EIGNUNG FÜR	VOR-/NACHTEILE
Wortvortrag	Nach wie vor gängig; bedeutsamer in den Geistes- als in den angewandten Naturwissenschaften.	Keine	(Spontane) Beiträge, für Beiträge an Orten ohne Verfügbarkeit technischer Hilfsmittel.	**Für:** Unabhängigkeit von technischen Vorgaben. **Gegen:** Ungeeignet zur Vermittlung von Forschungsergebnissen mit Daten/Materialien.
Präsentation an Tafel	Gilt als ‚old-fashioned', ist aber nach wie vor beliebt.	Kreide für schwarze Tafel oder Folienstifte für weiße Kunststoff-Tafel.	Vorlesungen, Besprechungen mit Arbeitsgruppen, Sammeln von Gedanken gemeinsam mit Teilnehmern.	**Für:** Dozent schreibt langsam, Zuhörer können gut folgen (mitschreiben). Entwicklung von Gedanken/Verfahren gut nachvollziehbar. Löschen von Einzelheiten jederzeit möglich. **Gegen:** Inhalt nicht oder nur kurze Zeit konservierbar. Zeitaufwändig. Optische Unterstützung nur bedingt möglich. Blickkontakt mit Publikum eingeschränkt.
‚Brainstorming' vor Pinnwand	Arbeit/Interaktion mit kleinen Gruppen.	Beschreibbare Kärtchen; Wandtafel mit weichem Untergrund zum Einstecken von Nadeln.	‚Brainstorming' mit kleinen Gruppen.	**Für:** Umordnung der Kärtchen mit Gedanken/Argumenten flexibel möglich. **Gegen:** Inhalt nicht oder nur kurze Zeit konservierbar.
Kleinreferat mit Flipchart	Wenig aufwändige Referate/'warmup-statements'.	Stell-/Standwand, große Papierbögen, Farbstifte.	Kleingruppen	**Für:** Vorbereitung vorher möglich. Aufbewahrungsmöglichkeit der Ausarbeitungen bedingt möglich. Standwände leicht transportabel. **Gegen:** Papierbögen und Schrift relativ klein, daher nur auf kurze Distanzen lesbar (kleine Gruppen).
Reiner ‚Dia'-Vortrag	Als Folge des Siegeszugs der Foto-Digitalisierung weitgehend durch PowerPoint-Präsentationen abgelöst.	Dia-Projektor	Bildorientierter Vortrag ggf. in Verbindung mit Overhead-Referat.	**Für:** Unterstützung von Referaten hauptsächlich mit Fotos, auch mit Tabellen und Grafiken möglich. Brillanz/Tiefenschärfe der Fotos oft besser als von Digitalfotos. **Gegen:** Wegen Lichtschwäche der Projektoren Raumverdunkelung nötig. Längerfristige Vorbereitung erforderlich.
Vortrag mit Overhead-Folien	20-30 Jahre hindurch Standard, jetzt fast vollständig durch PowerPoint-Präsentationen abgelöst.	Overheadprojektor. Beschreib- oder bedruckbare Folien.	Jede Art von Referaten mit visueller Unterstützung.	**Für:** Problemlose Technik, Zusammenstellung während Präsentation anpassbar. **Gegen:** Folien teuer. Lichtstärke in hellen Räumen oft nicht ausreichend, daher Verdunklung oft nötig. Längere Vorbereitung nötig. Gefahr des Folien-Durcheinanders.
PowerPoint-Präsentation	Derzeit wichtigste Form der optischen Unterstützung von Referaten.	Beamer (teuer, aber in den meisten Vortragsräumen vorhanden).	Jede Art von Referaten mit visueller Unterstützung.	**Für:** Bearbeitung/Fehlerkorrektur bis kurz vor Referat möglich. Problemlose Handhabung während des Referats.Beamer meist lichtstärker als Overhead-Projektoren. **Gegen:** Technische Probleme möglich, da Laptops und Beamer oft nicht kompatibel. Einarbeitung in Programme nötig. Anpassung der Folienauswahl während Referat erschwert, da Zahl und Reihenfolge der Folien vorher festgelegt. Schwerpunkt auf Breitformat.
Neue Präsentationsverfahren	PREZI. Derzeit schwerpunktmäßig für Marketing-Präsentationen.	HTML- Editoren	Vergleichbar Powerpoint-Präsentationen.	Scheint gefälliger und weniger einengend zu sein. Vor- und Nachteile bei naturwiss. Präsentationen noch ungeklärt.

dingte Moden auch im Wissenschaftsbetrieb ablaufen. Dementsprechend deutet sich an, dass auch die ‚PPP' nicht von Dauer sein werden. Inzwischen zeigt sich außerdem, dass ältere Techniken gelegentlich wieder verwendet werden, nachdem der Reiz des Neuen etwas verblasst ist. Deshalb ist es sinnvoll, die Vor- und Nachteile der verschiedenen Präsentationstechniken abzuwägen – nach dem Motto: ‚Gleiches schickt sich nicht für Alles'. Das ist in Tab. 7.1-3 geschehen.

Nicht nur inhaltlich, auch formal unterscheiden sich PowerPoint-Präsentationen erheblich. So kann es sinnvoll sein, bei Verkaufsveranstaltungen alle Register der optischen und akustischen Animationen zu ziehen. Bei wissenschaftlichen Vorträgen dagegen werden sie eher als ‚Firlefanz' gewertet. Dementsprechend mögen ‚Gags', wie reindrehende, mit Sound unterlegte Wörter oder Satzteile zwar als ‚hip' erscheinen, sind jedoch nicht seriös. Manchmal kommt es einigen Referenten offenkundig eher auf Effekthascherei an als auf die nüchterne Vermittlung von Sachinhalten. Wahrscheinlich muss man erst ein paar Jahre im wissenschaftlichen Betrieb tätig sein, um dieser ‚Versuchung' zu widerstehen und sich zu trauen, ‚einfach' zu reden, wobei einfach weder ‚simpel' noch ‚banal' sein darf.

Bei Tagungen kann man immer wieder feststellen, wie oft bei PowerPoint-Präsentationen gegen elementare Gestaltungsgrundsätze verstoßen wird. Auch klagen Studierende beredt ihr Leid über Präsentationen in Vorlesungen, bei denen die ‚Folien' mit Zahlen vollgestopft sind und im Eiltempo durchgezogen werden. Zugleich halten die Darbietungen die Studierenden davon ab, mitzuschreiben und die Mitschriften auszuarbeiten, zumal sie sich die Präsentationen oft ‚runterladen' können.

Die nachfolgenden Hinweise gelten zwar hinsichtlich der meisten Einzelheiten für alle Formen von Referaten, wegen der angedeuteten Ungeschicklichkeiten bei vielen PowerPoint-Präsentationen sind sie jedoch besonders auf diese zugeschnitten. Nicht von ungefähr wird nämlich gespottet: *„Experten, die PowerPoint brauchen, haben weder Power, noch finden sie einen Point"*, und manchmal wird boshaft gefragt: *„Haben Sie eine PowerPoint-Präsentation, oder haben Sie etwas zu sagen?"*

7.1.3 Fertigung des Referattextes

Diese wichtige Aufgabe enthält wiederum mehrere Teilaufgaben und -aspekte:

(1) Stoffsammlung
(2) Zeitbedarf
(3) Gliederung des Referats
(4) Schriftliche Formulierung
(5) Textkürzungen
(6) Rückbezug auf Studien-Abschlussarbeiten

(1) Stoffsammlung

Der für sie anzusetzende Arbeits- und Zeitaufwand hängt stark vom Thema, von den Vorkenntnissen der ReferentInnen und den bereits erbrachten Vorarbeiten ab. Generell empfiehlt sich aber, frühzeitig erste Vorstellungen über Inhalt und Gliederung zu entwickeln, um strukturiert und zeiteffizient vorgehen zu können.

(2) Zeitbedarf für die Erstellung des Redemanuskriptes

Hierfür können die folgenden Schätzgrößen, die auf längeren Erfahrungen basieren, hilfreich sein:

- **Textumfang** (unter Zugrundelegung einer üblichen Redezeit von 20-(30) min):
  - Benötigte Redezeit für 1 Seite Text (in Normalschrift) – knapp bemessen – 3-4

Minuten; für die Folien zusätzlich mindestens 1 Minute/Folie, meistens länger.

- Umfang des Manuskripts mithin 7-10 Seiten. Bei Erörterung von Folieninhalten und vor allem von umfangreicherem Illustrationsmaterial (Tabellen oder Grafiken) ist der Textumfang entsprechend zu verringern.

- **Zeitbedarf für die Fertigung des Rede-Manuskripts:**
  - 1 Stunde Vorbereitung für 1 Minute Redezeit;
  - für ein 20-Minutenreferat also ~20 Stunden (oder 2 ½ volle Tage) Vorbereitungsdauer.

Müssen umfängliche Rechnungen angestellt, Analysen vorgenommen oder aufwändige Grafiken hergestellt werden, so wird mehr Zeit benötigt. Geringer kann der Zeitbedarf sein, wenn bereits eine Arbeit fertig vorliegt, die als Grundlage dient.

Anfänger unterschätzen diesen erheblichen – realistisch kalkulierten – Zeitbedarf oft und fangen zu spät mit den Vorbereitungen an.

(3) Gliederung des Referats

Bevor die Gliederung selbst vorgestellt wird, sollten die ZuhörerInnen durch eine Art ‚Vorspann' neugierig gemacht werden auf das, was sie erwartet. Also empfiehlt es sich die Art des Projektes, die Lösungsansätze und die wichtigsten Ergebnisse in knappen Sätzen anzudeuten.

Beispiel: Ich möchte über eine Untersuchung an Fischen in Überflutungsbereichen des brasilianischen Urwalds berichten, mit denen meine Kollegen und ich offenkundig wissenschaftliches Neuland betreten haben.

Nach einer solchen Einstimmung sind die Zuhörer dann eingestimmt, die Gliederungspunkte und damit den ‚roten Faden' des Referates zu verstehen.

Ein solcher ‚Vorspann' hat dieselbe Funktion wie die in Kap. 3.1.1 [1.] Einleitung (S. 46) angesprochene Problemdarstellung.

Beim Aufbau der Gliederung wird angesichts der üblichen knappen Zeitvorgaben meist dem klassischen, einfachen Schema gefolgt (Tab. 7.1-4).

Die bloße Wiedergabe der in der linken Spalte aufgeführten, allgemein formlierten Gliederungspunkte ist wenig informativ.

Tab. 7.1-4: Gliederungsschema für Referate

GLIEDERUNGSPUNKT	INHALTE IM EINZELNEN
Einleitung	Wissensstand; geplante Vorgehensweise (Ziele).
Material und Methoden	Knappe, verständliche Erläuterung; Datenumfang; Auswertung.
Ergebnisse	Schwerpunkt der Darstellung, gut nachvollziehbar?
Diskussion	Methodenkritik; Begrenzung bzw. Verallgemeinerungsmöglichkeit der Ergebnisse; Ziele erreicht?
Schlussfolgerungen	Neuigkeit der Erkennntnisse; Übertragbarkeit auf andere Verhältnisse; Nutzanwendung.
Zusammenfassung	Knapper Rückblick auf das Referat (‚take-home-message'). Die Schlussbotschaft nehmen die Zuhörer mit.

Deshalb müssen die einzelnen Abschnitte auf der Grundlage des jeweiligen Projektes (oder des Themas) beim Referat spezifizischer und damit anschaulich formuliert werden (vergl auch Kap. 5.3.2, S. 168): Gliederungen sollen bei den Zuhörern ‚hängen bleiben'! Weicht man erheblich vom traditionellen Gliederungsschema ab, so ist es zu erläutern. Sonst werden die Zuhörer womöglich verunsichert, weil sie dem Gedankenfluss der ReferentInnen nicht problemlos folgen können.

Auch hier gilt übrigens, dass in die Einzelheiten eines Projekts eingeführt und am Ende mit verallgemeinernden Schlussfolgerungen wieder ausgeleitet werden sollte (vergl. das in Abb. 3.1-1, S. 60, wiedergegebene Sanduhrmodell).

(4) Schriftliche Ausformulierung

Studierende tun gut daran, ihr Referat zunächst Wort für Wort auszuarbeiten und sich dann Stichworte als Gedächtnisstütze auf Kärtchen zu schreiben. Verlassen sie sich darauf, dass ihnen ‚im Eifer des Gefechts' schon das Richtige einfallen wird, so endet das meist in ‚Geschwafel' oder ‚Gestottere'. Die schriftliche Ausarbeitung darf allerdings nicht dazu führen, dass das Referat später Wort für Wort abgelesen wird. Dabei ist nämlich zu bedenken, dass sich ‚Schrift-, und ‚Sprechsprache' deutlich unterscheiden. Abgelesene Schriftsprache wirkt leicht gestelzt und ist schwerer verständlich.

(5) Textkürzungen

Bei der Stoffsammlung neigt man dazu, zunächst möglichst viele Gesichtspunkte zu berücksichtigen, auch wenn diese weit über das eigentliche Thema hinausgreifen. Später beim Konkretisieren des Textes müssen sie dann auf das fürs Referat wirklich Wichtige eingeengt werden. Das aber ist eine der größten Herausforderungen an alle ReferentInnen: Sie wollen so viel wie irgend möglich in ihrer knapp bemessenen Redezeit unterbringen. Entsprechend überladen geraten dann die Präsentationen. Dafür bieten Referate und Folien bei vielen Tagungen und Kongressen wenig nachahmenswerte Beispiele. Deshalb sei allen ReferentInnen dringend empfohlen, von Anbeginn ihren Referattext und die Folien mehrmals daraufhin durchzusehen, was sich weglassen oder am Ende noch streichen lässt.

(6) Rückbezug auf Studien-Abschluss- und Doktorarbeiten

Referate sind für Studierende und Graduierte besonders ‚ergiebig', wenn ihre Bachelor-/ Master-oder Doktorarbeiten noch nicht abgeschlossen sind. Dann zwingt sie ein Referat nämlich, eine Art Zwischenbilanz zu ziehen, das Gesamtkonzept zu überdenken und genauer, gegebenenfalls auch neu zu strukturieren. Das kann sehr hilfreich für die anschließende Fertigstellung der Abschlussarbeit sein.

7.1.4 Erstellung und Gestaltung von ‚Folien'

Die Referenten sollten sich stets klar machen, dass viele Zuhörer mit der Materie bzw. den Einzelheiten eines Spezialgebietes nicht vertraut sind. Dennoch müssen die Vortragenden innerhalb der stets (zu) knapp bemessenen Referatsdauer von 20-30 Minuten das Wesentliche in den Vordergrund stellen und die Zusammenhänge, Hintergründe, das methodische Vorgehen, die Ergebnisse und Schlussfolgerungen derart herausarbeiten, dass die Zuhörer sie nachvollziehen können. Daraus ergeben sich eine Reihe von Gestaltungsgrundsätzen, die in Form einer tabellarischen Übersicht gelistet sind (Tab. 7.1-5, siehe S. 204/5).

Diese Liste ist nicht ohne Grund lang geworden. Allzu oft wird nämlich selbst gegen elementare Grundsätze verstoßen und der Erfolg einer Präsentation wegen formaler Unzulänglichkeiten beeinträchtigt.

Man kann sich weiterhin fragen, ob der heute obligatorische Schlussdank der RednerInnen ans Auditorium – meist kombiniert mit einem ‚schönen', aber ohne Zusammenhang mit dem Referatthema stehenden Abschlussbild – nicht inzwischen zur ‚Masche' geworden ist und besser weggelassen werden sollte. Müsste nicht eher das Publikum den RednerInnen für ihre Bemühungen danken?

Etwas Anderes ist es, wenn die RednerInnen am Schluss im Sinne von ‚acknowledgments' den Personen danken, die ihnen bei der Projektarbeit oder Fertigung des Referats geholfen haben.

Studierende verwenden vielfach Universitäts- oder Instituts-Logos bei Präsentationen oder auf Layouts in Seminaren, Kursen oder Kolloquien, weil diese digital verfügbar sind. Studierende repräsentieren jedoch nicht diese Institutionen, sondern ihre eigene Arbeit. Deshalb ist die Übernahme der Logos oft nicht angemessen.

7.1.5 Fertigung von ‚Handouts' oder Thesenpapieren

Manche ReferentInnen fertigen ‚Handouts' mit den wichtigsten inhaltlichen Angaben, dem Aufbau des Referats, den Thesen, sowie den Ergebnissen und verteilen sie unmittelbar vor der Präsentation. Deren Nutzen ist ambivalent:

- Als **Vorteil** gilt, dass sie den Zuhörern die Mitschrift der Leitlinien ersparen. Die Zuhörer können außerdem Ergänzungen eintragen, sofern Platz dafür auf dem Papier gelassen wurde, und sie können das Material mit heimnehmen. Handouts mindern zudem das Risiko, im Fall eines technischen Versagens, etwa eines Beamers, kein Anschauungsmaterial zur Hand zu haben.
- **Nachteilig** ist dagegen, dass die Teilnehmer während des Referats abgelenkt sind, weil sie nicht gleichzeitig zuhören und im Handout lesen können.

7.1.6 Vorbereitung kurz vor der Präsentation

Üben des Referats

Hierzu werden drei Schritte empfohlen:

- Zunächst laut lesen (üben im stillen ‚Kämmerlein'),
- überprüfen des Zeitbedarfs (Uhr danebenstellen),
- üben vor (genügend kritischen) Freunden/Kommilitonen/KollegInnen.

Es ist nicht sinnvoll, das Referat auswendig zu lernen, aber dringend zu empfehlen, sich ausreichend mit dem Inhalt bzw. roten Faden des Referates vertraut zu machen. Außerdem geben die ‚Folien' Sicherheit und sind eine wesentliche Stütze, an denen man sich ‚entlanghangeln' kann, nach dem Motto:

„Hattu Folie, hattu Vortrag!"

Allerdings sollte man die Details auf den Folien genau kennen und nicht erst beim Referat versuchen, sich an sie zu erinnern.

Im Übrigen ist es mit dem Vortragen wie mit dem wissenschaftlichen Schreiben: Man muss üben und braucht kritische Diskussion, kann es nicht von selbst. Üben hilft außerdem wirkungsvoll, Lampenfieber und Nervosität abzubauen, denn hat man das

Referat bereits vor Kollegen oder Kommilitonen gehalten, so geht man gelassener in die eigentliche Präsentationsveranstaltung.

Deshalb ermuntere ich alle von mir betreuten Studierenden, ein Referat über ihre Projekte im Instituts-Kolloquium zu halten. Dieses höre ich mir 2-3 Tage vorher im Hörsaal, also unter realistischen Bedingungen, an. Dabei gibt es im Regelfall noch viel zu verbessern. Aber die Referenten haben danach Zeit, die Anregungen aufzunehmen. Die Ergebnisse sind jedesmal beeindruckend positiv. Kritische Kommentare hinterher dagegen sind wirkungslos, weil sie nicht mehr reflektiert und umgesetzt werden.

Lampenfieber gehört im Übrigen zu jedem Auftritt. Es ist gewissermaßen die Vorbedingung für konzentriertes, angespanntes und motiviertes Agieren. Gelegentlich aber führt Lampenfieber zu Blockaden, Auftrittsangst und benötigt therapeutische Hilfe. Die gibt möglicherweise bereits das Handbuch von Spahn (2012).

Überprüfen der Gegebenheiten im Vortragsraum

Oft genug erlebt man, dass ReferentInnen einen ihnen unbekannten Vortragsraum betreten und sich bei Referatbeginn erst mühsam orientieren müssen. Um diese zusätzliche Belastung im Moment hoher Anspannung zu vermeiden, sollte man auch in dieser Hinsicht nichts dem Zufall überlassen und sich beizeiten mit den Gegebenheiten vertraut machen. Dazu gehört:

- Herausfinden, wo sich die Licht- und Geräteschalter befinden.
- Ausprobieren von Computer und Beamer. Sind sie kompatibel?
- Feststellen, ob Zeigestock oder Pointer vorhanden sind.
- Wer steht wann, wo? (Redner, Moderator)
- Überprüfen der Lichtverhältnisse und gegebenenfalls der Verdunkelungsmöglichkeiten im Hinblick auf ein einwandfreies Erkennen der Folieninhalte. Nicht alle Beamer sind lichtstark und zeichnen scharf. So kann es in hellen Räumen Probleme mit der Erkennbarkeit geben.

7.1.7 Technik und Ablauf der Präsentation

Zwecks Einstimmung auf ein Referat sei nochmals daran erinnert, dass die Zuhörer die großen Linien und die Details in einem Referat problemlos verstehen können müssen! Sie haben ja nur sehr knappe Zeit, um nachzuvollziehen, was ihnen geboten wird. Cicero forderte noch mehr:

„Man muss sich die Zuhörer geneigt, aufmerksam und gelehrig machen".

Um dies zu erreichen, gibt es eine Reihe von Hinweisen, deren Beachtung den Erfolg eines Referates wesentlich beeinflussen können (Tab. 7.1-6).

Sprachstil und Wortwahl

Es ist nicht leicht, den richtigen Tonfall zu finden. Studierende tun sich offenkundig besonders schwer, bei ihren ersten Referaten eine Balance zwischen geschraubter Ausdrucksweise (‚Wortgeklingel') und burschikos schnoddriger Alltagssprache zu finden. So sind mit Fremdwörtern gespickte Texte in mündlicher Form noch weniger erträglich als in schriftlicher (vergl. Kap. 5.2.2, 2. Lektion, S. 140). *„Wenn Dich ein Laie nicht versteht, bist Du noch lange kein Experte".*

Verbreiteter ist jedoch die lockere Einfügung von Mode-, Füll- und Flickwörtern sowie der Gebrauch einer studentischen ‚Schnuddelsprache'. So wurde die früher übliche fragende Selbstbestätigung nach jedem Absatz mit *„o. k."* abgeschlossen – mit oder ohne gestischem Fragezeichen. Diese ist inzwischen durch das inflationär gebrauchte *„ja, genau!"*

Tab. 7.1-5: Checkliste für die Gestaltung von PowerPoint- und anderen ‚Folien'.

Gestaltungs-merkmal	Erklärende Hinweise	Kritischer Kommentar
Thema und Ziel	Kurzer, leicht verständlicher, hinsichtlich des Inhalts informativer Titel.	Thema knapp und ‚knackig' formulieren.
1. Grundsatz: **Leicht verständliche** Gliederung	Zielorientiertes Konzept muss erkennbar sein.	Gefahr, dass Interesse der Zuhörer nicht bereits am Anfang geweckt wird.
2.Grundsatz: **Weglassen** alles nicht unmittelbar zum Verständnis Notwendigen	Logos, Bildleisten, Angaben von Referatstitel, Tagungstermin und -ort oft optische Belastung (schmückendes Beiwerk), lenken vom Inhalt ab. Gegebenenfalls Logos nur auf Titel- und Schlussfolie. Logos etc. nur bei Kongressen sinnvoll (Vorgaben der Veranstalter beachten!). Dagegen helfen Nennungen der jeweiligen Gliederungsabschnitte auf jeder Folie den Zuhörern, sich zu orientieren.	Häufigster Fehler: ‚Überfrachtung' der ‚Folien' mit viel ‚Kleinkram' – ‚weniger ist mehr!'
3. Grundsatz: Beschränkung auf **Kernbotschaften**	Nur aufnehmen, was direkt angesprochen wird. Nur Stichworte, keine ausformulierten, langen Texte, Reduktion auf Telegrammstil.	Zuhörer können nicht gleichzeitig lesen und zuhören. (Häufiger Fehler!).
4. Grundsatz: **Anschauliche und einheitlich gestaltete Illustrationsmittel**	• Tabellen: Keine Rohdaten, nur Zahlen, die im Referat erwähnt werden. • Abbildungen: Möglichst viele, aber Kurvenbilder nur bei klaren Zusammenhängen. • Fotos: Nur eins je Folie, genügend groß, qualitativ gut. • Karten: Klare Legende, Maßstab, Nordrichtung. Hinweise zur Datenpräsentation in Kap. 4 beachten. Gleichartige Tabellen- oder Grafikinhalte gleichartig gestalten.	Tabellen: Gefahr, ‚Zahlenfriedhöfe' zu bringen. Abbildungen: Kurvenbilder meist zu klein. Fotos: oft zu sehr auf Show-Effekt ausgelegt. Karten: vielfach zu klein und unübersichtlich. Keine Multimedia-Show! Zuhörer erwarten sonst unterschiedliche Sachzusammenhänge.
5. Grundsatz: **Einfachheit**	Geläufige Wörter/Begriffe. Sehr weitgehendes Vereinfachen von Zahlen: Verständlichkeit geht wissenschaftlicher Präzision vor.	Fremd-/Fachworte nur, wenn bekannt. Zuhörer können nur Größenordnungen nachvollziehen.

Tab. 7.1-5: Checkliste für die Gestaltung von PowerPoint- und anderen ‚Folien'. (Fortsetzung)

Gestaltungs-merkmal	Erklärende Hinweise	Kritischer Kommentar
6. Grundsatz: **Klares Schriftbild, gute Lesbarkeit**	Schriftgröße mindestens 16 pt. (oder auch größer: Saalgröße bedenken). Serifenfreie Schriften. Eindeutige, knappe Bezeichnungen/Beschriftungen bei Grafiken, Fotos (Mikrofotos) mit Maßangabe, Karten mit Maßstab. Farbige Kurven bei ungünstigen Lichtverhältnissen schlecht erkennbar. Kontrastreicher Untergrund (Fotos) mindert Lesbarkeit (ebenso dunkle Farbe), generell schwarze Schrift auf hellem Grund. Leichte Untergrundtönung dagegen vorteilhaft, da weiß ‚hart' wirkt. Verlaufsrichtung der Schrift stets waagerecht. Unterstreichungen, Sperrdruck oder Kursivschrift, mindern Lesbarkeit. Nicht zu viele Hervorhebungen durch Fettdruck.	Häufiger Fehler: zu kleine Schrift!! Text muss vom letzten Platz im Vortragsraum lesbar sein. Parameter/Legende oft nicht erkennbar. Farbspielereien gelten oft als ‚trendy' – nicht übertreiben! Zuschauer können Kopf nicht um 90 ° drehen.
7. Grundsatz: Möglichst **keine Abkürzungen**	Nur absolut gängige Abkürzungen verwenden!! Alle anderen dechiffrieren.	Zuhörer können nicht in Glossar nachsuchen und daher nicht folgen. Mischung aus deutschen und englischen Abkürzungen besonders problematisch.
8. Grundsatz: Nur **sparsame Animationen**	Viele Folien enthalten Auflistungen mit folgenden Präsentationsmöglichkeiten: • Alle Einzelpunkte sofort bringen (Zuhörer erhalten Überblick, werden aber durch Lesen abgelenkt), • Einzelpunkte fliegen von rechts (!) ein (Zuhörer können Einzelpunkten besser folgen).	Unklarheit, welche Präsentationsform besser. Generell schaffen zu viele Animationen Unruhe und wirken leicht unseriös (zum Beispiel hereindrehende Wörter).
9. Grundsatz: **Zitatbelege unauffällig platzieren**	Nur bibliografische Kurzbelege (Autor + Jahr) mit deutlich kleinerer Schrift abgesetzt. Keine bibliograf. Vollbelege, außer wenn ausdrücklich verlangt. Möglichst auf Abschlussfolie.	Ebenfalls meist optische Zusatzbelastung (abweichend von schriftlichen Arbeiten).
10. Grundsatz: **Schlussfolgerungen**	Zusammenfassung der zentralen Ergebnisse, Thesen, Aussagen, (‚take-home message').	Sehr wichtig: Die letzten Ausführungen bleiben bei den Zuhörern ‚hängen'.

Tab. 7.1-6: Checkliste für wichtige Verhaltensmomente beim Referat

Aufgabe	Hinweis	Kommentar
Einführung und Schlusspassagen notieren	Einleitung, Schluss auf DIN A 6 (Postkarte) oder DIN A 7-Kärtchen einseitig beschrieben in der Hand zu halten.	Hilft besonders, den Einstieg zu schaffen und das Referat präzise zu beenden.
Frei, laut, langsam und deutlich sprechen	Redner ohne Manuskript wirken mitunter unkonzentriert, aber: Abgelesene Texte sind oft zu sehr ‚Schreibe'. Beim Ablesen redet man zu schnell, lässt keine angemessenen Pausen zum Luftholen zwischen den Sätzen. Freies Sprechen führt automatisch zu kurzen, verständlichen Sätzen. Freies Sprechen erfordert aber intensives Üben!	Zeitungs-Kommentar über einen Politiker: *„F. ist ein guter Redner. Er spricht in kurzen, pointierten Sätzen und mit lauter Stimme."* (Die ZEIT 2012. 30: 3).
Verbalisierung der ‚Folien'-Inhalte	Jede Tabelle, Abbildung und jedes Foto ist ausgiebig zu erläutern.	Alle nicht angesprochenen Zahlen und Details sind ‚Informationsballast', also im Referat überflüssig!
Langsame Bilderabfolge	Die Zuschauer brauchen Zeit, vor allem kompliziertere Abbildungen zu verstehen.	Gefahr, dass das Referat an Zuhörern ‚vorbeirauscht'.
Nicht zur Projektionswand reden	Auf Laptop-Screen gucken, statt sich zur Projektionswand drehen. Einzelheiten gegebenenfalls mit Cursor anzeigen, statt mit Pointer.	Abwenden vom Publikum (mangelnder Blickkontakt) ist ein Standardfehler der meisten Redner.
Blickkontakt mit Publikum halten	Nur erreichbar, wenn RednerInnen nicht am Manuskript kleben.	Dies ist für Anfänger besonders schwierig umzusetzen.
Redezeit einhalten	Bei freier Rede Vorstellungen darüber entwickeln, wie lang die einzelnen Abschnitte sein dürfen. Während des Referates überprüfen!	Alle Präsentationen stehen unter strengem Zeitdiktat: Überziehen der Redezeit führt bei Kongressen oft erbarmungslos zum Beenden des Referates.
Einfache, aber präzise Sprache wählen	Wie bei schriftlichen Ausführungen bereitet dieser Aspekt Studierenden oft erhebliche Schwierigkeiten.	Wegen ihrer besonderen Bedeutung wird auf dieses Problem im unmittelbar folgenden Text gesondert eingegangen.

abgelöst. Anerkennung durch Zusatz von *„cool"* wurde durch *„super"* ersetzt. Außerdem wimmelt es von Floskeln und sprachlichen ‚Eintagsfliegen' wie: *„keine Ahnung"*, *„irgendwie"*, *„sozusagen"*, *„quasi"*, *„schlicht und ergreifend"*, *„im Prinzip"*, *„praktisch"*, *„jeweils"*, *„entsprechend"*, *„ewig"*, *„eigentlich"*, *„ohne Ende"*, *„das ist schade"*, *„einfach"*, *„total"*, *„also, ich sag mal so"*, *„und so weiter und so fort"* oder aber *„schlichtweg"*. Sie kommen in manchen Referaten in Zehnerpotenz vor! Desgleichen wird der besonders im süddeutschen Raum beliebte ‚Wo-Ismus' gern in Reden eingeflochten (vergl Kap. 5.2.2, 6. Lektion (8), S. 163).

Weit verbreitet sind Hinweise auf die erforderliche Kürze der Ausführungen wie: *„Dieser Aspekt kann nur ganz kurz skizziert werden"* oder: *„ich möchte nur kurz erläutern"*, obwohl alle Zuhörer wissen, dass für jedes Referat die Zeit ‚kurz' bemessen ist.
Sprachliche Selbstverständlichkeiten wie: *„also, ich starte jetzt mal mit der Einführung"* oder *„somit komme ich auch schon zum Schluss"* verraten ebenfalls Unbeholfenheit.

Diesbezüglich kann wieder nur auf die Notwendigkeit hingewiesen werden, zu üben, zu üben, zu üben und sich kontrollieren zu lassen. Hinsichtlich der sprachlichen Präzisierung sei außerdem auf die Ausführungen zur Verbesserung des schriftlichen Ausdrucks hingewiesen (vergl. Kap. 5.2.2 und hier besonders die 2. und 3. Lektion, S. 140 und S. 149). Sie passen ebenfalls für viele Referate.

Körper- und Sprechsprache, Art des Auftretens
Gesprochene Texte wirken auf uns – stärker als geschriebene – nicht nur durch ihre Inhalte, sondern durch die Art ihrer ‚Aufmachung', ‚Verpackung', ‚Präsentation'. Wir hören nicht nur auf das, was die Vortragenden sagen, sondern nehmen – meist unbewusst – deren Gestik und Mimik wahr, das heißt ihre **Körpersprache**, kommunizieren also gleichzeitig non-verbal.
Menschen in sprechintensiven Berufen wissen um diese Wirkung auf die Zuhörer. **Stimme und Sprechen** sind mithin als Ausdrucksmittel besonders in den Kommunikationsberufen wichtig.
Männer mit tiefen, volltönenden Stimmen haben es leichter als Frauen mit hoher Stimmlage, bei größeren Auditorien durchzudringen und verstanden zu werden. Viele Frauen neigen zudem dazu, schnell zu sprechen. Deshalb ist Stimmtraining im Hinblick auf langsames und lautes Sprechen für sie oft besonders wichtig. Vielen Männern muss dagegen vor allem Nuscheln und leises Sprechen abgewöhnt werden.
Stimmlich überzeugt man zudem durch **sprecherische Variabilität**, also durch Verändern der Tonhöhe, der Sprechgeschwindigkeit, des Sprechtempos je nach textlichem Inhalt oder Illustrationsmaterial. So wird man über methodische Details eher schneller hinweggehen, den Merksätzen in den Schlussfolgerungen dagegen mehr Nachdruck durch langsame, bedeutungsschwere Betonung verleihen.

Ausgeprägtes **Dialektsprechen** ist im universitären Umfeld nicht angebracht, weil alle Teilnehmer die Rede leicht verstehen können sollen. Mehr und mehr nehmen auch bei uns Ausländer, seien es Studierende oder KollegInnen, als Zuhörer an Kolloquien teil. Sie tun sich zusätzlich schwer, den Referaten zu folgen, wenn Dialekt gesprochen wird. Das können diejenigen Deutschen am besten nachvollziehen, die selbst im Ausland erlebt haben, wie die Verständlichkeit bei mit starkem Akzent vorgetragenen Texten sinkt. Gegen eine Hochsprache mit gemäßigter Dialektfärbung ist dagegen nichts einzuwenden, sie wirkt im Gegenteil eher ‚charmant'.

Körpersprache und Stimme vermitteln den Eindruck von Authentizität und Professionalität über Sicherheits- und Unsicherheitsgesten. Wir überzeugen nur, wenn wir engagiert und kompetent auftreten. Das ist letztlich eine Frage des Selbstbewusstseins.
So trug ein Student bei einer Vorübung sein Referat zögerlich und langweilig vor. Ich drohte einzuschlafen. Dabei hatte er hochinteressante Ergebnisse erarbeitet. Das hielt ich ihm drastisch vor Augen, und so riss er zwei Tage später bei der eigentlichen Präsentation die Zuhörer tatsächlich ‚von den Stühlen'. Inzwischen war er nämlich

selbst überzeugt von der Qualität seines Materials und konnte das auch mit Verve vermitteln.

Vielleicht ist es eine der schwersten Aufgaben, unsere Körpersprache zu optimieren und kompetent zu wirken. Dazu gehört unter anderem, weder gestikulierend herumzuhampeln, noch stocksteif und verschüchtert am Pult zu stehen.
Sicheres Auftreten kann man wiederum nur durch Üben und hilfreiche Hinweise seitens der BetreuerInnen oder von Kommilitonen gewinnen. Nicht von ungefähr werden im Zuge der Vermittlung von ‚Schlüsselqualifikationen' zunehmend Kurse zu ‚Professionell vortragen', ‚Kommunikationstraining', ‚Gesprächsführung', ‚Rhetorik und Präsentation' angeboten.

Bei Vorbereitungsgesprächen zu Vorträgen und zu Prüfungen kam mehrfach die Frage nach der **angemessenen Kleidung** auf. Diese lässt sich leicht beantworten: Die Kleidung sollte dem Anlass entsprechen, und das heißt: normal bei Kolloquien und Prüfungen und leicht festlich bei herausragenden Veranstaltungen. Wann normale und wann ‚gehobene' Kleidung angebracht ist, kann man vorher erfragen. Jedenfalls sollte man während eines Vortrages keinen Gedanken auf die Kleidung verwenden (Wie wirke ich? Bin ich womöglich ‚over- or underdressed'?). Die RednerInnen sind genügend mit der adäquaten Präsentation ihres Referates beschäftigt und sollten nicht durch diesen ‚Nebenkriegsschauplatz' abgelenkt werden.

Reine Wortvorträge und PowerPoint-Präsentationen stellen übrigens, was Sprech- und Körpersprache angeht, zwei entgegengesetzte Extreme dar:

- Bei **reinen Wortvorträgen** konzentriert sich die Aufmerksamkeit des Publikums auf die ReferentInnen. Deren Sprechen und Verhalten wird daher sehr genau zur Kenntnis genommen.
- Bei **PowerPoint-Präsentationen** starren die Teilnehmer dagegen auf die Bildwand und nehmen die ReferentInnen oft nur ungenau als Stimme aus dem Abseits wahr.

Moderation
Im Regelfall werden selbst bei weniger aufwändigen Vortragsveranstaltungen ModeratorInnen eingesetzt, die die Referenten und ihre Referate vorstellen und die üblicherweise folgenden Diskussionen leiten. Mit ihnen können die ReferentInnen gegebenenfalls den Ablauf vorbesprechen.
Die Moderatoren helfen, die ‚Peinlichkeit' einer längeren Schweigepause nach Ende eines Referats zu umgehen, wenn sie eine ‚Einstiegsfrage' vorbereitet haben und die wichtigsten Teilfragen vorgeben, die erörtert werden sollten. Danach pflegt sich die Diskussion zwanglos zu entwickeln.

Diskussion
Grundsätzlich soll Zeit für Diskussionen, für Nachfragen, zur Klärung methodischer Details und von sachlichen Missverständnissen vorgesehen werden. Das bedeutet aber zugleich, dass die ReferentInnen ihre Vortragszeit einhalten müssen und nicht die Diskussionszeit mit verbrauchen.
Für die Diskutanten ist es hilfreich, wenn die ‚Folien' durchnummeriert sind. Dann können sie nämlich einzelne Tabellen oder Abbildungen nochmal aufrufen lassen und zu ihnen Stellung nehmen.
Die ReferentInnen tun gut daran, ein paar Folien für zu erwartende Fragen ‚in der Hinterhand' zu haben.
Bei Diskussionen besteht stets die Gefahr, dass sich einzelne Zuhörer bemüßigt füh-

len, Zusatzreferate beizusteuern oder längere Statements abzugeben. In solchen Fällen müssen die ModeratorInnen abbremsen und beizeiten anmahnen: *„Und was war nun Ihre Frage?“.*

In der letzten Zeit hat sich bei den Diskussionsrednern eingebürgert, ihre Fragen oder Kommentare in Eingangsfloskeln zu verpacken, wie sie in englischsprachigen Ländern üblich sind: *„Thank you for your wonderful presentation“.* Das ist zur Masche geworden und sollte zumindest eingeschränkt werden.

7.1.8 Nacharbeit

Vorträge sind oft die Grundlage für Veröffentlichungen bzw. ein wichtiges Bindeglied dafür. In solchen Fällen ist den ReferentInnen zu empfehlen, sich unmittelbar nach dem Vortrag hinzusetzen und zu notieren, welche Anregungen oder kritischen Anmerkungen für die Überarbeitungen wichtig sein können. Selten werden nämlich Protokolle geführt.

Notizen von KollegInnen und Rücksprachen mit den ModeratorInnen können als Erinnerungsstütze hilfreich sein. Ideal ist es, wenn man vorher KollegInnen/KommilitonInnen gewinnen konnte, die die Diskussion protokolliert haben. Die RednerInnen erinnern sich nämlich nicht immer verlässlich an das, was gesagt wurde, weil sie unter erhöhter Anspannung standen.

Im Regelfall sind die ModeratorInnen bei Probe-Referaten die geeigneten Helfer, um zu besprechen, welche Diskussionsbeiträge bei der weiteren Bearbeitung eines Projektes berücksichtigt werden sollten oder was sonst verbesserungsmöglich und -nötig ist.

7.2 Präsentation als Poster

7.2.1 Poster als wichtige Form der Darstellung von Projekten

Poster haben sich neben den üblichen Vorträgen als eine zunehmend bedeutsame Form der Vorstellung wissenschaftlicher Ergebnisse vorwiegend bei Tagungen und Kongressen durchgesetzt. Ihre Präsentation benötigt weniger Zeit für die Herstellung und weniger Zeit im Tagungsprogramm. Daher können weit mehr Poster bei solchen Veranstaltungen zugelassen werden als Vorträge. Das hat zur Folge, dass auch DoktorandInnen und gelegentlich Master-Studierende ihre Projekte mit Postern vorstellen dürfen. Für Bachelorarbeiten gilt das nur ausnahmsweise. Aber manchmal werden auch sie als KoautorInnen von ihren BetreuerInnen oder als Mitglieder von Arbeitsgruppen beteiligt.

Für die Präsentation der Poster werden im Regelfall Tafeln oder Aufhängevorrichtungen in gesonderten Räumen oder Fluren im Umfeld der Tagungsräume bereitgestellt. Die Poster können dann in Pausen von den Tagungsteilnehmern in Augenschein genommen werden. Oft wird ein begrenzter Zeitraum im Programm vorgesehen, zu dem die AutorInnen anwesend sind und zusätzlich Erklärungen geben können.

Bei manchen Lehrveranstaltungen, Kursen, Graduiertenkollegs werden von den Teilnehmern einzeln oder in Gruppen erarbeitete Ergebnisse ebenfalls in Form von Postern aufbereitet. Ihre Präsentation und abschließende Erörterung hat zwar meist keine ‚Außenwirkung‘, hilft aber sehr bei der Einübung, Poster herzustellen.

7.2.2 Posterformate

Poster werden auf steifem Papier in den in Tab. 7.2-1 angegebenen Formaten gedruckt.

Tab. 7.2-1: Posterformate

Formate	Seitenlänge cm	Fläche m^2
DIN A0	118 x 84,1	1
DIN A1	84,1 x 59,4	0,5

Poster können im Hoch- und Breitformat (Verhältnis 7:5) gefertigt werden. Das Hochformat ist jedoch gängiger, weil bei verfügbarer Wandlänge mehr Poster aufgehängt werden können.

Generell geben die Tagungsleitungen das Format vor.

7.2.3 Herstellung der Poster

Poster kann man mit Spezialprogrammen herstellen. Deren Beherrschung benötigt jedoch zusätzliche Zeit. Dieser Aufwand lohnt sich für Studierende und DoktorandInnen meist nicht. Deshalb fertigen sie sie im Regelfall wie eine PowerPoint-Präsentation und vergrößern sie dann.

7.2.4 Gestaltung von Postern

Poster können sehr unterschiedlichen Zielen dienen und daher eine außerordentliche Vielfalt aufweisen. Die nachfolgenden Gestaltungsvorschläge sind jedoch ausschließlich auf Poster für wissenschaftliche Präsentationen gerichtet.

Auf ihnen sollen Zielsetzung, theoretischer Hintergrund, Methoden, zentrale Ergebnisse sowie wichtigste Schlüsse und Nutzanwendungen knapp und kreativ visualisiert werden. Für sie gelten viele Empfehlungen, die bereits für die schriftlichen Ausarbeitungen und die mündlichen Präsentationen angesprochen worden sind. Manche sind aber für Poster mit noch mehr Nachdruck zu versehen. Einige wichtige Hinweise sind in Tab. 7.2-2 (siehe übernächste Seite) zusammengestellt.

Im Hinblick auf Inhalt und Darstellungsweise ist in einer frühen Phase der Poster-Erstellung abzuklären, welches Zielpublikum angesprochen und erreicht, wie fachspezifisch oder allgemeinverständlich ein Poster also gestaltet werden soll. Das ist aber kein neuer Gesichtspunkt, sondern betrifft die anderen Formen der schriftlichen und mündlichen Präsentation gleichermaßen (vergl. Kap. 7.1.1, S. 197). Bei Postern kommt allerdings verschärfend hinzu: Die Besucher müssen beim Rundgang durch eine Poster-Show in kurzer Zeit viele Poster daraufhin einschätzen, ob sie sie näher anschauen wollen. Sie haben außerdem nur wenig Zeit, um sich den einzelnen Postern zu widmen. Weiterhin drängeln sich oft mehrere Personen um ein Poster. Die Besucher können die Poster also nicht ungestört studieren. Damit bekommt die rasche Erfassbarkeit des Inhalts eines Posters prioritäre Bedeutung.

Es muss den AutorInnen der Poster also gelingen, durch optisch geschickte Gestaltung die Aufmerksamkeit der Besucher auf sich zu ziehen, sie müssen ihr Produkt den Interessenten quasi anpreisen. Das bedeutet zugleich, dass Tabellen oder Abbildungen aus Studien-Abschluss- oder Doktorarbeiten meist nicht unverändert übernommen werden können.

Meine Hauptkritik nach der Sichtung vieler Poster-Sessions betrifft die ‚Überfrachtung' und Textlastigkeit der meisten Poster. Vielfach sind außerdem die Grafiken kaum entzifferbar. Ich bin oft an optisch bzw. ästhetisch wenig ansprechend gestalteten und mit Text überladenen Postern vorbeigelaufen, ohne sie genauer anzuschauen, weil es den AutorInnen nicht gelang, mich auf deren Inhalt neugierig zu machen. Ich war aber keineswegs der einzige, der sich so verhielt.

7.2.5 Einreichen und Begutachtung von Postern

Bei den meisten Tagungen und Kongressen müssen ‚Abstracts' der Poster zwecks Evaluierung (review-Prozess) vorher eingereicht werden – *„strict scientific selection procedure"* wie es in den Regularien einer Kongressleitung hieß. Im Regelfall verlangen die Veranstalter, dass Zusammenfassungen von im Regelfall einer halben Seite (~200 Wörter) Umfang eingereicht werden. Für diese gelten sinngemäß dieselben Grundsätze, wie sie für Zusammenfassungen von schriftlichen Arbeiten in Kap. 3.1.1 [6] (S. 57) beschrieben wurden.

Bei manchen Kongressen werden die Poster während der Tagung durch eine Kommission bewertet und prämiert, um Anreiz für eine sorgfältige und verständliche Präsentation zu bieten.

Es empfiehlt sich mithin, die Richtlinien für die Postergestaltung vorher zu erfragen oder über Internet abzurufen.

7.2.6 Begleitende Kommentierung während der Präsentation

Im Regelfall wird bei Tagungen oder Kongressen ein- oder zweimal ein Zeitraum von 1-2 Stunden ausschließlich für die Präsentation der Poster eingeplant. In dieser Zeit sollen die AutorInnen bei ihren Postern anwesend sein, um Fragen der Tagungsteilnehmer beantworten zu können. Daraus entwickeln sich oftmals Fachgespräche, aus denen die AutorInnen Anregungen oder ein kritisches Feedback erhalten. Das kann ihnen wertvolle Hinweise für die Überarbeitung eines Projektes liefern, sofern dieses noch nicht abschließend ausgewertet und veröffentlicht wurde.

Nicht weniger bedeutsam können solche Gespräche mit KollegInnen anderer Institutionen für einen weiteren Gedankenaustausch und für Kontakte über die Tagung hinaus sein.

Es geht bei den Posterpräsentationen also nicht nur darum, ein eigenes Projekt in Kurzform darzustellen, sondern besonders für NachwuchswissenschaftlerInnen auch um die Möglichkeit, Kontakt mit Personen aufzunehmen, die im selben oder in verwandten Fachgebieten arbeiten.

7.2.7 Beifügung von Kopien oder weiterführenden Materialien

In den letzten Jahren sind viele AutorInnen dazu übergegangen, unter ihre Poster eine Tasche zu hängen, in der sich entweder Kopien der Poster (im DIN A 4-Format) oder ausführlichere Fassungen ihres Forschungsvorhabens befinden. Interessenten können sich diese mitnehmen und später mit mehr Zeit nachlesen. Darin sollten auch Angaben über etwaige Veröffentlichungen der Originalarbeit sowie die E-Mail-Adresse angegeben werden, so dass sich ein weiterer Kontakt entwickeln kann.

Das ist ein wirkungsvolles Mittel, um die Wahrnehmung von Postern und der dort vorgestellten Projekte zu steigern.

7.3 Präsentation als wissenschaftliche Publikation

7.3.1 Veröffentlichungszwang oder -chance?

„Eine Publikation ist die Krönung eines Wissensfindungsprozesses" (universum 04/2013: 12) und *„Publikationen sind die wichtigste ‚Währung' in unserem Wissenschaftssystem"* (Beisiegel, 2008: 2). Wissenschaftliche Erkenntnisse werden nämlich im Wesentlichen durch Veröffentlichungen einem breiteren Publikum

Tab. 7.2-2: Checkliste für die Gestaltung von Postern

GESTALTUNGS-MERKMAL	ERKLÄRENDE HINWEISE	KOMMENTAR
Titel als '**Eye-catcher**'	Leicht verständlicher Titel, gut lesbar auf eine Distanz von 2(-4) m.	Besucher werden andernfalls nicht animiert, stehen zu bleiben und das Poster genauer anzuschauen.
Konzentration auf eng begrenztes Thema/Forschungsprojekt	Wegen Platzvorgabe erzwungene knappe Darstellung eines in sich geschlossenen kleineren Projekts. Theoretischer Hintergrund reduziert, Schwerpunkt: eigene Ergebnisse.	Häufiger Fehler: Darstellung zu weit gefasst.
Leicht verständlicher Aufbau (Gliederung)	Bei Darstellung von Forschungsprojekten üblicherweise Struktur gemäß Grundschema (Einführung /Hypothesen, Material und Methoden, Ergebnisse, Diskussion/Schlussfolgerungen). Abstract vorweg oder Zusammenfassung am Schluss.	Wichtig: Erkennbarkeit des zielorientierten Konzepts und des 'roten Fadens'. Spezifische Überschriften wichtig.
Beschränkung auf **Kernbotschaften**	Angesichts des begrenzten Platz- und Zeitrahmens Wiedergabe nur die wichtigsten Aussagen, Anwendungsbezug: 'Knackiges' Fazit!	Gilt noch strikter als für PowerPoint Präsentationen.
Keine langen Texte	Möglichst keine ausformulierten Texte (Auflistung vor allem bei methodischen Details). Empfohlen werden 200-300 Wörter.	Einer der Hauptfehler: Darstellungen zu textlastig!
Einfachheit	Geläufige Wörter/Begriffe, kurze Sätze. Vereinfachen von Zahlen in Tabellen und Grafiken. Kurvenbilder nur bei klaren Zusammenhängen.	Besucher können Feinheiten nicht rasch erfassen.
Weglassen alles überflüssigen Beiwerks	Logos, Bildleisten, Adressen, Achnowledgements oft zu aufwändig gestaltet, lenken vom 'Eigentlichen' ab, aber Vorgaben der Veranstalter beachten! Logos der Institution oben, der Geldgeber unten.	Häufiger Fehler: 'Staffage' als 'optische Belastung'.
Illustrationsmittel	Tabellen: Möglichst wenige, abgerundete Zahlen. Abbildungen: Diagramme leichter verständlich als Tabellen. Kurvenbilder nur, wenn eindeutige Verläufe/Zusammenhänge. Fotos: Oft anschaulich, aber vielfach zu klein und daher schlecht erkennbar. Karten: Nord-Pfeil, Maßstab nötig.	Illustrationen sind wichtiges Element von Postern, aber: Gefahr der 'Überfrachtung' mit Bildmaterial! Fotos vielfach nur schmückendes Beiwerk, mithin überflüssig. Karten oft zu klein.
Optische Struktur des Posters	Bei Hochformat mindestens 2 Spalten zu empfehlen, bei Breitformat auch 3.	Möglichst Bildung optischer Blöcke.

Tab. 7.2-2: Checkliste für die Gestaltung von Postern (Fortsetzung)

GESTALTUNGS-MERKMAL	ERKLÄRENDE HINWEISE	KOMMENTAR
Wahl von **Farben**	Farben vorteilhaft als zusätzliches Stimulanz. Problematisch: Kurvenbilder bei ungünstigen Lichtverhältnissen schlecht erkennbar, deshalb strichlierte Kurven oft besser.	Häufiger Fehler: Spielereien mit Farben und 3D-Effekten.
Folienhintergrund	Möglichst dunkle Buchstaben auf hellem Hintergrund. Beschriftungen auf kontrastreichem Hintergrund beeinträchtigen Lesbarkeit.	Unruhiger (stark farbiger) Hintergrund von (jüngeren) Referenten oft als trendy angesehen.
Schrifttypen und -größen	Gute Lesbarkeit. Schriftgröße Minimum 20 pt. Serifenfreie Schriften (Arial) auf Entfernung besser zu lesen als Serifenschriften.	Häufiger Fehler: zu kleine Schrift!! Texte müssen auf > 2 m lesbar sein.
Verlaufsrichtung der Schrift	Ausrichtung der Schrift generell waagerecht.	Andernfalls schlechte Lesbarkeit.
Beschriftungen von Tabellen, Abbildungen, Fotos, Karten	Eindeutige, knappe Bezeichnungen/Beschriftungen bei Grafiken, Fotos (Mikrofotos mit Maßangabe), Karten (mit Maßstab).	Legenden, Achsenbeschriftungen oft schlecht erkennbar.
Verweise auf Tabellen, Abbildungen, Fotos	Hinweise an den entsprechenden Textstellen (zum Beispiel: Tab. 1) einfügen.	Oftmals weggelassen, daher schlechtere Lesbarkeit.
Unterstreichungen/ **Fettdruck**	Unterstreichungen verschlechtern Lesbarkeit kleiner geschriebener Wörter, besser: Fettdruck.	Gefahr von zu vielen Hervorhebungen.
Abkürzungen	Verwendung nur gebräuchlicher Abkürzungen! Entschlüsseln aller nicht gängigen Abkürzungen.	Häufiger Fehler: Gefahr, viele Besucher auszuschließen.
Angabe von Quellen	Nur ausnahmsweise und dann mit kleinerer Schrift.	Aber: Koautoren (‚corresponding authors') deutlich lesbar nennen.

zugänglich gemacht. Dies schließt mehrere Gesichtspunkte ein und zwar:

(1) Bekanntgabe von Forschungsergebnissen,
(2) Veröffentlichung als Nachweis wissenschaftlicher Qualifikation,
(3) Verwertung des vorhandenen Materials und Mehrfachveröffentlichung.

(1) Bekanntgabe von Forschungsergebnissen

Heute rechnet zur ‚guten wissenschaftlichen Praxis', aus einem Forschungsprojekt eine oder mehrere Publikation zu fertigen. Diese Verpflichtung gilt generell für Institutionen, aber auch für DoktorandInnen, denn für ihre Projekte wurden im Regelfall Gelder seitens der Allgemeinheit bzw. bestimmter Institutionen in erheblicher Größenordnung aufgewendet.

So erwartet beispielsweise die Deutsche Forschungsgemeinschaft, dass die mit ihren Mitteln finanzierten Forschungsergebnisse publiziert sowie digital veröffentlicht und entgeltfrei im Internet (Open Access) verfügbar gemacht werden (DFG 2007: 14).

In Kap. 3.1.2.1 (S. 61) war darauf hingewiesen worden, dass sich **kumulative Dissertationen** durchzusetzen beginnen. Sie bestehen aus mehreren Einzelveröffentlichungen zu einem umfassenderen Thema und werden durch eine übergreifende Einleitung sowie eine zusammenfassende Diskussion und Schlussfolgerungen miteinander verknüpft. Dies Vorgehen bietet zwei **Vorteile**:

- Die wichtigsten Ergebnisse eines Dissertationsprojektes werden veröffentlicht. Das versäumen nämlich manche DoktorandInnen, weil sie unmittelbar nach Abschluss ihres Promotionsverfahrens eine Berufstätigkeit aufnehmen und dann keine Zeit mehr haben, ihre Dissertation in mehrere Veröffentlichungen umzuformen.
- Kürzere Artikel werden eher gelesen als umfängliche Dissertationen. Außerdem enthalten Dissertationen oft mehrere Teilprojekte, die in ihrer Gänze nicht für alle Leser interessant sind.

Nachteilig ist bei den kumulativen Dissertationen jedoch, dass die Prozedur von Einreichung, Begutachtung (‚review') und Druck in der Regel längere Zeit benötigt. Oftmals verlangen die Gutachter Änderungen, die aufwändig sein können.

Kumulative Dissertationen müssen gut geplant und durchdacht angegangen werden. Die DoktorandInnen stehen daher unter dem Druck, frühzeitig ein geschlossenes Konzept für die Gesamtstruktur ihrer Arbeit zu entwickeln, und sie müssen rasch das erste Manuskript auf den Weg bringen, um voranzukommen. Sie können also nicht abwarten, was ihre ersten Untersuchungen ergeben, und dann in einem späteren Stadium abwägen, wie weiter vorgegangen werden sollte und was sich in ihre Dissertation aufnehmen lässt.

(2) Veröffentlichungen als Nachweis wissenschaftlicher Qualifikation

Verstärkt wird heute gefordert, dass die Ergebnisse wissenschaftlicher Studien veröffentlicht werden: *„Nur wer ständig publiziert, kommt auf der Karriereleiter weiter nach oben."* (Südd. Ztg. 2007 (183: 2).

Der Druck zu publizieren ist also hoch geworden und erfasst – wie in Kap. 1.3.3, S. 5 angesprochen – bereits frühzeitig junge WissenschaftlerInnen. Abgesehen von diesem Zwang sind wissenschaftliche Veröffentlichungen eine wichtige Möglichkeit für DoktorandInnen, als junge WissenschaftlerInnen bekannt zu werden.

Sofern das Material und dessen Verarbeitung gut ist, wird auch Masterstudierenden oder DiplomandInnen zunehmend empfohlen, einen wissenschaftlichen Artikel daraus zu fertigen. Für Bachelor-Studierende kommt das hingegen nur ausnahmsweise in Frage.

(3) Verwertung des vorhandenen Materials und Mehrfachveröffentlichung

Die erwähnte Verpflichtung zur Publikation – und zwar in reviewten Zeitschriften – führt dazu, dass größere Projektdarstellungen vielfach in mehrere Einzelveröffentlichungen aufgeteilt werden nach dem Prinzip der kleinsten publizierten Einheit (‚least publishable unit') . Man nennt sie spöttisch auch ‚Salami'-Veröffentlichungen. Leser müssen sich dann unter Umständen die Bausteine eines größeren Projektes aus verschiedenen Zeitschriften zusammensuchen, wenn sie dieses in seiner Gänze kennenlernen möchten. Das mag mühsam und bedauerlich sein, ist aber derzeit nicht zu ändern, denn vor allem hochbewertete Zeitschriften zwingen die AutorInnen, Projektdarstellungen auf 5.000-8.000 Wörter zu begrenzen, und dementsprechend kann jeder Artikel nur knapp sein.

Eine weitere Folge davon ist das Ausufern des Publikationswesens, denn die Zahl reviewter Artikel ist derzeit der wichtigste Maßstab für die wissenschaftliche Reputation. Mag unter anderem die Deutsche Forschungsgemeinschaft postulieren, dass *„Originalität und Qualität als Bewertungsmaßstab stets Vorrang vor Quantität haben"* soll, sie wird dadurch die derzeitige Artikelflut und der Erfolgsdruck kaum wirksam eingedämmt (DFG, 2007).

Außerdem fördert die DFG selbst indirekt den zunehmenden Wettbewerb um Forschungsgelder, indem ihre Gutachter die Veröffentlichungslisten der Antragsteller besonders kritisch unter die Lupe nehmen.

In den angewandten Naturwissenschaften hat sich zudem als besonderes Problem ergeben:

- Einerseits sollen die Ergebnisse und Schlussfolgerungen von praxisorientierten Projekten auch die Praxis erreichen. Sie müssen deshalb für Praktiker verständlich und damit meist deutsch geschrieben sein.
- Andererseits sollen sie aber – überwiegend – in ausländischen Journalen mit höherem wissenschaftlichen Anspruch englisch publiziert werden, um nicht als ‚graue' Literatur zu zählen.

In solchen Fällen sind Doppelpublikationen zu empfehlen: einmal für die Praxis und einmal für die Wissenschaft.

Am Rande sei erwähnt, dass es eine zusätzliche Herausforderung darstellt, ein adäquates Wissenschaftsenglisch zu schreiben Deshalb ist den meisten AutorInnen dringend anzuraten, die Endfassung eines Manuskripts vor dessen Einreichung von einem ‚native speaker' durchsehen zu lassen.

7.3.2 Geeignete Veröffentlichungsart

Immer wieder kommt die Frage auf, ob es angesichts des ‚Siegeszugs' der elektronischen Medien und vor allem des ‚e-books' noch sinnvoll sei, Bücher oder Artikel in papierener Form zu veröffentlichen. In dieser Frage stecken zwei Aspekte: Die rasche Verfügbarkeit der Publikation und die dauerhafte Speicherung und Lesbarkeit. Sobald ein Text digital online gestellt ist, ist er verfügbar. Hinsichtlich des ersten Aspekts gibt es also keinen Zweifel über den Vorteil dieser Präsentation. Hinsichtlich der dauerhaften Konservierung ist jedoch das Papier weiterhin der beste Datenspeicher. Bücher kann man selbst Jahrhunderte später noch lesen. Digital gespeicherte Dateien sind dagegen oft schon nach wenigen Jahren angesichts der schnellen technischen Veränderung nicht mehr zu öffnen, und man kann nicht immer sicher sein, dass sie beizeiten konvertiert werden. Daher erscheint es derzeit sinnvoll, beide Wege zu gehen: Arbeiten sowohl online zu stellen, als sie auch drucken zu lassen.

Prognosen sind schwierig, weil sie die Zukunft betreffen, hatte Greiner (2005) einen Slogan aufgegriffen und gemeint, dass nicht nur Totgesagte länger leben, sondern auch Bücher allen Unkenrufen zum Trotz Überlebenschancen haben. Die Buchmessen der letzten Jahre vermitteln gleichfalls nicht den Eindruck, dass Bücher demnächst ein auslaufendes Modell seien.

Gedruckte Bücher gelten zwar noch als Qualitätsnachweis, aber das kann sich ändern.

7.3.3 Autorenschaft

Ein oftmals heikles Thema besonders bei Erstlingsarbeiten ist die Klärung der Frage, wer als AutorIn genannt oder anders herum, wer als KoautorIn aufgenommen wird. Oft genug ist eine Magister- oder Doktorarbeit aus einem Projekt entstanden, das der/die BetreuerIn konzipiert hat. Außerdem hat der/die BetreuerIn bei der Bearbeitung der Magister- oder Doktorarbeit und der daraus gefertigten Veröffentlichung mehr oder minder intensive Hilfestellung geleistet. Ist

sie oder er also zwangsläufig KoautorIn? Wer wird an die erste Stelle der Autorenauflistung gesetzt?
Verschiedentlich haben Labor- oder andere Hilfskräfte bei der Datenbeschaffung geholfen und möglicherweise sogar eigene Gedanken beigesteuert. Müssen sie deshalb ebenfalls als AutorInnen berücksichtigt werden?

Es gibt keine verbindliche Regelung zur Lösung der daraus möglicherweise entstehenden Konflikte. Letztlich ist es ein Frage der Fairness bzw. der wissenschaftlichen Redlichkeit, abzuschätzen, wer einen ‚substanziellen' Beitrag zum Artikel erbracht hat.
Hierzu liefern die in Kap. 1.8 (S. 13) angesprochenen Richtlinien der Deutschen Forschungsgemeinschaft von 1998 über die ‚gute wissenschaftliche Praxis' argumentative Hilfe:

- So sollen als **AutorInnen einer Originalveröffentlichung** nur diejenigen firmieren, die wesentliche Beiträge geliefert haben – die Betonung liegt auf wesentlich – und zwar
  - zur Konzeption der Untersuchungen, Studien oder Experimente,
  - zur Erarbeitung, Analyse und Interpretation der Daten und
  - zur Formulierung des Manuskripts.

  Alle Autoren sollen der einzureichenden Schlussfassung einer Veröffentlichung – gegebenenfalls durch Unterschrift – zustimmen und sie verantwortlich mittragen.
- Als **nicht hinreichend für die Mitautorenschaft** wird angesehen:
  - Verantwortung für die Einwerbung von Fördermitteln,
  - Beitrag zur Beschaffung von Untersuchungsmaterialien,
  - Unterweisung von MitautorInnen in bestimmte Methoden,
  - Beteiligung an der Datensammlung und -zusammenstellung,
  - Leitung einer Institution, in der die Publikation entstanden ist.

Beim ‚Journal of Nuclear Cardiology' muss bei 4 und mehr Autoren sogar detailliert der Beitrag aller AutorInnen nachgewiesen werden. Es genüge nicht, nur einige kleine Änderungen am Text vorgenommen zu haben. Gleichfalls rechtfertige die Beteiligung bei der Datenbeschaffung bzw. -sammlung nicht die Mitautorenschaft. Diese könne in der Danksagung gewürdigt werden.

Es hat sich in den letzten Jahren jedoch leider zunehmend eingebürgert, alle Personen als MitautorInnen aufzuführen, die in irgendeiner Weise zum Gelingen einer Veröffentlichung beigetragen haben, und sei ihr Anteil auch klein. Das kann zu solchen Grotesken führen, wie nachfolgend wiedergegeben.
In der Süddeutschen Zeitung vom 11.03.2010 wurde berichtet, dass 1.968 Autorennamen auf einem Fachartikel standen, in dem die ersten Messergebnisse des neuen Teilchenbeschleunigers im CERN in Genf beschrieben wurden. So umfasste die eng gedruckte Auflistung der AutorInnennamen 14 Seiten des nur 35 Seiten langen Artikels. Bis dahin hielt ein Aufsatz zur ersten Entzifferung des menschlichen Genoms den Rekord mit vergleichsweise übersichtlichen 523 Namen.

Es muss allerdings eingeräumt werden, dass heute mehrheitlich im Team gearbeitet wird. Dadurch sind regelmäßig mehrere Personen am Zustandekommen vieler Veröffentlichungen beteiligt, und es kann heikel sein, einzelne Mitarbeiter nicht zu nennen. Man wird aber den Eindruck nicht los, dass die Mitautorenschaft vielfach als Gefälligkeit gewährt wird, obwohl manche einbezogene Person tatsächlich nichts oder nur wenig zur

Veröffentlichung beigetragen hat. Eine ‚Ehren-Autorenschaft' wird aber ausdrücklich – zumindest von der Deutschen Forschungsgemeinschaft – als nicht zulässig erklärt.

BetreuerInnen versuchen gelegentlich, durch die Mitautorenschaft bei den Veröffentlichungen vieler Graduierter ihre Veröffentlichungliste anzureichern. Es ist jedoch eine Frage der Seriosität, sich hinsichtlich des Anspruchs auf Mitautorenschaft zurückzuhalten. Die Betreuung von Studierenden und Graduierten ist für die Betreuenden im Regelfall nämlich Dienstaufgabe. Auch, wenn sie selbst manchen Gedanken beigesteuert haben, sollten sie auf Mitautorenschaft dann verzichten, wenn sie sich eingestehen müssen, nicht allzu viel an Input abgeliefert zu haben. Sie laufen zudem Gefahr, nicht ernst genommen zu werden, wenn Ihre Veröffentlichungslisten allzu lang werden, sie aber stets nur an mitleren Plätzen unter den AutorInnen platziert wurden.
Der Publikationszwang der letzten Jahrzehnte hat zweifellos zu fragwürdigen Übertreibungen geführt.

Für die jungen WissenschaftlerInnen ist – wie erwähnt – ein nicht unwichtiger Aspekt, über Veröffentlichungen bekannt zu werden. Sie müssen daher darauf drängen, als ErstautorIn aufgeführt zu werden, wenn sie die Hauptarbeit bei einer Veröffentlichung geleistet haben. Heute gilt nämlich generell, dass der/die Erstgenannte der/die verantwortliche HauptautorIn ist und die folgenden ihren Beiträgen gemäß gelistet werden. Die letzte Position ist gleichfalls wichtig, weil sie meist dem verantwortlichen ‚senior scientist' vorbehalten ist.
Früher wurden die Autorennamen alphabetisch gereiht. Das wurde aufgegeben, denn man konnte daraus nicht den Beitrag der einzelnen AutorInnen entnehmen.

Weil heute Artikel häufiger mit mehreren Autoren veröffentlicht werden und die Frage der Autorenschaft oft heikel ist, sollten zur Vermeidung von Konflikten möglichst zu Beginn der Arbeiten klare Vereinbarungen getroffen werden.

7.3.4 Einreichung und Begutachtung von Veröffentlichungen

Werden Artikel zur Veröffentlichung bei wissenschaftlich ausgerichteten Zeitschriften eingereicht, so sollten die AutorInnen erstens sorgfältig prüfen, ob ihr Artikel in das Profil der Zeitschrift passt. Sonst riskieren sie, dass Ihr Beitrag ohne weitergehende Prüfung abgelehnt wird. Zweitens verlangen die Verlage grundsätzlich, dass die Arbeit nicht bereits in der vorliegenden oder in einer abgewandelten Form anderweitig veröffentlicht oder zur Veröffentlichung angenommen wurde, sie soll also original sein.
Alle Artikel werden generell begutachtet (‚peer-review'). An ihre Qualität werden hohe Ansprüche gestellt. So geht die Beurteilung über die in Tab. 6.10-1 (S. 192) für Studien-Abschluss- und Doktorarbeiten aufgelisteten Kriterien deutlich hinaus. Die Arbeit soll nämlich einen originellen, neuen und originären Beitrag zu Fortschritt und aktueller wissenschaftlicher Diskussion liefern. Gefragt wird außerdem – wie sich aus den Begutachtungsbögen einiger Verlage ergibt –, ob die Ergebnisse deutlich und allgemein verständlich dargestellt, ob die Zusammenfassung ausreichend informativ geschrieben wurde und isoliert gelesen werden kann. Weiterhin sollen die Gutachter abschätzen, ob die Literaturangaben ebenso wie die Tabellen oder

Abbildungen ausreichen oder ausufern. Sollte das Manuskript gekürzt werden?

Zusätzlich sind einige formale Anforderungen zu beachten, die im nächsten Abschnitt angesprochen werden.

Im Regelfall beurteilen 2 Gutachter die Arbeit anonym und haben 3 Bewertungskategorien:

1. Die Arbeit kann in der vorliegenden Form zum Druck angenommen werden.
2. Die Arbeit ist prinzipiell veröffentlichungswürdig, aber verbesserungsmöglich oder weist Mängel auf, die vor der endgültigen Annahme zu beheben sind.
3. Die Arbeit erscheint auch nach umfassender Überarbeitung nicht für den Druck geeignet.

Weichen die Urteile der beiden Gutachter stark voneinander ab, so wird ein dritter Gutachter hinzugezogen oder der Herausgeber entscheidet.

7.3.5 Formale Vorgaben für Veröffentlichungen

Für wissenschaftliche Artikel haben die Herausgeber von Fachzeitschriften (Buchreihen, -serien) im Regelfall detaillierte Vorschriften erstellt. AutorInnen ersparen sich unnütze Mehrarbeit, wenn sie diese vor der Manuskript-Erstellung sorgfältig lesen und berücksichtigen.

Zwar habe ich versucht, im Leitfaden den derzeitigen Stand der Formvorstellungen im Sinne des ‚state of the art' zusammenzustellen, aber wie verschiedentlich erwähnt, weichen diese bei den wissenschaftlichen Zeitschriften gelegentlich voneinander ab.

Leider musste ich feststellen, dass die Förderung der Lesbarkeit in vielen Zeitschriften kein hohes Ziel zu sein scheint. Man folgt traditionellen Mustern. Moderne Tabellenformen (vergl. Kap. 4.3.4.2, S. 91) und Hervorhebungen durch Fettdruck oder übersichtlichere Auflistungen, selbst Zwischenüberschriften sind meist nicht gewünscht, weil sie womöglich den Seitenumfang vergrößern.

Dissertationen werden manchmal in vollem Umfang in entsprechenden Reihen abgedruckt. Häufiger jedoch – und das gilt immer für Zeitschriftenartikel – werden die ursprünglichen Manuskripte auf Teilthemen reduziert, drastisch gekürzt und ins Englische übersetzt.

Als Orientierung für Veröffenlichungen in Fachzeitschriften gelten 10-20 Manuskriptseiten. Das ergibt Artikellängen von 3-4 Druckseiten. Um Manipulationen mit der Seitenzahl zu vermeiden, wird die Textlänge über die Zahl der Zeichen (gegebenenfalls inklusive der Leerzeichen) oder der Wörter definiert, die auf dem Manuskript anzugeben ist (vergl. Kap. 5.5, S. 171).

Dementsprechend bedeutet die Überarbeitung einer Veröffentlichung, gemeint ist die rigorose Kürzung, noch harte Arbeit.

Die **Seitenbeschränkung** führt vielfach dazu, dass die AutorInnen versuchen, wo immer möglich, Platz zu sparen. So geraten die Abbildungen und Bilder, die Tabellen und viele Beschriftungen, Skalen und Zahlenangaben arg klein. Folglich können vor allem ältere Leser die Details kaum noch entziffern. Man braucht nur einmal einen Band einer wissenschaftlichen Zeitschriften durchzublättern, um zu erkennen, wie oft diesbezüglich ‚gesündigt' wird. Schuld sind hieran jedoch weniger die AutorInnen, als vielmehr die Verlage bzw. Herausgeber mit ihren strikten Platzvorgaben.

Aus diesem Grund werden methodische Details (zum Beispiel Rechen- oder Analyseverfahren) nicht ausführlich erläutert. Höchstens wird erwähnt, inwieweit sie angemessen waren,

und den interessierten Lesern über Referenzen angedeutet, wo sie sich informieren können.
Auch Abkürzungen werden gern als Möglichkeit betrachtet, Platz einzusparen. Auf die ärgerliche Leseunfreundlichkeit dieses Vorgehens war bereits in Kap. 5.2.2, 4. Lektion (S. 154) hingewiesen worden.

Hinsichtlich der **Textqualität** ist anzumerken: Bei Artikeln können die Leser zwar ‚zurückblättern', wenn sie einzelne Abschnitte nicht verstanden haben. Aber auch hier gilt – wenngleich weniger streng als bei Vorträgen –, dass sie gut nachvollziehbar geschrieben werden sollten. Es muss ja nicht unbedingt das harsche Urteil über sie gefällt werden, wie im SPIEGEL (2012, 40:49):

> *„Viele wissenschaftliche Aufsätze strotzen vor Unverständlichkeit"*.

Die **Gliederungspunkte** werden bei Zeitschriftenartikeln oder kurzen Aufsätzen bzw. Berichten meist nicht durchnummeriert – anders als bei langen Ausarbeitungen mit vielen Querverweisen üblich. Vielmehr wird die Rangfolge bzw. Hierarchie der Abschnitte und Unterabschnitte lediglich durch die Schriftgröße, sowie durch Fett- oder Normaldruck kenntlich gemacht (vergl. Kap. 3.2.2, S. 66).

Einige Verlage verlangen Angaben über die AutorInnen wie Titel, Berufsbezeichnungen und Namen der Institutionen, in denen sie tätig sind bzw. in denen sie die Veröffentlichung verfasst haben. Diese Details folgen entweder der Titelangabe oder stehen als Fußnoten. Abgesehen von der Erwähnung an dieser Stelle werden Autorennamen sonst stets ohne Titel oder Berufsbezeichnungen genannt.

Oftmals sollen die HauptautorInnen (‚corresponding author') zusätzlich ihre postalische und E-Mail-Adresse angeben.
Manuskripte werden zweckmäßigerweise als PDF-Dateien an die Herausgeber bzw. Verlage geschickt, weil die festgelegten Schriftgrößen, Zeilenumbrüche, Absätze dann nicht verändert werden. Das ist bei anderen Dateien (zum Beispiel von Word) nicht gewährleistet.

Wissenschaftliche Artikel erhalten statt einer Zusammenfassung ein **ABSTRACT**, und dieses wird an den Anfang gestellt. Dem Abstract werden für die Literatursuche über Datenbanken (vergl. Kap. 3.1.1 [6], S. 58) außerdem bis zu 5 Suchwörter (‚key words') beigegeben, sofern diese nicht bereits im Titel vorhanden sind. Abstracts sollen sehr knapp gehalten werden. Beispielsweise verlangt ein Herausgeber maximal 15 Zeilen à 75 Anschläge.

Sofern **Danksagungen** (‚acknowledgements') gebracht werden, schließen diese an die DISKUSSION bzw. die SCHLUSSFOLGERUNGEN an. Danach folgt das LITERATURVERZEICHNIS. Das ist anders als bei den Studien-Abschluss- und Doktorarbeiten, bei denen eine Zusammenfassung eingeschoben wird.

Bei den **bibliografischen Angaben** zur verwendeten Literatur kann es Besonderheiten geben. Deshalb sind grundsätzlich die ‚guidelines for authors' zu konsultieren.
So werden in englischsprachigen Zeitschriften verschiedentlich entweder die Titel der aufgeführten Arbeiten oder aber die Namen der Veröffentlichungsorgane (Journals) im Literaturverzeichnis *kursiv* gedruckt. Eine nachvollziehbare Regel hierfür ist nicht zu erkennen – und ein Gewinn an Lesbarkeit schon gar nicht.
Bei einigen Zeitschriften (etwa der Physik und Chemie) werden aus Gründen der Platzersparnis die Titel der Arbeiten weggelassen und nur die Namen von Autor und Zeitschrift (stark abgekürzt), sowie Jahr und Seitenumfang angegeben.

Angesichts der wachsenden Zahl von Mitautoren wird bei einigen Zeitschriften nur noch der erste genannt, und die folgenden werden mit ‚et al.' abgespeist (vergl. Kap. 2.7.1.2, S. 37).
Bei Buchtiteln ist manchmal der Seitenumfang beizufügen.
Manche Verlage verlangen, dass die Zeilen nummeriert werden.

Bei Artikeln, die einer **Begutachtung** (‚peer-review') unterzogen wurden, werden im Regelfall die Daten der Manuskripteinlieferung und der Annahme zur Veröffentlichung (= Abschluss des Review-Verfahrens) und des Drucks beigefügt.

Abschließend sei den AutorInnen dringend empfohlen, ihre Manuskripte vor Einreichung bei einem Verlag bzw. bei den Herausgebern einer wissenschaftlichen Zeitschrift sorgfältig **auf Fehler und auf Vollständigkeit zu überprüfen**. Manches Manuskript wurde schon im Vorfeld abgelehnt, weil es laienhaft wirkte oder weil Kleinigkeiten übersehen worden waren. Die frühere Arbeit von Setzern ging in den letzten Jahrzehnten auf die AutorInnen über, und dementsprechend stiegen die formalen Anforderungen an die abgelieferten Manuskripte.
Sofern sie nicht ohnehin digital versendet werden, sollten Manuskripte nicht als Originale verschickt werden. Das gilt vor allem für die Illustrationsmaterialien.

Honorare für Artikel werden so gut wie nie mehr gezahlt. Das trifft die WissenschaftsautorInnen meist nicht wirtschaftlich, denn sie verdienen ihren Lebensunterhalt im Regelfall nicht mit der Schriftstellerei. Inzwischen hat sich aber eingebürgert, dass viele Zeitschriften saftige Druckkosten einfordern, und die können für JungautorInnen schmerzhaft sein.

Die AutorInnen können nicht sicher sein, dass ihr Werk **urheberrechtlich** gesichert ist, denn freier Zugang zum Wissen wird zunehmend als ein Grundrecht eingefordert (‚Wissens-Almende'), und das Urheberrecht funktioniert im weltweiten Maßstab nicht mehr unangefochten.

7.3.6 Wissenschaftliche Seriosität

Wissenschaftliche Veröffentlichungen werden zunehmend einem Review-Prozess unterzogen und dabei auch auf Plagiate hin geprüft.

Bei der Plagiatprüfung gibt es verschiedene Kategorien (Tab. 7.3-1).

Tab. 7.3-1: Plagiattypen (nach PHAM, 2011)

PLAGIATTYP	BESCHREIBUNG
‚Komplett-plagiate'	Ohne Zitierung übernommene Textstellen.
‚Verschleierungen'	Umformulierte Textstellen ohne Kennzeichnung als Paraphrasen (= Umschreibung bzw. sinngemäße Wiedergabe eines Textes/Begriffs).
‚Bauernopfer'	Nur zum Teil als Zitate deutlich gemachte Textstellen.

Ein Plagiatsvorwurf dürfe allerdings erst öffentlich erhoben werden, wenn auf mindestens 10 % der Seiten Plagiate gefunden würden.
In diesem Zusammenhang sei daran erinnert, dass – etwas verallgemeinert – bei Geisteswissenschaftlern das Übernehmen von Textpassagen im Vordergrund unredlichen Umgangs mit fremdem geistigen Eigentum steht, bei Naturwissenschaftlern und Technikern eher Datenmanipulation (vergl. Kapitel 1.8, S. 13 und 4.8, S. 128).

AutorInnen tun also gut daran, ein Gespür für wissenschaftliche Unredlichkeit als bewusste Verletzung elementarer wissenschaftlicher Grundregeln zu entwickeln. Die offenbar nicht gerade seltenen Verstöße in dieser

Hinsicht führen dazu, dass zukünftig noch genauer hingeguckt werden wird. Das klingt in einem Ausspruch von STROEBE (2012) an: *„Wir werden nicht umhinkommen, wissenschaftlichen Ergebnissen gegenüber skeptischer zu werden. Deshalb sollten die Rohdaten einer Studie allgemein verfügbar sein.“*
Bisher sind die Überprüfungen über Textabgleich mit Suchmaschinen noch aufwändig und nicht genügend treffsicher. Es wird also dauern, bis Routinetests aller Studien-Abschluss- und Doktorarbeiten Standard werden. Referate über die Studienprojekte in Instituts- oder ähnlichen Seminaren sind übrigens ein wirkungsvolles Mittel, um herauszufinden, ob die Studierenden oder DoktorandInnen selbständig und originell gearbeitet haben.

Leider gilt für Plagiate in wissenschaftlichen Arbeiten nicht der Ausspruch von Coco CHANEL: *„Die Kopie ist die ehrlichste Form des Kompliments“* oder um Oscar WILDE zu zitieren: *„… die ehrlichste Form der Anerkennung“.*
Im Englischen wird das Problem offenbar – laut einem von google zitierten ‚unknown author' – teilweise locker gesehen und gespottet:

„Theft from a single author is plagiarism,
theft from two is comparative study,
theft from three or more is research.”

Selbst im Deutschen klingt eine gewisse Hochachtung für kriminelles Vorgehen gemäß der in Tab. 7.3-2 wiedergegebenen Kategorisierung an.

Studierende und Nachwuchswissenschaftler entnehmen diesen Karikaturen hoffentlich den grimmigen Ernst, der hinter diesem Spott steckt. Im Übrigen sei auf die früheren Ausführungen zu den Themen ‚Plagiat' und ‚gute wissenschaftliche Praxis' verwiesen (vergl. Kap. 1.8, S. 13; Kap. 2.6.1, S. 28; Kap. 4.8, S. 128) – und damit schließt sich in gewisser Weise ein Gedankenkreis.

Tab. 7.3-2: Drei Methoden des wissenschaftlichen Betrugs nach aufsteigendem Schweregrad. (Im Anhalt an STROEBE nach KULLMANN, 2012, DER SPIEGEL 35: 123 f).

METHODE	WERTUNG	KURZCHARAKTERISIERUNG
Plagiat	Betrügen für Anfänger	Abschreiben von Texten, geläufiges, eher unspektakuläres Vorgehen.
Manipulation von Daten	Betrügen für Fortgeschrittene	Passendmachen von unpassenden Daten; Eliminierung von Daten, die die eigene Hypothese nicht unterstützen.
Erfindung von Daten	Königsklasse des Betrugs	Freies Erfinden oder Zusammenstellen von Daten oder Testergebnissen.

Zusammenfassung der wichtigsten Punkte hinsichtlich der Präsentationen:

- (Nachwuchs-)Wissenschaftler sind angehalten, die Ergebnisse ihrer (Forschungs-) Projekte sowohl in mündlicher wie schriftlicher Form zu präsentieren.
- Entsprechend den unterschiedlichen Anlässen gibt es verschiedene Formen der mündlichen Vorstellungen von Projekten. In den angewandten Naturwissenschaften dominieren heute PowerPoint-Präsentationen.
- Diese werden leider oft mit Informationen (Zahlen, langen Texten) ‚überfrachtet'. Zusätzlich erschweren kleine Schriften, Spielereien mit Farben und das rasche ‚Abspulen' vieler Folien die Nachvollziehbarkeit. Optische ‚Gags' sind unseriös.
- Gute Präsentationen benötigen genügend Vorbereitung und Zeit zum Üben. Freies Sprechen und kompetentes Auftreten erfordern stimmliche Professionalität sowie eine angemessene Sprech- und Körpersprache, die gleichfalls nur durch Üben und kritische Beratung zu gewinnen sind.
- Poster sind eine übliche Vermittlungsform bei größeren Tagungen geworden. Sie müssen besonders einfach und übersichtlich gestaltet werden. Tatsächlich sind sie oft zu textlastig und mit Beiwerk überladen. Sie schrecken Besucher eher ab, als sie zum Stehenbleiben und Lesen anzulocken.
- Studien-Abschluss- und Doktorarbeiten werden zunehmend in Wissenschaftsjournalen veröffentlicht. Das verlangt harte Arbeit beim Kürzen und Präzisieren. Hierzu sind die formalen Vorgaben vieler Verlage zu berücksichtigen.
- Frühzeitig sollte die Frage der Koautorenschaft geklärt werden.

8 Stipendien zur wissenschaftlichen Fortbildung

In diesem Kapitel werden erörtert:

- Die Vielzahl von Stipendien zur Weiterführung der wissenschaftlichen Ausbildung.
- Einzelheiten zu Bewerbung, Leistungen und Laufzeit der Stipendien.
- Stipendien zum Studieren, für Promotionen, Habilitationen und Druckkostenzuschüsse für Publikationen.

Vorbemerkung

Nach gelegentlichen Hinweisen meinerseits haben mich Teilnehmer meiner Kurse gedrängt, im Leitfaden auf Stipendienmöglichkeiten hinzuweisen, mag das auch seinem Titel (‚wiss. Schreiben') streng genommen nicht entsprechen.

Die nachfolgenden Informationen sollen **Studierende, DoktorandInnen** und **Postgraduierte** also anregen, sich die Voraussetzungen zur Weiterbildung auf diesem Wege zu verschaffen. Deshalb wurden sie hier aufgenommen.

8.1 Stipendien zur Weiterführung der wissenschaftlichen Ausbildung

Viele Bachelor-Studierende wollen in Master-Studiengänge wechseln, Master-Studierende anschließend promovieren. Im günstigen Fall werden sie von BetreuerInnen dazu ermutigt. Manche aber wissen nicht, wie sie die damit verbundenen finanziellen Engpässe überwinden sollen.

Es gibt hierfür jedoch Stipendien – mehr, als sie vermuten. Wichtig sind vor allem die großen **staatlichen Förderwerke** und die der **politischen Parteien**. Daneben gibt es aber eine Vielzahl zum Teil sehr spezieller Förderwerke.

Derzeit sollen mehr als 800 Stipendiengeber mit sehr unterschiedlichen Förderzwecken registriert sein. Einige fördern besondere Projekte, andere sind nur für einen eingeschränkten Bewerberkreis zugänglich.

Einen allgemeinen Überblick vermitteln http://www.stiftungen.org sowie die Kommunikations- und Informationsplattform KISSWIN als Recherche-Instrument für Stipendien und Beihilfen über staatliche und privat finanzierte Fördereinrichtungen.

Die Internet-Adressen der nachfolgend aufgeführten Förderwerke sind in den entsprechenden Tabellen angegeben.

In der umfassenden Datenbank von ELFI (Servicestelle für **EL**ektronische **F**orschungsförder-**I**nformationen im deutschsprachigen Raum) werden Wissenschaftlern, Forschungsreferenten, Studierenden sowie Unternehmen per Internet derzeit Auskünfte über Preise, Projektförderungen, Stipendien, Reise- und Druckkostenzuschüsse für den wissenschaftlichen Nachwuchs durch 8.500 Programme und rund 4.000 nationale und internationale Förderer erteilt. Dort sind auch die Antragsbedingungen und -formulare abrufbar.

Den umfangreichsten Nachweis zu Projekten und Förderbedingungen liefert der Bundesverband Deutscher Stiftungen mit einem jährlich aktualisierten – allerdings sehr teuren – Stiftungsregister.

Spezielle Förderprogramme für Studierende werden von ELFI über eine eigene Datenbank zur Verfügung gestellt. Über CORDIS (= **CO**mmunity **R**esearch and **D**evelopment **I**nformation **S**ervice) verbreitet die Europäische Kommission Informationen über alle EU-finanzierten Forschungsprogramme sowie deren Ergebnisse. Sie dürften allerdings für Studierende nur ausnahmsweise von Interesse sein.

Zunächst werden nachfolgend die Förderwerke im Überblick dargestellt. Danach werden die Einzelheiten der Beantragung und der Förderung zusammenfassend angesprochen, weil sie vielfach ähnlich sind.

8.1.1 Staatliche Förderprogramme für Studierende und DoktorandInnen

Die meisten Fördermittel stellt die Bundesregierung zur Verfügung. Daneben gibt es außerdem – jährlich stark wechselnd – Mittel der Bundesländer. Die staatlichen Institutionen vergeben insgesamt gesehen die meisten Stipendien.

Es gibt zwei Formen der Förderung:

- Mit der **personenbezogenen Einzelförderung** werden generell Studierende und überwiegend DoktorandInnen gefördert.
- Zunehmend bedeutsamer wird die **projektbezogene Förderung**, mit der vor allem Doktorarbeiten im Rahmen größerer Verbundprojekte finanziert werden.

In Tab. 8.1-1 sind die staatlichen Förderprogramme umrissen.

Weiterhin sind verschiedene staatliche Bundesstiftungen wichtige Stipendiengeber, dies jedoch thematisch begrenzt wie bei der Deutschen Stiftung Umwelt (www.dbu.de).

8.1.2 Begabtenförderwerke nicht-staatlicher Institutionen

Hierzu zählen 13 Förderwerke von parteigebundenen Stiftungen und Einrichtungen der Kirchen bzw. der Gewerkschaften. Die von ihnen vergebenen Stipendien werden überwiegend durch das Bundesministerium für Bildung und Forschung (BMBF), also gleichfalls staatlich finanziert. Durch die Verteilung über Stiftungen, die im gesellschaftlichen, politischen, konfessionellen oder sozialen Bereich tätig sind, wird eine größere ‚Diversität' bei der Auswahl der Stipendiaten erreicht. Zudem ist der Auswahlprozess kostengünstiger, da die nicht-staatlichen Institutionen viele ehrenamtlichen Gutachter einsetzen.
Mit der Begabtenförderung sollen die Studierenden und DoktorandInnen hinsichtlich ihrer wissenschaftlichen und persönlichen Entwicklung gefördert werden. Eine projektbezogene Unterstützung ist nur ausnahmsweise vorgesehen.
Zur Orientierung sind einige Hinweise in Tab. 8.1-2 zusammengestellt. Nähere Einzelheiten vermittelt das Internetportal http://www.stipendiumplus.de.

Wie angesprochen gibt es eine Vielzahl weiterer Stipendiengeber mit regionalen, thematischen oder sehr speziellem Bezug (studierende, promovierende Mütter, Migranten, Kreative) und teilweise sehr unterschiedlichen Qualitätsanforderungen (Behinderte, Bedürftige, Langzeitstudenten). Es kann sich durchaus lohnen, den verschiedenen Möglichkeiten nachzuspüren.

8.1.3 Förderung für Postgraduierte und Habilitanden

Es gibt außerdem mehrere Stipendienprogramme für **Postgraduierte, Juniorprofessoren und Habilitanden**. Sie sind in Tab. 8.1-3 zusammengefasst. Die Universitäten sind zunehmend weniger in der Lage, Promotionen aus Eigenmitteln zu finanzieren. Deshalb ist der Wettbewerb um die Sti-

Tab. 8.1-1: Staatliche Stipendiengeber für Studium und Promotion

NAME DER INSTITUTION	STIPENDIEN- UND STUDIEN-ANGEBOTE	WEBSITE
Studienstiftung des Deutschen Volkes	Studien- + Promotionsstipendien; auch für Studienanfänger im Ausland. Wissenschaftliche Kollegs. Größtes deutsches Förderwerk ohne spezielle fachliche oder politische Vorgaben.	www.studienstiftung.de/stipendien.html
Deutsche Forschungsgemeinschaft (DFG)	Ausschließlich forschungsbezogene Förderung von Dissertationen über Einzelanträge oder im Rahmen von Verbundprojekten (Graduiertenkollegs und -schulen mit thematisch ausgerichteten Forschungsprogrammen; Exzellenzcluster in international vernetzten Forschungseinrichtungen).	www.dfg.de
Deutscher Akademischer Austauschdienst (DAAD)	Stipendienprogramme für Kurzaufenthalte im Ausland, für Austauschprojekte in Schwellen- und Entwicklungsländern, für Forschungsaufenthalte im Rahmen von Abschlussarbeiten, Auslandspraktika, Sprach- und Fachkurse sowie Summer Schools.	www.daad.de
Deutsche Bundesländer	Promotionsstipendien über länderspezifische Graduiertenförderung, unabhängig vom Studienfach. Jährlich wechselnde Förderquoten. Vergabe über Universitäts-(Fakultäts-)Kommissionen.	Informationen bei Dekanaten erfragen.
Universitäten	Deutsche Universitäten haben keine Stipendienprogramme, verfügen aber oft über Mittel zur Förderung von Tagungsreisen, Druckkostenzuschüssen, Übersetzungshilfen, Notlagen.	Informationen bei Rektoraten erfragen.
Bundesausbildungsförderungsgesetz (BAFöG)	Ausbildung von Schülern oder Studierenden. Höhe der BAFöG-Förderung abhängig von Vermögens- und Einkommensverhältnissen der Studierenden sowie der Eltern oder Ehe-/Lebenspartner.	www.bafoeg.de www.das-neue-bafoeg.de
Stiftung Begabtenförderung berufliche Bildung (SBB)	Aufstiegsstipendien des Bundesministeriums für Bildung und Forschung (BMBF) für Fachkräfte ohne Abitur mit mindestens 3 J. Berufserfahrung.	www.bit.ly/aufstiegsstipendium

Tab. 8.1-2: Stipendiengeber für Studium und Promotion der gesellschaftspolitischen Organisationen

NAME DER STIFTUNG	TRÄGER	STIPENDIEN- UND STUDIEN-ANGEBOTE	INFO-MÖGLICHKEIT
PARTEINAHE BEGABTENFÖRDERWERKE			
Konrad Adenauer-Stiftung	CDU	Studien- + Promotionsförderung; berufsbegleitendes Studium; künstlerisch orientiertes Aufbaustudium.	zentrale-berlin@kas.de
Heinrich Böll-Stiftung	Bündnis 90/ Die Grünen	Studien- + Promotionsförderung	www.boell.de
Friedrich Ebert-Stiftung	SPD	Studien- + Promotionsförderung	stipendien@fes.de
Rosa Luxemburg-Stiftung	Linkspartei	Studien- + Promotionsförderung	studienwerk@rosalux.de
Friedrich Naumann-Stiftung für die Freiheit	FDP	Studien- + Promotionsförderung	www.freiheit.org-Stipendien stipendien-bewerbung@ freiheit.org
Hanns Seidel-Stiftung	CSU	Studien- + Promotionsförderung	www.hss.de
BEGABTENFÖRDERWERKE MIT KONFESSIONELLEN TRÄGERN			
Avicenna-Studienwerk	(BMBF)	Muslimische Studierende und Promovierende aller Fachrichtungen. Aufnahme von ersten StipendiatInnen zum WiSe 2014/2015 geplant.	Info@avicenna-studien-werk.de
Cusanuswerk	Katholische Kirche Deutschland	Deutsche + EU-ausl. Studierende katholischer Konfession.	www.cusanuswerk.de
Ernst Ludwig Ehrlich Studienwerk	(BMBF)	Studien- + Promotionsförderung für jüdische Studierende und Promovierende. 2009 eröffnet.	info@eles-studienwerk.de www.eles-studienwerk.de
Evangelisches Studienwerk Villigst	Evangelische Kirchen in Deutschland	Studien- + Promotionsförderung	www.evstudienwerk.de
BEGABTENFÖRDERUNG DES DEUTSCHEN GEWERKSCHAFTSBUNDES			
Hans Böckler-Stiftung	DGB (Deutscher Gewerkschaftsbund)	Förderung für • Studierende mit gewerkschaftl. oder gesellschaftspolit. Engagement, • Abiturientinnen und Abiturienten aus bildungsbenachteiligten Gruppen, • Studierende (2. Bildungsweg), • Wiss. Nachwuchs (Promotion).	www.boeckler.de
BEGABTENFÖRDERUNG DURCH WIRTSCHAFTSNAHE STIFTUNG			
Studienförderwerk Klaus Murmann	Stiftung der Deutschen Wirtschaft	Studien- + Promotionsförderung (Grundsätzliches Interesse an Wirtschaftsthemen)	www.sdw.org/studienfoer-derwerk-klaus-murmann sdw@sdw.org
FÖRDERUNG DURCH GEMEINNÜTZIGEN VEREIN			
Carl Duisberg-Gesellschaft	Kooperation Bundesmin. f. Wirtschaftl. Zusammenarbeit und Entw. (BMZ) und Ges. f. Int. Zusammenarbeit (GIZ)	Förderung internat. berufl. Bildung und Personalentwicklung: Sprachreisen verbunden mit Auslandspraktikum; Förderung Studium in Deutschland für Ausländer.	info@cdg.de

Tab. 8.1-3: Wichtige Stipendiengeber für Postgraduierte

Stipendiengeber	Ausrichtung/Zielsetzung	Informationsquelle
Deutsche Forschungsgemeinschaft (DFG)	Förderung von Einzelprojekten hauptsächlich durch Sachbeihilfen. Emmy-Noether-Programm: Förderung der Befähigung zum Hochschullehrer. Heisenberg-Programm: Vorbereitung auf wiss. Leitungsposition.	www.dfg.de
Deutscher Akademischer Austauschdienst (DAAD)	Besonders Förderung des internationalen Austauschs: Kurz- + Jahresstipendien für promovierte deutsche und ausländische Nachwuchswissenschaftler.	www.daad.de
Volkswagenwerk-Stiftung	Förderung von Forschungsvorhaben und Habilitationen. Initiative Lichtenberg-Professuren: Förderung für 5 Jahre, sofern Übernahme durch Hochschule danach mit eigenem Etat.	www.volkswagenstiftung.de
Stifterverband der Deutschen Wissenschaft	530 eigenständige Stiftungen mit unterschiedlichen Förderkonzepten, u. a. Einrichtung von Stiftungsprofessuren.	www.stifterverband.de
Daimler und Benz Stiftung	Förderung eigenständiger Forschungsvorhaben in allen Fachdisziplinen und Themen zur Unterstützung von Bewerbern auf ihrem Weg in die Wissenschaft.	www.daimler-benz-stiftung.de

pendien vielfach hart. Im Regelfall müssen gute Zeugnisse, sorgfältig erstellte Projektbeschreibungen, Gutachten von Professoren, Zusammenfassungen von Abschlussarbeiten vorgelegt und Eignungsgespräche oder gar Auswahlwochenenden durchgestanden werden.

8.1.4 Förderbedingungen und -form

Zulassung

Soweit nicht anders angegeben, können sich deutsche und Deutschen gleichgestellte vollimmatrikulierte Studierende der Universitäten und Fachhochschulen bewerben. Einige Programme schließen die (Teil-)Finanzierung von Promotionen von AusländerInnen ein. Teilweise ist die Förderung von Auslandsaufenthalten möglich.

Bewerbung

Mit Ausnahme der Studienstiftung des Deutschen Volkes haben sich die Interessenten selbst zu bewerben. Bei der Studienstiftung werden sie durch Lehrer, Professoren vorgeschlagen.

Die Bewerbungstermine müssen bei den Stiftungen erfragt werden.

Bei mehreren Stiftungen ist das Auswahlverfahren zweistufig: Vorauswahl zunächst nach dem schriftlichen Antrag, danach Interview der vorausgewählten Bewerber durch Gutachtergremien. Anfahrt zum Interview auf eigene Kosten.

Zwischen Antragstellung und Bescheid vergehen 3-6 Monate. Es empfiehlt sich deshalb, sich rechtzeitig um Stipendien zu bemühen.

Voraussetzungen
Hochbegabung, Leistungsorientiertheit, fachliche Qualität, teilweise auch Engagement neben Beruf werden vorausgesetzt. Dies gilt weniger ausgeprägt bei der Förderung durchs BAFöG und durch die erwähnten speziellen Programme.
Die nicht-staatlichen Stiftungen erwarten mehr oder weniger ausdrücklich gesellschaftliches Engagement und eine Nähe zu den geistigen Grundlagen der jeweiligen Stiftung oder eine konfessionelle Bindung. Parteizugehörigkeit ist jedoch nicht obligatorisch.

Art der Förderung
Besonders die Begabtenförderwerke der Parteien und gesellschaftspolitischen Institutionen bieten eine **ideelle Förderung** in Form von Seminaren, Arbeitskreisen, Internetzirkeln.
Die **finanzielle Förderung** betrifft die Vergabe von Stipendien und von Zuschüssen. Die meisten der in Tab. 8.1-2 aufgeführten Stipendiengeber zahlen Studierenden maximal 670 €/Monat sowie Zuschüsse (Büchergeld, gegebenenfalls Familienzuschlag und Kinderbetreuungskosten). Promovierende erhalten bis zu 1.050 €/Monat sowie weitere Zuwendungen (Forschungskostenpauschalen und die für Studierende genannten Zuschläge).
Beim BAFöG werden die Stipendien zur Hälfte als Zuschuss, zur Hälfte als Kredit gegeben.

Förderungsdauer
Sie beträgt 1 Jahr (Probestipendien) bis 3 Jahre (Promotionen), bei Promotionen ausnahmsweise mit einjähriger Verlängerung. DAAD-Stipendien sind für Auslandsaufenthalte meist kürzerzeitig bemessen.

Formen der Promotionsförderung:
- Individuale Promotion durch Einzelprojektförderung,
- Strukturierte Promotion in Graduiertenkollegs oder -schulen,
  Graduiertenkollegs und -schulen bieten den besonderen Vorteil, dass DoktorandInnen verschiedener Fachrichtungen an einem Oberthema arbeiten. Im Kontakt lernen sie dabei frühzeitig, interdisziplinär zu diskutieren, die Projekte der fachfremden Kollegen zu verstehen und ihre eigenen diesen verständlich zu erklären.
- Kumulierte Promotion in Form mehrerer Einzelprojekte.

Erwartung der Stipendiengeber
Die fördernden Institutionen unterstellen, dass sich die Stipendiaten auch künftig im Rahmen der jeweiligen gesellschaftspolitischen Ausrichtungen (ehrenamtlich) engagieren.

8.2 Zuschüsse zu den Druckkosten von Dissertationen

Die Veröffentlichung von Doktor- oder vergleichbaren Arbeiten bedeutet für die AutorInnen vielfach eine erhebliche finanzielle Belastung. Um diese zu mildern, vergeben verschiedene Institutionen und Stiftungen Zuschüsse zu den Druckkosten von Dissertationen oder auch Habilitationen bzw. für besondere Veröffentlichungen, deren Druck ohne finanzielle Unterstützung nicht möglich wäre. Die privaten Stiftungen stellen meistens Zuschüsse für Projekte bereit, die mit dem Stiftungszweck zusammenhängen. Zu nennen sind vor allem die in Tab. 8.2-1 genannten Institutionen.

Die VG Wort zahlt für Fachbücher (Dissertationen mit einem Umfang von 100-300 S., auch online-Publikationen) einen Betrag von ~350 € und für Beiträge in Fachzeitschriften von 2,20 €/Seite (Normseite = 1.500 Anschläge). Anmeldungen sind jeweils zum 31.01. eines

Tab. 8.2-1: Institutionen mit Programmen zur Vergabe von Druckkostenzuschüssen

Institution	Erklärender Kommentar	Fundstelle
Verwertungsgesellschaft WORT (VG Wort)	Einmalige Pauschalvergütung für wiss. Veröffentlichungen von deutschen und EU-Autoren (außer Österreichern und Schweizern, die eigene Organisationen haben). Es genügt Meldung des Titels. Studien-Abschlussarbeiten werden nicht berücksichtigt.	www.vgwort.de Österreich: Literar-Mechana Schweiz: Pro Litteris
Deutsche Forschungsgemeinschaft	Zuschüsse für die Erstveröffentlichung herausragender wissenschaftlicher Werke.	www.dfg.de

Jahres zu tätigen. Rückwirkende Anmeldungen sind bis max. 2 J. nach Veröffentlichung möglich.

Weiterhin kommen spezielle, u. a. vom Stifterverband für die Deutsche Wissenschaft betreute Stiftungen in Frage (www.stifterverband.de).

Im Regelfall wird eine finanzielle Eigenbeteiligung der AntragstellerInnen verlangt.

8.3 Steuerliche Begünstigungen

Sie bieten gleichfalls finanzielle Entlastungen. Grundsätzlich können Kosten, die durch die Promotion entstehen, sofern beruflich veranlasst, steuerlich berücksichtigt werden. Sie werden in Form von Werbungskostenpauschalen (bis 1.000 €), von Sonderausgaben oder über Verlustvortrag geltend gemacht und können Fachliteratur, Druck- oder Reisekosten, Lektorats- oder Übersetzungshilfen, Arbeitsmittel (Computer) betreffen. Nähere Einzelheiten zu erläutern, würden hier zu weit führen.

Zusammenfassung der wichtigsten Punkte zur weiteren Studienfinanzierung:

- Es gibt zahlreiche Möglichkeiten, sich über Stipendien finanziell unabhängiger zu machen und zusätzlich von Fortbildungsprogrammen der Stipendiengeber zu profitieren.
- Am wichtigsten sind die staatlichen, kirchlichen und parteigebundenen Stipendiengeber. Es lohnt aber, sich zusätzlich über die Vielzahl anderer und zum Teil sehr spezieller Stipendien zu informieren.
- Die meisten Stipendiengeber stellen relativ hohe Anforderungen an die Bewerber. Dennoch sollten die Chancen, eine Förderung zu erhalten, nicht gering eingeschätzt werden.

9 Verwendete und weiterführende Literatur

9.1 Verwendete Literatur

Beisiegel, U. (2008): Eine Frage der Redlichkeit. forschung 2: 2-3.

Bohn, F. (hrsg.) (o. J.): W. Busch: Historisch-kritische Gesamtausgabe. Wiesbaden-Berlin: Vollmer Verlag.

Brink, A. (2004): Anfertigung wissenschaftlicher Arbeiten: Ein prozessorientierter Leitfaden zur Erstellung von Bachelor-, Master- und Diplomarbeiten in acht Lerneinheiten. München, Wien: R. Oldenbourg Verlag. 280 S.

CABI publishing (2014): Guide for Authors and Editors.

Carroll, L. (1865): Alice im Wunderland. Übersetzt von B. Teutsch. Hamburg: C. Dressler Verlag.

DEUTSCHE FORSCHUNGSGEMEINSCHAFT (2007): Verwendungsrichtlinien für Sachbeihilfen mit Leitfaden für Abschlussberichte und Regeln guter wissenschaftlicher Praxis. DFG-Vordruck 2.01-3/07-II 3.

Domzalski, O, Th. (Auswahl) (2006): Das goldene Album der Sponti-Sprüche. Frankfurt/Main: Eichborn AG. Ohne Seitenzählung.

Drösser, Chr. (2013): Signifikanter Unsinn: Viele Forscher haben Probleme mit den Grundbegriffen der Statistik. DIE ZEIT No. 1: 35.

Fischer, H. (1998): Acker-Erstaufforstungen: Bestandesbegründung, Wachstum und Ökologie an Fallbeispielen. Göttingen: Hainholz-Verlag. 324 S.

Franck, N.; Stary, J. (Hg.) (2003): Die Technik wissenschaftlichen Arbeitens: Eine praktische Anleitung. (11., völlig überarb. Aufl.). Paderborn: Verlag Ferdinand Schöningh. 307 S.

Frieling, W. R. (1993): Wie biete ich ein Manuskript an? Mehr Erfolg im Umgang mit Verlagen. Der Wegweiser zum eigenen Buch. Berlin: Verlag Frieling & Partner. 107 S.

Gertz, H. (2011): Kinneos Freund. Südd. Zeitung 301: 3.

Glavac, V. (1996): Vegetationsökologie: Grundfragen, Aufgaben, Methoden. Jena: Gustav Fischer. 358 S.

Greiner, U. (2005): Totgesagte leben länger. DIE ZEIT: 03.03.2005.

Höchtl, F.; Lehringer, S.; Konold, W. (2005): Kulturlandschaft oder „Wildnis“ in den Südalpen? Fallstudien im Val Grande-Nationalpark und im Stronatal (Piemont, Italien). Bristol Schriftenreihe 14. Bern: Verlag Paul Haupt. 626 S

Huss, J. (1989): Leitfaden für die Anfertigung von Diplomarbeiten und Dissertationen in der Forstwissenschaft und verwandten Fachgebieten (2. überarb. und erw. Aufl.). Frankfurt/Main: J. D. Sauerländer´s Verlag. 138 S.

Huss, J.; Csapek, G. (2010): Überschirmung und Kalkung bei Buchen-Saat. Forschungsbericht

Khazaeli, C. D. (2005): Crashkurs Typo und Layout.: Vom Schriftdesign zum visuellen Konzept. Für Mac und PC. Hamburg: Rowohlt Taschenbuch Verlag. 512 S.

Kremer, B. P. (2006): Vom Referat bis zur Examensarbeit: Naturwissenschaftliche Texte perfekt verfassen und gestalten (2. Aufl.). Berlin, Heidelberg: Springer-Verlag. 221 S.

Löffler, F. (2006): Das alte Dresden (16. Aufl.) Leipzig: E. A. Seemann-Verlag. 504 S.

Ludemann, 1996: Die Wälder im Sulzbachtal. Mitt. Ver. Forstl. Standortskunde.

Matussek, M. (2011): Die wahren Sätze: Vor 50 Jahren, nach acht Romanen, vier Ehen und einem Nobelpreis, erschoss sich Ernest Hemingway: Es war das Ende eines Machos, der vor nichts so viel Angst hatte wie vor einer leeren Seite. SPIEGEL 26: 98-103.

Mayer, H. (1984): Wälder Europas. Stuttagart: Gustav Fischer Verlag. 691 S.

Müller, L. (2009): Die Stimme im Kästchen. Südd. Zeitung 206: 14).

Nachbar, T. (2011): Zu gewaltig für die Kunst? Vom Umgang mit dem Schrecken; der 11. September in der Literatur. Der Sonntag vom 11.09.11.

Nebel, M.; Philippi, G. (eds.) (2000, 2001, 2005): Die Moose Baden-Württembergs. 3 Bd.

Niederlag, M.; Ropeter, G. (1997): Gewußt wie: Wissenschaftliches Arbeiten: Hausarbeit, Seminararbeit, Referat. Göttingen: Ges. f. angewandte Personalwissenschaften. IX + 54 S.

Ohff, H. (2007): Der grüne Fürst: Das abenteuerliche Leben des Hermann Pückler-Muskau. (8. Aufl.) München: Piper Verlag. S. 99

Pham, K. (2011): Goalgetter und Dr. Klicken: Wie die Internetplattform Vroniplag Doktorarbeiten von Politikern durchleuchtet. Die Zeit (29): 4.

ROELLECKE, G. (1999): Bomben auf friedliche Bürger (Buchbesprechung über CREVELD: Aufstieg und Untergang des Staates). Frankf. Allg. Zeitung (169): 46.

RUNK, C. (2010): Grundkurs Grafik und Design. Bonn: Galileo Press. 314 S.

SANDBERG, B. (2012): Wissenschaftliches Arbeiten von Abbildung bis Zitat: Lehr- und Übungsbuch für Bachelor, Master und Promotion. München: Oldenbourg Wissenschaftsverlag. 326 S.

SCHANZ, H.; IFENTHALER, D. (2008): Preparing an MSc-Thesis within the MEG-Programme. Unpublished paper. Univ. of Freiburg: Institute of Forest and Environmental Policy. 25 pp.

SCHERZINGER, W. (1996): Naturschutz im Wald: Qualitätsziele einer dynamischen Waldentwicklung. Stuttgart: Ulmer 447 S.

SCHMITT, St.; SCHRAMM, St. (2013): Rettet die Wissenschaft: Im Geschäft der Erkenntnisgewinnung läuft zu viel schief. Zum Glück gibt es Menschen, die das ändern wollen. DIE ZEIT No. 1: 33-35.

SCHNEIDER, W.; ESSLINGER, D. (2007): Die Überschrift: Sachzwänge, Fallstricke, Versuchungen, Rezepte. (4. aktualis. u. erweit. Aufl.). Reihe Journalistische Praxis. Berlin: Ullstein (Econ). 178 S.

SESINK, W. (2007): Einführung in das wissenschaftliche Arbeiten: Internet – Textverarbeitung – Präsentation (7. aktual. Aufl.). München: R. Oldenbourg Verlag. 261 S.

SICK, Bastian (2004): Der Dativ ist dem Genetiv sein Tod: Ein Wegweiser durch den Irrgarten der deutschen Sprache. KiWi 863. Köln: Kiepenheuer und Witsch. 230 S.

SICK, Bastian (2005): Der Dativ ist dem Genetiv sein Tod (Folge 2): Neues aus dem Irrgarten der deutschen Sprache. KiWi 900. Köln: Kiepenheuer und Witsch. 268 S.

SIPPEL, K. (2002): Hügelgräber und Wallanlagen, Wüstungen und Glashütten, Eichelgärten und Flak-Stellungen: Archäologische Fundstellen von der Steinzeit bis zur Neuzeit im Reinhardswald. In: RAPP, H.-J. (Herausg.): Reinhardswald – eine Kulturgeschichte. Kassel: Euregion Verlag. 26-59.

SPITZER, M. (2002): Musik im Kopf: Hören, Musizieren, Verstehen und Erleben im neuronalen Netzwerk. Stuttgart: Schattauer. 468 S.

TWAIN, Mark (2009): The Awful German Language: Die schreckliche deutsche Sprache (10. Aufl., 1. Aufl. 1963, Berlin: Aufbau-Verlag). Übersetzung A. M. Brock. Waltrop: Manuscriptum Verlagsbuchhandlung. 131 S.

VOLLMERS, F. (2008): Die Angst vor dem leeren Bildschirm. Frankf. Allg. Zeitung Nr. 4: C 8.

WEBER, Chr. (2014): Die notwendige Suche nach dem Nichts. Südd. Zeitung Nr. 8: 22.

9.2 Weiteres Schrifttum zur Einführung in wissenschaftliches Arbeiten

ADLER, M. J.; DOREN, CH. van (2007): Wie man ein Buch liest. Frankfurt: Zweitausenundeins. 385 S.

BECKER, H. S. (2000): Die Kunst des professionellen Schreibens (2. Aufl.). Frankfurt

BRAUNER, D. J; VOLLMER, H.-U. (2008): Erfolgreiches wissenschaftliches Arbeiten: Seminararbeit, Diplomarbeit, Doktorarbeit. (3. überarb. u. erw. Aufl.). Sternenfels: Verl. Wissenschaft; Praxis.

BÜNTING, K.-D.; BITTERLICH, A.; POSPIECH, U. (2009): Schreiben im Studium mit Erfolg: Ein Leitfaden. Berlin: Cornelsen Verlag Scriptor. 160 S. mit CD-Rom: Der Schreibtrainer.

DAY, R. A.; GASTEL, B. (2008): How to write and Publish a Scientific Paper (7th edition). Cambridge: University Press. 302 S.

DIN (Deutsches Institut für Normung e.V.) (2000): Präsentationstechnik für Dissertationen und wissenschaftliche Arbeiten. DIN-Normen. 2. Veränd. Aufl. Berlin: Beuth Verlag.

DUDEN(2006): Wie verfasst man wissenschaftliche Arbeiten? Ein Leitfaden für das Studium und die Promotion. Mannheim: Dudenverlag.

ECO, U. (1998): Wie man eine wissenschaftliche Abschlußarbeit schreibt (7. Aufl.). Heidelberg: C. F. Müller Juristischer Verlag. 271 S.

FRIEDRICH, CHR. (2006): Schriftliche Arbeiten im technisch-naturwissenschaftlichen Studium: Ein Leitfaden zur effektiven Erstellung und zum Einsatz moderner Arbeitsmethoden. Mannheim: Dudenverlag. 176 S.

FRIELING W. R.; HUFFMANN, J.-F. (2005): Wie biete ich ein Manuskript an? Mehr Erfolg im Umgang mit Verlagen. Ein Wegweiser zum eigenen Buch (2. umfassend überarb. Aufl.). Berlin: Frieling & Huffmann. 111 S.

GESING, F. (2006): Kreativ schreiben für Fortgeschrittene: Geheimnisse des Erfolgs. Köln: Dumont. 268 S.

GRAFTON, A. (1998): Die tragischen Ursprünge der deutschen Fußnote. München: Deutscher Taschenbuchverlag. 228 S.

Greenhalgh, T. (2004): How to Read a Paper: The basics of evidence based medicine (2nd Edition). London: BMJ Publishing Group. 222 S.

Harvard Referencing (2004): A Guide to Harvard Referencing (1996-2005). Verfügbar unter: http:// skillsfor learning.leedsmet.ac.uk/Quote_Unquote. pdf (Stand 2010-02-26)

Hering, L; Hering, H. (2009): Technische Berichte: Verständlich gliedern, gut gestalten, überzeugend vortragen (6. Aufl.). Wiesbaden: Vieweg + Teubner. 280 S.

Hülshoff, F.; Kaldewey, R. (1993): Mit Erfolg studieren: Studienorganisation und Arbeitstechniken. (3. Aufl.). München.

Jele, H, (2009): Wissenschaftliches Arbeiten: Zitieren. (3. Aufl.). München: Oldenbourg

Karmasin, M.; Ribing, R. (1999): Die Gestaltung wissenschaftlicher Arbeiten: Ein Leitfaden für Haus-, Seminar- und Diplomarbeiten sowie Dissertationen (2. überarb. Auflage). Wien: WUV-Univ.-Verlag. 95 S.

Katz M. J. (2006): From Research to Manuscript: A Guide to Scientific Writing. Dordrecht: Springer. 152 S.

Kremer, B. P. (2006): Vom Referat bis zur Examensarbeit: Naturwissenschaftliche Texte perfekt verfassen und gestalten. (2. vollst. überarb. Aufl.). Berlin: Springer Verlag. 221 S.

LaTeX Project (2010): LaTeX: a document preparation system. Verfügbar unter: http://www.latex-project. org/ (Stand 2010-02-19).

May, Y. (2010): Wissenschaftliches Arbeiten: Eine Anleitung zu Techniken und Schriftform. Kompaktwissen für Schülerinnen und Schüler. Stuttgart: Ph. Reclam jun. 98 S.

Messing; Huber, (2004): Die Doktorarbeit: Vom Start zum Ziel: Leitfaden für Promotionswillige. Berlin: Springer 220 S.

Niederhauser, J. (2000): Die schriftliche Arbeit: Ein Leitfaden zum Schreiben von Fach-, Seminar- und Abschlussarbeiten in der Schule und im Studium: Literatursuche, Materialsammlung und Manuskriptgestaltung mit vielen Beispielen (3. völlig neu erarbeitete Aufl.). Mannheim: Dudenverlag. 32 S.

Poenicke, K. (1988): Wie verfaßt man wissenschaftliche Arbeiten? (2. Aufl.). Mannheim.

Rico, G. L. (2004): Garantiert schreiben lernen. Hamburg: Rowohlt.

Runkehl, J.; Siever, Th. (2001): Das Zitat im Internet: Ein Electronic Style Guide zum Publizieren, Bibliografieren und Zitieren. Hannover: Revonnah Verlag.

Seiffert, H. (1976): Einführung in das wissenschaftliche Arbeiten. (2. Aufl.). Braunschweig.

Standop, E.; Meyer, M. L. G. (2008): Die Form der wissenschaftlichen Arbeit (18. bearb. u. erw. Aufl.). Wiebelsheim: Quelle & Meyer. 277 S.

Stock, St.; Schneider, P.; Peper, E.; Molitor, E. (eds.) (2006): Erfolgreich promovieren: Ein Ratgeber von Promovierten für Promovierende. Berlin: Springer. 326 S.

Theisen, M. R. (2000): Wissenschaftliches Arbeiten: Technik, Methodik, Form. (10. Aufl.). München: Franz Vahlen.

Voss, R. (2014): Wissenschaftliches Arbeiten: leicht verständlich. Konstanz: UVK Verlagsges. 198 S.

Weiss, Chr.; Bauer, A. W. (2001): Promotion: Die medizinische Doktorarbeit – von der Themensuche bis zur Dissertation. Stuttgart: Thieme. 209 S.

Woodford, F. P. (2001): Scientific Writing for Graduate Students.

9.3 Schrifttum zur Einführung in die Statistik

Backhaus, K.; Erichson, B.; Plinke, W.; Weiber, E. (2006): Multivariate Analysenmethoden. (11. Aufl.). Berlin: Springer. 830 S.

Cann, A. J. (2004): Mathe für Biologen. Weinheim: Wiley-VCH. 230 S.

Cohen, L.; Holliday, M. (1996): Practical statistics for students. Thousand Oaks, CA: SAGE publications.

Creswell, J. W. (2005): Educational research planning, conducting and evaluating quantiative and qualitative research (2nd ed.). Upper Saddle River, NJ: Pearson.

Dormann, C. F.; Kühn, I. (2004): Angewandte Statistik für die biologischen Wissenschaften. Leipzig-Halle: UFZ-Umweltforschungszentrum. 233 S.

Hair, J. F.; Anderson, R. E. ; Tatham, R. L.; Black, W. C.(1995): Multivariate data analysis (5th ed.). Prentice Hall, Englewood cliffs, New Jersey.

Köhler, W.; Schachtel, G.; Voleske, P. (2002): Biostatistik (3. Aufl.). Berlin: Springer. 301 S.

Krämer, W. (2011): So lügt man mit Statistik (2. Aufl.). München: Piper. 208 S.

Lehmann, G. (2002): Statistik: Eine Einführung in die mathematischen Grundlagen für Psychologen,

Wirtschafts- und Sozialwissenschaftler. Heidelberg: Spektrum Akademischer Verlag. 385 S.

LEPŠ, J.; ŠMILAUER, P.(2003): Multivariate analysis of ecological data using CANOCO. Cambridge: Cambridge University. 269 S.

MYERS, J. L.; WELL, A. D. (2003): Research design and statistical analysis (2nd ed.). Mahwah, New Jersey: Lawrence Erlbaum.

PUNCH, K. F. (2000): Developing effective research proposals. London: Sage VII, 125 pp.

TIEMANN, V. (2003): Einführung Statistik: Grundlagen, Techniken und Verblüffendes. Mit Anwendungen für EXCEL. Wiesbaden: Gabler. 295 S.

TREMP, H. (2005): Aufnahme und Analyse vegetationsökologischer Daten. Stuttgart: E. Ulmer. 141 S.

VOSS, W. (1988): Statistische Methoden und PC-Einsatz. UTB 1445. Opladen: Leske und Budrich. 216 S.

9.4 Schrifttum zu Präsentationen

BIEDERMANN, H. (1994): Microcomputer und Publikation. UTB. Stuttgart: Gustav Fischer. 290 S.

BÖHRINGER, J.; BÜHLER, P.; SCHLAICH, P. (2007): Präsentieren in Schule, Studium und Beruf. Springer Alerts 366 S. 150 Illustr.

FRIELING, W. R.; HUFFMANN, J.-F. (2005): Wie biete ich ein Manuskript an? Mehr Erfolg im Umgang mit Verlagen: Ein Wegweiser zum eigenen Buch. (2. umfassend überarb. Aufl.). Berlin: Frieling & Huffmann. 111 S.

KNEISSL, M. (2002): Scannen wie die Profis: Text- und Bildvorlagen perfekt digitalisieren und drucken (2. Aufl.). Beck-DV-Berater. München: Deutscher Taschenbuchverlag. 329 S.

KUZBARI, R., AMMER, R. (2006): Der wissenschaftliche Vortrag. Wien: Springer. 170 S., 55 Abb.

LOBIN, H. (2012): Die wissenschaftliche Präsentation: Konzept – Visualisierung – Durchführung. Paderborn: Schöningh. 109 S.

LUIDL, PH. (2013): desktop knigge: Setzerwissen für Desktop Publisher. Remagen: Verlag Kessel. 196 S.

MARTIN, G. (2008): Vorträge und Präsentationen mit PowerPoint: Ein Step-by-Step-Training mit 230 Tipps. Offenbach: GABAL Verlag. 327 S.

MERSIN, D.; GÜNTHER-JUNG, M.; KOMMER, I. (2002): Das Einsteigerseminar: Scannen & Bildbearbeitung: Der methodische und ausführliche Einstieg. Landsberg: verlag moderne industrie Buch. 345 S.

SCHILDT, TH.; KÜRSTEINER, P. (2006):100 Tipps & Tricks für Overhead- und Beamerpräsentationen (2. Aufl).Weinheim: Beltz Verlag. 152 S.

SEIFERT, J. W. (2009): Visualisieren, Präsentieren, Moderieren: Der Klassiker (27. Aufl.). Offenbach: GABAL Verlag. 184 S.

SEIMERT, W. (2005): PowerPoint für Büro, Schule Studium mit 457 Abb.. Poing: Franzis. 352. S.

SIMON, K. (2007): Farbe im Digitalen Publizieren. Springer Alerts

SPAHN, C. (2012): Lampenfieber: Handbuch für den erfolgreichen Auftritt: Grundlagen, Analyse, Maßnahmen. Leipzig: Henschel Verlag. 155 S.

9.5 Literatur zur Sensibilisierung in der (deutschen) Sprache

BAUMERT, A. (2008): Professionell texten: Grundlagen, Tipps und Techniken. (2. Aufl.). Beck-Wirtschaftsberater im dtv. München: DTV. 234 S.

BECKER, H. S. (2000): Die Kunst des professionellen Schreibens (2. Aufl.). Frankfurt.

DAY, R. A. (1995): Scientific English: A Guide for Scientists and Other Professionals (2nd edition). Westport: Oryx Press. 148 S.

DUDEN(2006): Korrektes Deutsch – kurz gefasst: Alltägliche Sprachschwierigkeiten und ihre Lösung. Mannheim: Dudenverlag. 47 S.

KRÄMER, W. (2001): Lexikon der populären Sprachirrtümer.

KRÄMER, W.; KAEHLBRANDT, R. (2007): Die Ganzjahrestomate und anderes Plastikdeutsch: Ein Lexikon der Sprachverirrungen. München: Piper. 254 S.

LEGGEWIE, C.; MÜHLLEITNER, E. (2007): Die akademische Hintertreppe: Kleines Lexikon des wissenschaftlichen Kommunizierens. Frankfurt: Campus Verlag. 295 S.

LEISI, E.; MAIR, CHR. (2008): Das heutige Englisch: Wesenszüge und Probleme (9. Aufl.). Heidelberg: Universitätsverlag Winter. 237 S.

MACKOWIAK, K. (2005): Die 101 häufigsten Fehler im Deutschen und wie man sie vermeidet (2. überarb. Aufl.). becksche reihe 1667. München: C. H. Beck. 193 S.

MANEKELLER, W. (2003): Auf den Punkt gebracht: Gekonnt und unmissverständlich formulieren. Wien: Signum Wirtschaftsverlag. 231 S.

Munske, H. H. (2005): Lob der Rechtschreibung: Warum wir schreiben, wie wir schreiben. München: Beck. 142 S.

Nicolini, M. (2001): Sprache, Wissenschaft, Wirklichkeit: zum Sprachgebrauch in inter- und transdisziplinärer Forschung. Wien: Bundesmin. f. Bildung, Wissenschaft und Kunst.

Pfeifer, W. (2012): Etymologisches Wörterbuch des Deutschen. Koblenz: Edition Kramer (im Rhenania Buchversand). 1665 S.

Schneider, W. (1989): Deutsch für Profis: Wege zu gutem Stil. Illustriert von L. Murschetz. (7. Aufl.). Goldmann Verlag. 269 S.

Schneider, W. (2003): Deutsch fürs Leben: Was die Schule zu lehren vergaß (12. Aufl.). rororo Sachbuch 19695. Hamburg: Rowohlt. 223 S.

Schneider, W. (2005): Deutsch! Das Handbuch für attraktive Texte (3. Aufl.). Hamburg: Rowohlt.

Schneider, W. (2006): Deutsch für Kenner: Die neue Stilkunde. München: Piper. 397 S.

Schneider, W. (2008): Speak German: Warum Deutsch manchmal besser ist. Hamburg: Rowohlt. 191 S.

Sick, B. (2006): Der Dativ ist dem Genetiv sein Tod (Folge 3): Noch mehr aus dem Irrgarten deutschen Sprache. Köln: Kiepenheuer und Witsch. [vergl. auch Kap. 9.1].

Sick, B. (2011): Wie gut ist Ihr Deutsch? Der große Test (2. Aufl.). Kiepenheuer & Witsch. 223 S.

Strunk, W.; White, E. B. (2000): The Elements of Style. (4. Aufl.) New York: Longman. 105 S.

WAHRIG (2006): Ein Wort – eine Schreibung: Die WAHRIG-Hausorthografie von A bis Z: Orthografischer Wegweiser für eine einheitliche und stringente Rechtschreibung. Mehr als 50.000 Stichwörter und erklärte Begriffe. Gütersloh: Wissen Media Verlag. 608 S.

9.6 Bücher hinsichtlich des Fremdwörtergebrauchs

Braun, P. (Hrsg.) (1979): Fremdwortdiskussion. München: W. Fink Verlag. 363 S.

Duden (1972): Sinn- und sachverwandte Wörter und Wendungen: Wörterbuch der treffenden Ausdrücke. Bd. 8. Mannheim: Dudenverlag. 797 S.

Heyne Sachbuch (1997): Das neue deutsche Wörterbuch für Schule und Beruf. Taschenbuchausgabe im W. Heyne Verlag, München. 1064 S.

Textor, A. M. (2007): Sag es treffender – Sag es auf Deutsch. rororo 62226. Hamburg: Rowohlt Taschenbuchverlag. 911 S.

9.7 Bücher zu Grammatik, Rechtschreibung, Sprache

Der DUDENin 12 Bänden:

1. Rechtschreibung
2. Stilwörterbuch
3. Bildwörterbuch
4. Grammatik
5. Fremdwörterbuch
6. Aussprachewörterbuch
7. Herkunftswörterbuch
8. Synonymenwörterbuch
9. Richtiges und gutes Deutsch
10. Bedeutungswörterbuch
11. Redewendungen und sprichwörtliche Redensarten
12. Zitate und Aussprüche

Dies sind alles umfassendere Darstellungen wie die folgenden:

Duden (2006): Die Grammatik – unentbehrlich für richtiges Deutsch (7. völlig neu erarbeitete und erweiterte Aufl.). Duden Band 4. Mannheim: Dudenverlag. 1343 S.

Duden (2007): Rechtschreibung und Grammatik – leicht gemacht. Mannheim: Dudenverlag. 240 S.

Glück, H. (ed.) unter Mitarbeit von Schmöe, F. (2005): Metzler Lexikon Sprache (3., neubearbeitete Aufl.). Stuttgart: J. B. Metzler´sche Verlagsbuchhandlung und C. A. Poeschel Verlag. 782 S. Mit 40 Abb. und 12 vierfarbigen Karten.

Schreiner, J. (2004): Praxis-Wörterbuch: Umwelt, Naturschutz und Landnutzungen/Practical Dictionary of Environment, Nature Conservation and Land Use. Herausgegeb. v. C.-P. Hutter. Stuttgart: Wiss. Verlagsges. 556 S.

Wahrig (2006): Ein Wort – eine Schreibung: Die Wahrig-Hausorthografie von A bis Z. Gütersloh: Wissen Media Verlag. 608 S.

9.8 Stipendien

Bundesverband Deutscher Stiftungen (2014): Verzeichnis Deutscher Stiftungen 2014 (8. Aufl.). Berlin.

10 Stichwortverzeichnis

Bei fett gedruckten Seitenzahlen wird ein Begriff grundlegend erklärt, bei normalgedruckten erwähnt. Kursiv geschriebene Seitenzahlen verweisen auf Tabellen oder Abbildungen.

Abbildung (siehe auch Darstellung),
  Formen 101
  mit grafischen Elementen 100
  Kontrolle 187
  Maßstab *114*
  Verbindung mit Text 128
Abbildungsverzeichnis 45
Abstract 58, 219
Adjektive
  Steigerung 160
  Überflüssige 154
  ungenauer Gebrauch 148
Anmerkungen 35
Arbeits-
  -rhythmus 134
  -stil 134
Abkürzungen 64, **154,** 219
  Erklärung 156
  Maßeinheiten 156
  Symbole 156
  -verzeichnis 46, 156
  Zeitschriftennamen 38
Ablaufschema 107, *117*
Abrundung 94, *95*, 129
Absatz **68**
Acknowledgement (siehe Danksagung)
Anhang, (Kapitel), Gestaltung **59**
Archiv 26
Artikel (wissensch. Veröffentlichung – siehe dort)
Autor, anonym, (Titelbeleg) 34
Arbeits-
  -hypothesen 9, **49**
  -plan, Aufstellung 9
  -protokoll 11
  -titel 10, 167
  -zeit, Vorplanung 9
  -zeit, tatsächliche 10
  -ziele **49**
Aufnahme
  -formular 81
  -protokoll 81
Aufzählung/Auflistung 58, **72**
  Telegrammstil 73, 152, 165
Auslassungen beim Zitieren 30
Ausleihe
  Dissertationen 25
  Studien-Abschlussarbeiten 189
Auslobung, Projektthema 6
Ausrichtung von Arbeiten
  angewandte Naturwissenschaften 1, 80
  Geisteswissenschaften 1, 80
Ausschreibung, Projektthema 7
Auswertung/s-
  -technik **82**
  Zwischen- 12

Bachelorarbeit *2*
  Umfang *171*
  Wahl Projektthema 4, 5
  Zweck der Anfertigung 3
Bandwurm-
  -satz 150
  -wort 152
Begutachtung/Bewertung
  Kriterien **191**
  prüfungsrelevanten Arbeiten 192
  Teilbereiche *193*
Beifügungen
  Eidesstattl. Erklärung188
  Erlaubnis zur Ausleihe 189
  Lebenslauf 189
  Schriftenverzeichnis 189
  Beleg verwendeten Schriftums 188
Beiwerk 44, 185
Betreuung/s- **7**
  -angebote, indirekte 8
  begleitende 15
  fachspezifisch 8, 174, **192**
Bewertung (einer Arbeit) **191**
Bibliographie 19, **36**
bibliografischen Angaben, allg. Regeln **36**
Bibliotheks-/en 19, **25**
  -kataloge **19**
Binden und Abgabe der Arbeiten
  Studien-Abschlussarbeiten **189**
  Dissertationen **189**
Bindestrich **77**
Blocksatz **183**
Boxplot *116*
Bücher, bibliograf. Beleg **39**

Checklisten
  Poster ***212/3***
  PowerPoint Folien ***204/5***
  Struktur, Schreibstil, Formalia ***188***

Citation Index 21
Computer (siehe personal comp.)
Conference proceedings 23

Danksagung 44, 219
Darstellungen
  Argumente für und gegen grafische 100
  Beschriftung 127
  Bezugsystem
    mit 106
    ohne 103
  digital 84, **85**,
  dreidimensional *108*, *111, 112*
  Einbau in Text 128
  Einbau statistischer Kennwerte *115*
  farbige 127
  mit geometr. Elementen/Figuren **101**
  Gestaltung **126**
  grafisch/bildhaft 84, **100**
  Maßstabswahl ***114***
  programmgesteuerte Herstellung 126
  Manipulation *113*
  Urheberschaft **128**
Data logger 81
Daten
  -abrundung/-vereinfachung **94**, *95,* 129
  -aufbereitung und -darstellung **80**
  -auswertung **80**
  -bank **19**
  -darstellung **84**
  -gewinnung **80**
  -schreibweise (im Text) **86**
  -sicherung **84**
Denkschrift 24
Dezimalklassifikation 66
Diagramm
  Ablauf- *107*
  Balken- *104*
  dreidimensional 105, **111**, *111, 112*
  Flächen- *102*
  Fluss- *107*
  Formen *102*
  Funktions- 110
  Klima- *109*
  Körper- *102*
  Kreis- *105*
  Kurven- *110*
  Linien- *102*
  Netz- *113*
  Regressions- *110*
  Ring- *107*
  Säulen- *102*, *103*, *107*, *108*
  Struktur- 107
  Torten- *105*
Diplomarbeit *2*
  Ausleihe 25, 189
  Seitenumfang ***171***
  Wahl Projektthema 5
  Zweck der Anfertigung 4
direktes Zitieren **29**
Diskussion (Kapitel) Gestaltung 53
Disputation *2*
Dissertation/en- *2,* 4
  -ausleihe 25
  bibliograf. Beleg 38
  kumulative 61, 189, **214**
  -sammlung 25
  Seitenumfang *171*
  Wahl Projektthema 5
  Zweck der Anfertigung 4
Doppelungen, verbale 144
Dreieckskoordinaten *113*
Druck-
  -bild 4, 177
  -fehler 172

EDV-verarbeitbare Dateien 27, 83
Einführung/Einleitung (Kapitel) Gestaltung 46
Einrückung **69**
Einschub, gedanklicher **76**
Engdruck **74**
Ergebnisse (Kapitel) Gestaltung **52**
Erklärung über selbständige Anfertigung **188**
Exposé (Projekt) 6
Extremierung, doppelte 161

Fach-
  -ausdrücke **142**
  -buch 24
  -spezifische Betreuung 8, 173, **192**
  -zeitschriften als Informationsquellen 22
Farbkopie 127
Fernleihe 25
Flächendiagramm 102
Flattersatz **183**
Form **3, 176,** 190
  abschließende Bemerkungen **190**
  Bedeutung der äußeren **176**
  Titelseite ***181***
  wissenschaftl. Arbeiten 1, 63, 176
Format
  Buch- 180
  Hoch-/Quer- 182
  Studien-Abschlussarbeit 180
Formelsammlung 23
Formulierung
  Adjektive, ungenauer Gebrauch 148
  Arbeitshypothese 49
  Arbeits-/ endgültiger Titel 10, **167**

Kapitelüberschriften **168**
Kürze **150**
Übertreibungen bei Begriffswahl 147
ungenaue **138**
Untersuchungsziel 49

Forschung
angewandte, Charakterisierung 16, 80
-berichte 23
geisteswissensch., Charakterisierung 16, 80

Fotos **122**
Einsatzbereiche *122*, 125
-typen *125*
Vergleich mit Handzeichnung *119*
Vor- und Nachteile 124

Fremdwörter **143,** *145*
-bücher 23, 234

Füllwörter **154**
Funktionsdiagramm 110
Fußnoten/Anmerkungen **35**, **75**
in Tabellen 92

Geisteswissenschaftl. Arbeiten
Charakterisierung **16**, **80**
Formalia V

Gedankenstrich **76**
Genetivketten 142
Gliederung/s-
-abschnitte **44**
Anordnung der Teile **184**
-erstellung 13, 43, 64, 131
Erweiterung des Grundschemas **60**, *62*
Geisteswissenschaftl. Arbeiten/Projekte *63*
Grundschema **43**
-hierarchie 65, *67*
numerische (dezimale) ***65***
klassische **65**
Verdeutlichung **66**
-technik 65
Verfeinerung 131

Glossar 45
Google 18, 29
Graduiertenprogramm
Ausschreibung 7
Stipendien **223**

Grafik (siehe Darstellungen)
Grammatik, Feinheiten **158**
Artikel, bestimmter/unbestimmter 163
Deklination von Fremdwörtern 163
Finalsätze 160
Getrennt-/Zusammenschreibung 163
Verwendung Singular/Plural 162
Wo-Ismus 163
Zeiten 158

Großrechenanlagen 84

Habilitationsarbeit *2*, 4, *227*
Handbuch 23
Handzeichnung **118**, *119*
Harvard-Notation 32,
Hauptkomponentenanalyse *112*
Hervorhebungen **70**
Anführungszeichen 71
Aufzählung **72**
Doppelpunkt 72
Fettdruck 70
Großbuchstaben 71
Kapitälchen 71
Kleindruck 74
Kursivschrift 70
Schriftart 75
Sperrung 71
Unterstreichung 71
in Zitaten 31

Hilfestellungen, Dank 44
Hypothese 49

Impact Factor 21
Indirektes Zitieren **31**
Informations- und Dokumentationsdienste 19
Informationsgespräch 9
Inhaltsverzeichnis, Gestaltung 45, 182
Integriertes Arbeiten 11
Interpretationskapitel (siehe Diskussion)
Interpunktion (siehe Zeichensetzung)
Internetquellen, bibliograf. Beleg 39

Jahrbuch 23

Kalkulation Zeit-, Sachmittel-, Hilfskräftebedarf 10
Kapitel-
-anordnung 43, **184**
-überschriften, Formulierung 63
-umfang, großer 61

Karteikarten 26
Karten **121**
-formen 122
Orientierungs- 122, *123*
thematische 122, *123*
Verbreitungs- 122, *123/4*

Kartogramm 122, *124*
Katalog
Bibliotheks- 19
Schlagwort- 19

Key Words **167**
KISS-Principle 140
Klassische Gliederungshierarchie **65**
Kleindruck **74**

Kontrolle
- Gestaltung Abbildungen 129, 187
- Rechtschreibung, Programme 186
- Tabelleninhalt 187
- Zeichensetzung 186

Kopfzeile 184
Kopieren 127
Körperdiagramm *102*
Korrektur-
- Text- 172
- Schluss-
  - Abbildungen 129
  - Checklisten 188

Kurven(-bild) -diagramm 110

Lege artis 14
Lehrbuch 23
Leitfaden für Formalia 177, 188
Lesehilfen
- Einführung **166**
- -liste 18
- Schlusskommentar 78
- Überleitung 166
- Untergliederung **67**
- Vorbemerkung/Vorspann/Einführung 78

Lexikon, Fach- 23
Literatur-
- -angabe, Grundschema **36**
- -auswertung 26
- -bearbeitung 12
- Berücksichtigung in Studien-Abschlussarb. 17
- Berücksichtigung in Diss. 17
- -beschaffung 24
- EDV-Verarbeitung 27
- graue *2*, 22, 215
- Primär- *22*
- Quellenstudium 17
- -recherche 19
- Relevanzselektion 18, 21, 23
- Sekundär- 22, *32*
- -suche 17, 23
  - Begrenzung 20
  - internetgestützt 18
- Suchmaschinen 18
- -studium 16
- Tertiär- *22*
- -typisierung 16, *22*
- -verarbeitung 26
- -verwaltungsprogramm 27
- -verfügbarkeit 24
- zitieren und verarbeiten 27
- Zitierfähigkeit 21

Literaturverzeichnis **36**, 59, 185
- allgemeine Regeln, angew. Naturwiss. **36**
- formale Gestaltung 41
- Geisteswiss. 40
- Gliederung 40
- als Kapitel **59**,
- Sonderregeln 38

Manuskript (siehe Text)
- Umfang schriftl. Arbeiten **171**

Maßstabswahl bei Grafiken ***114***
Master-/Magisterarbeit *2*
- Zweck der Anfertigung 3

Material und Methoden (Kapitel) Gestaltung **51**
Modewörter 143, 146
Monographie *2*, 24
Mündl. Mitteilungen, bibliograf. Beleg 40

Nicht veröffentl. Arbeiten, bibliograf. Beleg 39
Noteninflation 193
Nummerierung der Gliederungsabschnitte 65

Online-Recherche 18

Paraphrase 31
Personal Computer **83**
Personifizierung von Objekten etc. **157**
Piktogramm *120*
Plagiat 14, 28, **220**
Planung (Datenbeschaffung, -auswertung) 9, 80
Pleonasmus 144
Poster **209**
- Bedeutung 209
- Begleitende Kommentierung 213
- Begutachtung 211
- Einreichung 212
- Format 210
- Gestaltung, 210, Checkliste ***212/3***

PowerPoint Präsentation 197
- Checkliste für ‚Folien' ***204/5***

Präsentation von Forschungsergebnissen **195**
- als Poster **209**
- als Referat **195**
- als Veröffentlichung **213**

Praxis, gute wiss. **13**, 213, 221
Primärliteratur *22*
Projektthema
- Auslobung 6
- Wahl 4

Protokoll 11
- Aufnahme- 81
- Arbeits- 11
- -führung 12
- Gesprächs- 11
- Versuchs- 81

Publikation (siehe Veröffentlichung)
Punktwolke *110*

Quellen-
Informations- 21
Internet- 19
-studium 17
-verzeichnis 36
Querverweis **77**, 166
Rück- 77
Textverknüpfung 166
Voraus- 77, 166

Rechtschreibung **169**
Redaktion, Schluss- 186
Redundanz 166
Referat *2,* **195**
Auftreten 207
Ausformulierung, schriftl. 201
-formen/-typen *196,* ***198***
‚Folien'-Herstellung **201**
‚Handouts' 202
Gliederung 200
Moderation 208
Nacharbeit 209
Sprachstil 203
Stoffsammlung 199
-text
Fertigung 199
Zeitbedarf 200
Thesenpapiere 202
Üben **202**
Verhalten bei ***207***
Zweck 196
Referatenblätter/-organe 20
Research design 9
Review *2,* 21, 41, 214

Sammelwerk 23,
Satz-
Ab- 68
Block- 183
Flatter- 183
-konstruktion **164**
-spiegel **182**
Schaubild **114**, *120*
Schemazeichnung 115, *116-118*
Schlüssel-
-qualifikation V, 4, 171, 195
-wörter **167**
Schluss-
-folgerungen (Kapitel) Gestaltung 56, **57**
-kommentar 78
-korrektur ***188***
Schneeballsystem, Literatursuche 20
Schreib-/en
-fehler 172
Inkonsequenz **176**
Verständlichkeit 137
Vorgehen beim 132
-weise, gendergerecht V
Zeitaufwand 134
Zielpersonen **136**
Schrift-/en-
-art 177
-bild 176, 184
-größe **177,** 179
Proportional- 178
-reihe 23
Serifen- 178, *179*
Seiten-
Anordnung 185
-gestaltung 182
-größe 180
-umfang **171**
-zählung **184, 185**
Sekundärliteratur, Titelbeleg 22, 38
Skizzierung
Ergebnisse, zu erwartende 10
Versuchsprogramm 9
Soft skills VI, 4
Spiegel-
-punkte 72
-striche 72
Statistik-
Auswertung 10, 80
Diagramme 114
-programme 83
-verfahren *82*
Stichwortverzeichnis 46
Stil, wissenschaftlicher **135**
Stipendien **223**
Bewerbung 227
Druckkostenzuschüsse ***228***
Förder-
-bedingungen 227
-programme 224
-werke 224, *225*, 226
-ziele 224
Förderung
Begabten- 224
personenbezogen 224
projektbezogen 224, ***227***
Postgraduierten- ***230***
-geber
nicht-staatlich ***226***
staatlich ***225***
steuerliche Begünstigungen 229
Studien-Abschlussarbeit
Vorarbeiten 7
Wahl Projektthema 5
Subito (Fernleihe) 24
Suchwörter 18
Synonyme 146

Tabelle/n-
- -anordnung 98
- Argumente für und gegen 88
- -aufruf 97
- Einbau statistischer Kennwerte 96
- -gestaltung **89**, 92
  - modern 90
  - traditionell 89
  - Kontrolle 187
- Hervorhebungen 94
- -inhalt, Verbalisierung/Interpretation **98**
- -nummerierung 97
- Schlusskorrektur 187
- im engeren Sinn **88**,
- -überschriften 92
- Verbindung mit Text 97
- -verzeichnis 45
- Wahl der Schriftarten 91

Tabellarische Übersicht **87**
Tagungsbericht 23
Take home message 15
Taschenrechner **83**
Tautologie 144
Telegrammstil 73, 152, 165
Tertiärliteratur *22*
Text-
- Anfertigung **131**
- Anordnung 184
- -auszüge in EDV-Dateien 27
- -bausteine 13
- -block 182
- -formatierung **182**
- -formulierung 131
- -korrektur **172**
- Langzeitbedeutung 173
- Satzkonstruktion 164
- -verarbeitungsprogramme 186
- -verknüpfung 166
- -vorarbeiten 13

Thesaurus 19, 186
Titel-
- -beleg, Konventionen 36
- -blatt 44, 181
- Bibliographie 36
- -formulierung 10, **167**
- -seite, Gestaltung **181**

Übernahme Zitate aus Sekundärlit. 32, 38
Überschrift
- Anordnung 183
- Formulierung bei
  - Arbeit 180
  - Kapiteln 63
  - Tabellen 92
- Zwischen- 67

Übersetzung
- Titel fremdsprachiger Veröffentl. 31, 37
- Zitate 31

Unterschrift
- bei Abbildungen 127
- Erklärung über selbständige Anfertigung 188

Übersicht, tabellarische 88
Umgangssprache 139
unveröffentlichte Arbeiten, bibliograf. Beleg 34
Urheberschaft, Nachweis **128**

Veränderungen von wörtl. Zitaten (siehe Zitate)
Verben, trennbare 152
Vergangenheitsformen, Verwendung im Text 159
Veröffentlichung, wiss. 4**, 213**
- Abstract 58, 219
- -art, geeignete 215
- Autorenschaft 215
- Begutachtung (Review) 217, 220
- bibliograf. Angaben, Besonderheiten 219
- Dienststelle, Titelbeleg 38
- formale Vorgaben 218
- Gliederung 219
- Honorar 20
- Korrektur 220
- Mehrfach- 214
- Seriosität, wiss. **220,** *221*
- Themenwahl 7
- Umfang 218
- Ziele 213
- -zwang 213

Versuchsprotokoll 81
Verteilungsmuster *110*
Verwaltungsdeutsch **140**
Verwendung fremden Quellenmaterials 14, **27**, 220
Verzeichnis
- Abbildungs- 45
- Abkürzungs- 46
- Anordnung 185
- Fachbegriffe 45
- Inhalts- 45, 181
- Literatur- (siehe dort)
- Tabellen- 45
- Stichwort- 46

Vorspann 78, 184, 200
Vortrag (siehe Referat)
Vorwort, Gestaltung **44**, 184

Wiederholung
- Textpassagen- 167
- Wort- **149**

Wikipedia 18, 29
wissenschaftlicher Stil **135**

Wörterbuch 23
Wo-Ismus 163, 206
Worttrennung 186

Zeichen-
-setzung **169**
Kontrolle 186
innerhalb Titelbeleg 37
-technik 126
Zeilen
-abstand 179
Kopf- 184
Zeit-/en-
-bedarf/-aufwand
Dissertation *12*
Gesamtplanung 11
Kalkulation 10, 134
Studien-Abschlussarbeiten *12*
-verwendung im Text 158
-reihe ***108***
mit logarithmischer Teilung *109*
als Säulendiagramm *108*
-schrift-
-abkürzungen 38
bibliograf. Beleg 38
Fach- 23
-namen 38
Ziel-
-personen 136, 197
-richtung einer Arbeit 49
Zitat-/e
Aus-/Weglassungen 30
-beleg
im Text 29, 32
in Fußnoten/Anmerkungen 35
Pflicht 13, 28, 128
Schreibweise 32
Zeichensetzung 32
bibliografische Angaben 36
direkte und indirekte Verwendung 29, 31
fremdsprachige 31
Hervorhebungen 31
Hinzufügungen/Ergänzungen 30
-huberei 29
Interpunktion innerhalb 30
mehrere hintereinander 34
mündliche Mitteilungen 40
Nummerierung 34
Umstellungen 30
Zitieren **27**
freies 31
aus Internetquellen 32
im Text 29
sinngemäß/indirekt **31**
wörtlich/direkt **29**
Zusammenfassung (Kapitel) Gestaltung **57**
Zwischenüberschriften **67**

Jürgen Huss war Professor für Waldbau und Forsteinrichtung an den Universitäten Göttingen, München und Freiburg. Als junger Dozent erhielt er den Auftrag, eine Lehrveranstaltung für die neu eingeführten Diplomarbeiten zu konzipieren. Daraus resultierte ein mehrfach aufgelegter Leitfaden für die Anfertigung wissenschaftlicher Arbeiten. Mit der Betreuung zahlreicher Diplom- und Doktor-, später auch Bachelor- und Masterarbeiten konnte er seine Erfahrungen vertiefen.
Jetzt hält er an der Universität in Freiburg fachübergreifende Kurse zum wissenschaftlichen Schreiben sowie Präsentieren und berät Studierende sowie DoktorandInnen hierzu.
Der vollständig überarbeitete Leitfaden ist das Ergebnis dieser Bemühungen.

www.verlagkessel.de